Festigkeitslehre

Von

Dr.-Ing. Wilhelm Flügge
Professor of Engineering Mechanics
Stanford University

Mit 323 Abbildungen

Springer-Verlag
Berlin / Heidelberg / New York
1967

Softcover reprint of the hardcover 1st edition 1967
Library of Congress Catalog Card Number: 66-28429

ISBN-13: 978-3-642-86702-6 e-ISBN-13: 978-3-642-86701-9
DOI: 10.1007/978-3-642-86701-9

Titel-Nr. 1380

Vorwort

Werkstoffe sind wie Menschen: keiner gleicht dem andern; jeder hat sein eigenes, persönliches Verhalten. Manche Stoffe sind elastisch, andere nicht, und selbst wenn sie elastisch sind, sind sie es nur in gewissen Grenzen, und was dann geschieht, ist wiederum von Werkstoff zu Werkstoff verschieden. Diese Tatsache hat auf die Lehre von den inneren Kräften fester Körper einen nachhaltigen Einfluß ausgeübt. Während Statik und Dynamik zu mathematischen Wissenschaften entwickelt werden konnten, die nach dem Vorbild der Geometrie EUKLIDs alles von einigen wenigen Prinzipien herleiten, hat sich die Festigkeitslehre immer in dem Niemandsland zwischen Empirie und mathematischer Theorie bewegt. Wie der Name andeutet, handelte es sich im Anfang um eine Sammlung von Erfahrungstatsachen über das Zerbrechen oder Nichtzerbrechen von Bauteilen. Aber unzusammenhängende Tatsachen machen noch keine Wissenschaft. Natürlich interessiert sich der Ingenieur nach wie vor für die Frage „Hält's oder hält's nicht?", aber er braucht eine Theorie, die die Tatsachen zusammenhält und die ihm ermöglicht neue, zu erwartende Tatsachen auf Grund alter, wohlbekannter vorauszusehen. Das vorliegende Buch ist dieser Theorie gewidmet. Es bindet sich nicht an Postulate, betrachtet elastisches oder unelastisches Verhalten, je nach den Erfordernissen der technischen Fragestellung, aber es beschäftigt sich nahezu ausschließlich mit dem logischen Werkzeug, das dazu dient, aus dem gemessenen Verhalten des Werkstoffs auf das Verhalten des daraus gefertigten Bauteils zu schließen. Fragen der Werkstoffkunde sind ebenso wie Fragen des Entwurfs und der Konstruktion nur am Rande gestreift, wo sie das Sachgebiet des Buches berühren.

Das Buch wendet sich in erster Linie an Studenten, in zweiter Linie an alle die Ingenieure, die früher Gelerntes auffrischen, modernisieren oder vertiefen wollen. Die mathematischen Voraussetzungen sind diesem Leserkreis angepaßt. Vertrautheit mit den Grundtatsachen der Differential- und Integralrechnung ist erforderlich, und an einigen Stellen tauchen die einfachsten der linearen Differentialgleichungen auf. Die Darstellung ist anschaulich; totes Formelwerk ohne mechanische Deutung ist vermieden. Zahlreiche Abbildungen und Beispiele setzen die Theorie in Beziehung zu den Objekten der Ingenieurpraxis. Der Leser, der das Buch vom Anfang bis zum Ende durcharbeitet, wird finden, daß es von einfachen, gegenständlichen Fragestellungen langsam zu verwickelten und abstrakten fortschreitet.

Für die Auswahl des Stoffes waren mathematische Einfachheit und praktische Nützlichkeit maßgebend. Von dem reichen Material, das die Flugzeugstatik in den letzten drei Jahrzehnten hervorgebracht hat, ist in diesem Rahmen weitgehend Gebrauch gemacht worden, während auf der andern Seite Altes und Überlebtes, das sich so leicht von Lehrbuch zu Lehrbuch forterbt, bei Seite gelassen wurde. Großer Wert wurde auf die Wahl der Bezeichnungen gelegt. Allgemein eingebürgertes ist, soweit irgend möglich, beibehalten worden, aber es wurde darauf geachtet, daß sich dieselben Bezeichnungen auch über den Rahmen dieses Buches hinaus verwenden lassen. Damit entfiel insbesondere die Benutzung von y als Verschiebungsgröße in der Balkentheorie, die beim Übergang auf Platten ein Umlernen erfordert.

Dem Vorbild amerikanischer Lehrbücher folgend, sind an vielen Stellen Aufgaben eingestreut. Da nicht jeder Leser Lust und Zeit hat, Aufgaben zu lösen, ist der Text so abgefaßt, daß er ohne die Aufgaben verständlich ist. Die Aufgaben dienen in erster Linie dazu, dem Leser Erfahrung in der Anwendung des Gelernten zu geben und ihm zu zeigen, ob und wieweit er das Gelesene geistig verarbeitet hat. Sie sind aber auch dazu benutzt worden, zusätzlichen Wissensstoff einzuführen. Jedem, der die Zeit dazu hat, sei deshalb ihre Durcharbeitung ans Herz gelegt.

Dem Springer-Verlag gebührt Dank für die gewohnt gute Ausstattung des Buches und ganz besonders für die Umsicht und Energie, mit der die durch einen Auslandsaufenthalt des Verfassers entstandenen Schwierigkeiten gemeistert wurden.

Kyoto, im Herbst 1966

Wilh. Flügge

Inhaltsverzeichnis

Kapitel 1. **Einfache Spannungszustände**

Kapitel 2. **Biegung**

Kapitel 3. **Torsion**

Kapitel 4. **Knicken**

Kapitel 5. **Zweidimensionale Spannungszustände**

Kapitel 1

Einfache Spannungszustände

1. Spannung

Ein dünner Eisendraht sei an seinem oberen Ende befestigt und am unteren Ende durch angehängte Gewichte belastet (Abb. 1a). Wenn man genug Gewichte anhängt, wird der Draht zerreißen. Die Last P, unter der das geschieht, heißt seine Tragkraft oder Bruchlast. Sie hängt natürlich vom Material ab; ein Stahldraht trägt mehr als ein Draht aus weichem Eisen, ein Draht aus Messing oder aus Blei weniger. Diese Unterschiede können nur durch Belastungsversuche ermittelt werden, und die Werkstoffkunde hat ein reiches Zahlenmaterial darüber angesammelt.

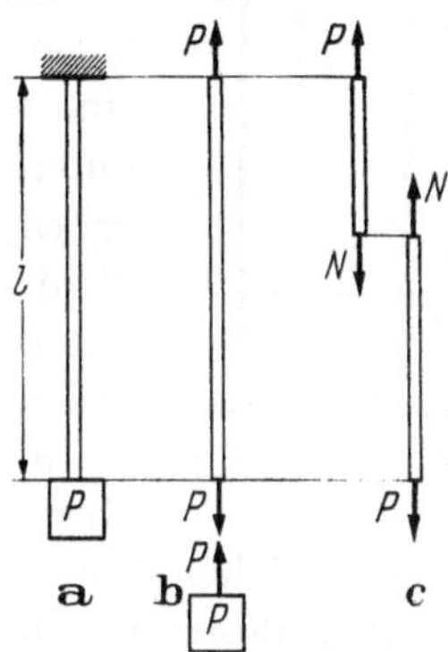

Abb. 1. Zugstab.

Die Bruchlast hängt natürlich nicht nur vom Material des Drahtes ab, sondern auch von seinen Abmessungen, und dieser Einfluß ist, wenigstens in einem gewissen Grade, der Überlegung zugänglich.

Betrachten wir zunächst einmal den Einfluß der Länge! Wir lösen (wenigstens in Gedanken) den Draht von seinem Zusammenhang mit anderen Gegenständen und bringen am unteren Ende eine Last P und am oberen eine Stützkraft gleicher Größe an. Der Draht ist nun ein *freier Körper*, an dem bekannte äußere Kräfte angreifen (Abb. 1b). Dann denken wir uns den Draht in der zukünftigen Bruchfläche in zwei Teile zerschnitten (Abb. 1c). Damit jede Hälfte für sich im Gleichgewicht ist, muß man auf beiden Seiten des Schnittes eine innere Kraft anbringen, die Normalkraft N, und man sieht sofort, daß $N = P$ ist. Der Bruch tritt offenbar ein, wenn diese innere Kraft so groß geworden ist, daß der Draht sie nicht mehr übertragen kann. Da an allen Stellen des Drahtes derselbe Zustand herrscht, ist auf den ersten Blick nicht recht einzusehen, warum er nur an einer Stelle zerreißt und nicht überall gleichzeitig. Erfahrungsgemäß tritt aber der Bruch nur an einer Stelle ein. Man erkennt hier, daß dem Bruch immer etwas Zufälliges anhaftet;

er findet dort statt, wo im Kleingefüge des Drahtes die schwächste Stelle ist, und der Querschnitt, der diese Stelle enthält, läßt sich nicht voraussagen. Es ist daher auch nicht überraschend, daß eine Wiederholung des Versuches mit Versuchsstücken von genau gleichen Abmessungen und aus demselben Werkstoff nie genau dieselbe Bruchlast ergibt, sondern nur Werte, die sich mehr oder weniger dicht um einen Mittelwert gruppieren. Je enger die Ergebnisse zusammenliegen, um so gleichmäßiger und zuverlässiger ist der Werkstoff.

Betrachten wir nun einmal einen Draht der Länge $2l$. Wenn wir ihn dem Zerreißversuch unterwerfen, wird er unter einer Last P an irgendeiner Stelle zerreißen, die etwa in der oberen Hälfte der Länge liegen möge. Hätten wir den Draht nicht als Ganzes belastet, sondern ihn zunächst in zwei gleiche Teile zerschnitten (Abb. 2) und dann jede Hälfte für sich untersucht, so würde offenbar die obere Hälfte an derselben Stelle unter derselben Last P zerrissen sein; denn der Querschnitt an der Bruchstelle war offenbar nicht fähig, eine höhere Last zu übertragen, während alle anderen Stellen eine höhere Normalkraft N übertragen konnten. Die untere Hälfte muß daher eine Bruchlast $P' > P$ ergeben, aber der Unterschied zwischen P und P' wird nicht sehr groß sein. Wenn wir nun entweder den unteren oder den oberen Teil mit dem Ganzen vergleichen, so sehen wir, daß die Bruchlast eines längeren Drahtes kleiner sein wird als die eines kürzeren, daß aber die Unterschiede nicht groß sein werden. Da nun eine Festigkeitsberechnung überhaupt nur soweit einen Sinn hat, als die Bruchlasten gleicher Stücke als gleich angenommen werden können, können wir für unsere Zwecke die Feststellung machen, daß die Bruchlast nicht von der Länge des Drahtes abhängt.

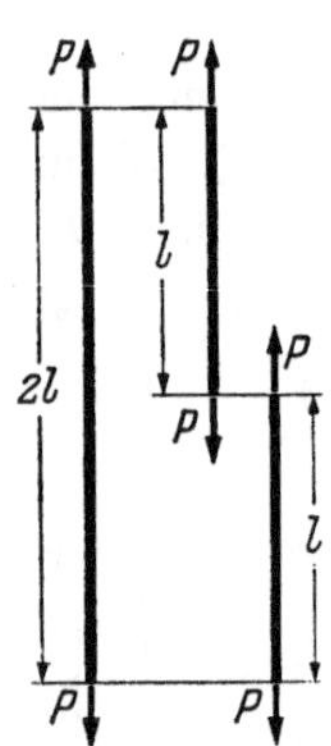

Abb. 2. Zugstab, Einfluß der Länge.

Anders steht es mit dem Einfluß der Drahtdicke. Es bedarf keines Buches über Festigkeitslehre, um zu wissen, daß ein dicker Draht mehr Last tragen kann als ein dünner, und wenn wir diesem Gedanken etwas weiter nachgehen, kommen wir zu einem grundlegenden Begriff der Festigkeitslehre.

Wenn wir zwei gleiche Drähte nebeneinander aufhängen und gleichzeitig in derselben Weise belasten, wird jeder von ihnen dieselbe Last tragen können und beide zusammen doppelt so viel als einer allein (Abb. 3). Es ist einleuchtend, daß wir in dieser Weise beliebig viele parallele Drähte zusammenbündeln können und daß die Bruchlast dieses Bündels gleich der Summe der Bruchlasten der Einzeldrähte ist. Wenn wir einmal annehmen, daß diese Drähte nicht, wie üblich, kreisförmigen Querschnitt haben, sondern quadratischen, so können wir sie zu einem einzigen Stab vereinigt denken, und die Bruchlast eines solchen Stabes ist dann dem Flächeninhalt F seines Querschnitts proportional:

$$P_{\mathrm{Br}} = \sigma_{\mathrm{Br}} F . \tag{1}$$

Der Faktor σ_{Br} in dieser Formel hängt vom Werkstoff ab und heißt dessen Bruchspannung. Diese Spannung stellt die Kraft dar, die im Bruchquerschnitt je Einheit der Querschnittsfläche übertragen wurde, ehe der Stab brach:

$$\sigma_{\mathrm{Br}} = \frac{P_{\mathrm{Br}}}{F} .$$

Sie hat daher die Dimension einer „Kraft je Flächeneinheit" und wird in entsprechenden Einheiten gemessen, also in kg/cm², kg/mm², t/cm², t/m².

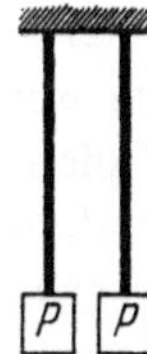

Abb. 3. Zugstab, Einfluß des Querschnitts.

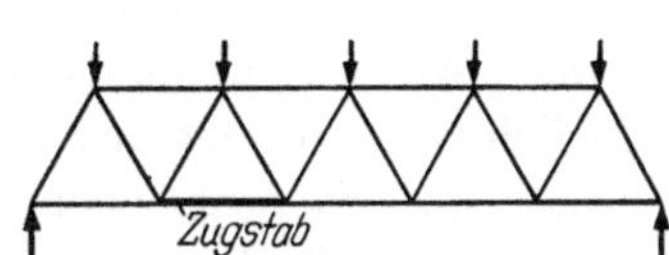

Abb. 4. Fachwerkträger.

Wir haben bisher nur von der Bruchspannung σ_{Br} gesprochen, d. h. von dem Wert, den der Quotient P/F hat, wenn der Stab bricht. Eine höhere Spannung kann in dem Stab sicher nicht vorkommen, aber es hat einen Sinn, auch dann von einer Spannung

$$\sigma = \frac{P}{F} \tag{2}$$

zu sprechen, wenn $P < P_{\mathrm{Br}}$ ist, und mit solchen Spannungen hat man es sogar in der Regel zu tun, da ja alle Bau- und Maschinenteile so bemessen werden, daß sie unter ihrer Gebrauchslast nicht brechen.

Gl. (2) stellt einen sehr einfachen, aber typischen Fall einer Festigkeitsberechnung dar. Bevor wir die Formel anwenden können, müssen wir uns die Kraft P beschaffen. Wenn der Stab ein Gewicht trägt, wie in Abb. 1, dann ist P unmittelbar gegeben. Wenn der Stab ein Untergurtstab in einem Fachwerkträger ist (Abb. 4), so müssen wir erst eine statische Berechnung aufstellen, aus der die Stabkraft entnommen werden kann. Wenn diese Vorarbeit getan ist, können wir das eigentliche Festigkeitsproblem in verschiedener Weise formulieren:

1. Der Werkstoff sei bekannt und damit σ_{Br}; wie groß muß F gewählt werden, damit σ genügend unterhalb der Bruchspannung σ_{Br} liegt? Das ist die übliche Bemessungsaufgabe.

2. Der Stabquerschnitt ist gegeben; wie groß ist σ, und liegt es hinreichend unterhalb der Bruchspannung σ_{Br}? Die Beantwortung dieser Frage ist der Sicherheitsnachweis des Tragwerks.

3. Wenn F und σ gegeben sind, d. h. die Abmessungen und der Werkstoff, so kann man P berechnen, und indem man die statische Berechnung in umgekehrtem Sinne durchläuft, findet man die auf das Tragwerk wirkenden Lasten. Dies ist die nachträgliche Tragkraftberechnung für ein bestehendes Tragwerk.

Die erste dieser Aufgaben ist die häufigste, die zweite grundsätzlich die einfachste. In vielen schwierigen Fällen kann man nur diese zweite Aufgabe lösen und muß dann die Abmessungen des Tragwerks durch Probieren bestimmen.

In der technischen Praxis genügt es natürlich nicht, daß σ gerade etwas kleiner als σ_{Br} ist. Da ein Erreichen der Bruchspannung stets eine Zerstörung des Bauteils bedeutet, muß ein solcher Spielraum zwischen der wirklichen Spannung und der Bruchspannung vorhanden sein, daß auch unter unvorhergesehenen Umständen stets $\sigma < \sigma_{Br}$ bleibt. Die Unsicherheiten, mit denen technische Festigkeitsrechnungen behaftet sind, sind zahlreich. Sie beginnen meist schon mit der Ermittlung der Belastung P. Der Querschnitt F kann kleiner sein, als er in der Zeichnung vorgesehen ist, sei es infolge Ungenauigkeit in der Herstellung, sei es durch Abnutzung, Rost oder ähnliche Einflüsse, und auch die Qualität des Werkstoffes und damit seine Bruchspannung sind nicht unbedingt verläßlich. Sehr wesentlich ist auch der Umstand, daß in den meisten Festigkeitsrechnungen vereinfachende Annahmen eingeführt werden müssen, um die Aufgaben einer einfachen Lösung zugänglich zu machen, und diese Annahmen führen zu einer Abweichung der rechnerischen Spannung σ von der Spannung σ, die wirklich in dem Bauteil vorhanden ist. Um allen diesen Unsicherheiten Rechnung zu tragen, benutzt der Ingenieur in seinen Festigkeitsrechnungen einen *Sicherheitsfaktor* n, d. h., er legt seinen Festigkeitsrechnungen nicht die im Gebrauch wirklich auftretende Last P zugrunde, sondern ein Vielfaches nP. Die Wahl des Sicherheitsfaktors hängt von mancherlei Umständen ab, von dem Verwendungszweck, von den Gefahren und Kosten, die mit einem Bruch verbunden sein würden, von der Genauigkeit und Wirklichkeitstreue der Festigkeitsrechnung, und sie ist oft durch amtliche Vorschriften festgelegt. In sehr vielen Fällen ist die in einem Bauteil auftretende Spannung der Last proportional, und es hat sich der Brauch eingebürgert, in allen diesen Fällen die Spannungsberechnung für die wirklich auftretenden Lasten durchzuführen und zu verlangen, daß die Spannung σ unterhalb eines zulässigen Wertes $\sigma_{zul} = \sigma_{Br}/n$ bleibt. Ein solches Vorgehen ist jedoch unangebracht, wenn der Zusammenhang zwischen Spannung und Last nicht linear ist. Wir werden auf S. 112 (Biegung mit versagender Zugzone), S. 186 (plastische Biegung) und S. 289 (Knickbiegung) Beispiele kennenlernen, in denen der Begriff der zulässigen Spannung nicht anwendbar ist.

Bislang haben wir nur an zylindrische oder prismatische Stäbe gedacht, d. h. an solche, deren Querschnitt an allen Stellen derselbe ist. Wenn die Querschnitte des Stabes an verschiedenen Stellen verschieden groß sind, dann interessiert vor allem der kleinste unter ihnen, da er für dieselbe Kraft N den größten Wert der Spannung σ liefert. Abb. 5 zeigt

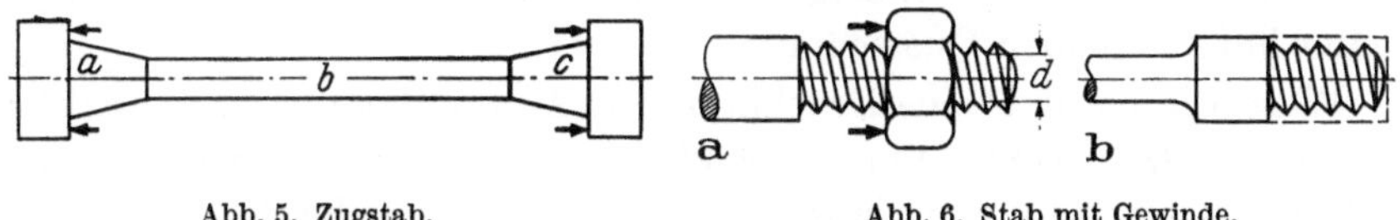

Abb. 5. Zugstab. Abb. 6. Stab mit Gewinde.

einen Zugstab, wie er in der Werkstoffprüfung verwendet wird. Die Zugkraft wird in den durch kleine Pfeile angedeuteten ringförmigen Schulterflächen eingeleitet. In den schwach kegelförmigen Abschnitten a und c sind die Querschnitte größer als in dem zylindrischen Mittelteil b, und wir finden daher die für die Zerreißlast des Stabes maßgebende Spannung, wenn wir die Zugkraft durch den Querschnitt F des zylindrischen Stabteils dividieren.

In vielen Fällen liegt die schwächste Stelle am Ende, wo der Stab mit anderen Bauteilen verbunden ist. Abb. 6a zeigt das Ende eines Rundstabes oder Bolzens, in das ein Gewinde eingeschnitten ist. Die Kraft wird an der durch kleine Pfeile angedeuteten Stelle in die Mutter eingeleitet und von dort über die Gewindegänge in den Bolzen. Der schwächste Querschnitt scheint durch den Gewindegrund zu gehen. Eine genauere Überlegung zeigt aber, daß jeder Querschnitt durch das Gewinde aus zwei Teilen besteht, einem Kreis mit dem Kerndurchmesser d und einem Anhängsel, dem Schnitt durch den Gewindewulst. Da dieses Anhängsel praktisch nichts zur Tragfähigkeit des Stabes beiträgt, sein Beitrag außerdem kaum zu erfassen ist, legt man der Spannungsberechnung den Kernquerschnitt $F = \pi d^2/4$ zugrunde. Die mit diesem Querschnitt gebildete Zugspannung σ ist höher als die mit dem Vollquerschnitt des unverschwächten Stabes berechnete. Der glatte Rundstab enthält daher mehr Material als nötig. Man formt deshalb lange Zugstangen gelegentlich so, wie es Abb. 6b zeigt, indem man verstärkte Enden anstaucht oder anschweißt und das Gewinde in diese einschneidet.

Abb. 7a zeigt einen Flachstab, der durch drei Niete oder Schrauben an zwei Bleche angeschlossen ist. Der schwächste Querschnitt geht durch die Mitte des ersten Nietlochs von links. Wenn d der Nietlochdurchmesser ist, so ist dieser Querschnitt

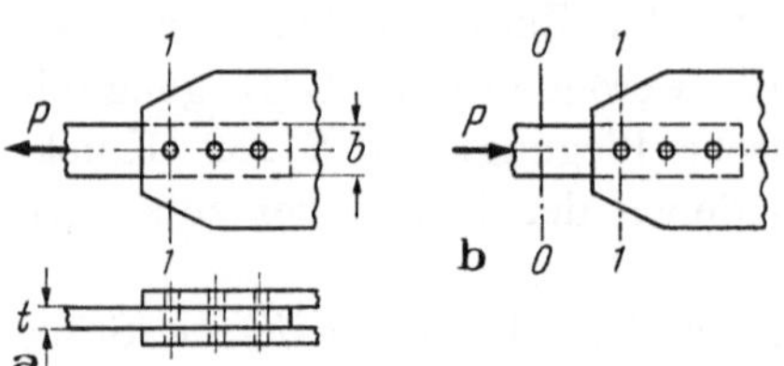

Abb. 7. Zugstab mit Nietlöchern.

$$F = (b - d) \cdot t.$$

Es gibt zwei weitere Querschnitte desselben Inhalts, nämlich durch die beiden anderen Nietlöcher. Da aber jeder Niet ein Drittel der Stabkraft aufnimmt, ist die in diesen Querschnitten noch im Stabe vorhandene Kraft nur $\frac{2}{3}P$ oder $\frac{1}{3}P$ und die Spannung daher niedriger als in dem weiter links liegenden Querschnitt.

Wenn die Kraft P eine Druckkraft ist (Abb. 7b), dann ist die Kraft im engsten Querschnitt nur $\frac{2}{3}P$, und man muß durch Probieren feststellen, welche Spannung die größere ist, für die volle Kraft im Schnitt 0—0:

$$\sigma_0 = \frac{P}{b\,t}$$

oder für $\frac{2}{3}P$ im Schnitt 1—1:

$$\sigma_1 = \frac{\frac{2}{3}P}{(b - d)t}.$$

In den beiden hier besprochenen Beispielen, dem Stab mit Gewinde und dem Stab mit Nietlöchern, muß man sich fragen, ob die stillschweigend gemachte Voraussetzung noch zutrifft, daß sich die Kraft gleichmäßig über den Querschnitt verteilt, ob es also überhaupt einen Sinn hat, einfach die übertragene Kraft durch die Querschnittsfläche zu dividieren. Wir werden auf S. 23 auf diese Frage zurückkommen.

Ein Stab aus gewöhnlichem Baustahl von 1 m Länge und 1 cm² Querschnitt wiegt 0,785 kg, aber er kann eine Zugkraft von 1200 kg sicher übertragen. Ein Duralstab derselben Abmessungen wiegt 0,27 kg und kann etwa dieselbe Last bewältigen. Seine Bruchlast liegt bei etwa 4 t. Es ist deshalb in der Regel nicht der Mühe wert, das Gewicht eines Zugstabes aus Metall bei der Berechnung der Spannung zu berücksichtigen. Ganz anders liegen die Dinge bei Bauteilen aus Beton oder Stein. Ihr Eigengewicht beeinflußt in der Regel die Festigkeit fühlbar in günstigem oder ungünstigem Sinne. Wir wollen das an den folgenden Beispielen studieren.

Der in Abb. 8 dargestellte Pfeiler trägt an seinem oberen Ende die Nutzlast P. Das spezifische Gewicht des Baustoffs sei γ. Dann ist das Gewicht des oberen Pfeilerabschnitts der Länge x

$$G = \gamma a^2 x .$$

Da in dem Pfeiler nur Druckkräfte und Druckspannungen auftreten, wollen wir diese hier als positiv betrachten. Die Längskraft im Querschnitt an der Stelle x ist dann

$$N = P + G = P + \gamma a^2 x ,$$

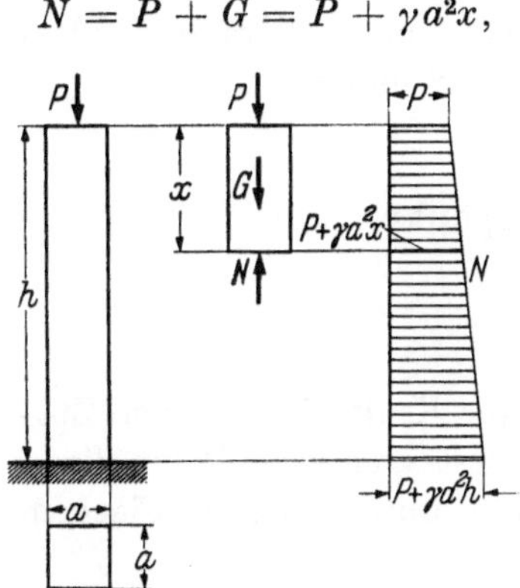

Abb. 8. Brückenpfeiler.

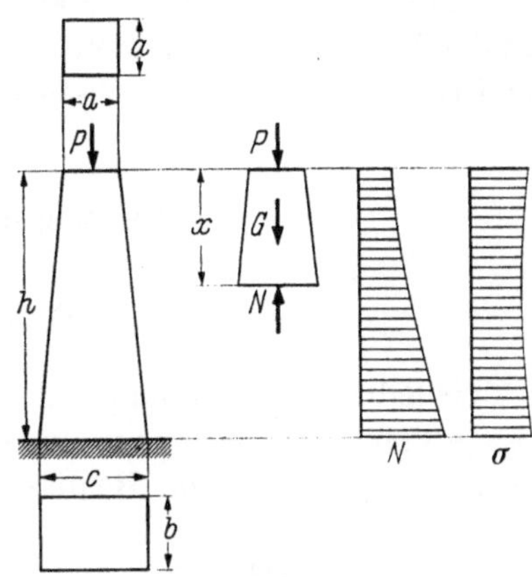

Abb. 9. Brückenpfeiler.

wächst also mit wachsendem x linear an. Das ist in dem N-Diagramm der Abb. 8 graphisch dargestellt. Die Spannung an der Stelle x ist

$$\sigma = \frac{N}{F} = \frac{P + \gamma a^2 x}{a^2} .$$

Sie wächst ebenfalls linear mit x an, so daß es sich erübrigt, ein Spannungsdiagramm besonders aufzuzeichnen. Die größte Spannung findet sich am unteren Ende des Pfeilers und ist

$$\sigma = \frac{P}{a^2} + \gamma h .$$

Wenn man den Spannungsanstieg längs des Pfeilers vermeiden oder in engen Grenzen halten will, muß man seinen Querschnitt nach unten hin zunehmen lassen, Abb. 9. Der Querschnitt an der Stelle x ist dann

$$F = \left(a + \frac{b-a}{h} x\right)\left(a + \frac{c-a}{h} x\right)$$

$$= a^2 + \frac{a}{h}(b + c - 2a)\, x + \frac{1}{h^2}(b-a)(c-a)\, x^2 .$$

Das Gewicht des Pfeilerabschnitts der Länge x ist

$$G = \gamma \int_0^x F\,dx = \gamma \left[a^2 x + \frac{a}{2h}(b + c - 2a)\,x^2 + \frac{1}{3h^2}(b - a)(c - a)x^3 \right].$$

Die Längskraft N, die mit G und P im Gleichgewicht ist, ist wieder $N = P + G$, und die Spannung ergibt sich dann als $\sigma = N/F$, wobei nun Zähler und Nenner mit x veränderlich sind. N und σ sind in Abb. 9 als Diagramme dargestellt. Man erkennt die Zunahme der Druck*kraft* mit der Tiefe, die jetzt nicht mehr linear erfolgt, und die Veränderlichkeit der Druck*spannung* im Wechselspiel zwischen N und F.

2. Querschnittsschwerpunkt

a) Definition

Wir haben die Spannung σ definiert als die Kraft, die in einem Zugstab je Flächeneinheit seines Querschnitts übertragen wird. Wenn dieser Spannung physikalische Realität zukommt, muß in jedem Flächen-

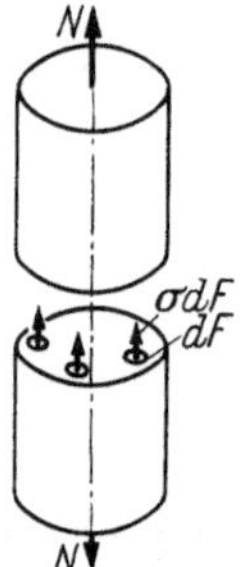

Abb. 10. Spannung im Stabquerschnitt.

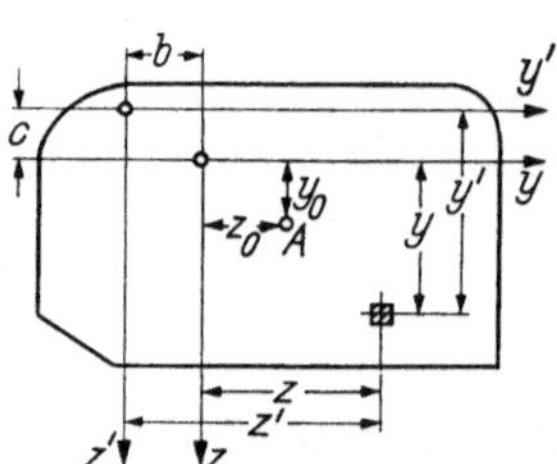

Abb. 11. Stabquerschnitt.

element dF des Querschnitts wirklich eine Kraft $\sigma\,dF$ angreifen (Abb. 10), und die Zugkraft N ist die Resultierende aller dieser kleinen Kräfte:

$$N = \int_F \sigma\,dF = \sigma \int_F dF = \sigma F.$$

Es liegt nahe, nach der Wirkungslinie dieser Kraft N zu fragen.

Der Angriffspunkt A im Querschnitt ist offenbar dadurch bestimmt, daß die Resultierende N in bezug auf jede beliebige Achse dasselbe Moment haben muß, wie alle die kleinen Kräfte $\sigma\,dF$ zusammen (Abb. 11). Der Beitrag einer Kraft $\sigma\,dF$ zum Moment in bezug auf die

y-Achse ist $z \cdot \sigma\, dF$, und das Moment aller Spannungen ist das Integral über die Querschnittsfläche. Es muß also

$$z_0 N = \int_F z\sigma\, dF = \sigma \int_F z\, dF$$

sein und entsprechend

$$y_0 N = \sigma \int_F y\, dF .$$

Die beiden letzten Integrale sind von der Größe der übertragenen Kraft unabhängig und hängen nur von der Gestalt des Querschnitts und der Wahl der Koordinatenachsen ab. Sie werden die statischen Momente des Querschnitts in bezug auf die beiden Achsen genannt:

$$S_y = \int_F z\, dF, \qquad S_z = \int_F y\, dF . \tag{3}$$

Mit dieser Bezeichnung haben wir

$$y_0 = \frac{\sigma S_z}{N} = \frac{S_z}{F}, \qquad z_0 = \frac{\sigma S_y}{N} = \frac{S_y}{F} . \tag{4}$$

Diese Formeln lassen erkennen, daß die Lage des Angriffspunktes A nicht von der Höhe der Belastung abhängt, und daß A ein ausgezeichneter Punkt im Querschnitt ist, dessen Lage aus den Querschnittsabmessungen bestimmt werden kann. Er wird der Schwerpunkt genannt. Der Name rührt daher, daß dieser Punkt identisch ist mit dem in gewöhnlicher Weise definierten Schwerpunkt einer dünnen Scheibe von überall gleicher Dicke und von derselben Form wie der Querschnitt.

Benutzt man ein zweites, zum ersten paralleles Achsenkreuz y', z', (Abb. 11), so gilt entsprechend

$$S_{y'} = \int_F z'\, dF, \qquad S_{z'} = \int_F y'\, dF,$$

Wenn man hier $z' = z + c$ einsetzt, findet man

$$S_{y'} = \int_F (z + c)\, dF = \int_F z\, dF + c \int_F dF = S_y + cF \tag{5a}$$

und entsprechend

$$S_{z'} = S_z + bF . \tag{5b}$$

Mit Hilfe dieser Formeln ist es leicht möglich, ausgehend von einem beliebigen Achsenkreuz y', z' ein dazu paralleles zu finden, für das $S_y = S_z = 0$ ist. Man braucht nur

$$b = \frac{S_{z'}}{F}, \qquad c = \frac{S_{y'}}{F}$$

zu wählen. Wenn wir dies spezielle Koordinatensystem benutzen, folgt aus den Gln. (4) das $y_0 = z_0 = 0$ ist, d. h. daß der Angriffspunkt der Längskraft im Koordinatenursprung liegt. Dieser Punkt ist also der Querschnittsschwerpunkt.

b) Praktische Berechnung der Schwerpunktslage

Tab. 2 auf S. 92/93 gibt die Lage des Schwerpunkts für eine Reihe häufig vorkommender einfacher Figuren. Wenn die y-Achse eine Symmetrieachse ist, so ist nach (3) $S_y = 0$, denn jedem Flächenelement dF mit positiver Koordinate z entspricht ein gleich großes mit der Koordinate $-z$. In symmetrischen Querschnitten liegt daher der Schwerpunkt auf der Symmetrieachse, und in doppelt symmetrischen ist er der Schnittpunkt der Symmetrieachsen.

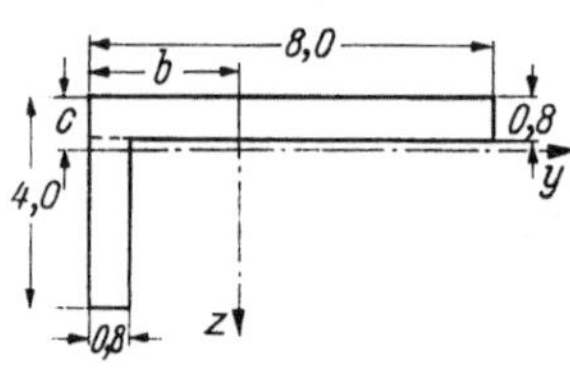

Abb. 12. Querschnitt eines Winkelstahls.

Wenn der Querschnitt aus mehreren einfachen Teilen zusammengesetzt ist, berechnet man den Flächeninhalt und die statischen Momente nicht durch formale Ausführung der Integrale, sondern durch Addition der Beiträge der Bestandteile. Als Beispiel diene das in Abb. 12 dargestellte ungleichschenklige Winkelprofil. Wir teilen den Querschnitt entsprechend der gestrichelten Trennungslinie in zwei Rechtecke und finden

$$F = 8{,}0 \cdot 0{,}8 + 3{,}2 \cdot 0{,}8 = 6{,}40 + 2{,}56 = 8{,}96 \text{ cm}^2,$$

$$S_{y'} = 6{,}40 \cdot 0{,}4 + 2{,}56 \cdot 2{,}4 = 8{,}70 \text{ cm}^3,$$

$$S_{z'} = 6{,}40 \cdot 4{,}0 + 2{,}56 \cdot 0{,}4 = 26{,}62 \text{ cm}^3$$

und daraus

$$b = \frac{26{,}62}{8{,}96} = 2{,}97 \text{ cm}, \qquad c = \frac{8{,}70}{8{,}96} = 0{,}971 \text{ cm}.$$

Die Werte für ein Normalprofil $80 \times 40 \times 8$ mm sind $F = 9{,}01 \text{ cm}^2$, $b = 2{,}94$ cm, $c = 0{,}95$ cm. Die Abweichungen rühren davon her, daß in dem Normalprofil drei der sechs Ecken ausgerundet sind. Es ist natürlich leicht möglich, die infolge der Abrundungen fehlenden oder zusätzlichen Querschnittsteile in die Zahlenrechnung aufzunehmen.

Aufgabe

1. In jedem der in den Abbildungen dargestellten Querschnitte führe ein geeignetes Koordinatensystem y', z' ein und berechne in ihm die Koordinaten b, c des Schwerpunkts. Für (a)—(d) ist formale Integration angebracht. Die anderen Aufgaben können unter Benutzung der Tab. 1 gelöst werden. (f) ist ein Stahlbauprofil, (g) ein Aluminiumprofil, (h) eine Fahrstuhlführungsschiene.

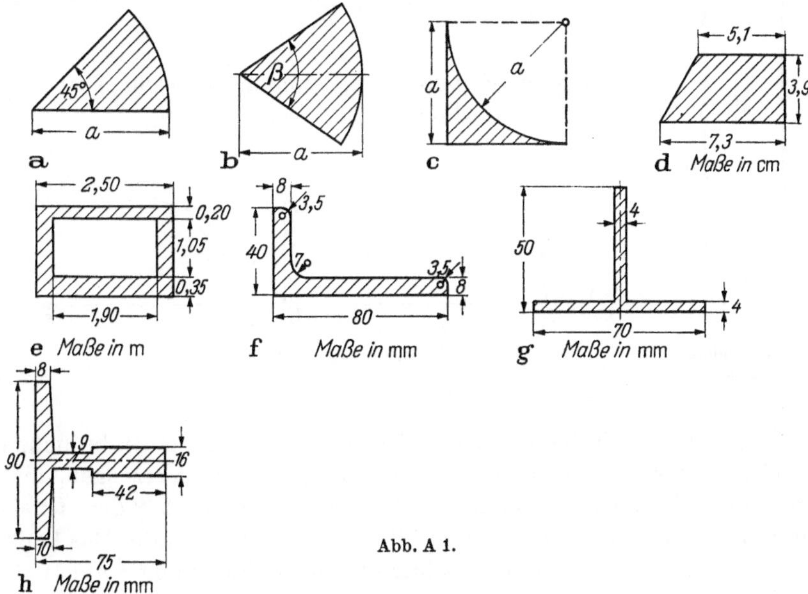

Abb. A 1.

3. Formänderung

a) Dehnung

Wenn wir einen Zugstab aus Gummi in die Hand nehmen (etwa ein Gummiband), und eine Zugkraft darauf ausüben, so sehen wir mit bloßem Auge, daß er länger wird. Wenn die Last entfernt wird, verschwindet auch die Formänderung, und das Spiel läßt sich beliebig oft wiederholen, wenn die Last in vernünftigen Grenzen gehalten wird.

An einem Draht oder Stab aus Stahl kann man eine solche Verlängerung mit bloßem Auge nicht wahrnehmen. Er erscheint vollkommen unverformbar. Wenn man aber geeignete Feinmeßgeräte an ihm befestigt, erkennt man, daß auch er unter dem Einfluß einer Zugkraft länger wird und daß er nach Beseitigung der Last wieder zu seiner ursprünglichen Länge zurückkehrt.

Es ist einleuchtend, daß die Verlängerung des Stabes von seinen Abmessungen, seinem Werkstoff und der auf ihn ausgeübten Zugkraft abhängt. Es sei Δl der Längenzuwachs, den ein bestimmter Draht oder Stab der Länge l durch eine bestimmte Kraft P erfährt. Wenn wir zwei solche Stäbe aneinander hängen (Abb. 13), dann addieren sich ihre Längenänderungen zu $2\Delta l$. Ceteris paribus ist also die Längenänderung Δl eines Stabes seiner Länge l proportional, und wir können erwarten, zu einem tieferen Verständnis des Vorganges zu kommen, wenn wir den Quotienten

$$\varepsilon = \frac{\Delta l}{l} \tag{6}$$

betrachten. Er wird als „Dehnung" bezeichnet und ist eine dimensionslose Größe.

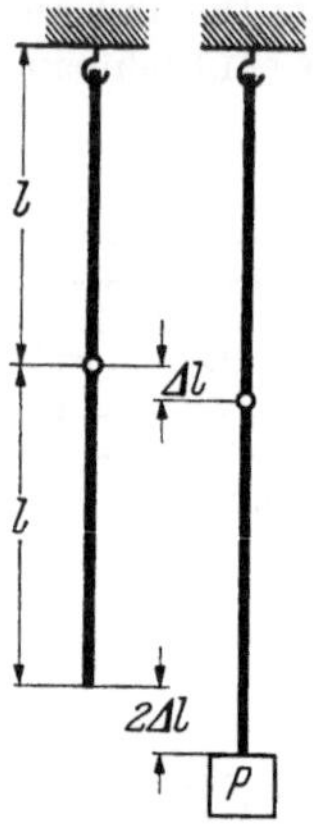

Abb. 13. Dehnung eines Zugstabes.

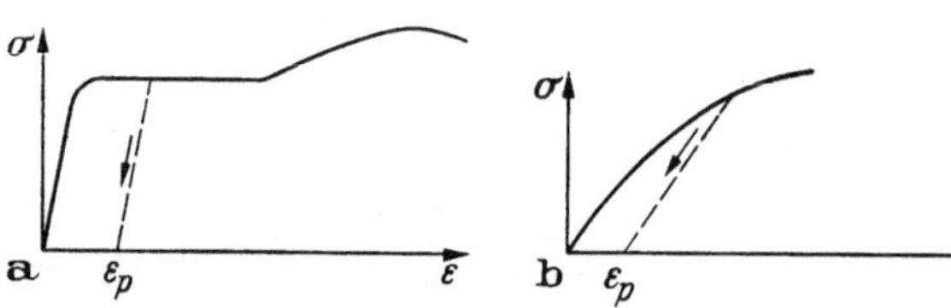

Abb. 14. Spannungs-Dehnungs-Kurven.

Wenn wir zwei Stäbe nebeneinander hängen (Abb. 3, S. 3), brauchen wir offenbar zwei Gewichte P, um dieselbe Dehnung zu erzeugen, und allgemein ist für dieselbe Dehnung ε die erforderliche Last P dem Querschnitt F proportional, der Quotient P/F also eine Konstante. Das heißt aber nichts anderes als daß die Dehnung von der Spannung σ abhängt:

$$\varepsilon = f(\sigma).$$

Wie diese Funktion im einzelnen aussieht, hängt vom Werkstoff ab und kann nur empirisch festgestellt werden. Zu diesem Zwecke bringt man an einem Zugstab ein Meßgerät an, daß an den Enden einer Meßstrecke (meist 2 cm, 5 cm oder 10 cm) den Stab mit zwei Schneiden berührt. Die sehr kleine Abstandsänderung, die diese Schneiden erfahren, wenn der Stab belastet wird, wird durch eine Hebelübersetzung vergrößert.

Aus der mit einem dieser Instrumente (oder einem ähnlichen) gemessenen Verlängerung Δl und der Meßlänge l berechnet man die Dehnung ε, aus der an der Festigkeitsmaschine abgelesenen Zugkraft P und dem Stabquerschnitt die Spannung σ. Abb. 14 zeigt zwei typische Ergebnisse solcher Messungen, eines für Stahl, eines für Messing.

Wenn der Stab entlastet wird, kehrt der Diagrammpunkt nicht immer auf derselben Kurve zurück, sondern meistens auf einem Wege, der weiter rechts liegt, so daß auch bei voller Entlastung eine gewisse Dehnung zurückbleibt (gestrichelte Kurven). Wenn die größte im Versuch erreichte Spannung nicht zu hoch ist, fällt der gestrichelte Rückweg praktisch mit dem vollgezeichneten Hinweg zusammen, und die Dehnung verschwindet vollkommen, wenn $\sigma = 0$ wird. Ein solches Verhalten des Werkstoffs wird elastisch genannt. Die meisten Metalle sind innerhalb der technisch zugelassenen Spannungen elastisch, aber sie zeigen alle unelastisches Verhalten, wenn die Spannung zu hoch getrieben wird. Diese Erscheinung ist — neben der Notwendigkeit eines Sicherheitsspielraums — ein wichtiger Grund dafür, daß man die zulässige Spannung jedes Werkstoffs beträchtlich unterhalb seiner Bruchspannung hält.

Die Spannungs-Dehnungs-Kurve für Stahl (Abb. 14a) zeigt eine wesentliche Eigentümlichkeit. Ihr erster, steil ansteigender Teil ist mit großer Genauigkeit eine gerade Linie, und nach einem kurzen Übergangsbogen folgt eine andere, diesmal waagerechte, Gerade. Beide sind für die Spannungsuntersuchung von Bau- und Maschinenteilen von großer Bedeutung.

In dem steilen Teil der Spannungs-Dehnungs-Kurve sind Spannung und Dehnung einander proportional, d. h. es ist

$$\varepsilon = \frac{\sigma}{E} \tag{7}$$

mit konstantem E. Da ε dimensionslos ist, hat E die Dimension einer Spannung, und da ε eine sehr kleine Größe ist, muß E viel größer sein als jede in dem Werkstoff mögliche Spannung. Die Größe E wird Elastizitätsmodul genannt, und Gl. (7) heißt das Hookesche Gesetz.

Da sich für Stahl der Bereich linearen Formänderungsverhaltens ziemlich gut mit dem Bereich elastischen Verhaltens deckt und da infolgedessen die technisch auftretenden Spannungen stets innerhalb des Gültigkeitsbereiches der Gl. (7) liegen, kommt dieser Beziehung große praktische Bedeutung zu. Alle Festigkeitsrechnungen werden wesentlich einfacher, wenn man das Hookesche Gesetz anstelle irgendeines anderen, empirisch gewonnenen Zusammenhangs nach Art der Abb. 14b benutzt, und die meisten mathematisch schwierigen Festigkeitsuntersuchungen würden hoffnungslos verwickelt werden, wenn man auf das lineare Elastizitätsgesetz verzichten wollte. Man ist daher in den meisten Fällen gezwungen, es als eine mehr oder minder gute Annäherung für alle Werkstoffe zu verwenden, indem man entweder die Anfangstangente der Spannungs-Dehnungs-Kurve benutzt oder eine Sekante, die vom Nullpunkt zu einem in der Nähe der zulässigen Spannung liegenden Wert verläuft.

Der zweite interessante Teil der Spannungs-Dehnungs-Kurve des Stahls ist die waagerechte Gerade. Sie beschreibt einen stetigen Längenzuwachs des Stabes unter konstanter Spannung, der als Fließen bezeichnet wird. Dieser Formänderungsvorgang ist nicht umkehrbar; d. h. wenn die Spannung verkleinert wird, nimmt die während des Fließens erzeugte Dehnung nicht wieder ab. Nur der elastische Anteil der Dehnung verschwindet, wie das in Abb. 14a durch die gestrichelte Linie angedeutet ist. Das Fließen erzeugt eine bleibende Dehnung ε_p, die für $\sigma = 0$ auf der ε-Achse abgelesen werden kann. Die Spannung, unter der Fließen stattfindet, wird als Fließgrenze bezeichnet. Da an dieser Grenze die Formänderung stark anwächst und gewöhnlich unerwünschte Ausmaße annimmt, ist sie eine wichtige Grenze für die praktische Ausnutzung des Werkstoffs.

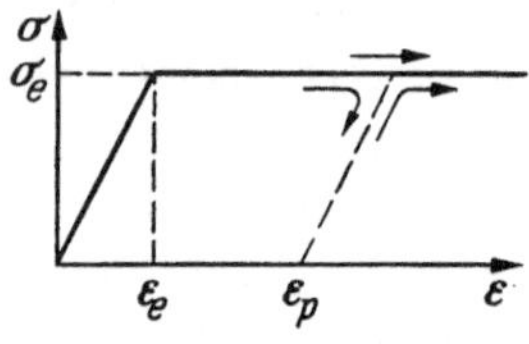

Abb. 15. Spannungs-Dehnungs-Kurve eines ideal-plastischen Werkstoffs.

Der Übergangsbogen zwischen Hookeschem (elastischem) Verhalten und freiem Fließen ist verhältnismäßig kurz und hängt in seinen Einzelheiten nicht nur vom Werkstoff, sondern auch von der benutzten Versuchseinrichtung ab, insbesondere von der elastischen Formänderung der Belastungsvorrichtung. Es hat sich gezeigt, daß man in der Spannungsberechnung von Bauteilen (z. B. Balken und Wellen) einfache, praktisch brauchbare Ergebnisse erhalten kann, wenn man den Übergangsbogen vernachlässigt und der Rechnung einen Idealwerkstoff zugrunde legt, dessen Spannungs-Dehnungs-Verhalten durch Abb. 15 dargestellt wird. Dieser „ideal-plastische Werkstoff" gehorcht dem Hookeschen Gesetz für $\sigma \leqq \sigma_e$, $\varepsilon \leqq \varepsilon_e$. Die Spannung σ_e ist die Grenze des elastischen Verhaltens und ist die höchste Spannung, die in dem Werkstoff auftreten kann. Sobald diese Spannung erreicht ist, kann die Dehnung monoton anwachsen, jedoch niemals abnehmen. Wie weit sie anwächst, hängt nicht von der Spannung ab, kann aber dadurch beschränkt sein, daß der Stab nur ein Teil eines größeren Ganzen ist und daher mit der elastischen Formänderung benachbarter Bauteile Schritt halten muß. Wenn die Spannung abnimmt, folgt die Dehnung der gestrichelten Geraden, die der Hookeschen Geraden parallel ist, und für alle Spannungsänderungen mit $0 \leqq \sigma \leqq \sigma_e$ verhält sich der Werkstoff elastisch in dem Sinne, daß alle zusätzlich zu der schon vorhandenen bleibenden Dehnung ε_p auftretenden Dehnungen der Spannung proportional sind. Sobald die Spannung wieder den Wert σ_e erreicht, kann neues Fließen auftreten. Wir werden auf S. 181 sehen, wie man von diesem hypothetischen Werkstoff Gebrauch macht um Spannungs- und Formänderungsaufgaben zu lösen.

In Abb. 14a folgt dem freien Fließen für hinreichend große Dehnungen ein erneuter Anstieg der Spannung, der als Verfestigung bezeichnet wird. In diesem Bereich nimmt die Verlängerung des Stabes solche Ausmaße an, daß (zur Erhaltung eines einigermaßen konstanten Volumens, s. S. 22) der Querschnitt des Stabes merklich abnimmt. Diese Erscheinung hat einen wesentlichen Einfluß auf die Definition der Spannung. Ursprünglich definierten wir die Zugspannung σ als die Zugkraft je Einheit der Querschnittsfläche. Wenn der Zugstab den Verfestigungsbereich erreicht hat, müssen wir uns entscheiden, ob wir die Kraft je Einheit des ursprünglichen oder des tatsächlichen Querschnitts meinen. Jede dieser Definitionen hat ihren Platz in der Untersuchung von Spannungen und Formänderungen. Wenn wir die Tragfähigkeit eines Stabes voraussagen wollen, so fragen wir nach der Last P_{Br}, unter der er bricht, und wir kennen den ursprünglichen Querschnitt F. Wir brauchen daher den auf diesen Querschnitt bezogenen Wert σ_{Br}, die „Nennspannung", an der Bruchgrenze und können daraus $P_{\mathrm{Br}} = F\sigma_{\mathrm{Br}}$ berechnen. Die auf den tatsächlichen Querschnitt bezogene „wahre Spannung" ist hier nutzlos, da wir den wahren Querschnitt nicht kennen. Wenn man anderseits die Physik des Bruchvorgangs studieren will, ist es natürlich wesentlich, die je Einheit des tatsächlich vorhandenen Querschnitts übertragene Kraft zu kennen.

Der im Verfestigungsbereich mögliche Anstieg der Spannung über die Fließgrenze hinaus stellt eine Tragfähigkeitsreserve dar, die zwischen dem Unbrauchbarwerden eines Bauteils und der vollendeten Katastrophe steht, aber ihre praktische Ausnutzung ist in fast allen Fällen unangebracht wegen der in diesem Bereich auftretenden allzugroßen Formänderungen. Wir werden uns daher in diesem Buche, allgemeinem Gebrauche folgend, in der Regel auf elastisches Verhalten gemäß Gl. (7) beschränken und an geeigneter Stelle ideal-plastisches Verhalten in den Kreis unserer Betrachtungen ziehen. Die für elastisches Verhalten gültigen Beziehungen werden in praktischen Festigkeitsberechnungen sehr allgemein auf Werkstoffe aller Art angewandt. Es sei daher hier darauf hingewiesen, daß das Hookesche „Gesetz" nicht ein allgemeingültiges Naturgesetz ist, wie etwa die Gleichgewichtsbedingungen, sondern eine mehr oder minder gute lineare Annäherung an das wirkliche Formänderungsverhalten der Werkstoffe. Es kann daher in der Regel nicht das Ziel einer Festigkeitsberechnung sein, Zahlenwerte von vielstelliger Genauigkeit für Spannungen σ und Dehnungen ε zu liefern, sondern solche Rechnungen sollen zeigen, wo die Gefahrenpunkte liegen, wie groß die höchsten vorkommenden Spannungen etwa sind, und wie sie sich durch konstruktive Maßnahmen beeinflussen lassen. Wenn man gegenüber Festigkeitsberechnungen diesen Standpunkt einnimmt, dann verlohnt sich manche recht mühsame und kostspielige Rechnung, selbst wenn die Zahlenergebnisse gelegentlich um 50% daneben gehen sollten.

Aufgaben

2. Ein Drahtseil ist spannungslos auf eine Trommel gewickelt. Es wird abgewickelt und in einen Bergwerksschacht von 620 m Tiefe hinuntergelassen. Es trägt nur sein Eigengewicht und keine Nutzlast. (a) Um wieviel ist das freihängende Kabel länger als das unbelastete auf der Trommel? Spez. Gewicht $\gamma = 7{,}85\ \mathrm{kg/dm^3}$, wirksamer Elastizitätsmodul $E = 900\ \mathrm{t/cm^2}$. Dieser Modul ist kleiner als der des Kabelwerkstoffes (Stahl), weil sich ein geflochtenes Seil oder Kabel auch infolge einer Streckung der Litzen dehnt. (b) Wie tief darf der Schacht sein, wenn die Spannung im Kabel den Wert $\sigma_{\mathrm{zul}} = 1300\ \mathrm{kg/cm^2}$ nicht überschreiten soll?

3. Ein zylindrischer Stahlstab von 40 cm Länge rotiert nach Art eines Propellers um eine zu seiner eigenen senkrechte Achse. Die zulässige Spannung ist $\sigma_{\mathrm{zul}} = 800\ \mathrm{kg/cm^2}$. Berechne (a) die zulässige Winkelgeschwindigkeit ω, (b) die elastische Längenänderung des Stabes. (c) Um wieviel kann ω gesteigert werden, wenn ein besserer Stahl mit $\sigma_{\mathrm{zul}} = 1400\ \mathrm{kg/cm^2}$ benutzt wird?

4. Die Abbildung zeigt einen Schraubenbolzen im Innern eines Rohres (Maße in mm). Beide sind aus Stahl ($E = 2{,}1 \cdot 10^6\ \mathrm{kg/cm^2}$). Wenn eine der Muttern angezogen wird, dehnt sich der Bolzen, während das Rohr zusammengedrückt wird.

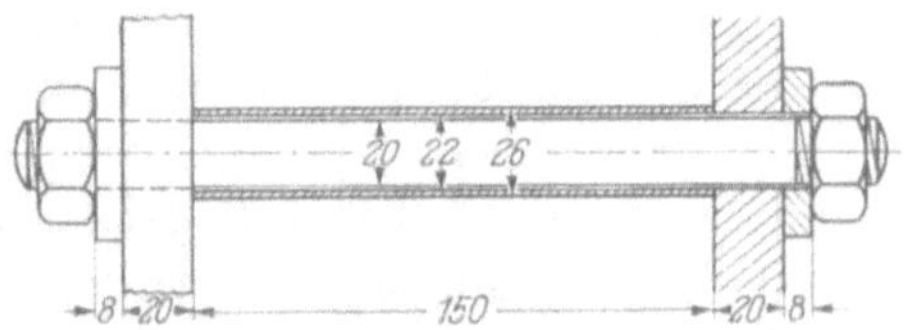

Abb. A 4.

Die Ganghöhe der Schraube ist 2,5 mm. Um welchen Winkel muß die Mutter gedreht werden, wenn in dem Rohr die Druckspannung $\sigma = 1{,}4\ \mathrm{t/cm^2}$ erreicht werden soll? Vernachlässige die Formänderung der beiden Stahlplatten und des in den Muttern steckenden Teils der Schraube!

5. Die Abbildung zeigt einen Stab von kreisförmigem Querschnitt, der in der Mitte dicker ist als an den Enden. Der Durchmesser an einer beliebigen Stelle ist

$$d = d_2 - \frac{4x^2}{l^2}(d_2 - d_1).$$

An den Enden wirkt eine Zugkraft P. Da die Zugspannung σ längs des Stabes veränderlich ist, dehnt sich jedes Längenelement dx in verschiedenem Maße. Die Längenänderung des Stabes ist das Integral über die Beiträge aller Elemente.

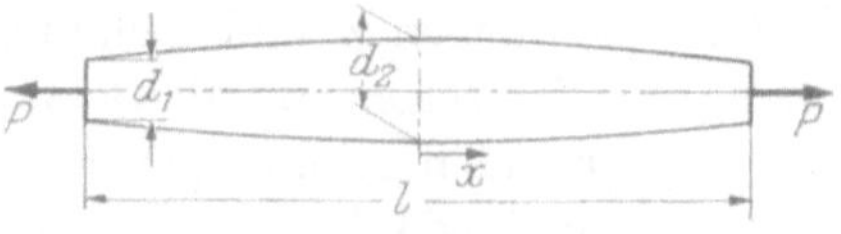

Abb. A 5.

Berechne diese Längenänderung! Die Integration kann in allgemeiner Form ausgeführt werden oder als numerische Integration für die folgenden Zahlenwerte: $d_1 = 12\ \mathrm{mm}$, $d_2 = 20\ \mathrm{mm}$, $l = 2{,}30\ \mathrm{m}$, $P = 690\ \mathrm{kg}$, $E = 800\ \mathrm{t/cm^2}$.

b) Statisch unbestimmte Systeme

Fälle, in denen die Formänderung eines Bauteils oder Maschinenteils unmittelbar interessiert, sind verhältnismäßig selten. Es gibt jedoch eine große Anzahl von Fragestellungen, für deren Beantwortung die Untersuchung der Formänderung ein notwendiges Hilfsmittel ist. Wir wollen das an einem einfachen Beispiel kennenlernen.

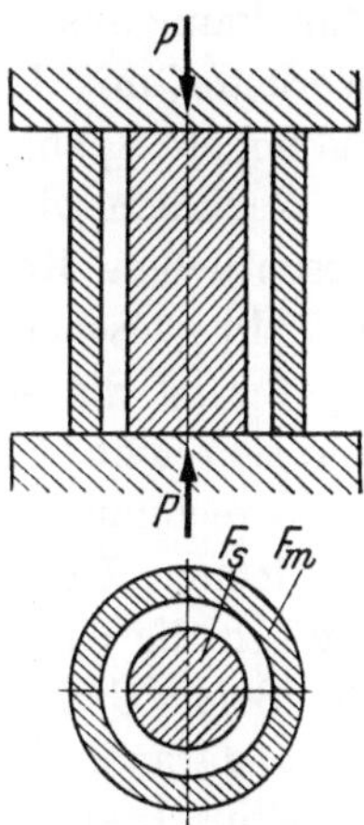

Abb. 16. Zwei konzentrische Druckstäbe.

Wir nehmen ein Stück Messingrohr und stecken ein genau gleich langes Stück Rundstahl hinein (Abb. 16). Dann bringen wir beide zusammen in eine Presse und üben eine Druckkraft P darauf aus. Wir fragen nach der Größe der Spannungen im Messingrohr und im Stahlstab. Sicher können wir nicht einfach die Kraft P durch die Summe der Querschnitte der beiden Teile dividieren. Es muß irgendwie zum Ausdruck kommen, daß die beiden Werkstoffe ein verschiedenes Formänderungsverhalten haben.

Wir wollen, wie in allen ähnlichen Untersuchungen, annehmen, daß für beide Werkstoffe das Hookesche Gesetz gilt. Der Elastizitätsmodul des Messings sei E_m, der des Stahls E_s. Wenn wir noch die dem Messing und dem Stahl zufallenden Teile der Druckkraft P mit P_m und P_s bezeichnen, so sind die Spannungen in den beiden Teilen

$$\sigma_m = -P_m/F_m \qquad \text{und} \qquad \sigma_s = -P_s/F_s$$

und die Dehnungen

$$\varepsilon_m = -P_m/E_m F_m \qquad \text{und} \qquad \varepsilon_s = -P_s/E_s F_s .$$

Zwischen den starren Platten der Presse muß offensichtlich die elastische Verkürzung des Rohres gleich der des Kerns sein, d. h. die Dehnungen ε_m und ε_s müssen übereinstimmen. Das liefert die Gleichung

$$\frac{P_m}{E_m F_m} - \frac{P_s}{E_s F_s} = 0 . \tag{8a}$$

Anderseits ist

$$P_m + P_s = P . \tag{8b}$$

Das sind zwei lineare Gleichungen, aus denen wir P_m und P_s ausrechnen können. Wir finden

$$P_m = \frac{P E_m F_m}{E_m F_m + E_s F_s}, \qquad P_s = \frac{P E_s F_s}{E_m F_m + E_s F_s} .$$

Wenn wir jede Kraft durch die entsprechende Querschnittsfläche dividieren, erhalten wir die Spannungen

$$\sigma_m = \frac{P E_m}{E_m F_m + E_s F_s}, \qquad \sigma_s = \frac{P E_s}{E_m F_m + E_s F_s}.$$

Man kann aus diesen Formeln ablesen, daß $\sigma_m : \sigma_s = E_m : E_s$ ist. Der Werkstoff mit dem höheren Elastizitätsmodul (hier der Stahl) hat also die höhere Spannung.

Nachdem wir die Aufgabe gelöst haben, wollen wir versuchen, ihren wesentlichen Kern herauszuschälen. Gl. (8b) beschreibt das Gleichgewicht zwischen der äußeren Kraft P und den inneren Kräften P_m und P_s. Sie ist die einzige Gleichgewichtsaussage, die wir machen können, und sie reicht offenbar nicht aus, um die beiden Unbekannten P_m und P_s zu berechnen. Aufgaben dieser Art werden als statisch unbestimmt bezeichnet. Um die Verteilung der Kraft P zu finden, mußten wir zusätzlich die Gl. (8a) aufstellen, die eine Aussage über Formänderungen ist. Beide Gleichungen zusammen machen die Aufgabe bestimmt. Es folgt daraus, daß das Formänderungsverhalten der Werkstoffe das Ergebnis beeinflußt. Wenn plastisches Fließen eintritt, oder wenn aus anderem Grunde das Hookesche Gesetz nicht anwendbar ist, ändern sich die Kräfte P_m und P_s. Auch eine elastische oder unelastische Nachgiebigkeit der Druckplatten der Presse beeinflußt das Ergebnis. Wenn man alle diese Einflüsse in Rechnung stellen will, kann die Aufgabe recht verwickelt werden, und es ist nicht immer leicht, vor Beginn einer Untersuchung die wesentlichen Einflüsse zu erkennen und von den unwesentlichen zu trennen. Man kann sich aber sehr oft nachträglich ein Urteil darüber verschaffen, ob man nichts wesentliches vernachlässigt hat. In unserem Falle würde es zum Beispiel nützlich sein, für den wirklich errechneten Wert der Kraft P nachzuprüfen, ob der Modul E_m das elastische Verhalten des Messings in dem in Frage kommenden Spannungsbereich einigermaßen richtig darstellt. Man könnte auch die tatsächliche Verkürzung der beiden Metallstücke ausrechnen und versuchen, sich Rechenschaft darüber abzulegen, ob die Formänderung der Druckplatte wirklich vernachlässigbar klein oder etwa von derselben Größenordnung ist.

4. Wärmespannungen

Das Hookesche Gesetz (7) verknüpft Spannungen und Dehnungen miteinander. Es ist jedoch möglich, eine Dehnung auch ohne Einwirkung mechanischer Spannungen zu erzeugen, etwa durch Erwärmen. Wenn ein Stab der Länge l eine Temperaturerhöhung T erfährt, ändert sich seine Länge um

$$\Delta l = l\alpha T,$$

wo α der (lineare) Ausdehnungskoeffizient des Werkstoffs ist. Wie man in Physikbüchern nachlesen kann, hängt α nicht nur vom Werkstoff, sondern in geringem Maße auch von der Temperatur ab. Wir wollen diese letztere Abhängigkeit hier beiseite lassen und, wenn nötig, denjenigen Wert von α benutzen, der zu dem in Frage kommenden Temperaturbereich am besten paßt.

Wir können auf die Verlängerung Δl die Definition (6) anwenden und erhalten dann die Wärmedehnung

$$\varepsilon = \alpha T.$$

Wenn eine Temperaturerhöhung T und eine Spannung σ zusammen wirken, addieren sich die Dehnungen, und wir haben

$$\varepsilon = \frac{\sigma}{E} + \alpha T. \tag{9}$$

Wie man aus dieser Gleichung abliest, ist es möglich, daß eine negative Spannung und eine Temperaturerhöhung (oder eine Zugspannung und eine Temperaturabnahme) so zusammenwirken, daß die Dehnung $\varepsilon = 0$ ist. Dieser Fall tritt immer dann ein, wenn sich die Temperatur in einem Stabe ändert, der so befestigt ist, daß sich seine Enden nicht gegeneinander verschieben können. Ein Beispiel dafür ist das lückenlos geschweißte Gleis. Wenn die Schienen bei einer Wintertemperatur von $-10\,°\mathrm{C}$ verlegt und zusammengeschweißt werden und sich im Sommer unter Sonnenbestrahlung auf $+60\,°\mathrm{C}$ erwärmen, ist die Temperaturerhöhung $T = 70\,°\mathrm{C}$. Der Wärmedehnungskoeffizient des Stahls ist $\alpha = 1{,}15 \cdot 10^{-5}/°\mathrm{C}$, sein Elastizitätsmodul $E = 2{,}1 \cdot 10^6\ \mathrm{kg/cm^2}$, und aus Gl. (9) folgt mit $\varepsilon = 0$:

$$\sigma = -E\varepsilon T = -2{,}1 \cdot 10^6 \cdot 1{,}15 \cdot 10^{-5} \cdot 70 = -1690\ \mathrm{kg/cm^2},$$

also eine ganz beträchtliche Druckspannung. Eine Zugspannung gleicher Größe entsteht, wenn die Schienen mit einer Temperatur von $+60\,°\mathrm{C}$ verlegt werden und sich im Winter auf $-10\,°\mathrm{C}$ abkühlen.

In diesem Beispiel hängt die Wärmespannung nicht vom Schienenquerschnitt ab. Das ist immer dann der Fall, wenn der Stab auf seine ganze Länge denselben Querschnitt hat. Wenn die Endpunkte festgehalten sind, verschieben sich dann auch die Zwischenpunkte nicht. Wenn der Stabquerschnitt veränderlich ist, ist die Aufgabe etwas schwieriger. Wir wollen das an dem in Abb. 17a dargestellten Stab studieren. Wenn wir sein rechtes Ende C frei machen (Abb. 17b) und ihn dann um T erwärmen (Abb. 17c), so verschiebt sich der Punkt B um $u_B = \alpha T l_1$, der Punkt C um $u_C = \alpha T(l_1 + l_2)$. Wir müssen nun am Ende C eine Druckkraft P anbringen, die den Stab auf seine ursprüngliche Länge $l_1 + l_2$ zusammendrückt. Eine Kraft dieser Größe muß in dem Stabe entstehen, wenn man ihn erwärmt, ohne das Ende freizugeben.

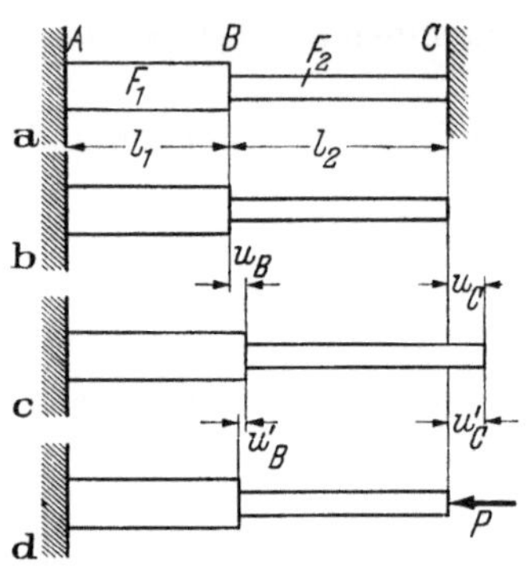

Abb. 17. Wärmedehnung.

Die Druckkraft P erzeugt im linken Stabteil die Druckspannung $\sigma_1 = P/F_1$ und verkürzt ihn um

$$u_B' = \frac{\sigma_1}{E} l_1 = \frac{P l_1}{E F_1}.$$

Der rechte Stabteil verkürzt sich entsprechend um $P l_2/E F_2$, und die Endverschiebung ist die Summe der beiden Verkürzungen:

$$u_{C'} = \frac{P}{E}\left(\frac{l_1}{F_1} + \frac{l_2}{F_2}\right).$$

Damit der Stab zwischen die in Abb. 17a gezeichneten festen Widerlager paßt, muß $u_C' = u_C$ sein, und daraus folgt

$$P = \frac{E\alpha T(l_1 + l_2)}{l_1/F_1 + l_2/F_2} = E\alpha T \frac{(l_1 + l_2)F_1 F_2}{l_1 F_2 + l_2 F_1}.$$

Wenn $F_2 < F_1$ ist, so ist $\sigma_2 > \sigma_1$, und die größte Druckspannung ist

$$\sigma_2 = E\alpha T \frac{(l_1 + l_2)F_1}{l_1 F_2 + l_2 F_1} > E\alpha T.$$

Der Punkt B erfährt eine Rechtsverschiebung

$$u_B - u_B' = \alpha T\left[l_1 - \frac{l_1(l_1 + l_2)F_2}{l_1 F_2 + l_2 F_1}\right] = \alpha T \frac{l_1 l_2 (F_1 - F_2)}{l_1 F_2 + l_2 F_1}.$$

Aufgaben

6. Ein schwerer Maschinensatz (Gewicht $G = 2560$ kg) hängt an vier Drahtseilen. Die Länge jedes Seils vom Aufhängepunkt bis zur Winde ist $l = 7{,}70$ m. Während des Anhebens trägt jedes Seil $\frac{1}{4}$ der Last. Wegen einer Störung in einer Winde muß das Seil 1 entspannt werden. Das führt zu einer Änderung der Lastverteilung in den anderen Seilen, insbesondere zu einer höheren Beanspruchung des Seils 2 und damit zu einer Drehung der Maschine. (a) Berechne die Kräfte in den Seilen 2, 3, 4. (b) Um wieviel senkt sich der Schwerpunkt der Last? (c) Um welchen Winkel und in welchem Sinne dreht sich die Last?

Metallischer Querschnitt eines Drahtseils: $F = 57{,}3\ \text{mm}^2$, wirksamer Elastizitätsmodul (s. Aufgabe 2, S. 16): $E = 900\ \text{t/cm}^2$.

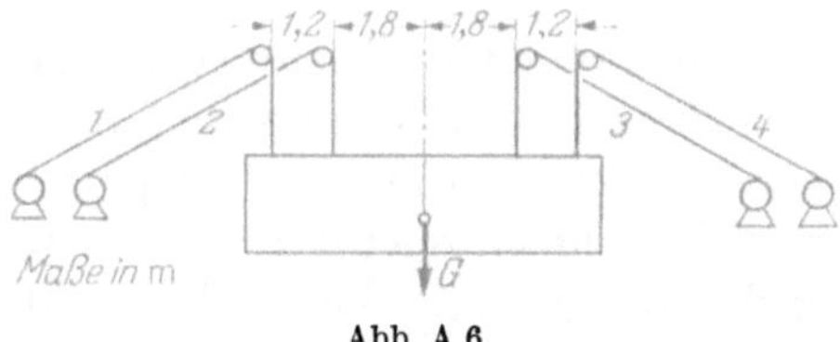

Abb. A 6.

7. Die Abbildung zeigt einen Abstandhalter zwischen zwei Stahlplatten (Maße in mm). Das Rohr ist aus Messing ($E = 800\ \text{t/cm}^2$, $\alpha = 19 \cdot 10^{-6}/°\text{C}$), der Bolzen aus Stahl ($E = 2100\ \text{t/cm}^2$, $\alpha = 10 \cdot 10^{-6}/°\text{C}$). Die Ganghöhe der Schraube ist 3 mm. (a) Welche Spannungen werden im Bolzen und im Rohr erzeugt, wenn die Mutter um 60° gedreht wird? (b) Welche Abkühlung von Rohr und Bolzen würde diese Spannungen beseitigen?

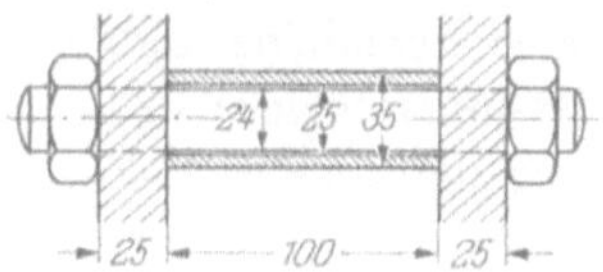

Abb. A 7.

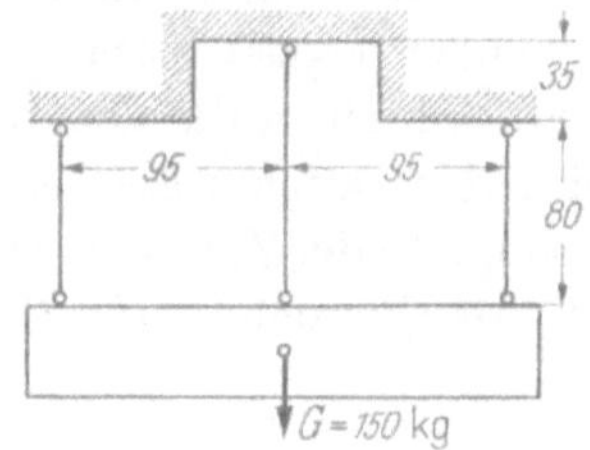

Abb. A 8.

8. Ein starrer Gegenstand ist an drei Messingdrähten ($E = 800\ \text{t/cm}^2$, Durchmesser $d = 2$ mm) aufgehängt. Da das System statisch unbestimmt ist, kann man die Zugkräfte in den Drähten zu einem gewissen Grade beeinflussen (z. B. durch Spannschlösser). (a) Berechne die Drahtkräfte unter der Annahme, daß der linke Draht 60 kg trägt. (b) Wie ändern sich die Kräfte, wenn man die Drähte um 50 °C erwärmt (abkühlt)? Wird dabei der eine oder andere der Drähte schlaff werden? $\alpha = 19 \cdot 10^{-6}/°\text{C}$, Maße in cm.

9. Die Abbildung zeigt in vereinfachter Form eine Hebel- und Stangenanordnung, wie sie zum Stellen von Weichen in Gebrauch ist. Die Stangen AB und CD sind Stahlrohre ($F = 2{,}02\ \text{cm}^2$); der gleicharmige Hebel BC ist so kurz, daß seine Verbiegung vernachlässigt werden kann. Punkt A ist festgehalten. (a) Um wieviel verschiebt sich D nach links, wenn die Rohre um 40 °C erwärmt werden? (b) Um wieviel verschiebt sich D nach links, wenn dort eine Druckkraft $P = 100$ kg angebracht wird? (c) Welche Kraft (Zug oder Druck) muß *daher* im Querschnitt D angebracht werden, wenn sich dieser Punkt während der Erwärmung nicht verschieben soll?

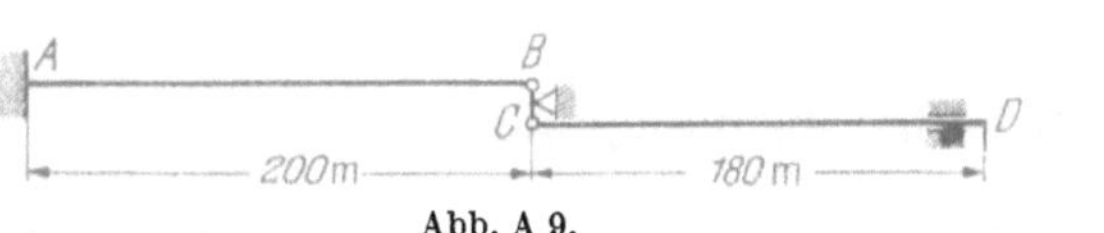

Abb. A 9.

14 Φmm
25 cm
25 cm

Abb. A 10.

10. Wenn Beton erhärtet, schwindet er. Der Gesamtbetrag entspricht etwa einer Verkürzung $\varepsilon = -15 \cdot 10^{-5}$. In einer Säule mit Längsbewehrung (s. Abbildung) erzeugt das Schwinden im Beton eine Zugspannung und im Stahl eine Druckspannung. Berechne diese Spannungen für den dargestellten Querschnitt (Beton : $E = 1.4 \cdot 10^5\ \text{kg/cm}^2$, Stahl: $E = 2{,}1 \cdot 10^6\ \text{kg/cm}^2$).

5. Querdehnung

Wenn man an einem Gummifaden zieht, sieht man, daß er nicht nur länger, sondern auch dünner wird. Wenn man ein Stück Radiergummi zwischen den Fingern drückt, sieht man die entsprechende Erscheinung: In Druckrichtung wird es kürzer, quer dazu dicker. In beiden Fällen ist mit der Änderung der Länge auch eine Änderung des Volumens verbunden, aber die Volumänderung bleibt hinter der Längenänderung zurück.

Eine Querverformung dieser Art findet sich auch bei anderen Werkstoffen, sehr ausgeprägt bei den Metallen, weniger deutlich bei Steinen und Beton, fast gar nicht bei manchen porösen Stoffen. Sie wird als (positive oder negative) Querdehnung bezeichnet.

Wir beschreiben die Querdehnung ähnlich wie die Längsdehnung ε. Es sei d der Durchmesser eines Stabes oder irgendeine andere Querabmessung, Δd der Zuwachs, den diese Abmessung infolge einer Belastung erfährt. Als Querdehnung definieren wir dann die dimensionslose Größe

$$\varepsilon_q = \frac{\Delta d}{d}. \tag{10}$$

Unter einer Zugbelastung ist Δd und damit auch ε_q negativ, unter einer Druckbelastung positiv. Die Erfahrung zeigt, daß auch diese Größe mit mehr oder weniger guter Annäherung der Normalspannung σ proportional ist. Man schreibt

$$\varepsilon_q = -\nu \frac{\sigma}{E}. \tag{11}$$

Die Größe ν, eine dimensionslose Materialkonstante, wird Poissonsche Zahl oder Querzahl genannt. Sie beschreibt das Verhältnis der Absolutwerte von Quer- und Längsdehnung in einem einfachen Zug- oder Druckstab. Ihr Wert liegt für Metalle etwa bei 0,3, für Glas bei 0,25; für Beton und Steine werden Werte von 0,17 bis 0,12 und auch weniger angegeben. Es ist vielfach üblich, für Stahlbeton $\nu = 0$ anzunehmen.

6. Plastischer Spannungsausgleich

Die Tragkabel vieler Hängebrücken bestehen aus parallelen Drähten, die an ihren Enden in konische Hülsen eingegossen sind. Wenn man auf ein solches Drahtbündel eine Zugkraft wirken läßt, müssen alle Drähte dieselbe Längenänderung erfahren, also auch dieselbe Dehnung ε, also auch dieselbe Spannung σ. Wenn man dagegen die Enden paralleler

Drähte an zwei Balken befestigt (Abb. 18) und an den unteren Balken Lasten anhängt, werden sich die Balken durchbiegen, und die Dehnung der äußeren Drähte muß größer sein als die der mittleren. Solange das Hookesche Gesetz anwendbar ist, muß dasselbe für die Spannungen in den Drähten gelten; wir haben es also mit einem Modell einer ungleichmäßigen Spannungsverteilung zu tun.

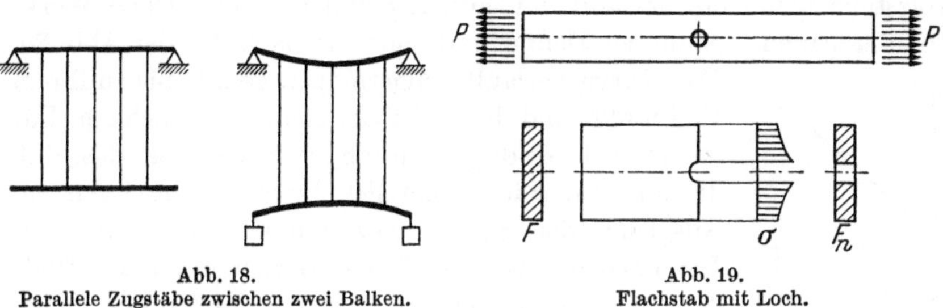

Abb. 18. Parallele Zugstäbe zwischen zwei Balken.

Abb. 19. Flachstab mit Loch.

Wir verfügen hier noch nicht über die Mittel, um diese Aufgabe quantitativ zu lösen, aber wir können schon einige qualitative Angaben machen. Solange das Hookesche Gesetz gilt, wird die Spannungsverteilung ziemlich ungleichmäßig sein. Wenn wir die Last soweit steigern, daß in den äußeren Drähten die Fließgrenze (S. 14) erreicht wird, werden sie sich längen ohne mehr Last aufzunehmen, und ihre Nachbarn werden stärker zum Tragen herangezogen werden, bis auch sie die Fließgrenze erreichen. So ist es möglich, nach und nach alle Drähte an die Fließgrenze zu bringen. Wenn dieser Zustand erreicht ist, ist die plastische Dehnung der äußersten Drähte noch nicht sehr groß, und das Ganze macht noch einen durchaus vertrauenswürdigen Eindruck. Man nennt diese Erscheinung den plastischen Spannungsausgleich.

Ähnliche Dinge spielen sich in vielen Bauteilen und Maschinenteilen ab. Abb. 19 zeigt ein Flacheisen, das auf Zug beansprucht ist und irgendwo in der Mitte ein Loch hat. In einiger Entfernung von dem Loch ist die Spannungsverteilung gleichmäßig, und $\sigma = P/F$ ist die wirkliche Spannung; aber in der Nähe des Loches ist die Spannung ungleichmäßig verteilt, in einem Querschnitt durch die Mitte des Loches etwa so wie es die Figur zeigt. Die Berechnung dieser Spannungsverteilung ist eine recht komplizierte Aufgabe, aber wir können sie uns in vielen Fällen ersparen. Wenn es nämlich beginnt, gefährlich zu werden, setzt der plastische Spannungsausgleich ein. Das Material in der Nähe des Loches beginnt zu fließen, und die Spitze im Spannungsdiagramm flacht sich zusehends ab, bis schließlich eine gleichmäßige Spannungsverteilung entsteht. Die Spannung ist dann

$$\sigma = \frac{P}{F_n},$$

wo F_n der Nutzquerschnitt des Stabes ist, d. h. der Flächeninhalt des Querschnitts nach Abzug des Loches (Abb. 19). Die meisten Alltagsaufgaben der Festigkeitslehre lassen sich auf diese Weise behandeln. Man sucht den schwächsten Querschnitt und verteilt die Gesamtlast gleichmäßig über ihn.

Wenn wir in Abb. 18 an Stelle der Eisendrähte Glasfäden oder dünne Holzstäbe benutzen, verläuft der Vorgang völlig anders. Diese Werkstoffe haben ein Spannungs-Dehnungs-Diagramm nach Art der Abb. 20.

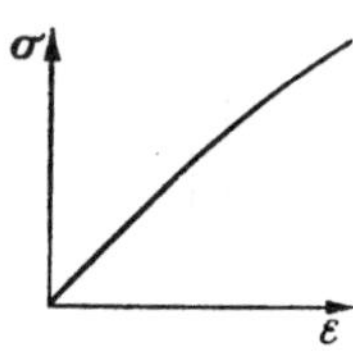

Abb. 20. Spannungs-Dehnungs-Kurve eines spröden Werkstoffs.

Die Kurve verläuft einigermaßen gerade bis zu ihrem Endpunkt, und dort tritt der Bruch plötzlich ein. Für das in Abb. 18 dargestellte System bedeutet das, daß die äußeren Fäden plötzlich brechen, ehe irgendein Ausgleich der Spannungsverteilung eingetreten ist. Die nächsten beiden Fäden werden dann die Rolle der äußeren übernehmen. Da die Anzahl der Fäden um zwei kleiner geworden ist, wird die Verteilung etwas gleichmäßiger sein, aber es sind eben auch zwei Fäden weniger da, die tragen helfen. Es wird von den Einzelheiten der Anordnung abhängen, ob die nunmehr höchstbeanspruchten Fäden sofort an und über die Bruchgrenze kommen oder nicht. Es ist daher möglich, daß sie sofort auch brechen, und dann wird es den nächsten beiden nicht besser ergehen, und der Bruch wird sich, an den Seiten beginnend, augenblicklich durch die ganze Fadengruppe fortpflanzen. Man nennt Werkstoffe mit einem Formänderungsdiagramm nach Art der Abb. 20 spröde Werkstoffe, und das Modell zeigt die Gefahren des spröden Bruchs.

Auch Stahl und andere Metalle können ein dem spröden sehr ähnliches Festigkeitsverhalten aufweisen, wenn sie häufig wiederholten Lasten ausgesetzt werden. Solche schwingenden Beanspruchungen, wie sie im Maschinenbau häufig vorkommen, zerstören nach und nach das Gefüge unter Spannungen, die noch durchaus im elastischen Bereich liegen, und zwar hängt die Anzahl der bis zum Bruch ertragenen Lastwechsel von der Spannung ab; je höher die Spannung, je weniger Lastwechsel. In unserem Modell, Abb. 18, heißt das, daß die am höchsten beanspruchten äußeren Drähte zuerst brechen. Das nächste Paar hatte geringere Spannungen und kann noch mehr Lastwechsel aushalten. Da nach dem Bruch der Nachbarn seine Spannung steigt, wird es nun schneller erschöpft sein, und dann kommt das nächste Paar daran. So wird sich der Bruch langsam, aber unaufhaltsam durch die ganze Drahtgruppe ausbreiten, nachdem er einmal begonnen hat. Das einzige Mittel, diesen *Dauerbruch* zu verhindern, ist, die Last so niedrig zu wählen, daß auch die höchst-beanspruchten Drähte in absehbarer Zeit nicht brechen werden.

Derselbe Vorgang tritt in gekerbten Stäben und anderen ungleichmäßig beanspruchten Bauelementen ein. An der am höchsten beanspruchten Stelle entsteht ein Anriß, und von dort breitet sich der Bruch langsam aus. Da mit fortschreitender Verschwächung des Stabes die Spannung höher wird, wächst die Ausbreitungsgeschwindigkeit, bis schließlich der Restquerschnitt plötzlich bricht (*Gewaltbruch*). In solchen Fällen ist es also nicht möglich, die Bruchsicherheit auf Grund der mittleren Spannung $\sigma = P/F_n$ zu beurteilen, sondern man muß die wirkliche Höchstspannung kennen. In einfachen Fällen gekerbter oder gelochter Stäbe ist es möglich, sie als ein Vielfaches der mittleren Spannung, der sogenannten „Nennspannung", anzugeben und den Zahlenfaktor, den *Kerbfaktor*, durch Versuche zu bestimmen; aber es gibt natürlich auch Fälle, in denen es erwünscht ist, durch rechnerische Untersuchung der Spannungsverteilung eine tiefere Einsicht in die Vorgänge und in die Möglichkeiten ihrer Beeinflussung zu bekommen. Solche Festigkeitsrechnungen erfordern in der Regel ein umfassendes mathematisches Rüstzeug.

7. Ringe und Behälter

Die einfachen Ergebnisse für Zug- und Druckstäbe lassen sich auf einige wichtige Festigkeitsprobleme krummer Stäbe anwenden.

Wenn ein Kreisring (Abb. 21) um seinen Mittelpunkt rotiert, wirken auf ihn Fliehkräfte, die recht beträchtliche Größe erreichen können, wenn die Winkelgeschwindigkeit ω hoch ist. Um die Wirkung dieser Fliehkräfte auf den Ring zu studieren, schneiden wir aus ihm ein kurzes Stück der Länge $a\,d\varphi$ heraus. Der Ring habe den Querschnitt F; dann hat das Ringelement das Volumen $F a\,d\varphi$, und wenn die Massendichte ϱ ist, so ist seine Masse

$$dm = \varrho F a\,d\varphi,$$

und die darauf wirkende Fliehkraft

$$dP = a\omega^2\,dm.$$

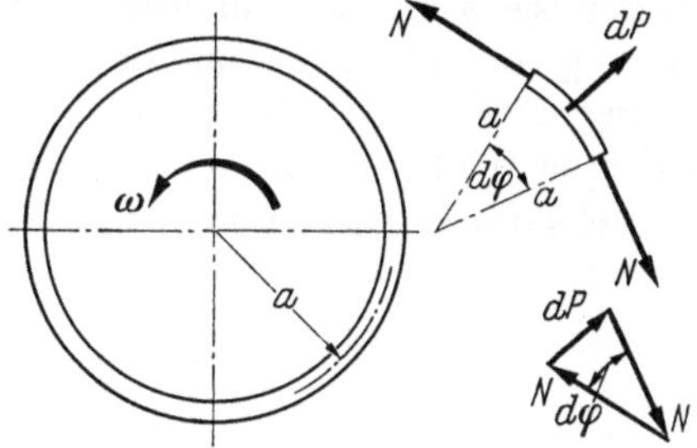

Abb. 21. Kreisringstab.

Dieser Kraft wird Gleichgewicht gehalten durch die beiden Schnittkräfte N in den Endquerschnitten des Elements. Sie schließen einen Winkel $d\varphi$ ein, und wir lesen aus dem Krafteck ab, daß

$$dP = N\,d\varphi$$

ist. Wenn wir alle diese Beziehungen zusammenfassen, finden wir

$$N = \frac{dP}{d\varphi} = \frac{a\omega^2\, dm}{d\varphi} = a\omega^2 \varrho a F$$

und daher die Zugspannung im Ring

$$\sigma = \frac{N}{F} = \varrho a^2 \omega^2. \tag{12}$$

Sie ist vom Ringquerschnitt nicht abhängig. Man kann sie daher nicht beeinflussen, indem man den Ring dicker macht. Dieses für den Anfänger überraschende Ergebnis erklärt sich sehr einfach dadurch, daß man mit der Vergrößerung des tragenden Querschnitts eben auch die Masse vergrößert, die die Fliehkraft erzeugt.

Frei rotierende Ringe sind selten. Gewöhnlich ist der Ring der Kranz oder die Felge eines Rades und ist durch Speichen oder durch eine volle Radscheibe mit der Nabe verbunden. Eine volle Scheibe beeinflußt den Spannungszustand günstig, kann aber selbst sehr hohe Spannungen erhalten (s. S. 313). Speichen erzeugen immer örtliche Spannungsspitzen, und man muß sie daher bei schnell laufenden Rädern so auszubilden trachten, daß ihr ungünstiger Einfluß möglichst gering ist.

Zu der Spannung σ gehört eine Dehnung ε, und wenn wir das Hookesche Gesetz (7) zugrunde legen, so finden wir

$$\varepsilon = \frac{\varrho a^2 \omega^2}{E}.$$

Da sich jedes Längenelement des Ringes in derselben Weise dehnt, müssen sie sich auch im gedehnten Ring in derselben Weise in den Umfang von 360° teilen, und der Winkel $d\varphi$, der einem Element zur Verfügung steht, muß nach wie vor derselbe sein. Damit die Länge $(1+\varepsilon)\, a\, d\varphi$ in diesem Winkel Platz hat, muß der Radius auf $(1+\varepsilon)\, a$ wachsen. Der Zuwachs des Radius ist eine radiale Verschiebung der Ringpunkte:

$$w = a\varepsilon = \frac{\sigma}{E} a^3 \omega^2. \tag{13}$$

Wenn wir den Zuwachs w des Radius durch den ursprünglichen Wert a dividieren, erhalten wir dieselbe Dehnung ε wie für die Ringelemente. Diese wichtige Beziehung ist rein geometrischer Natur und hängt nicht vom Hookeschen Gesetz ab.

Als ein weiteres Beispiel für Spannungen in Ringen wählen wir eine Schrumpfverbindung. Abb. 22a zeigt zwei dünne Ringe aus demselben

Werkstoff, aber von etwas verschiedener Größe, $r_1 > r_2$. Die Radien sind so gewählt, daß der Radius der Innenseite des größeren Ringes etwas kleiner ist als der Radius der Außenseite des kleineren:

$$(r_2 + \tfrac{1}{2}t_2) - (r_1 - \tfrac{1}{2}t_1) = \delta > 0.$$

Wenn wir die Ringe ineinander stecken wollen, müssen wir den äußeren soweit erwärmen, daß sich sein Radius um δ vergrößert. Wenn wir mit α den Wärmedehnungskoeffizienten bezeichnen, so bringt eine Temperaturerhöhung T den Radius r_1 der Ringmittellinie auf $r_1(1 + \alpha T)$. Streng genommen ändert sich der Radius der Innenseite um etwas weniger, da mit der Erwärmung auch die Dicke t_1 zunimmt. Da aber in einem dünnen Ringe $t_1 \ll r_1$ ist, können wir diese Dickenänderung gegenüber der Änderung von r_1 vernachlässigen. Wenn wir daher die Temperaturerhöhung so wählen, daß

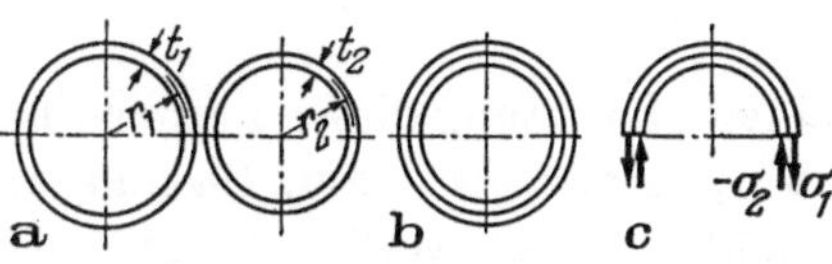

Abb. 22. Statisch unbestimmter Kreisring.

$$r_1 \alpha T = \delta$$

ist, so passen die Ringe gerade ineinander. Wenn wir nun den heißen Ring über den kalten schieben und dann das System sich selbst überlassen, wird sich zwar der innere Ring zunächst etwas erwärmen, aber schließlich werden sich beide auf die Umgebungstemperatur abkühlen, von der aus wir die Temperaturerhöhung T gemessen haben. Dabei zieht sich der äußere Ring zusammen, kann aber nicht ganz zu seiner alten Größe zurückkehren, weil ihn der innere Ring daran hindert. Die Ringe pressen sich gegeneinander, und im äußeren entstehen Zugspannungen, im inneren Druckspannungen. Wir wollen diese Spannungen berechnen.

Der Einfachheit halber nehmen wir an, daß senkrecht zur Ebene der Figur beide Ringe dieselbe Breite b haben. Wenn wir die Ringe längs eines Durchmessers zerschneiden, finden wir in den Schnittflächen die in Abb. 22c sichtbaren Spannungen, $\sigma_1 > 0$ im äußeren und $\sigma_2 < 0$ im inneren Ring. Gleichgewicht der in Abb. 22c dargestellten Ringhälfte erfordert, daß

$$\sigma_1 b t_1 + \sigma_2 b t_2 = 0 \tag{14a}$$

ist. Vom spannungslosen Zustand aus gemessen hat der äußere Ring eine Dehnung $\varepsilon_1 = \sigma_1/E$ erfahren, während der innere eine Dehnung $\varepsilon_2 = \sigma_2/E < 0$ erfahren hat. Diesen Dehnungen entsprechen Änderungen der Radien, und deren Differenz muß den ursprünglichen Unterschied δ

ausgleichen:

$$r_1 \varepsilon_1 - r_2 \varepsilon_2 = \delta,$$

also

$$r_1 \sigma_1 - r_2 \sigma_2 = E\delta. \tag{14b}$$

Die Gln. (14) können nach σ_1 und σ_2 aufgelöst werden und ergeben

$$\sigma_1 = \frac{E\delta t_2}{r_1 t_2 + r_2 t_1}, \qquad \sigma_2 = -\frac{E\delta t_1}{r_1 t_2 + r_2 t_1}.$$

Bei der Herleitung dieser Formeln haben wir davon Gebrauch gemacht, daß $t_1, t_2 \ll r_1, r_2$ sind. Da nun $r_1 - r_2$ von der Größenordnung der Wanddicken ist, verlieren wir nichts an Genauigkeit, was wir nicht schon vorher verloren haben, wenn wir $r_1 \approx r_2 \approx r$ setzen und erhalten damit endgültig

$$\sigma_1 = \frac{E\delta}{r} \frac{t_2}{t_1 + t_2}, \qquad \sigma_2 = -\frac{E\delta}{r} \frac{t_1}{t_1 + t_2}. \tag{15}$$

Ganz ähnlich wie die Ringe verhalten sich zylindrische Behälter, Kessel und Rohrleitungen. Wenn wir aus einem solchen Zylinder durch zwei parallele Schnitte einen kreisförmigen Streifen von beliebiger Breite b herausschneiden (Abb. 23), haben wir einen Ring vor uns. Wenn der Innendruck des Behälters p ist, wirkt auf ein Ringelement die Radiallast

$$dP = p \cdot b \cdot a \, d\varphi.$$

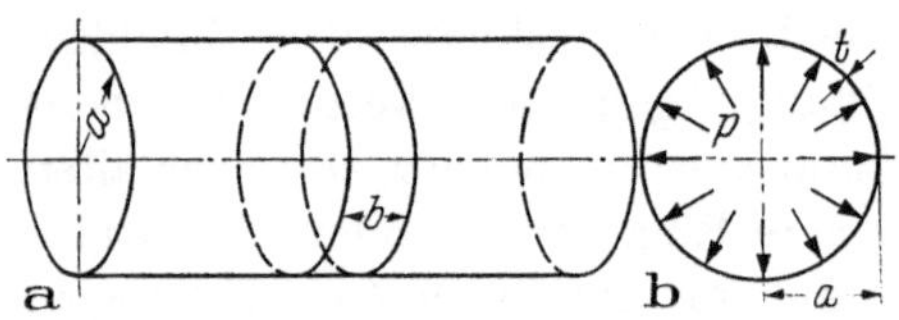

Abb. 23. Kreiszylinderschale.

Die Längskraft N im Ring ist daher

$$N = \frac{dP}{d\varphi} = pba.$$

Wenn die Wanddicke t ist, ist der Querschnitt $F = bt$, und die Ringspannung wird

$$\sigma = \frac{N}{bt} = \frac{pa}{t} \tag{16}$$

und die Radialverschiebung

$$w = \frac{a\sigma}{E} = \frac{pa^2}{Et}. \tag{17}$$

Beide sind selbstverständlich von der willkürlichen Wahl der Ringbreite b unabhängig. Man wählt daher für Rechnungen dieser Art in der Regel b

gleich einer Längeneinheit. Das spart etwas Schreiberei, hat aber den Nachteil, daß die Dimensionsrichtigkeit der Formeln in den Zwischenstufen undeutlich wird.

In einem Dampfkessel oder in einer waagerechten Druckrohrleitung ist jeder Ring, den man irgendwo herausschneidet, derselben Belastung ausgesetzt. Sie alle verformen sich daher in derselben Weise und bilden zusammen einen verformten Zylinder. In einem Wasserbehälter dagegen, wie er in Abb. 24 im Längsschnitt dargestellt ist, ist p der mit der Tiefe zunehmende Wasserdruck

$$p = \gamma x,$$

Abb. 24. Zylindrischer Behälter mit Wasserdruck.

und daher wachsen auch die Spannung σ und die Radialverschiebung w proportional der Wassertiefe. Die verformte Behälterwandung ist dann etwas konisch, aber ihre Erzeugenden sind nach wie vor gerade. Am Behälterboden ergibt sich die Radialverschiebung

$$w_{\max} = \frac{\gamma h a^2}{E t},$$

aber diese Verschiebung ist dort nicht möglich, weil die Behälterwandung mit dem Behälterboden verbunden ist, der sich dieser Verformung widersetzt. Es entsteht eine Störung des einfachen Spannungszustandes, die den unteren Teil der Wandung ergreift und sich mit den einfachen hier benutzten Mitteln nicht erfassen läßt.

In Dampfkesseln und ähnlichen Behältern mit Abschlußböden ist die nach (16) berechnete „Ringspannung" nicht die einzige Spannung. Wir werden auf S. 47 darauf zurückkommen.

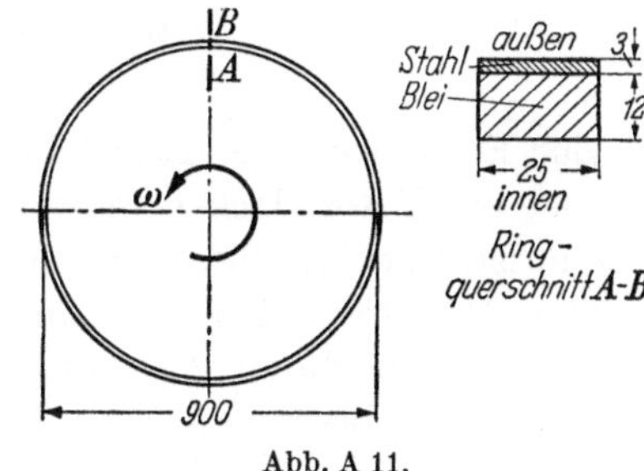

Abb. A 11.

Aufgaben

11. Ein Ring besteht aus einem Stahlkranz und einer Bleieinlage. Er rotiert in seiner Ebene mit 1200 Umdrehungen je Minute. Berechne die durch die Fliehkräfte in beiden Teilen erzeugten Zugspannungen und die Druckspannung zwischen Blei und Stahl! (Stahl: $\gamma = 7{,}85$ kg/dm³, $E = 2{,}1 \cdot 10^6$ kg/cm², Blei: $\gamma = 11{,}34$ kg/dm³, $E = 1{,}8 \cdot 10^5$ kg/cm².) Maße in mm.

12. Ein zylindrisches Druckgefäß von 250 cm Durchmesser besteht aus einem 12 mm dicken Dural-Mantel ($E = 7{,}2 \cdot 10^5$ kg/cm², $\alpha = 23 \cdot 10^{-6}$/°C) und einer 3 mm dicken inneren Verkleidung aus Kupfer ($E = 12{,}5 \cdot 10^5$ kg/cm²,

$\alpha = 17 \cdot 10^{-6}/°C$). Berechne die Ringspannung σ in beiden Werkstoffen (a) für einen Innendruck von $p = 8$ kg/cm², (b) für eine Erwärmung der Behälterwand um $T = 120°C$, (c) für die gleichzeitige Wirkung dieser beiden „Belastungen". Ist im Falle (c) die Spannung zwischen den beiden konzentrischen Schalen eine Druck- oder eine Zugspannung?

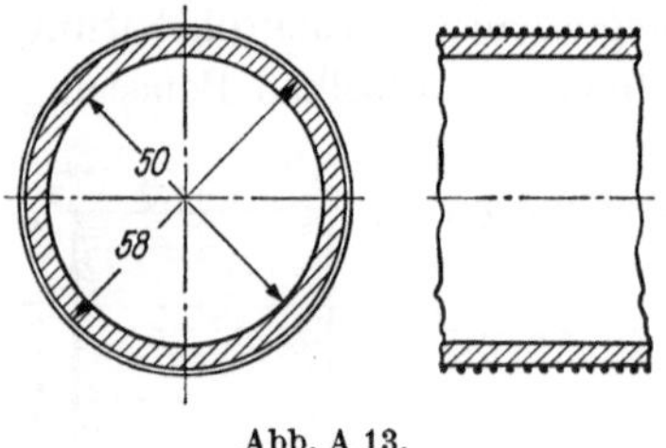

Abb. A 13.

13. Die Abbildung zeigt ein Betonrohr mit vorgespannter Bewehrung (Maße in cm). Die Bewehrung besteht aus einem Stahldraht von 4 mm Durchmesser, der unter einer Vorspannkraft von 90 kg auf das Rohr gewickelt wird. (a) Wie groß ist die dadurch im Beton erzeugte Druckspannung, wenn 50 Windungen je Meter Rohrlänge aufgewickelt werden? (b) Das so vorgespannte Rohr wird einem Innendruck von $p = 2$ kg/cm² ausgesetzt. Wie groß sind nun die Spannungen im Beton und im Stahl? (Stahl: $E = 2{,}1 \cdot 10^6$ kg/cm², Beton: $E = 2{,}1 \cdot 10^5$ kg/cm².)

8. Schubspannung

a) Grundbegriffe

Zug- und Druckspannungen stehen normal auf der Schnittfläche, die einen von ihr weg gerichtet, die andern zu ihr hin. Sie werden daher als Normalspannungen bezeichnet. Daneben gibt es eine zweite Art von Spannungen, die Schubspannungen.

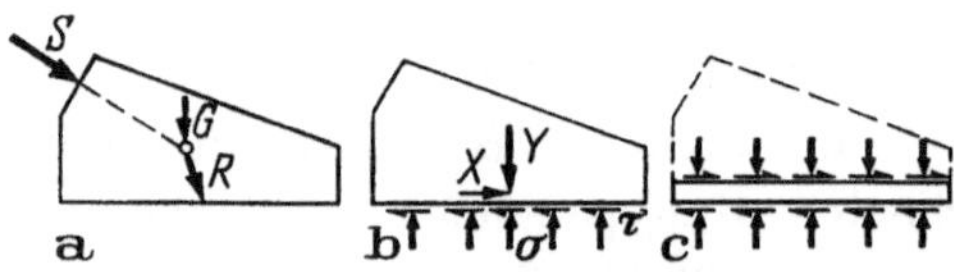

Abb. 25. Gewölbewiderlager.

Zur Einführung des Begriffs betrachten wir ein Gewölbewiderlager. Das ist ein Betonblock etwa von der Form, wie er in Abb. 25a dargestellt ist. Der Gewölbeschub S und das Fundamentgewicht G lassen sich zu einer Resultierenden R zusammensetzen, von der wir hier annehmen wollen, daß sie durch den Mittelpunkt der Gründungsfuge geht. Wir können sie in diesem Punkte in Komponenten X und Y zerlegen, und das Gleichgewicht des Fundaments verlangt, daß der Baugrund zwei Kräfte derselben Größe, aber von umgekehrtem Richtungssinn auf das Fundament ausübt. Diese Reaktionskräfte verteilen sich (mehr oder minder) gleichmäßig über die ganze Fläche F der Gründungsfuge, und es entfällt auf die Flächeneinheit eine lotrechte Kraft Y/F und eine waagerechte Kraft X/F. Die lotrechte Kraft je Flächeneinheit ist eine Druckspannung

$$\sigma = -Y/F.$$

Die waagerechte Komponente X wird offenbar durch Reibung übertragen. Es ist eine Kraft, die in der Schnittfläche liegt und auf das Fundament von rechts nach links, auf den Baugrund von links nach rechts einwirkt. Die zugehörige Spannung

$$\tau = X/F$$

wird Schubspannung genannt. An der Grenzfläche zwischen zwei Körpern ist eine solche Schubspannung nur möglich, wenn gleichzeitig eine Druckspannung von hinreichender Größe vorhanden ist. Schubspannungen treten aber auch im Innern fester Körper auf, und dann ist eine solche Beschränkung nicht vorhanden. Wir finden zum Beispiel genau dieselbe Schubspannung τ wieder, wenn wir von dem Fundament eine sehr dünne Scheibe abschneiden, so dünn, daß wir ihr Gewicht vernachlässigen können (Abb. 25c). Dann folgt aus den Gleichgewichtsbedingungen, daß auf die obere Schnittfläche dieselben Spannungen σ und τ wirken wie auf die Gründungsfuge.

Ein zweites Beispiel nehmen wir aus dem Maschinenbau. Ein Rad sitze mit Reibung auf einer Welle (Abb. 26). Der zur Erzeugung der

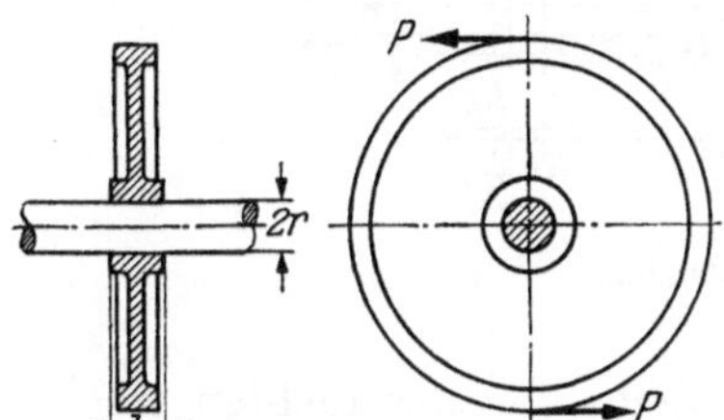

Abb. 26. Rad und Welle.

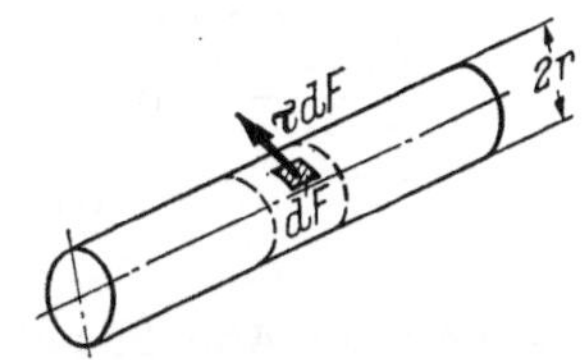

Abb. 27. Schubspannungen zwischen Rad und Welle.

Reibung nötige Anpreßdruck kann durch Aufschrumpfen erzeugt werden, wie wir es auf S. 27 am Beispiel zweier dünner Ringe gesehen haben. Wenn wir nun auf das Rad ein Moment M ausüben, etwa indem wir an seinem Umfang die gezeichneten Kräfte P anbringen, und die Welle festhalten, so werden zwischen Rad und Welle Schubspannungen τ übertragen, die tangential zu der Zylinderfläche vom Radius r sind. In jedem Element dF dieser Fläche (Abb. 27) wirkt eine Tangentialkraft (Schubkraft) $\tau\, dF$, und sie hat in bezug auf die Achse der Welle das Moment $dM = \tau\, dF \cdot r$. Das gesamte in der Fläche $F = b \cdot 2\pi r$ übertragene Moment ist also

$$M = \tau r \int dF = \tau r \cdot 2\pi r b = 2\pi r^2 b \tau,$$

und aus dieser Beziehung kann die Schubspannung als Funktion des Moments gefunden werden. Auch hier tritt uns die Schubspannung τ zunächst als eine Reibungsspannung an der Grenzfläche zweier Werkstücke entgegen, aber wenn Rad und Welle aus einem Stücke hergestellt oder miteinander verlötet sind, ist die Schubspannung τ in dem gedachten Schnitt eine richtige Schubspannung, und es ist keine Druckspannung und kein Schrumpfen nötig, um sie zu übertragen.

Schubspannungen treten an vielen Stellen in wichtigen Konstruktionselementen auf, und es gibt für jeden Werkstoff genau so eine zulässige Schubspannung τ_{zul}, wie es zulässige Zug- und Druckspannungen gibt.

b) Nietverbindungen

Abb. 28 zeigt zwei typische Beispiele von Nietverbindungen. Die in den Abbildungen gewählte Zahl von 4 Nieten ist natürlich zufällig, und wir wollen die Untersuchung für den allgemeinen Fall durchführen, daß die Verbindung aus n Nieten besteht.

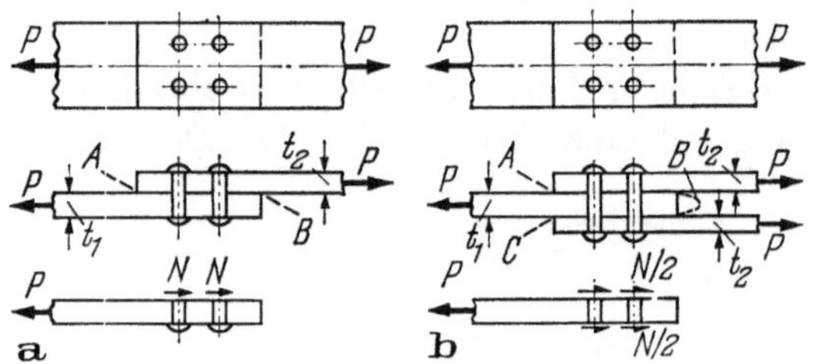

Abb. 28. Nietverbindung.

Wir können in Abb. 28a die linke Seite von der rechten trennen, indem wir längs der gestrichelten Linie AB aufschneiden. Der Schnitt trifft jeden der n Niete, und die gesamte Schnittfläche ist $nF = n\pi d^2/4$, wenn d der Nietdurchmesser ist. Das Gleichgewicht jeder Hälfte verlangt, daß in der Fläche nF eine Schubkraft vom Betrage P übertragen wird; d. h., auf jeden der Niete entfällt die Kraft

$$N = P/n,$$

und sie erzeugt eine Schubspannung

$$\tau = \frac{N}{F} = \frac{P}{nF}. \tag{18a}$$

Wenn sich die Kraft N gleichmäßig über die Querschnittsfläche F verteilt, ist τ die wirklich im Material auftretende Schubspannung. Tatsächlich ist aber die Spannungsverteilung in einem Niet recht kompliziert, und τ stellt einen Mittelwert dar. Er kann der Festigkeitsberechnung zugrunde gelegt werden unter der Bedingung, daß die zulässige Spannung τ_{zul} aus Versuchen an Nietverbindungen ermittelt wird, in denen dieselbe Ungleichförmigkeit der wahren Spannungen zu erwarten ist wie im wirklichen Niet.

Wenn wir in Abb. 28b versuchen, den linken Teil vom rechten zu trennen, müssen wir einen Schnitt ABC führen, der jeden Niet zweimal trifft. Auf jeden Querschnitt F der n Niete entfällt daher die Kraft

$$N/2 = P/2n.$$

Die mittlere Schubspannung ist demgemäß

$$\tau = \frac{P}{2nF}. \qquad (18\text{b})$$

Eine solche Nietverbindung wird zweischnittig genannt im Gegensatz zu der einschnittigen Verbindung der Abb. 28a.

Die zweischnittige Verbindung nutzt nicht nur die Niete besser aus und verlangt daher weniger Niete zur Übertragung derselben Kraft; sie hat auch den Vorzug der Symmetrie. Wenn man sich die beiden Abbildungen genauer ansieht, erkennt man, daß das an der einschnittigen Verbindung eingetragene Kräftesystem nicht im Gleichgewicht ist. Die beiden äußeren Kräfte P bilden ein Kräftepaar. Was in der wirklichen Nietverbindung vor sich geht, hängt von konstruktiven Einzelheiten ab, auf die wir hier nicht eingehen wollen.

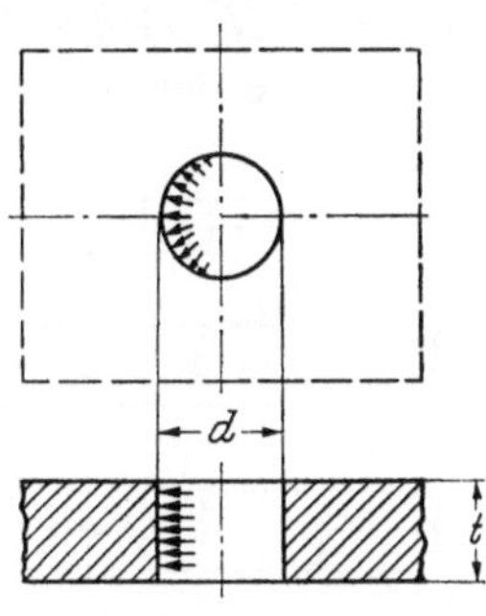

Abb. 29. Lochwanddruck.

Wenn die nach den Formeln (18a, b) berechnete Schubspannung unterhalb des zulässigen Wertes liegt, ist man sicher, daß die Verbindung nicht durch Abscheren der Niete zerstört werden wird. Eine Nietverbindung kann aber auch auf andere Weise zu Bruch gehen oder so verformt werden, daß sie unbrauchbar wird. Abb. 29 zeigt das Nietloch in einem der Bleche und die von dem Niet auf die Lochwandung übertragenen Kräfte. Es handelt sich um Druckspannungen, die sich über eine Hälfte der zylindrischen Lochwand in unbekannter Weise verteilen. Wenn diese Spannungen zu hoch sind, gibt das Blech örtlich nach, und das Loch wird aufgeweitet. Ebenso wie bei der Berechnung der Schubspannung τ berechnet man auch hier einen Mittelwert, den Lochwanddruck

$$\sigma_l = N/dt \qquad (19)$$

und findet zulässige Werte dieser „Nennspannung" für verschiedene Werkstoffe, indem man σ_l für Versuchsstücke auswertet, die durch Zerquetschen des Bleches in der Umgebung eines Nietlochs zerstört worden sind.

Um den gefährlichsten und daher maßgebenden Spannungswert für eine gegebene Nietverbindung zu erhalten, muß man offenbar für t die kleinste in der Verbindung vorkommende Blechstärke einsetzen, über die sich die volle Nietkraft N verteilt. In Abb. 28a ist das der kleinere der Werte t_1 und t_2, in Abb. 28b dagegen der kleinere der Werte t_1 und $2t_2$, da die Nietkraft N von links durch ein Blech der Dicke t_1 in den Niet eingeleitet, aber durch zwei Bleche der Dicke t_2 nach rechts weitergeleitet wird.

In der praktischen Berechnung von Nietverbindungen sind gewöhnlich die Blechdicken bekannt, und für den Nietdurchmesser d ist, zumindest versuchsweise, ein Wert gewählt. Die Unbekannte ist die Zahl n der Niete, die zur Übertragung einer Kraft P nötig sind. Man berechnet dann mit Hilfe der Formeln (18) und (19) aus den zulässigen Spannungen zwei Werte der Nietkraft N:

$$N_1 = \tau_{\text{zul}} \frac{\pi d^2}{4} \quad \text{oder} \quad = 2\,\tau_{\text{zul}} \frac{\pi d^2}{4} \quad \text{und} \quad N_2 = \sigma_{\text{zul}}\, d t.$$

N_1 ist die Kraft, die der Niet in seinen Schubquerschnitten übertragen kann, und N_2 ist die Kraft, die der Lochwand zugemutet werden kann. Die kleinere der beiden Kräfte ist die einzige, für die der Niet in *jeder* Hinsicht ausreicht, und sie wird der Berechnung der Nietzahl

$$n = P/N$$

zugrunde gelegt. In der Regel wird sich aus dieser Formel kein ganzzahliger Wert für n ergeben. Das Ergebnis muß dann natürlich auf den nächst höheren Wert aufgerundet werden.

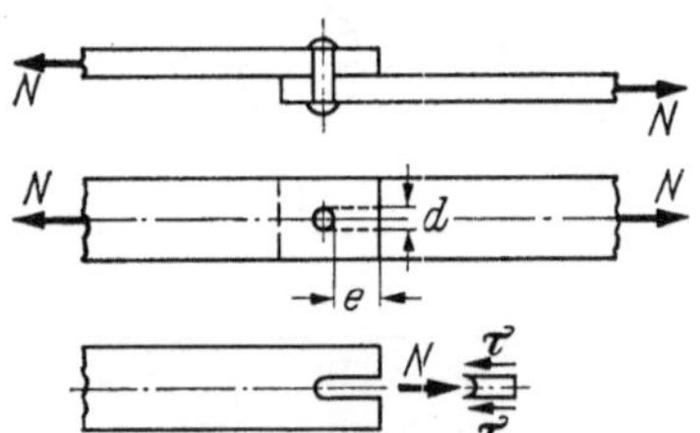

Abb. 30. Ausreißen eines Nietlochs.

Gelegentlich ist es nötig, neben der Sicherheit der Schubquerschnitte und der Lochwandung auch andere Gefahrenpunkte zu beachten. Abb. 30 zeigt, wie eine Verbindung dadurch zerstört werden kann, daß das Nietloch „ausreißt". Es handelt sich hier um einen Schubbruch des Bleches, in dem die Schubspannung

$$\tau = \frac{N}{2te}$$

in zwei Bruchflächen $t \cdot e$ das zulässige Maß überschritten hat. Im allgemeinen ist ein Sicherheitsnachweis dieser Art unnötig, da Entwurfsregeln den Abstand der Niete vom Blechrand oder von Nachbarnieten so vorschreiben, daß Brüche dieser Art ausgeschlossen sind. Für ungewöhnliche Nietanordnungen ist es jedoch nötig, sich nach solchen Bruchmöglichkeiten umzusehen.

c) Schweißverbindungen

Abb. 31 zeigt die Verbindung eines Flachstabes mit einem Blech durch zwei Schweißnähte. Auch hier wird die Kraft von einem Bauteil zum andern durch Schubspannungen übertragen. Man legt der Spannungs-

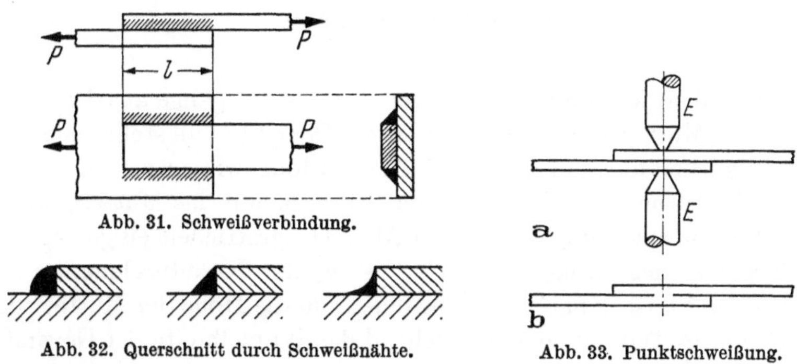

Abb. 31. Schweißverbindung.

Abb. 32. Querschnitt durch Schweißnähte.

Abb. 33. Punktschweißung.

berechnung die kleinste Schnittfläche zugrunde, durch die die Kraft P übertragen werden muß. Wie groß diese Fläche ist, hängt sehr von der Ausführung der Schweißnaht ab, s. Abb. 32.

In Abb. 33 ist eine andere Art von Schweißverbindung dargestellt, die Punktschweißung. Zwei dünne Bleche werden aufeinander gelegt und durch zwei Kupferelektroden E zusammengepreßt. Dann wird ein kurzer, starker Stromstoß durch die Elektroden geschickt, der die beiden Bleche örtlich verschweißt. Die so entstehende Schweißverbindung hat viel Ähnlichkeit mit einer Nietverbindung. Die Größe der verschweißten Fläche ist natürlich nicht genau bekannt, und man muß sich bei der Berechnung solcher Verbindungen auf Bruchversuche stützen. Der Bruch ist entweder ein Schubbruch durch die Schweißstelle oder ein Ausreißen des Schweißpunktes aus einem der Bleche.

d) Schrauben

In jeder der auf den vorangehenden Seiten dargestellten Nietverbindungen kann man die Niete durch eingepaßte Schrauben ersetzen. Der Schraubenkopf und die Mutter nehmen ebenso wie die Nietköpfe an der

Kraftübertragung nicht teil. Für die Berechnung solcher Schraubenverbindungen gelten dieselben Gesichtspunkte wie für Nietverbindungen.

Ganz anders steht es mit Schrauben, die auf Zug beansprucht sind. Abb. 34 zeigt zwei Beispiele. Die Schraube ist in zweifacher Hinsicht gefährdet: Sie kann im schwächsten Querschnitt (dem Kernquerschnitt)

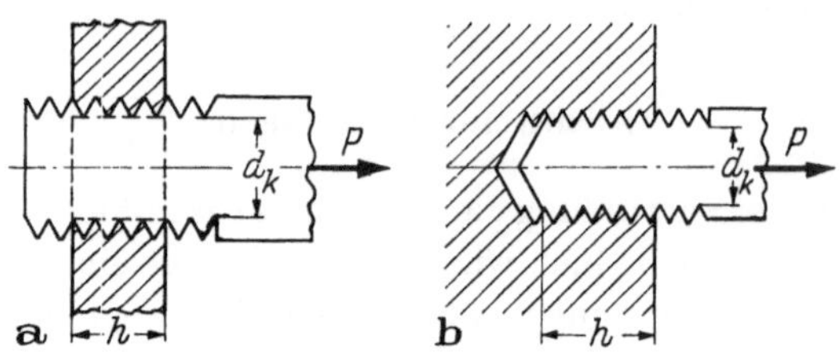

Abb. 34. Schraubenverbindung.

abreißen, und sie kann unter Abscheren der Gewindegänge aus dem Loch oder aus der Mutter herausgezogen werden. Der erste Fall stellt einen einfachen Zugbruch dar, auf den auf S. 5 schon hingewiesen wurde.

Die Überleitung der Kraft von der Schraube auf das Muttergewinde erfordert Schubspannungen in der in Abb. 34a gestrichelt eingetragenen Zylinderfläche der Größe $\pi d_k h$. Hier ist d_k der Kerndurchmesser der Schraube, und h ist je nach dem Gewindeprofil die Höhe der Mutter oder ein bestimmter Teil davon, entsprechend der Wurzelbreite der Gewindegänge. Die Schubspannung ist

$$\tau = \frac{P}{\pi d_k h}.$$

Sie darf einen zulässigen Wert nicht überschreiten, und daraus kann man die Höhe h berechnen.

9. Schubverzerrung

a) Hookesches Gesetz

Wo Spannungen sind, da sind auch Formänderungen. Wenn wir die Formänderung beschreiben wollen, die zu einer Schubspannung τ gehört, müssen wir uns erst einen reinen Schubspannungszustand verschaffen. Das geschieht in einem Schubrahmen (Abb. 35a), einem rechteckigen oder quadratischen Gelenkviereck aus starken Stäben, zwischen denen ein Blech gespannt ist. Wenn man diesen Rahmen in Richtung der Diagonale AC zieht, entwickelt sich folgendes Kräftespiel: Die in A angreifende Kraft wird von den Stäben AB und AD aufgenommen. Der

Stab AB erhält die lotrechte Komponente $P \sin \alpha$, der Stab AD die waagerechte $P \cos \alpha$. Entsprechendes geschieht im Punkt C. An den Enden B und D sind alle Stäbe spannungslos. Das Gleichgewicht eines jeden Stabes verlangt, daß zwischen ihm und dem Blechrand tangentiale

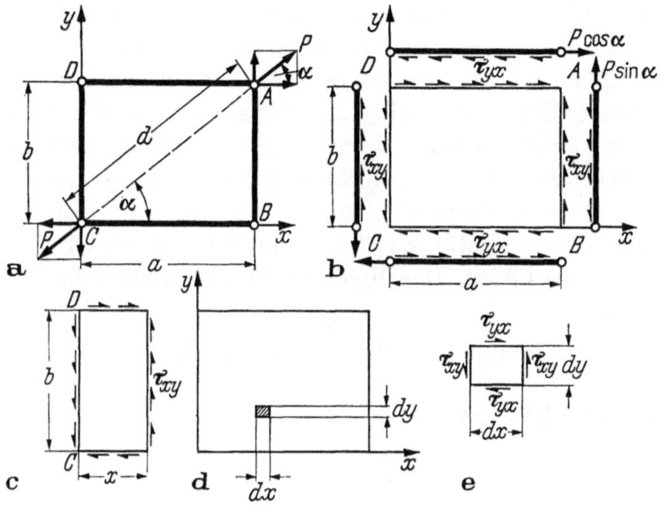

Abb. 35. Schubrahmen.

Kräfte übertragen werden (Abb. 35b). Im Idealfall eines guten Schubrahmens sind sie gleichmäßig über die Länge jeder Rechteckseite verteilt. Wenn wir die Blechdicke mit t bezeichnen, ist die Schubspannung längs des Randes AB oder CD

$$\tau_{xy} = \frac{P \sin \alpha}{bt}$$

und die Spannung längs der waagerechten Ränder

$$\tau_{yx} = \frac{P \cos \alpha}{at}.$$

Da nun $a/\cos \alpha = b/\sin \alpha = d$ ist, so ist $\tau_{xy} = \tau_{yx}$, und wir können für beide einfach τ schreiben.

Wenn wir nun das Blech durch einen lotrechten Schnitt $x = \text{const}$ zerschneiden (Abb. 35c), sehen wir aus dem Gleichgewicht des linken Teils, daß auch in diesem Schnitt dieselbe Spannung τ_{xy} auftritt, und ebenso können wir Spannungen τ_{yx} in jedem waagerechten Schnitt wiederfinden. Wenn wir daher nach Abb. 35d durch zwei waagerechte und zwei lotrechte Schnitte ein Element $dx \cdot dy$ aus dem Blech herausschneiden, finden wir an ihm, unabhängig von seiner Lage in der x-y-Ebene, immer dieselben Schubspannungen. Wir haben also einen gleichmäßigen Spannungszustand vor uns.

Die gleichförmige Verteilung der Spannungen über das ganze Blech hängt natürlich von ihrer gleichmäßigen Einleitung ab, und wir werden auf S. 39 darauf zurückkommen, wie man diese erreicht. Die Tatsache, daß die Schubspannungen in lotrechten und waagerechten Schnitten dieselben sind, ist jedoch keine Besonderheit des Schubrahmens, sondern eine allgemeine Eigenschaft aller Schubspannungen. Wir können das sofort einsehen, wenn wir das Momentengleichgewicht des Elements in Abb. 35e betrachten. An den lotrechten Seiten wirken Kräfte $\tau_{xy} \cdot t\,dy$, und sie bilden ein Kräftepaar mit dem Hebelarm dx, während an den waagerechten Seiten Kräfte $\tau_{yx} \cdot t\,dx$ angreifen und ein Kräftepaar mit dem Hebelarm dy bilden. Das Momentengleichgewicht erfordert daher, daß

$$\tau_{xy} \cdot t\,dy \cdot dx = \tau_{yx} \cdot t\,dx \cdot dy$$

ist, und daraus folgt sofort

$$\tau_{xy} = \tau_{yx}. \tag{20}$$

Da diese Beziehung für ein differentielles Element abgeleitet ist, gilt sie nicht nur für den gleichförmigen Spannungszustand des Bleches im Schubrahmen, sondern für jedes Element, das irgendwo aus einem Körper mit einem beliebig komplizierten Spannungszustand herausgeschnitten ist. Die beiden einander zugeordneten Schubspannungen in zueinander senkrechten Schnitten treten also immer gleichzeitig auf, und eine ohne die andere ist nicht möglich. Im Lichte dieses Ergebnisses erscheint es sonderbar, daß wir bei der Berechnung von Nieten, Bolzen und Schweißnähten immer nur Schubspannungen in *einem* Schnitt fanden und die zugeordnete Spannung nie angetroffen haben. Die einfachste Erklärung ist, daß wir uns nie um diese zweite Schubspannung gekümmert haben. Im Innern von Nieten und Bolzen ist sie immer vorhanden, tritt aber in unseren Rechnungen nicht in Erscheinung, da wir uns um Längsschnitte durch die Niete nicht kümmern. An der Außenseite ist sie gewöhnlich nicht vorhanden, und wir müssen dann schließen, daß die Schubspannungen im Querschnitt ungleichmäßig über diesen verteilt sind und nach dem Rande zu auf Null abnehmen. Die Spannung τ, die wir im Niet- oder Bolzenquerschnitt berechnet haben, ist daher ein Mittelwert, und wir haben auf S. 33 auf diese Tatsache hingewiesen.

Wir kehren nun zu unserem Schubrahmen zurück und fragen uns, wie er sich verformt. Da wir in der Richtung der Diagonale AC ziehen, ist es sicher, daß diese länger wird. Daß die andere Diagonale kürzer wird, ist nicht so einleuchtend, da ja an dem Schubrahmen keine Druckkräfte in Richtung BD wirken. Wenn wir uns aber das aus dem Rahmen herausgetrennte Blech allein ansehen (Abb. 35b), dann hat offenbar keine Diagonale etwas vor der anderen voraus, und es macht zwar einen versuchstechnischen, aber keinen grundsätzlichen Unterschied, ob wir den Rahmen durch Zugkräfte in der einen oder durch Druckkräfte in der andern Diagonale belasten. Es verbleibt die Frage, ob das Blech seine Länge in x- oder y-Richtung ändert? Wir werden erwarten, daß die Schubformänderung, ebenso wie die durch Zug- oder Druckspannungen erzeugte Dehnung ε — wenigstens für hinreichend kleine Spannungen — der Spannung porportional ist. Wenn nun die in Abb. 35b gezeigten Schubspannungen zu einer Verlängerung der Seiten AD und BC führen würden, so müßte eine Umkehrung der Richtung aller Spannungen, also eine Umkehrung des Vorzeichens, zu einer Verkürzung führen. Wenn wir aber das Blech aus seiner Ebene heraus um 180° drehen, nehmen alle Spannungspfeile wieder die in der Figur gezeichneten Richtungen an, und es ist nicht recht einzusehen, warum diesmal dieselben Seiten kürzer werden sollten. Daraus schließen wir, daß sich die Längen a und b der Rechteckseiten nicht ändern und daß die Schubverzerrung nur aus einer Änderung der Rechteckswinkel besteht, wie sie in Abb. 36 dargestellt ist. Die Winkeländerung γ wird mit einem nicht sehr glücklich gewählten Wort als *Gleitung* bezeichnet. Ein Gleiten, das heißt eine endliche Relativverschiebung benachbarter Teile, findet nicht statt, sondern jedes Rechteck wird zu einem Parallelogramm verzerrt (dessen Winkel übrigens nur wenig von rechten abweichen).

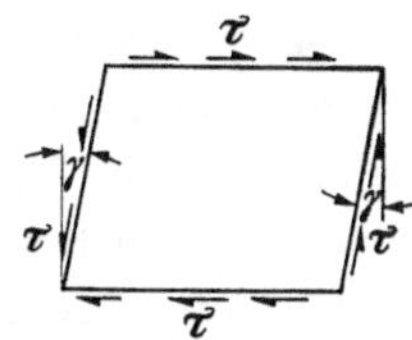

Abb. 36. Schubverzerrung eines rechteckigen Blechs.

Die Gleitung γ hängt in ähnlicher Weise von der Schubspannung τ ab, wie die Dehnung ε von der Spannung σ. Im einfachsten und uns hier allein interessierenden Falle ist die Abhängigkeit linear:

$$\gamma = \frac{\tau}{G}. \tag{21}$$

Der Proportionalitätsfaktor G ist ebenso wie E eine Materialkonstante und heißt *Schubmodul*. Da γ ein Winkel, also dimensionslos ist, muß G die Dimension einer Spannung haben. Der Schubmodul ist immer beträchtlich kleiner als der Elastizitätsmodul, für Metalle etwa 40% davon. Die Beziehung (21) ist das Hookesche Gesetz für Schub.

Für den Erfolg eines Schubrahmens ist es wesentlich, daß sich die Schubspannungen so gleichmäßig wie möglich über die Kantenlängen a und b des Schubblechs verteilen. Wir können jetzt übersehen, auf welche

Einzelheiten es beim Entwurf eines Schubrahmens ankommt. Die Rahmenstäbe sind Zugstäbe, erfahren also eine elastische Längenänderung. In einem gleichförmigen Schubzustand erfährt das Blech keine solche Formänderung. Man hat also darauf zu achten, daß die Rahmenstäbe so stark sind, daß ihre elastische Dehnung vernachlässigbar klein ist. In den meisten Schubrahmen fällt weder die Wirkungslinie der am Ende durch das Gelenk eingeleiteten Kraft noch diejenige der an das Blech abgegebenen Schubkräfte mit der Stabachse zusammen. Dann werden die Rahmenstäbe auch auf Biegung beansprucht, und man hat darauf zu achten, daß ihre seitliche Verbiegung in sehr engen Grenzen bleibt. Besser, aber meist etwas umständlich ist es, die Stabquerschnitte so zu wählen, daß diese Exzentrizität vermieden wird. Oft übersehen ist eine sehr wesentliche kinematische Bedingung: Die in Abb. 36 dargestellte einfache Schubverformung des Blechs muß sich ungehindert ausbilden können. Dazu ist es nötig, daß die Gelenkpunkte des Rahmens genau mit den Ecken des Versuchskörpers zusammenfallen. Diese Bedingung ist oft schwer zu erfüllen, aber wenn sie verletzt ist, stellen sich in der Nähe der Ecken zusätzliche Spannungen ein, die den Wert der mit einem solchen Rahmen angestellten Versuche illusorisch machen können.

b) Nietverbindungen

Wir haben bisher nur Niet- und Schraubenverbindungen betrachtet, die aus einigen wenigen Nieten oder Schrauben bestehen. In der Regel enthalten aber Nietverbindungen eine beträchtliche Zahl Niete, und es erhebt sich die Frage, wie sich diese Niete in die Übertragung einer Kraft P teilen. Das ist offenbar eine statisch unbestimmte Fragestellung, und um die Antwort zu finden, müssen wir uns mit der Formänderung einer Nietverbindung vertraut machen. Sie besteht aus zwei Teilen, die wir nacheinander studieren werden: der ungleichmäßigen Verzerrung der verbundenen Bleche und der Verformung des Nietes selbst.

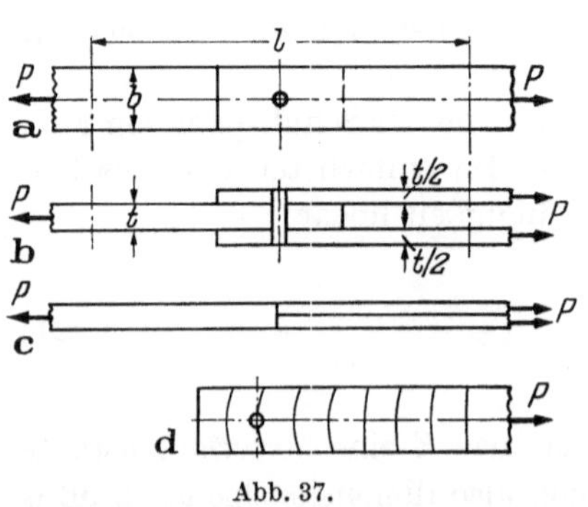

Abb. 37. Elastische Formänderung einer Nietverbindung.

Abb. 37a, b zeigt eine zweischnittige Nietverbindung mit einem einzelnen Niet. In Abb. 37c sind die überstehenden Enden der Flachstäbe weggeschnitten, und die Stäbe sind stumpf miteinander verschweißt. In dieser Schweißverbindung herrscht ein sehr einfacher Spannungszustand.

In jedem Querschnitt finden wir eine gleichförmig verteilte Zugspannung $\sigma = P/bt$, die eine Dehnung $\varepsilon = \sigma/E$ erzeugt. Die hinreichend groß gewählte Meßlänge l vergrößert sich dadurch um

$$\Delta l = Pl/Ebt.$$

In der Nietverbindung herrscht dieser gleichmäßige Spannungszustand nur in der Nähe der Enden der Meßstrecke. In der Umgebung des Nietlochs zieht sich der Kraftfluß längs der Stabachse zusammen, und ebene Querschnitte verzerren sich etwa so, wie es in Abb. 37d dargestellt ist. Linienelemente längs der Symmetrieachse dehnen sich um mehr als den oben berechneten Mittelwert ε, und die Summe der Dehnungen dieser Linienelemente ist für die Relativverschiebung zwischen dem Nietloch und dem rechten Ende der Länge l verantwortlich. Dieselbe ungleichmäßige Formänderung findet auch in dem mittleren Flachstab statt und macht einen Beitrag gleicher Größe zu der zusätzlichen Streckung der Nietverbindung. Wenn die Nietverbindung aus mehr als einem Niet besteht, tritt ein ungleichförmiges Verzerrungsfeld der hier beschriebenen Art in der Umgebung jedes Nietes auf, und das Ausmaß dieser Verzerrung hängt von der in dem betreffenden Niet übertragenen Kraft ab. Im einfachsten Falle, wenn auch die höchste Spannung innerhalb des elastischen Bereichs liegt, und wenn der Niet sein Loch voll ausfüllt, ist die örtliche Verzerrung der Nietkraft proportional. In der Regel werden sich die Verzerrungsfelder benachbarter Niete übergreifen, und dann kann der Formänderungszustand recht verwickelt werden.

Ein zweiter Beitrag zu der Formänderung der Nietverbindung rührt von der Formänderung des Nietes selbst her. Diese ist teils eine Schubverzerrung, die nach Gl. (21) von der Schubspannung τ im Niet abhängt, und teils eine Verbiegung. Für Niete in dünnen Blechen überwiegt die Schubverzerrung, während für die langen Bolzen von Holzverbindungen die Verbiegung ausschlaggebend ist, s. Abb. 38.

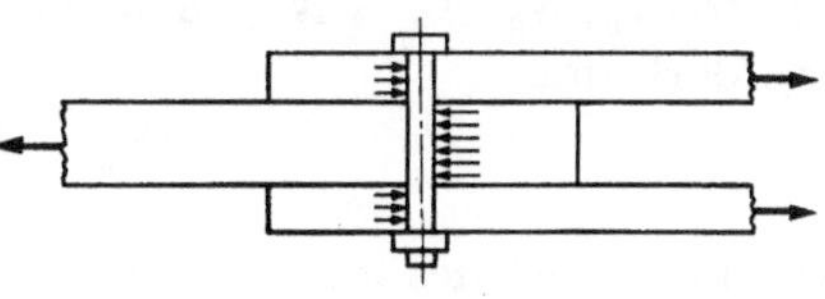
Abb. 38. Biegebeanspruchung eines langen Bolzens.

Die Summe aller dieser Verzerrungen ist die Nietverformung. Der Beitrag der Flachstäbe (oder Bleche) ist zu einem gewissen Grade der Berechnung zugänglich, und die Gesamtverformung kann gemessen werden. Zur mathematischen Definition dieser Formänderung wollen wir so vorgehen: Mit jedem der zu verbindenden Flachstäbe verbinden wir eine x-Achse an dem entsprechenden Ende der Meßstrecke l (Abb. 39). Diese x-Achsen unterwerfen wir einer Streckung ε, die aus der in dem betreffenden Stab (oder Stababschnitt) herrschenden *mittleren* Spannung

σ berechnet wird. Dann werden sich die auf beiden Achsen zu demselben Niet gehörenden Punkte um einen Betrag δ gegeneinander verschieben, und dieser Betrag ist die Verzerrung des Nietes. Wir wollen annehmen, daß sie der in diesem Niet übertragenen Kraft N proportional sei:

$$\delta = kN. \tag{22}$$

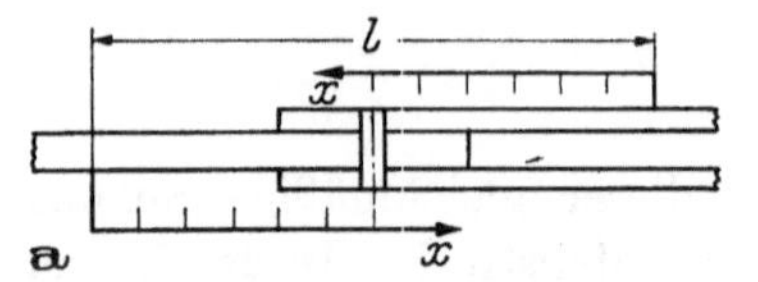

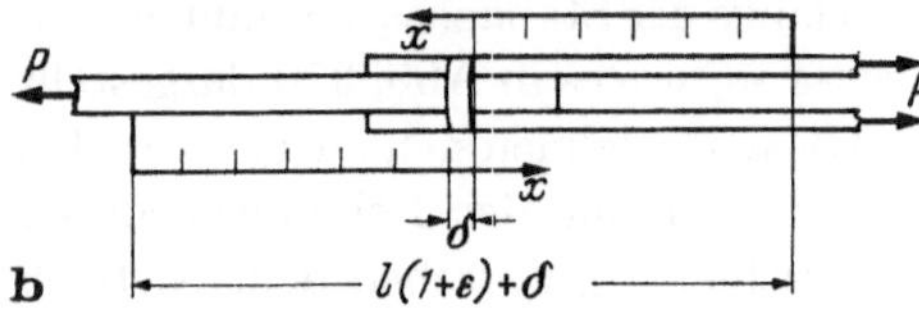

Abb. 39. Formänderung einer Nietverbindung.

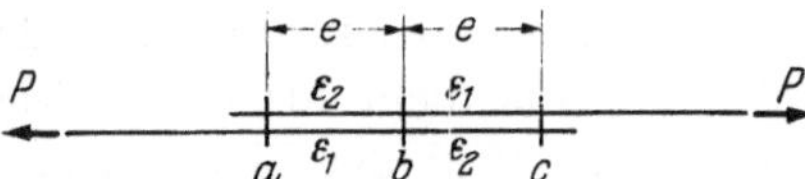

Abb. 40. Lastverteilung zwischen drei Nieten.

In einschnittigen Nietverbindungen sind die Einzelheiten komplizierter wegen der unvermeidlichen Exzentrizität der Kräfte P, doch kann man auch hier Gl. (22) mit einem entsprechenden Faktor k anwenden. Ähnlich liegen die Verhältnisse für Punktschweißungen und Leimverbindungen. In Leimverbindungen besteht die Formänderung aus der Schubverformung der Leimschicht und aus einer Verformung der verleimten Platten, die von der ungleichförmigen Verteilung der Spannung σ über deren Dicke herrührt. Entsprechendes gilt für Lötverbindungen.

Wir wollen nun an einigen Beispielen sehen, wie sich die Gesamtkraft über die Niete einer Nietverbindung verteilt. Abb. 40 zeigt die Verbindung zweier Flachstäbe durch drei Niete. Diese Niete übertragen Kräfte $N_a, N_b, N_c = N_a$, und das Gleichgewicht des unteren Stabes erfordert, daß

$$2N_a + N_b = P$$

ist. Im Teil ab des unteren Stabes herrscht die Zugkraft $P - N_a$ und im Teil bc die Kraft N_a. Die entsprechenden Dehnungen sind mit den Bezeichnungen der Abb. 40

$$\varepsilon_1 = \frac{P - N_a}{Ebt}, \qquad \varepsilon_2 = \frac{N_a}{Ebt}.$$

Dieselben Dehnungen finden sich in entsprechenden Abschnitten des oberen Stabes. Die Relativverschiebung des Nietlochs a im unteren Stabe und des Loches b im oberen kann auf zwei verschiedenen Wegen gefunden werden. Sie besteht entweder aus der Formänderung des Nietes a und der Dehnung des Abschnitts ab des oberen Stabes oder aus der

Dehnung des gegenüberliegenden Teils des unteren Stabes und der Formänderung des Nietes b:

$$kN_a + \varepsilon_2 e = \varepsilon_1 e + kN_b. \tag{23}$$

Setzt man hier für ε_1 und ε_2 ihre Werte ein und schreibt $N_b = P - 2N_a$, so erhält man eine Gleichung für N_a:

$$kN_a + \frac{e}{Ebt} N_a = \frac{(P - N_a)e}{Ebt} + k(P - 2N_a).$$

Aus ihr findet man

$$N_a = P\,\frac{kEbt + e}{3kEbt + 2e}, \qquad N_b = P\,\frac{kEbt}{3kEbt + 2e}.$$

Diese Formeln zeigen, daß N_b stets kleiner als $\frac{1}{3}P$ ist, während N_a zwischen $\frac{1}{2}P$ und $\frac{1}{3}P$ liegt. Die Endniete tragen also mehr als der mittlere Niet.

In der praktischen Berechnung von Nietverbindungen wird diese Ungleichmäßigkeit der Kraftverteilung allgemein vernachlässigt. Dieses Vorgehen ist gerechtfertigt, wenn man sich auf einen plastischen Spannungsausgleich verlassen kann, ähnlich dem auf S. 23 anhand der Abb. 18 beschriebenen. Das wird für gedrungene Nietanordnungen im allgemeinen möglich sein und erklärt, warum bei der ersten Belastung eines Fachwerks eine bleibende Setzung beobachtet wird. Es ist aber mit der Möglichkeit zu rechnen, daß ungewöhnliche Nietanordnungen (z. B. 20 Niete in einer langen Reihe) durch die Ungleichmäßigkeit der

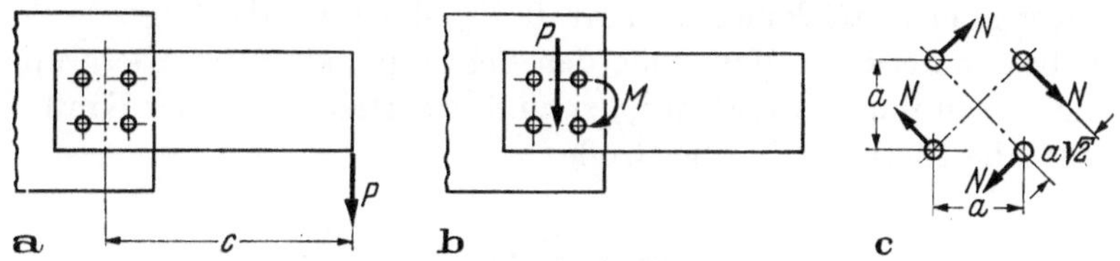

Abb. 41. Belastung einer Nietverbindung durch ein Moment.

Kraftübertragung vorzeitig zerstört werden: Die Endniete versagen, bevor die mittleren Niete einen angemessenen Teil der Gesamtlast aufgenommen haben; für die verbleibenden Niete ist die Kraftverteilung etwas gleichmäßiger, aber es sind auch zwei Niete weniger vorhanden, und die ganze Nietverbindung kann von den Enden her nach der Mitte zu aufreißen.

Abb. 41 zeigt eine Nietverbindung, die durch eine exzentrische Kraft belastet ist. Wir zerlegen die Last in zwei Teile: eine lotrechte Kraft durch die Mitte der Nietgruppe und ein Moment $M = Pc$. Die Summe dieser beiden Lasten ist der wirklichen Last *statisch* gleichwertig, aber die Verformung der Blechteile ist natürlich nicht dieselbe. Wir können daher auf die Last P der Abb. 41 die vorstehender Gedankengänge nicht übertragen und müssen uns damit begnügen, die Kraft P gleichmäßig über die vier Niete zu verteilen.

Unter der Wirkung des äußeren Moments (Kräftepaars) M drehen sich die beiden Bleche gegeneinander. Wegen der Symmetrie der Nietgruppe ist ihr geometrischer Mittelpunkt der Drehpunkt. Die Niete erfahren dann gleich große Verschiebungen in Richtung der Pfeile in Abb. 41c, und es folgt aus Gl. (22), daß dann auch gleich große Nietkräfte N in Richtung dieser Pfeile auftreten. Das Momentengleichgewicht verlangt, daß

$$4 \cdot N \cdot \frac{a}{\sqrt{2}} = M$$

ist, und daraus kann man die Größe dieser Nietkräfte berechnen. Sie sind mit den lotrecht nach unten wirkenden Beiträgen $P/4$ vektoriell zu überlagern.

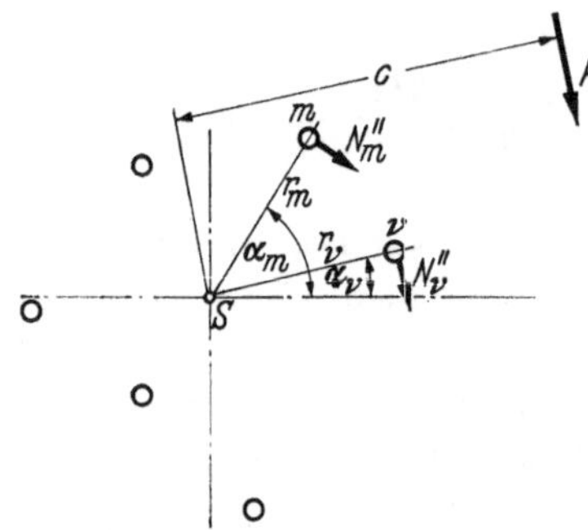

Abb. 42. Belastung eines Nietanschlusses durch eine Kraft in allgemeiner Lage.

Der Inhalt dieses Beispiels läßt sich in folgender Weise verallgemeinern: Eine Gruppe von n gleichen Nieten in beliebiger Anordnung habe eine Kraft P zu übertragen (Abb. 42). Die Kraft in einem beliebigen Niet m setzt sich aus zwei Beiträgen zusammen: einer Kraft $N'_m = P/n$ in Richtung der Kraft P und einer Kraft N''_m, die durch das folgende Verfahren bestimmt wird: Man finde den Schwerpunkt S der Nietgruppe und messe von ihm die Radien r_v, r_m und den Hebelarm c der Kraft P. Dann hat die Nietkraft N_m die Größe

$$N''_m = \frac{P c r_m}{\sum\limits_1^n r_v^2} \tag{24}$$

und ist normal zu dem Radius r_m.

Die Resultierende der Kräfte N'_m stimmt offenbar nach Größe und Richtung mit der gegebenen Kraft P überein, aber sie geht durch den Schwerpunkt der Nietgruppe. Die Summe der Momente der Kräfte N''_m in bezug auf diesen Punkt ist offenbar gleich Pc. Es verbleibt zu beweisen, daß die Kräfte$''_m$ N keine Resultierende haben. Um den Beweis zu erbringen, projizieren wir die Kräfte auf eine beliebige Richtung, etwa die Waagerechte. Wir erhalten

$$\sum_{\nu=1}^{n} N_\nu'' \sin\alpha = \frac{Pc}{\sum\limits_1^n r_\nu^2} \sum_1^n r_m \sin\alpha_m,$$

und das ist gleich Null, wenn $\sum r_m \sin\alpha_m = 0$ ist. Diese Bedingung ist offenbar erfüllt, wenn S der Schwerpunkt der Nietgruppe ist.

Aufgaben

14. Ein Rundstahlanker ist in ein Betonfundament eingebettet und trägt eine Zugkraft $P = 1{,}5$ t. (a) Welchen Durchmesser muß der Anker haben, wenn die Zugspannung den Wert $\sigma_{\text{zul}} = 1200$ kg/cm² nicht überschreiten soll? Der Durchmesser ist auf ganze mm nach oben abzurunden. (b) Wie groß muß die Ankerlänge l sein, wenn die zulässige Haftspannung zwischen Stahl und Beton $\tau_{\text{zul}} = 5$ kg/cm² ist?

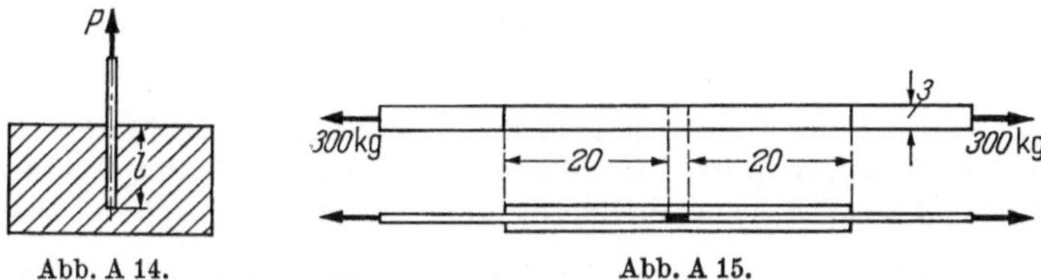

Abb. A 14. Abb. A 15.

15. Die Abbildung zeigt eine Leimverbindung von Sperrholzstreifen (Maße in cm). Berechne die Schubspannung in den Leimfugen!

16. Die Abbildung zeigt eine Lochstanze (Maße in mm). Die Schubbruchspannung der Kupferplatte ist $\tau_{\text{Br}} = 23{,}5$ kg/mm². Wie groß ist die Kraft P?

17. Die Abbildung zeigt den Nietanschluß eines [-Profilstabes an ein Knotenblech. Die zu übertragende Kraft ist $P = 24{,}6$ t. (a) Der Gesamtquerschnitt des [-Stahls ist 20,4 cm², die Stegdicke 7 mm, der Nietdurchmesser 17 mm. Berechne die größte im Stabe auftretende Zugspannung! (b) Berechne die Tragkraft eines Niets für $\tau = 14$ kg/mm², $\sigma_l = 28$ kg/mm² als zulässige Spannungen! (c) Wieviel Niete sind nötig?

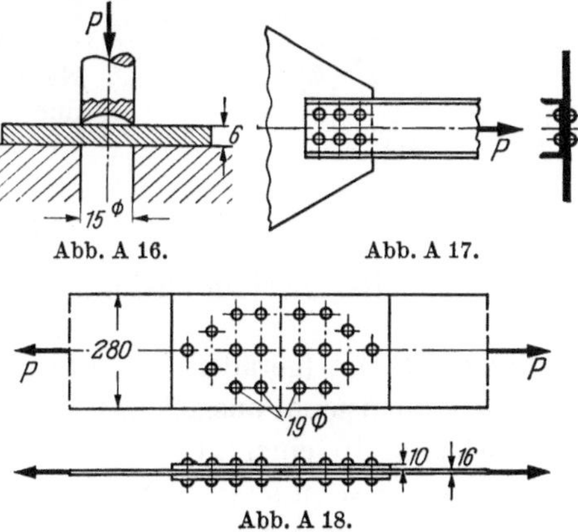

Abb. A 16. Abb. A 17.

Abb. A 18.

18. Die Abbildung zeigt eine Stoßverbindung in einem Zugband (Maße in mm). Wo ist die schwächste Stelle, und welche Last P kann dort übertragen werden? Zulässige Spannungen: Zugspannung $\sigma = 1{,}2$ t/cm², Abscheren der Niete: $\tau = 1{,}2$ t/cm², Lochwanddruck: $\sigma_l = 2{,}4$ t/cm².

19. Die Abbildung zeigt drei Ausführungsformen von Gummipuffern, die zur Unterstützung schwingender Lasten verwendet werden (Maße in mm). Der erste enthält zwei rechteckige Gummiblöcke, während in den beiden andern die Last durch einen hohlen Gummizylinder übertragen wird. In diesen Zylindern berechnet man die Schubspannung für konzentrische zylindrische Schnittflächen und findet, daß sie von innen nach außen hin abnimmt. Die Gleitung γ ändert sich entsprechend, und die Berechnung der Formänderung erfordert eine Integration.

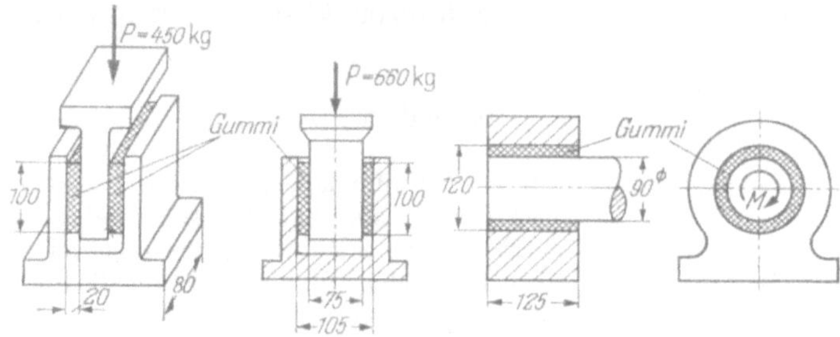

Abb. A 19.

(a) Berechne die im Gummi auftretende Schubspannung! (b) Berechne die Gesamtformänderung, d. h. die Durchsenkung in den beiden ersten Anordnungen und die Drehung der Welle in der dritten. Schubmodul des Gummis: $G = 11{,}5\,\text{kg/cm}^2$.

20. Ein Blech von 5 mm Dicke ist durch 6 Niete an ein dickeres Blech angeschlossen. Die Verbindung muß entweder die Last P_1 oder die Last P_2 aufnehmen können, aber nicht beide gleichzeitig. (a) Berechne für beide Lastfälle die Kräfte in allen sechs Nieten! (b) Die größte der gefundenen Nietkräfte bestimmt den Nietdurchmesser. Mit den zulässigen Spannungen $\tau = 1{,}6\,\text{t/cm}^2$ für Abscheren und $\sigma_l = 3{,}2\,\text{t/cm}^2$ für Lochwanddruck berechne den erforderlichen Nietdurchmesser d! Zur Auswahl stehen nur die folgenden, genormten Werte: $d = 11, 13, 17, 21$ mm. Maße in mm.

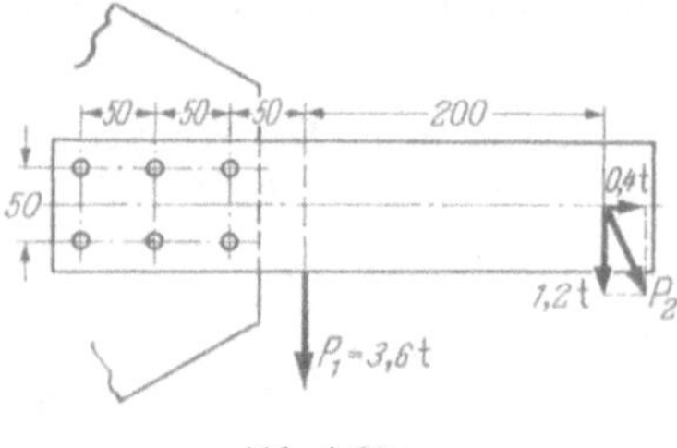

Abb. A 20.

10. Zweidimensionale Spannungszustände

Neben Stäben (geraden und ringförmigen) haben wir auch Bleche, d. h. zweidimensional ausgedehnte Bauteile, betrachtet, aber bisher nur unvollständig. In einer zylindrischen Kesseltrommel fanden wir Zugspannungen $\sigma = pa/t$ (S. 28). Wir erhielten sie, indem wir zunächst aus der zylindrischen Schale einen ringförmigen Streifen herausschnitten und dann diesen durch Radialschnitte weiter zerlegten. Die Spannungen σ treten in diesen Radialschnitten auf; der Spannungsvektor hat die Richtung der Umfangstangente des Zylinders.

Wir können nun ebensogut anders vorgehen. Wir zerschneiden den Kessel längs eines Kreises in zwei Teile und führen diesen Schnitt auch durch den im Kessel befindlichen Dampf (Abb. 43). Auf den links des Schnittes liegenden Teil wirkt in dem Querschnitt durch den Dampf vom Drucke p die Kraft $p \cdot \pi a^2$. Sie ist nach links gerichtet und muß durch eine ebenso große, nach rechts gerichtete Kraft ins Gleichgewicht

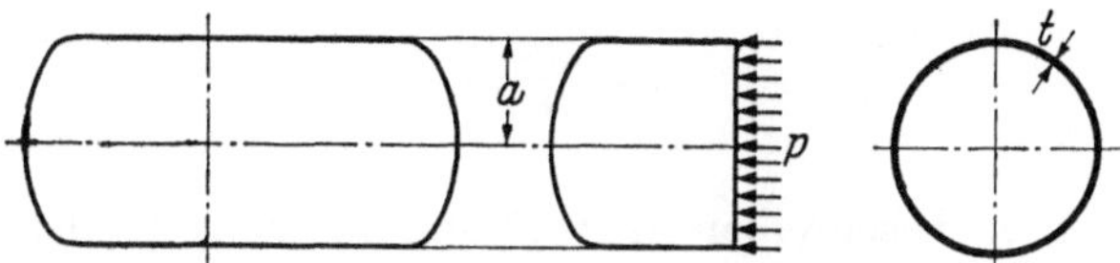

Abb. 43. Längsspannungen in einem Kessel.

gesetzt werden. Da geeignete äußere Kräfte nicht vorhanden sind, kann das nur durch Spannungen in dem kreisringförmigen Schnitt durch den Kessel geschehen. Diese Spannungen stehen auf der Schnittebene senkrecht, sind also Normalspannungen und dem Vorzeichen nach Zugspannungen σ. Die metallische Querschnittsfläche ist $F = 2\pi a t$, die Spannung also

$$\sigma = \frac{P}{F} = \frac{\pi a^2 p}{2\pi a t} = \frac{pa}{2t}.$$

Diese Spannung ist nur halb so groß wie die in Umfangsrichtung wirkende. Beide gehen zwar auf denselben Innendruck p zurück, stellen aber zwei physikalisch unabhängige Tatsachen dar. Wir müssen sie daher irgendwie unterscheiden.

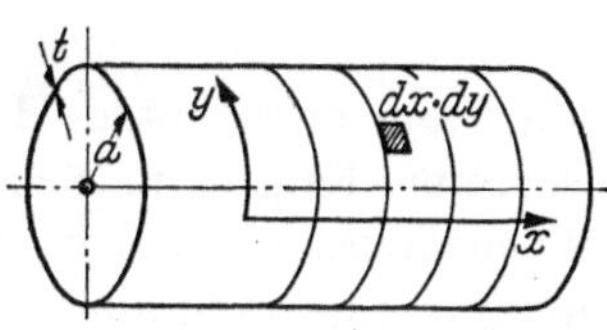

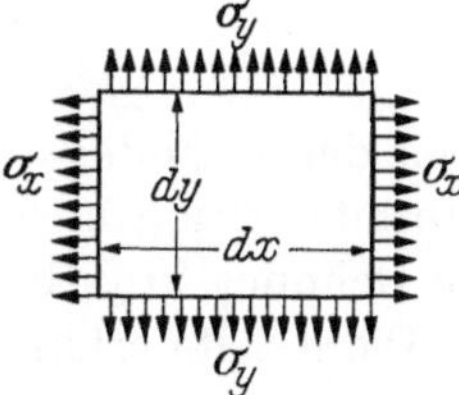

Abb. 44. Kesseltrommel mit Flächenelement.

Abb. 45. Flächenelement einer Kesseltrommel.

Zu diesem Zwecke führen wir auf der Zylinderfläche ein rechtwinkliges Koordinatensystem ein, etwa indem wir eine Ebene mit einem darauf gezeichneten Koordinatennetz x, y auf den Zylinder wickeln. Die x-Richtung soll die Richtung der Erzeugenden sein, während die y-Koordinate in Umfangsrichtung verläuft (Abb. 44). Wenn wir nun ein Flächenelement $dx \cdot dy$ aus der Kesseltrommel herausschneiden (Abb. 45), so finden sich die Umfangsspannungen pa/t in den Seiten mit dem Querschnitt $t \cdot dx$, während die Längsspannungen in den Seiten $t \cdot dy$ auftreten. Entsprechend der Richtung der Spannungsvektoren bezeichnen wir die letzteren als σ_x, während die Umfangsspannungen σ_y heißen sollen. Wir haben dann die beiden Kesselformeln:

$$\sigma_x = \frac{p\,a}{2t}, \tag{25a}$$

$$\sigma_y = \frac{pa}{t}. \tag{25b}$$

Beide zusammen beschreiben den Spannungszustand des Zylinderelements. Wir sehen hier, daß die einzelne Spannung zwar ein Vektor ist (genau genommen sogar nur eine Vektorkomponente), daß aber der ganze Spannungszustand an einer Stelle eines Körpers etwas Komplizierteres ist. Wir werden später (s. S. 299) genauer darauf einzugehen haben.

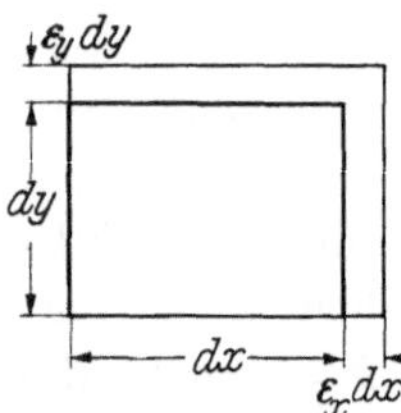

Abb. 46. Formänderung im zweiachsigen Spannungszustand.

Wenn das in Abb. 45 gezeichnete Element einer Spannung σ_x ausgesetzt ist, wird seine Länge dx anwachsen (Abb. 46), und nach dem Hookeschen Gesetz (7) ist die Dehnung $\varepsilon = \sigma_x/E$. Anderseits wird die Ringspannung σ_y nach Gl. (11) dahin wirken, daß die Seite dx eine negative Dehnung $\varepsilon = -\nu\sigma_y/E$ erfährt. Unter der gleichzeitigen Wirkung beider Spannungen überlagern sich die von ihnen erzeugten Dehnungen zu

$$\varepsilon_x = \frac{1}{E}(\sigma_x - \nu\sigma_y). \tag{26a}$$

Wir haben der Dehnung den Index x angefügt, um anzudeuten, daß sie die Formänderung in der x-Richtung beschreibt. Es gibt natürlich auch eine Dehnung in y-Richtung, die die Längenänderung der Seite dy darstellt. Diese Seite erfährt durch die Spannung σ_y eine Dehnung σ_y/E und durch die Spannung σ_x eine negative Dehnung $-\nu\sigma_x/E$. Beide zusammen geben die gesamte Dehnung

$$\varepsilon_y = \frac{1}{E}(\sigma_y - \nu\sigma_x). \tag{26b}$$

Diese beiden Formeln stellen eine Verallgemeinerung des Hookeschen Gesetzes auf zweidimensionale Spannungszustände dar.

Wir können nun in die allgemeingültigen Beziehungen (26) die spe ziellen Spannungswerte (25) des Kessels einsetzen. Wir finden dann die

Dehnungen

$$\varepsilon_x = \frac{1}{E}\left(\frac{pa}{2t} - \nu\,\frac{pa}{t}\right) = \frac{pa(1-2\nu)}{2Et},$$
$$\varepsilon_y = \frac{1}{E}\left(\frac{pa}{t} - \nu\,\frac{pa}{2t}\right) = \frac{pa(2-\nu)}{2Et}. \tag{27}$$

Die Dehnung ε_x bedeutet hier eine Verlängerung des Zylinders von der ursprünglichen Länge l auf $l(1+\varepsilon_x)$ und ε_y eine Vergrößerung des Durchmessers von $2a$ auf $2a(1+\varepsilon_y)$. Wenn wir für die Querzahl ν den Wert 0,3 einsetzen, so zeigen diese Formeln, daß durch den Querdehnungseinfluß die Längenänderung des Zylinders auf 40% reduziert wird, während die Ringdehnung nur um 15% zurückgeht.

Kapitel II

Biegung

1. Lasten und Stützkräfte am Balken

Unter einem Stab verstehen wir einen Bauteil, dessen Länge wesentlich größer ist als seine Breite und Dicke. Unter einem Balken verstehen wir einen geraden Stab, der in zwei oder mehr Punkten unterstützt ist und in anderen Punkten Lasten trägt, die auf seiner Längsachse senkrecht stehen oder doch wenigstens eine Komponente in dieser Richtung haben (Abb. 47a). Wenn die an dem Balken angreifenden Lasten gesteigert werden, wird er schließlich zerbrechen, d. h. in einem seiner Querschnitte wird der Zusammenhang zerstört werden. Wir stellen uns die Aufgabe, die Bruchlast aus den Abmessungen und den Werkstoffkonstanten zu berechnen.

Der erste Schritt auf diesem Wege ist die Bestimmung *aller* an dem Balken angreifenden Kräfte. Die Lasten sind natürlich bekannt, aber da sie nur selten unter sich im Gleichgewicht sind, müssen wir vermuten, daß in den Stützpunkten weitere Kräfte auf den Balken einwirken. Um diese *Stützkräfte* sichtbar zu machen, trennen wir den Balken von seinen Stützen, d. h. wir machen aus ihm einen freien Körper, und bringen an ihm die Stützkräfte als äußere Kräfte an. Dieses als *Schnittprinzip* oder *Frei-Körper-Methode* bezeichnete Verfahren ist für die Festigkeitslehre von grundlegender Bedeutung, und wir werden es immer und immer wieder anwenden, um innere Kräfte zu definieren und aus Gleichgewichtsbedingungen für die durch das Zerschneiden entstandenen Teile zu berechnen.

In Abb. 47b ist der von seinen Stützen gelöste Balken dargestellt. Das auf ihn einwirkende ebene Kräftesystem muß drei Gleichgewichtsbedingungen genügen, und es ist deshalb nötig, daß drei Stützkraftkomponenten vorhanden sind. In Abb. 47b sind das die beiden lotrechten Kräfte A_v, B und die waagerechte Kraft A_h am linken Auflager. Sie entsprechen einem festen Lager am linken Stützpunkt und einem Gleit- oder Rollenlager am rechten. Wenn mehr als drei Stützkräfte (Stützkraftkomponenten) vorhanden sind, reichen die drei Gleichgewichtsbedingungen nicht zu ihrer Berechnung aus. Solche Balken werden statisch unbestimmt genannt. Wir müssen sie hier von der Betrachtung ausschließen und werden später Verfahren entwickeln, mit denen sie behandelt werden können (s. S. 165).

Die drei Gleichgewichtsbedingungen für die Kräfte in Abb. 47b können in verschiedener Weise aufgestellt werden. Für die Berechnung von Balkenstützkräften ist es am zweckmäßigsten, zwei Momentengleichungen und eine Kräftegleichung zu benutzen. Wir wählen sie in folgender Weise: Die Summe aller Momente um den Stützpunkt A (d. h. den Angriffspunkt der Kräfte A_h und A_v) muß Null sein. Zu dieser Gleichung liefern die Kräfte A_h und A_v keine Beiträge, so daß B die einzige Unbekannte darin ist und aus ihr sofort berechnet werden kann. Die Summe der Momente für den Angriffspunkt der Stützkraft B muß ebenfalls verschwinden, und zu dieser Gleichung liefern die Unbekannten B und A_h keine Beiträge, so daß sie zur Berechnung von A_v benutzt werden kann. Man erhält auf diese Weise die beiden lotrechten Stützkräfte unabhängig voneinander und kann dann nachprüfen, ob ihre Summe gleich der Summe der lotrechten Lasten ist. Die waagerechte Stützkraft A_h folgt einfach aus der Bedingung, daß die Summe aller waagerechten Kräfte Null sein muß.

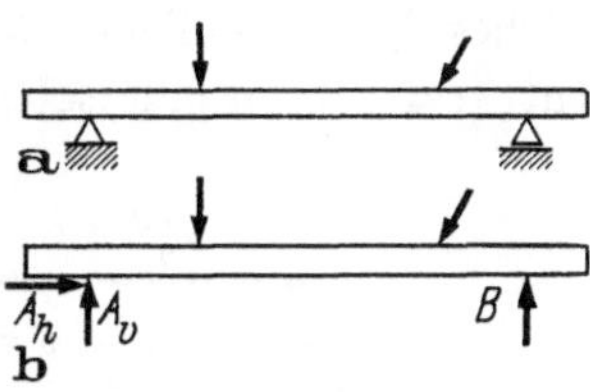

Abb. 47. Balken, (a) gestützter Balken, (b) freier Körper.

Abb. 48 zeigt einen Balken mit einer einzigen, lotrechten Last P. Wir trennen den Balken von seinen Stützen und führen die Stützkräfte A und B als äußere Kräfte ein. Das Gleichgewicht der Momente in bezug auf den linken Stützpunkt liefert die Gleichung

$$Px - Bl = 0,$$

aus der die Stützkraft

$$B = \frac{Px}{l} \tag{28a}$$

folgt. Das Gleichgewicht der Momente um den rechten Stützpunkt liefert entsprechend

$$P(l - x) - Al = 0$$

und daher

$$A = \frac{P(l - x)}{l}. \tag{28b}$$

Zur Probe bilden wir die Summe

$$A + B = \frac{P(l - x)}{l} + \frac{Px}{l} = P$$

und sehen, daß die Summe aller lotrechten Kräfte tatsächlich Null ist.

In Abb. 48 ist nicht kenntlich gemacht, welches Lager das feste und welches das bewegliche ist, und das mit gutem Grund. Die waagerechte Stützkraft, wenn eine solche vorhanden wäre, würde die einzige waagerechte Kraft am Balken sein und muß daher Null sein. Es ist daher durchaus gleichgültig, ob ihre Aufnahme am linken oder am rechten Auflager vorgesehen ist. Wir werden in der Folge immer dann darauf verzichten, das feste Auflager kenntlich zu machen, wenn es von vornherein klar ist, daß keine waagerechte Stützkraft vorhanden sein wird. In anderen Fällen muß man natürlich sorgfältig darauf achten, an welcher Stelle sie übertragen wird.

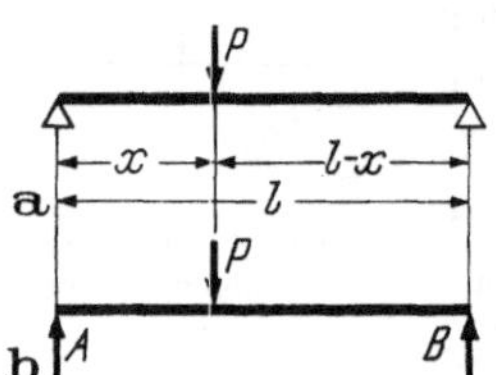

Abb. 48. Balken mit Einzellast.

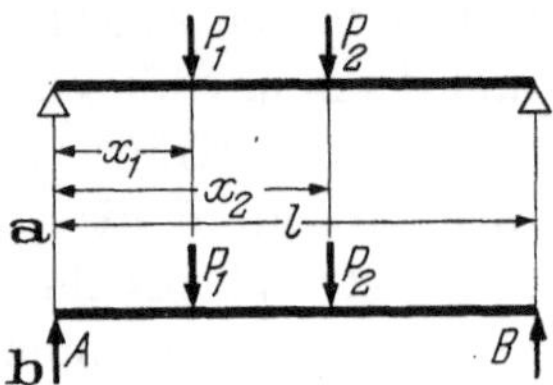

Abb. 49. Balken mit zwei Lasten.

Abb. 49 zeigt denselben Balken mit zwei lotrechten Lasten. Das Momentengleichgewicht für den linken Stützpunkt liefert hier die Beziehung

$$P_1 x_1 + P_2 x_2 - B l = 0$$

und damit

$$B = \frac{P_1 x_1}{l} + \frac{P_2 x_2}{l}.$$

Der erste Summand auf der rechten Seite ist nach Gl. (28a) die Stützkraft, die auftreten würde, wenn die Last P_1 allein vorhanden wäre, während der zweite Summand in derselben Weise von der Last P_2 verursacht wird. Die Gleichung zeigt, daß sich die Einflüsse beider Lasten einfach addieren. Diese als lineare Superposition bezeichnete Erscheinung tritt überall da auf, wo die Wirkungen linear von den verursachenden Lasten abhängen. Da die Gleichgewichtsbedingungen lineare Beziehungen zwischen Kräften sind, sind alle aus ihnen berechneten äußeren und inneren Kräfte der linearen Superposition unterworfen. Wir werden später sehen (S. 146), daß auch die Formänderungen in der Regel linear von den Lasten abhängen und dann dem Superpositionsgesetz unterliegen.

Wenn der Balken viele Lasten trägt (Abb. 50), folgt durch lineare Superposition aus Gl. (28)

$$A = \frac{1}{l}\sum_{k=1}^{k=n} P_k(l - x_k). \qquad B = \frac{1}{l}\sum_{k=1}^{k=n} P_k x_k, \tag{29}$$

Wir betrachten nun einen Balken, der eine verteilte Last trägt, etwa sein Eigengewicht (Abb. 51). Die Gesamtlast sei P. Wenn sie gleichförmig verteilt ist, wirkt auf jede Längeneinheit des Balkens die Last $p = P/l$.

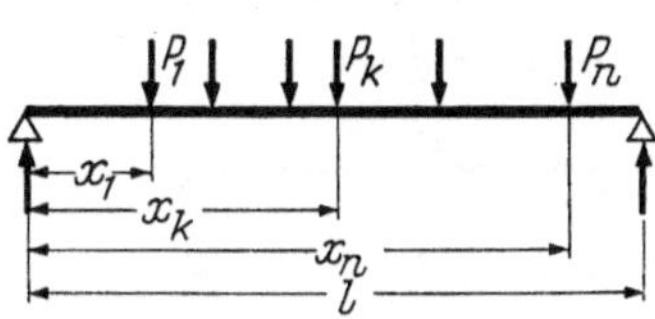

Abb. 50. Balken mit mehreren Einzellasten.

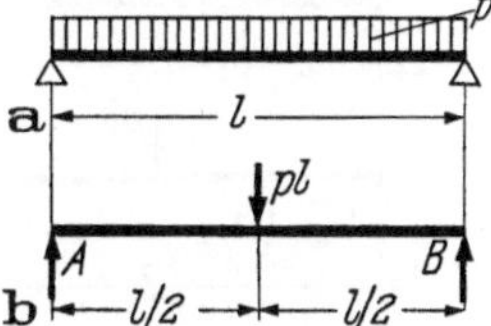

Abb. 51. Balken mit gleichförmig verteilter Last, (a) wirkliche Lastverteilung, (b) resultierende Last.

Die Größe p ist die Lastintensität, gewöhnlich kurz Belastung oder Belastungshöhe genannt. Sie wird in t/m oder kg/cm oder anderen Einheiten derselben Dimension gemessen.

Die Resultierende pl greift in der Mitte des Balkens an, und für die Berechnung der Stützkräfte können wir die verteilte Last durch ihre Resultierende ersetzen. Gl. (28) liefert dann

$$A = B = \tfrac{1}{2} pl.$$

Nicht nur das Eigengewicht des Balkens ist gleichmäßig verteilt; auch Nutzlasten können über die Balkenlänge oder über ein Stück davon gleichmäßig verteilt sein. Abb. 52 zeigt eine solche Belastung. Da p die Last je Längeneinheit ist, so ist pb die resultierende Last (Gesamtlast), und da die Last gleichmäßig über die Strecke b verteilt ist, greift die Resultierende in der Mitte dieser Strecke an, also im Abstande $a + b/2$ vom linken Auflager. Wenn wir diese Länge für x in Gl. (28) einsetzen, finden wir die Stützkräfte

$$A = \frac{pb(b + 2c)}{2l}, \qquad B = \frac{pb(2a + b)}{2l}.$$

Anstatt Gl. (28) zu benutzen, hätten wir natürlich auch ganz unabhängig davon die Momentengleichungen für die beiden Stützpunkte formulieren können.

Man kann noch in einer anderen Weise vorgehen, um die Stützkraft für diesen Fall zu finden. Wir grenzen innerhalb der Strecke b ein Längenelement dx ab und bezeichnen seinen Abstand vom linken Auflager mit x (Abb. 53). An diesem Element greift die Last $p\,dx$ an, die ein Teil der auf dem Balken ruhenden Last ist. Die zu dieser Teillast gehörenden Stützkräfte sind wie die Last von differentieller Größe und mögen mit dA und dB bezeichnet werden. Gl. (28) liefert

$$dA = \frac{p\,dx(l-x)}{l}, \qquad dB = \frac{p\,dx\,x}{l}.$$

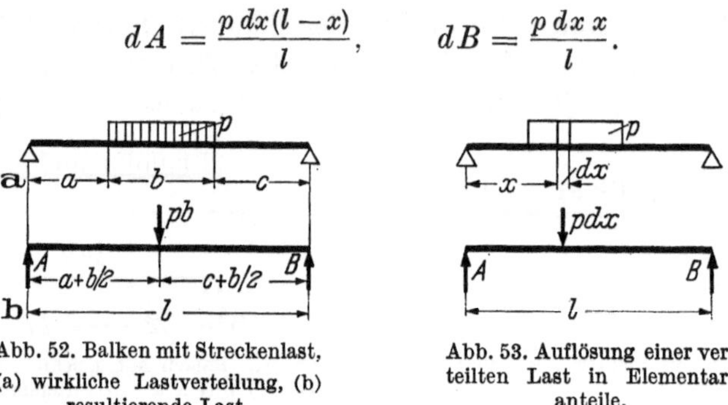

Abb. 52. Balken mit Streckenlast, (a) wirkliche Lastverteilung, (b) resultierende Last.

Abb. 53. Auflösung einer verteilten Last in Elementaranteile.

Die zur Gesamtlast gehörenden Stützkräfte werden erhalten, indem man die Beiträge aller im Bereich $a \leqq x \leqq a + b$ liegenden Lasten summiert:

$$B = \int_a^{a+b} \frac{px\,dx}{l} = \frac{p}{l}\int_a^{a+b} x\,dx = \frac{p}{l}\left[\frac{x^2}{2}\right]_a^{a+b}$$

$$= \frac{p}{2l}(a^2 + 2ab + b^2 - a^2) = \frac{pb(2a+b)}{2l},$$

und entsprechend für A. In dem hier vorliegenden Falle ist diese Integration über die Elementaranteile umständlicher als die anschauliche Methode. Wenn die Lastanordnung kompliziert ist, verdient der formale Weg den Vorzug.

Abb. 54 zeigt einen Balken mit einem überstehenden Ende. Die resultierende Belastung ist pc, und sie greift im Abstand $c/2$ vom rechten Auflager an. Die Momentengleichung für den Punkt A liefert

$$Bl - pc\left(l + \frac{c}{2}\right) = 0,$$

also

$$B = \frac{pc(2l+c)}{2l}.$$

Für den Bezugspunkt B erhalten wir entsprechend

$$Al + pc\,\frac{c}{2} = 0,$$

also

$$A = -\frac{pc^2}{2l}.$$

Die Stützkraft A ist negativ; d. h. ihre Richtung ist entgegengesetzt zu der in der Figur angegebenen. Wir hätten das natürlich voraussehen und die Kraft in der Figur im umgekehrten Sinne einführen können.

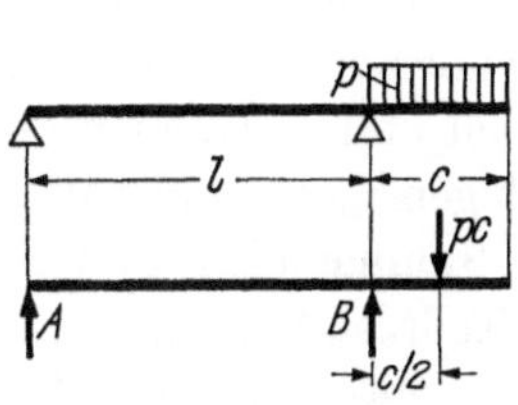

Abb. 54. Balken mit Kragarm.

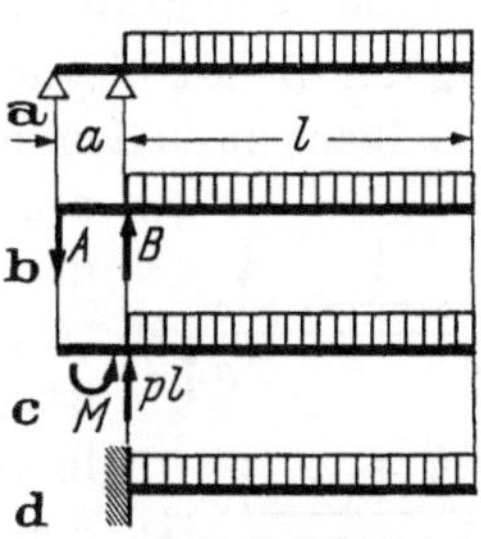

Abb. 55. Kragträger.

Mit dieser geänderten Definition der Stützkraft würden wir ein positives Ergebnis erhalten haben. Wenn nicht nur der Kragarm c Last trägt, sondern auch die Spannweite l, ist es nicht so einfach, vorauszusagen, welche Richtung die Stützkraft haben wird. Dann und überhaupt in den meisten Fällen ist es am besten, wenn man alle Stützkräfte als nach oben wirkend positiv in die Rechnung einführt und es dem Vorzeichen des Ergebnisses überläßt, die wahre Richtung anzuzeigen.

In Abb. 55 ist ein Träger derselben Art dargestellt, aber mit extremen Abmessungen und geänderten Bezeichnungen. Die dort eingetragenen Stützkräfte haben die Größe

$$A = \frac{pl^2}{2a}, \qquad B = \frac{pl^2}{2a} + pl.$$

Man hat häufig mit solchen Balken zu tun, bei denen man sich für den Teil a gar nicht interessiert, bei denen womöglich seine Länge nicht einmal genau feststeht. In solchen Fällen ist es wünschenswert, die Unterstützung in einer Weise zu beschreiben, die von der Länge a unabhängig ist. Wir können nun offenbar die beiden Stützkräfte deuten als eine Kraft pl und ein Kräftepaar vom Moment $M = pl^2/2$. Die Kraft greift am linken Ende der freien Spannweite l an und das Moment ebenfalls. Es ist in Abb. 55c durch einen kreisförmigen Pfeil dargestellt. Wenn wir die Stützenreaktionen durch diese beiden Kraftgrößen beschreiben, können wir das kurze Stück a des Trägers ganz fortlassen und den in Abb. 55d dargestellten Träger betrachten. Er ist am linken Ende eingespannt, und seine „Stützkräfte" sind eine wirkliche Kraft pl und das Einspannmoment M. Ein solcher Träger wird Kragträger oder Freiträger genannt.

2. Schnittkräfte im Balken

a) Querkraft und Biegemoment

Nachdem die Stützkräfte berechnet sind, können wir daran gehen, den Vorgang der Balkenbiegung näher zu untersuchen. Um die inneren Kräfte des Balkens zu finden, machen wir noch einmal von dem Schnittprinzip Gebrauch und zertrennen den Balken in einem beliebigen Querschnitt in zwei Teile (Abb. 56). Die Summe aller äußeren Kräfte ist Null. Die Teilresultierenden für die am linken und am rechten Balkenteil angreifenden Kräfte müssen also gleich groß und entgegengesetzt gerichtet sein. Um jeden Balkenteil für sich ins Gleichgewicht zu bringen, müssen im Querschnitt lotrechte Schubspannungen τ übertragen werden, die auf die beiden Balkenteile resultierende Kräfte Q in entgegengesetztem Sinne ausüben. Es sind zwei Anordnungen dieser Kräfte möglich, die in Abb. 56b, c dargestellt sind. Es ist offenbar sinnvoll, sie durch Plus- und Minuszeichen zu unterscheiden.

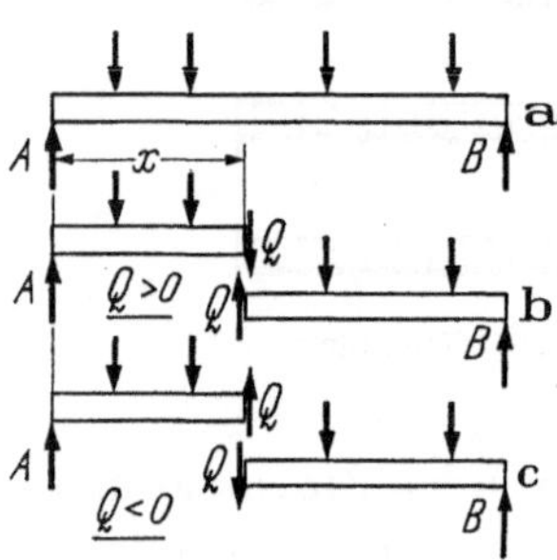

Abb. 56. Querkraft Q eines Balkens.

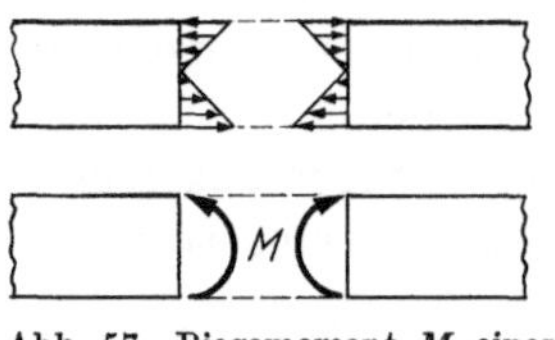

Abb. 57. Biegemoment M eines Balkens.

Die Kraft Q wird Querkraft genannt, und wir setzen willkürlich fest, daß die Querkraft positiv ist, wenn sie am linken Schnittufer nach unten, am rechten nach oben zeigt. Es ist zu beachten, daß das Wort Querkraft und der Buchstabe Q nicht *eine* Kraft bezeichnen, sondern deren zwei, die paarweise zusammengehören. Die Vorzeichendefinition spricht deshalb nicht von einer Richtung schlechthin, sondern von einer Zuordnung der beiden Richtungen zu den beiden Ufern eines Schnittes.

Die in Abb. 56b eingetragenen Kräfte erfüllen zwar die Gleichgewichtsbedingungen für die lotrechten und waagerechten Komponenten, aber nicht notwendigerweise auch die Momentenbedingung. Es müssen deshalb im Querschnitt außer Schubspannungen τ auch waagerechte Normalspannungen σ übertragen werden, die so verteilt sind (Abb. 57), daß sie ein Kräftepaar vom Moment M ergeben, das dem Moment der äußeren Kräfte das Gleichgewicht hält. Das Moment M wird Biegemoment genannt. Auch hier entspricht notwendigerweise einem gegen den Uhrzeiger drehenden Moment am linken Ufer ein mit dem Zeiger drehendes am rechten und umgekehrt. Wir setzen willkürlich fest, daß ein Biegemoment als positiv gelten soll, wenn es auf das linke Schnittufer im Gegenzeigersinne und auf das rechte im Uhrzeigersinne einwirkt (Abb. 57).

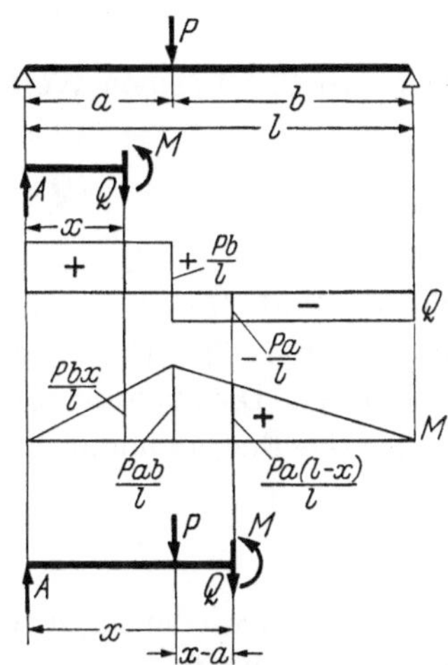

Abb. 58. Querkraft und Biegemoment in einem Balken mit Einzellast.

Querkraft und Biegemoment werden zusammenfassend als Schnittkräfte bezeichnet. Zu ihrer Definition haben wir den Balken an einer Stelle zerschnitten. Wir können das auch an einer anderen Stelle tun und erhalten dann andere Werte für die Schnittkräfte. Diese sind also Funktionen der Koordinate x (Abb. 58) und können als solche in Diagrammen aufgetragen werden. Wir zeigen an einigen Beispielen, wie solche Querkraft- und Momentenlinien gewonnen werden können und wie sie aussehen.

b) Beispiele

Wir beginnen mit dem schon in Abb. 48 dargestellten Balken, ändern aber die Bezeichnungen zweckmäßig ab (Abb. 58). Wir legen einen Querschnitt im Abstand $x < a$ vom linken Auflager. An dem linken Balkenteil greift nur die Stützkraft $A = Pb/l$ an. Die Querkraft Q ist daher nach unten gerichtet (also positiv) und gleich A,

$$Q = Pb/l,$$

und unabhängig von x. Das Momentengleichgewicht erfordert ein Kräftepaar

$$M = Ax = Pbx/l. \tag{a}$$

Das Biegemoment ist also proportional x für alle Schnitte links der Last. Wenn wir Q und M entsprechend diesen Formeln als „Kurven“ auftragen, erhalten wir die linken Hälften der in Abb. 58 dargestellten Q- und M-Diagramme.

Wenn wir den Balken rechts der Last zerschneiden, ändert sich alles. Am linken Balkenteil greifen nun drei Kräfte an: A, P und Q, und wir haben die Gleichgewichtsbedingung

$$Q = A - P.$$

Wenn wir für A seinen Wert einsetzen, finden wir

$$Q = \frac{Pb}{l} - P = -\frac{Pa}{l}.$$

Die Querkraft für $x > a$ ist also wiederum konstant, aber negativ. An der Laststelle ändert sich die Querkraft sprunghaft um den Betrag P nach unten. Dies kommt im Querkraftdiagramm klar zum Ausdruck.

Für das Biegemoment M haben wir jetzt die Gleichgewichtsbedingung

$$M = Ax - P(x - a),$$

und wenn wir wieder für A seinen Wert einsetzen und zusammenrechnen, erhalten wir jetzt

$$M = \frac{Pa(l - x)}{l}. \tag{b}$$

Im Punkte $x = a$, der zum Geltungsbereich beider Momentenformeln gehört, liefern sie übereinstimmend

$$M = \frac{Pab}{l}, \tag{30}$$

und das ist das größte im Balken vorkommende Biegemoment.

Wir haben hier für die Berechnung der Schnittkräfte immer den linken Balkenteil benutzt. Dieselben Ergebnisse werden erhalten, wenn der rechts vom Schnitt liegende Teil betrachtet wird. Es sei dem Leser überlassen, die entsprechenden Überlegungen auszuführen. Es wird sich dabei herausstellen, daß man am schnellsten mit einer gemischten Methode zum Ziel kommt, die stets denjenigen Teil benutzt, an dem die wenigsten Kräfte angreifen.

Das Beispiel zeigt einige Tatsachen, die wir später allgemein bestätigt finden werden: Am Angriffspunkte einer Einzellast ändert sich die Querkraft sprunghaft (und der Vergleich der beiden in Abb. 58 gezeichneten Balkenstücke zeigt, warum), und die Momentenlinie hat an derselben Stelle einen Knick.

Wir untersuchen nun einen Balken, der eine gleichmäßig verteilte Last p trägt (Abb. 59). Wenn wir ein Stück der Länge x abschneiden, so liegt darauf die Last px, und das Gleichgewicht der lotrechten Kräfte liefert die Querkraft

$$Q = A - px = p\,(\tfrac{1}{2}l - x)\,.$$

Diese Formel gilt für jedes x zwischen 0 und l und ist durch das in der Figur aufgetragene Querkraft-Diagramm dargestellt.

Das Momentengleichgewicht des Balkenteils liefert

$$M = A \cdot x - px \cdot \frac{x}{2} = \frac{p}{2}\,x\,(l - x)\,.$$

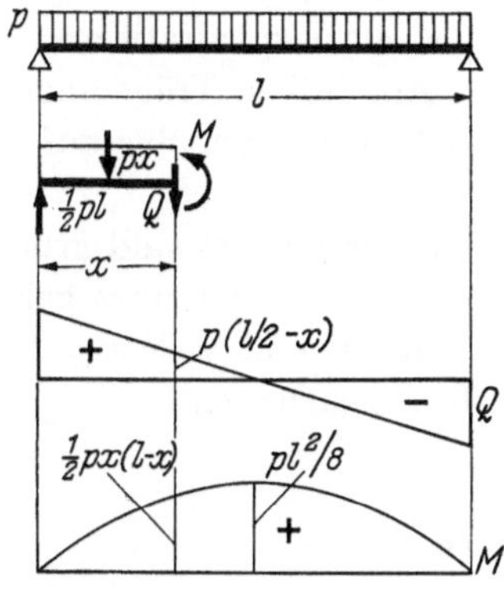

Abb. 59. Querkraft und Biegemoment in einem Balken mit gleichförmig verteilter Last.

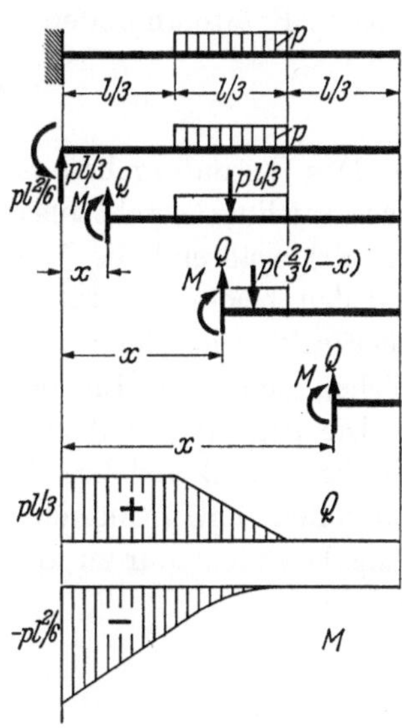

Abb. 60. Querkraft und Biegemoment eines Kragträgers.

Das ist eine quadratische Funktion, die Momentenlinie also eine quadratische Parabel. An beiden Balkenenden ist das Biegemoment Null, und in der Mitte hat es das Maximum

$$M = \frac{pl^2}{8}\,. \tag{31}$$

Als drittes Beispiel betrachten wir einen Kragträger (Abb. 60), der im mittleren Drittel eine gleichförmige Last p trägt. Wir bestimmen zunächst die Stützenreaktionen und finden eine lotrechte Kraft $pl/3$ und ein Einspannmoment $pl^2/6$. Dann führen wir Schnitte an drei verschiedenen Stellen, je einen in jedem Drittel des Balkens, und betrachten jeweils den rechts vom Schnitt liegenden Balkenteil. Für $x \leq l/3$ finden wir

$$Q = \frac{pl}{3}\,, \qquad M = -\,\frac{pl}{3}\left(\frac{l}{2} - x\right).$$

Für einen Schnitt im mittleren Balkendrittel ($l/3 \leqq x \leqq 2l/3$) finden wir

$$Q = p\left(\frac{2l}{3} - x\right), \qquad M = -\frac{p}{2}\left(\frac{2l}{3} - x\right)^2.$$

Für $x = l/3$ schließen sich die Werte für Q und für M stetig aneinander an. Wenn wir schließlich den Schnitt im letzten Drittel führen, so sehen wir, daß an dem rechts davon liegenden Balkenstück überhaupt keine äußeren Kräfte angreifen und daß daher

$$Q = 0, \qquad M = 0$$

ist. Das Gesamtergebnis ist in Abb. 60 in Diagrammen dargestellt. Die Querkraftlinie besteht aus geraden Stücken (die Querkraft ist „stückweise linear"), während die Momentenlinie aus einer quadratischen Parabel und den beiden Endtangenten besteht. Am linken Trägerende ist die Querkraft gleich der Stützkraft und das Biegemoment bis auf das Vorzeichen gleich dem Einspannmoment.

Die Begriffe der Querkraft und des Biegemoments sind grundlegend für die Festigkeitslehre. Es sei daher dem Leser ans Herz gelegt, sich mit ihnen sehr gründlich vertraut zu machen und viele der folgenden Aufgaben nicht nur zu lösen, sondern durchzuarbeiten.

Aufgaben

21. Für die in den Abbildungen dargestellten Balken (Maße in m) berechne die Stützkräfte und zeichne die Querkraft- und Momentenlinien! Die letzte der Abbildungen zeigt einen *Gerberträger*. Er besteht aus zwei Balken, die in C durch ein Gelenk verbunden sind. Die Untersuchung beginnt mit dem Einhängträger CD. Er ist ein einfacher Balken, dessen linke Stützkraft in C auf den Kragarm des Balkens ABC übertragen wird.

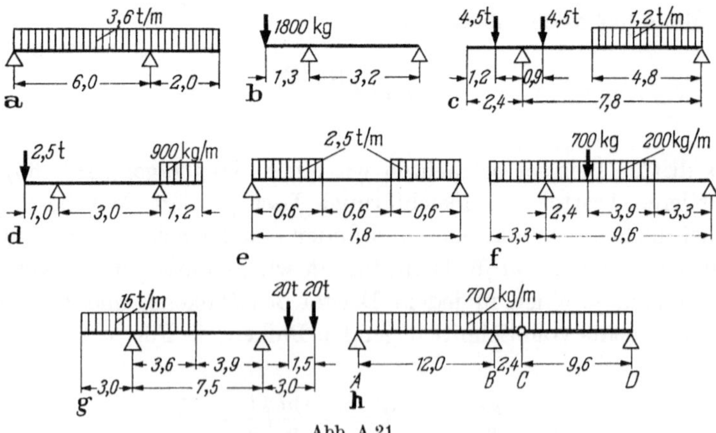

Abb. A 21.

22. Ein Balken der Länge l trägt eine gleichförmig verteilte Last p. In welchem Abstand a müssen die Stützpunkte gewählt werden, damit die positiven und negativen Grenzwerte des Biegemoments gleich groß ausfallen?

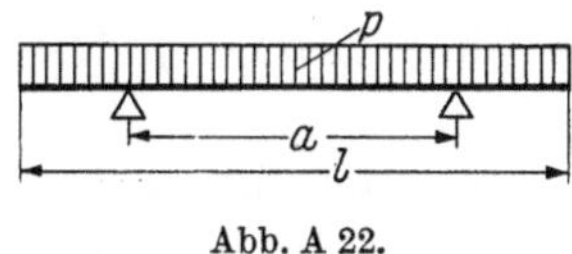

Abb. A 22.

c) Zusammenhang zwischen Last, Querkraft und Moment

Wir wollen jetzt einen beliebigen Balken betrachten, der eine beliebige, verteilte Belastung trägt. Es ist für unsere Zwecke unwesentlich, wie der Balken gestützt ist; die in Abb. 61 gezeichnete Stützung an den Endpunkten ist ohne Einfluß auf die Schlüsse, die wir ziehen werden.

In dem Balken gibt es Querkräfte Q und Biegemomente M, die wir uns als Funktionen von x berechnet denken. Wir wollen nun

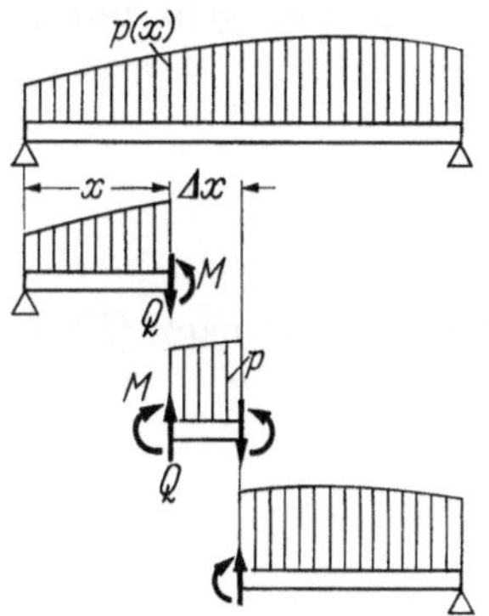

Abb. 61. Balken und Balkenelement.

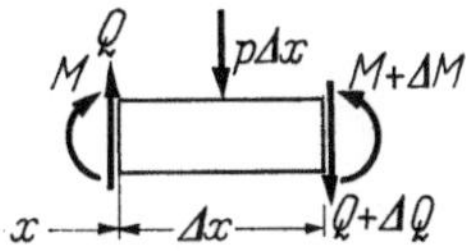

Abb. 62. Balkenelement.

nicht, wie bisher, den Balken in zwei Teile zerschneiden, sondern wir schneiden irgendwo ein kleines Stück der Länge Δx, ein Balkenelement, aus ihm heraus. Das linke Ende dieses Elements ist das rechte Ufer eines Querschnitts, und positive Schnittkräfte greifen dort nach unseren Definitionen in dem gezeichneten Sinne an. Das rechte Ende des Elements ist das linke Ufer eines anderen Querschnitts, und positive Schnittkräfte haben dort die umgekehrte Richtung.

Da nun Q und M Funktionen von x sind, unterscheiden sich ihre Werte an den beiden Enden des Elements um Zuwachse ΔQ und ΔM, wie in Abb. 62 angegeben. Außer diesen Kräften und Momenten wirkt am Element die Last $p\,\Delta x$.

Wir schreiben nun für dieses Element die Gleichgewichtsbedingungen der Kräfte und Momente und wählen willkürlich das rechte Ende des

Elements als Momentenbezugspunkt:

$$Q - p\,\Delta x - (Q + \Delta Q) = 0,$$

$$M + Q\,\Delta x - (M + \Delta M) - p\,\Delta x \cdot \tfrac{1}{2}\,\Delta x = 0.$$

Aus beiden Gleichungen heben sich die Summanden heraus, die nicht von der Länge Δx des Elements abhängen. Wenn wir die verbleibenden Glieder durch Δx dividieren, erhalten wir

$$p + \frac{\Delta Q}{\Delta x} = 0, \qquad Q - \frac{\Delta M}{\Delta x} - \frac{1}{2}\,p\,\Delta x = 0,$$

und wir können nun den Grenzübergang $\Delta x \to 0$ vornehmen, also das Element auf die infinitesimale Umgebung eines Querschnitts zusammenziehen. Dann gehen die Differenzenquotienten in Differentialquotienten über, und das letzte Glied der Momentengleichung geht mit Δx nach Null. Wir erhalten dann die Beziehungen

$$\frac{dQ}{dx} = -p, \qquad \frac{dM}{dx} = Q. \tag{32a, b}$$

Differenziert man (32b) nach x und setzt man dann nach (32a) auf der rechten Seite die Last ein, so erhält man

$$\frac{d^2M}{dx^2} = -p, \tag{32 c}$$

die Differentialgleichung für das Biegemoment. Wir werden in der Regel Biegemomente nicht durch formelle Auflösung dieser Gleichung berechnen, sondern nach dem auf den vorangehenden Seiten beschriebenen Schnittverfahren, weil dieses schneller zum Ziele führt und dem anschaulichen Verständnis zugänglich ist. Wir werden aber später oft auf Gl. (32c) zurückkommen, wenn wir die Theorie der Balkenbiegung weiter ausbauen.

Wir hätten Gl. (32a, b) mit weniger Mühe erhalten können, wenn wir beizeiten vorausgesehen hätten, daß wir das letzte Glied ohnehin verlieren würden; denn dann hätten wir es schon bei der Aufstellung der Gleichgewichtsbedingung fortlassen können. Da dieser Gedankengang häufig wiederkehren wird, wollen wir diese Gelegenheit benutzen, das Verfahren zu entwickeln, das uns alles Nötige liefert, ohne unsere Gleichungen mit unnötigen Gliedern zu belasten.

Da wir die Absicht haben, die Länge des Balkenelements nach Null gehen zu lassen, stellen wir die Gleichgewichtsbedingungen nicht für ein

Element beliebiger Länge Δx auf, sondern für ein Element von infinitesimaler Länge dx. Die Zuwachse von Querkraft und Moment sind dann auch unendlich kleine Größen dQ und dM, und die erste Gleichgewichtsbedingung heißt

$$Q - p\,dx - (Q + dQ) = 0.$$

Wenn wir die Glieder endlicher Größe herausheben, haben die verbleibenden alle dieselbe Größenordnung, d. h. sie enthalten *einen* unendlich kleinen Faktor, und wenn wir die Gleichung durch dx dividieren, so stellt sie eine Beziehung zwischen endlichen Größen dar, eben die Gl. (32a). Wenn wir die Momentengleichung aufschreiben, ist es offenbar unnötig, Glieder mitzunehmen, die zwei unendlich kleine Faktoren enthalten, und wir sehen, daß das Moment der Last $p\,dx$ am Hebelarm $\frac{1}{2}\,dx$ ein Glied dieser Art ist. Wir vernachlässigen es daher sofort, da wir wissen, daß der damit gemachte Fehler im Grenzfalle $dx \to 0$ selbst nach Null geht und daher das Ergebnis nicht beeinflußt. Die Gleichgewichtsbedingung der Momente kann daher sofort in der Form

$$M + Q\,dx - (M + dM) = 0$$

aufgeschrieben werden, und nach Streichung der sich heraushebenden endlichen Summanden und nachfolgender Division durch dx ergibt sich unmittelbar Gl. (32b).

Die Gln. (32a, b) sind in doppelter Hinsicht für die praktische Ermittlung von Schnittkräften von Bedeutung. Einerseits geben sie eine Möglichkeit zum schnellen, qualitativen Aufzeichnen der Schnittkraftdiagramme, das als erste Orientierung wertvoll ist und später durch Berechnung von Einzelwerten ergänzt werden kann. Anderseits gibt Gl. (32b) einen Anhaltspunkt für die Auffindung derjenigen Balkenquerschnitte, in denen M seine positiven und negativen Extremwerte annimmt. Wir wollen jetzt diese beiden Anwendungen der Gl. (32) im einzelnen betrachten.

Wenn die Belastung p konstant ist (Abb. 59), muß Q nach Gl. (32a) eine lineare Funktion von x sein, und wenn insbesondere p positiv ist, muß Q mit wachsendem x abnehmen. Die Querkraftlinie in Abb. 59 verhält sich dementsprechend. Aus der Linearität von Q folgt nach Gl. (32b), daß das Biegemoment eine quadratische Funktion von x und die Momentenlinie eine quadratische Parabel ist. Da an den Balkenenden $M = 0$ sein muß, kann das Momentendiagramm nur so aussehen, wie es in Abb. 59 gezeichnet ist. Es genügt, das Maximum in der Mitte aus dem Gleichgewicht einer Balkenhälfte zu berechnen, um die M-Linie auch quantitativ aufzeichnen zu können, *ohne vorher die Stützkräfte zu berechnen.*

Wenn für einen Teil des Balkens $p = 0$ ist, ist dort die Querkraft konstant. Das sieht man in den beiden Balkenhälften der Abb. 58 bestätigt. Wenn Q konstant ist, ist das Moment eine lineare Funktion. Auch das sieht man in Abb. 58 und 60 bestätigt, während das mittlere Balkendrittel in Abb. 60 konstante Last, lineare Querkraft und quadratisches Moment hat. In den Drittelspunkten dieses Balkens ändert sich p sprunghaft. Dementsprechend ändert sich die Neigung der Querkraftlinie sprunghaft, d. h. die Linie hat zwei Knickpunkte, aber ihre Ordinaten sind überall eindeutig. Daher ist die Neigung der Momentenlinie in jedem Punkt eindeutig, und die Geraden und der Parabelbogen gehen ohne Knicke ineinander über. Da die Querkraft längs des ganzen Balkens positiv (oder Null) ist, muß das Moment nach rechts größer werden (oder konstant sein), und da es am freien Balkenende den Wert Null erreichen muß, muß es weiter links überall negativ sein.

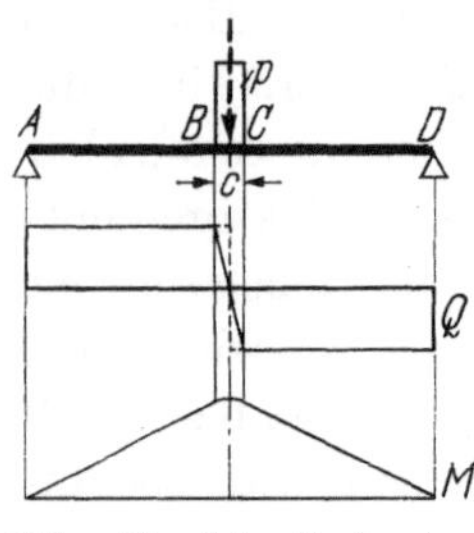

Abb. 63. Einzellast als Grenzfall einer verteilten Belastung.

Für die Ableitung der Beziehungen (32) haben wir eine verteilte Belastung p vorausgesetzt. Eine Einzellast P ist der Grenzfall einer verteilten Belastung von großer Intensität $p = P/c$, die auf einer sehr kurzen Strecke c des Balkens wirkt (Abb. 63). Wenn wir mit c nach Null gehen und dabei p so wachsen lassen, daß $pc = P$ konstant bleibt, erhalten wir eine Einzellast P. Die Querkraft- und Momentenlinie in Abb. 58 können als Grenzfälle der zu einer solchen verteilten Belastung gehörenden Diagramme gedeutet werden. Wenn die Last über eine endliche Strecke verteilt ist, ist die Querkraft in den unbelasteten Bereichen konstant und fällt im Lastbereich sehr steil ab. Die Gesamthöhe dieses Abfalls ist

$$Q_C - Q_B = \int_B^C \frac{dQ}{dx}\, dx = -\int_B^C p\, dx = -\, pc,$$

also gleich der gesamten im Bereich c wirkenden Last P. Wenn man zur Grenze $c \to 0$ übergeht, wird aus dem steilen Abfall ein Sprung der Höhe $-P$ (Abb. 63). Im Momentendiagramm ist der mittlere Teil eine Parabel wie in Abb. 60. Da sich die Querkraft in diesem Bereiche sehr schnell ändert, ändert sich auch die Neigung der Parabeltangente sehr schnell, d. h. die Parabel ist scharf gekrümmt. Die gesamte Richtungsänderung zwischen ihren Endtangenten ist nach Gl. (32b):

$$\left(\frac{dM}{dx}\right)_C - \left(\frac{dM}{dx}\right)_B = \int_B^C \frac{d^2 M}{dx^2}\, dx = \int_B^C \frac{dQ}{dx}\, dx = Q_C - Q_B = -\, P.$$

Sie bleibt dieselbe, wenn wir zur Grenze $c = 0$ übergehen, aber die Parabel schrumpft dann in einen Punkt zusammen. Die Momentenlinie hat unter der Einzellast einen Knick.

Die im vorstehenden an Beispielen diskutierten Zusammenhänge zwischen Last, Querkraft und Biegemoment sind in Tab. 1 in Skizzen zusammengestellt.

Tabelle 1. *Beziehung zwischen Last, Querkraft und Biegemoment*

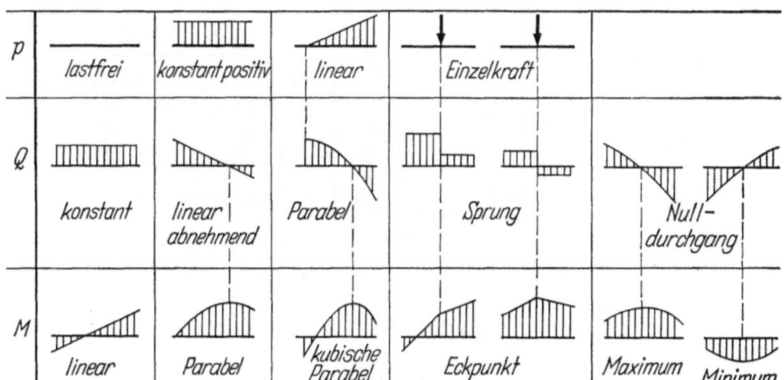

Für die Festigkeitsberechnung sind die Punkte von besonderem Interesse, in denen M einen positiven oder negativen Extremwert annimmt. Nach Gl. (32b) sind das diejenigen Punkte, für die $Q = 0$ ist. Wenn Q stetig durch Null geht, wie in Abb. 59, ist das ohne weiteres verständlich, aber der Satz ist auch dann richtig, wenn Q sprunghaft durch Null geht (Abb. 58), denn an den Sprungstellen von Q hat die M-Linie eine Ecke, und wenn Q auf beiden Seiten des Sprunges verschiedenes Vorzeichen hat, dann hat die M-Linie auf beiden Seiten entgegengesetztes Gefälle, so daß die Ecke tatsächlich ein Maximum oder Minimum von M darstellt. Man macht sich diese Extremumsbeziehung oft zunutze und zeichnet nur das einfacher zu berechnende Q-Diagramm vollständig auf, bestimmt seine Nullstellen und berechnet M nur für diese Punkte. Dabei ist zu beachten, daß zusätzliche Extremwerte des Biegemoments an den Balkenenden auftreten können, insbesondere am eingespannten Ende jedes Kragträgers (Abb. 60).

Aufgaben

23. In den meisten Beispielen der Aufgabe 21 auf S. 60 ist die Lage des Querschnitts mit dem größten Biegemoment nicht augenfällig. Benutze das Querkraftdiagramm um ihn zu finden und berechne dann das größte Biegemoment!

24. Für die gezeichneten Balken finde zuerst die allgemeine Gestalt der Querkraftlinie und der Momentenlinie und berechne dann die zum Aufzeichnen nötigen Werte (Maße in m)! Im Beispiel (b) ist die Belastung ein äußeres Moment (Kräftepaar), das im rechten Endquerschnitt angreift. Drei der Balken sind lotrechte Wände oder Wandrippen. Versuche diese Aufgaben zu lösen, ohne die Figur um 90° zu drehen!

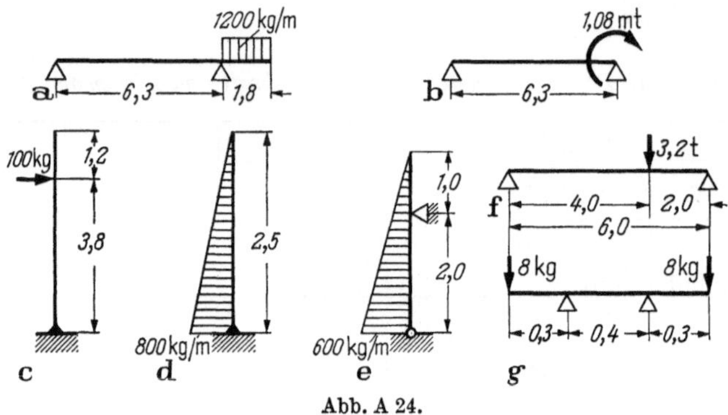

Abb. A 24.

d) Längskraft

Bisher haben wir nur waagerechte Balken behandelt, auf die lotrechte Lasten und Stützkräfte einwirken. In den Aufgaben sind auch lotrechte Balken behandelt, aber in allen Fällen stehen die äußeren Kräfte auf

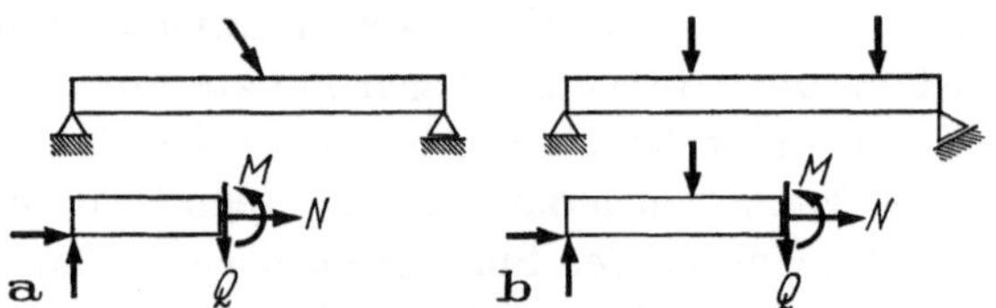

Abb. 64. Balken mit Längskraft N.

der Balkenachse senkrecht. Die in Abb. 64 dargestellten Balken sind von anderer Art. An ihnen greifen Lasten oder Stützkräfte an, die eine Komponente in Richtung der Balkenachse haben. Wenn wir einen solchen Balken zerschneiden, ist die Resultierende der am linken Teil angreifenden Kräfte nicht mehr lotrecht, sondern hat eine waagerechte Komponente, und das Gleichgewicht erfordert nun, daß wir außer der lotrechten Querkraft Q und dem Biegemoment M auch eine waagerechte Kraft N im Schnitt anbringen. Diese auf der Querschnittsebene normal stehende Kraft wird als Normalkraft oder Längskraft bezeichnet. Sie ist entweder eine Zugkraft oder eine Druckkraft und unterliegt daher derselben Vorzeichenfestsetzung wie die Zug- oder Druckkräfte, die wir im Kap. 1 kennengelernt haben. Diese Vorzeichen sind in Abb. 65 noch einmal dargestellt.

Während es für die Querkraft genügt, zu wissen, daß sie in der Querschnittsebene wirkt (wenigstens solange wir nur zweidimensionale Probleme behandeln), müssen wir für die Längskraft eine Festsetzung darüber treffen, wo sie im Querschnitt angreifen soll. Diese Festsetzung ist an sich willkürlich, aber es liegt nahe, festzusetzen, daß die Längskraft durch den Querschnittsschwerpunkt gehen soll.

Für die Berechnung des Biegemoments wählt man zweckmäßig den Schnittpunkt von N und Q als Bezugspunkt, da man sonst das Moment der Kraft N in die Gleichung zur Berechnung von M einführen müßte.

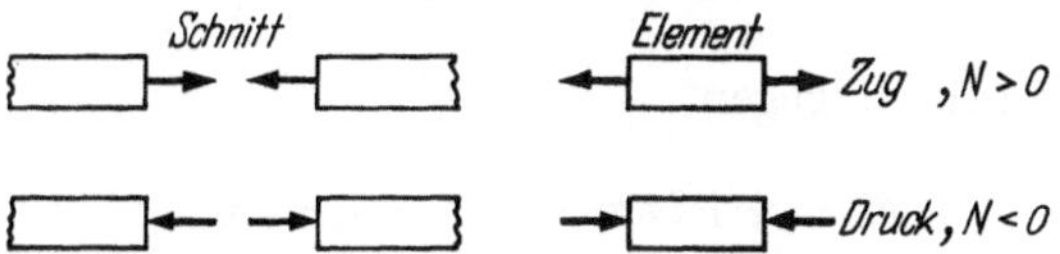

Abb. 65. Vorzeichenfestsetzung für die Längskraft N.

Wir wollen nun Einzelheiten an einem Beispiel studieren. Abb. 66 zeigt denselben Balken wie Abb. 64a. Wir beginnen mit der Bestimmung der Stützkräfte und beachten dabei, daß die schräge Last P an der Oberkante des Balkens angreift, während die waagerechte Stützkraftkomponente an der Unterkante wirkt. Das Gleichgewicht der waagerechten Kräfte liefert

$$H = P \cos \alpha ,$$

und wir finden nun leicht aus zwei Momentengleichungen

$$A = \frac{1}{2} P \sin \alpha - \frac{h}{l} P \cos \alpha ,$$

$$B = \frac{1}{2} P \sin \alpha + \frac{h}{l} P \cos \alpha .$$

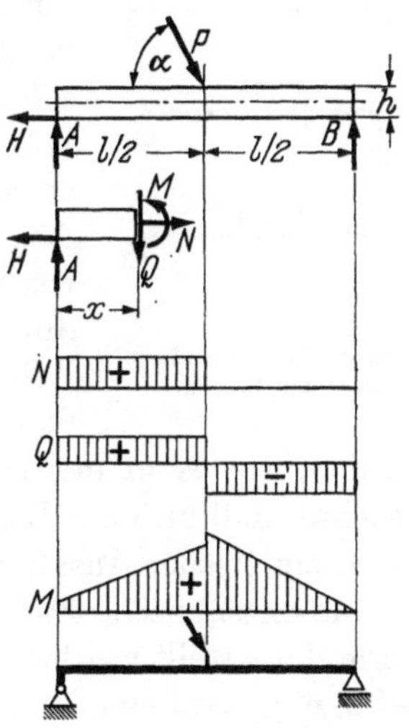

Abb. 66. Längskraft, Querkraft und Biegemoment eines Balkens.

In einem Schnitte links der Last, d. h. für $x < l/2$, brauchen wir zur Erfüllung der Gleichgewichtsbedingungen für die waagerechten und lotrechten Kräfte eine Längskraft $N = H$ und eine Querkraft $Q = A$. Die Längskraft ist eine Zugkraft und daher positiv. Die Querkraft wirkt am linken Schnittufer abwärts und ist daher auch positiv.

Das Biegemoment ergibt sich als

$$M = H\frac{h}{2} + Ax = \frac{P}{2l}\,[(h(l-2x)\cos\alpha + lx\sin\alpha].$$

Es ist linear in x und beginnt für $x = 0$ mit dem endlichen Wert $\frac{1}{2}\,Hh$, der durch den exzentrischen Angriff der Stützkraft H erzeugt wird.

In der rechten Balkenhälfte ist $M = B(l - x)$. In der Balkenmitte ergeben die beiden Formeln verschiedene Werte. Von links kommend, erhält man für $x = l/2$:

$$M = \tfrac{1}{4}\,Pl\sin\alpha,$$

von rechts kommend dagegen

$$M = \tfrac{1}{4}\,Pl\sin\alpha + \tfrac{1}{2}\,Ph\cos\alpha,$$

d. h. das Biegemoment ändert sich sprunghaft wegen des exzentrischen Angriffs der waagerechten Komponente der Last P.

In früheren Figuren (z. B. Abb. 48, 49, usw.) haben wir den Balken durch einen starken Strich dargestellt, ohne uns völlig darüber klar zu werden, was wir damit meinen. Es ist sinnvoll, unter dieser Linie die Balkenachse, d. h. die Verbindungslinie der Querschnittsschwerpunkte, zu verstehen. Diese vertritt den Balken hinreichend, solange wir es nur mit äußeren Kräften zu tun haben, die auf der Achse senkrecht stehen. Sobald achsenparallele Kräfte auftreten, müssen wir ihre Angriffspunkte in bezug auf die Balkenachse genauer festlegen. Wenn wir daran festhalten wollen, Stäbe durch ihre Achsen darzustellen, müssen wir diese Achslinien mit seitlichen Ansätzen versehen, an denen die achsenparallelen Kräfte angebracht werden, wie es in der letzten Teilfigur von Abb. 66 gezeigt ist. Man beachte, daß an dem Lager, wo nur eine lotrechte Stützkraft auftreten kann, ein solcher Ansatz nicht nötig ist.

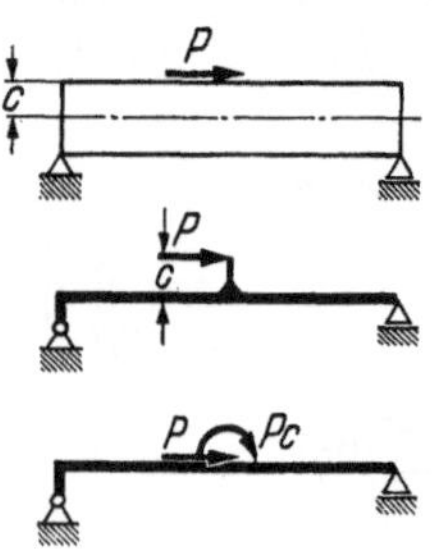

Abb. 67. Äußeres Moment als Last an einem Balken.

Die exzentrische Einleitung von Lasten kann auch in einer anderen Form dargestellt werden. Wenn wir z. B. eine waagerechte Last P haben (Abb. 67), etwa eine Bremskraft an einem Kranbahnträger, können wir sie entweder an einem fiktiven Seitenarm der den Balken vertretenden Achslinie anbringen, oder wir können sie durch eine in der Achse wirkende Kraft und ein Kräftepaar $M = Pc$ ersetzen. Ein solches äußeres Moment M kann auch allein als eine Last an einem Balken auftreten. Das Einspannmoment eines Kragträgers ist ein solches äußeres Moment (Abb. 60).

e) Rahmen

Als Rahmen bezeichnet man ein Tragwerk, das aus mehreren steif miteinander verbundenen Balken zusammengesetzt ist. Die meisten Rahmen sind statisch unbestimmt, und wir müssen ihre Behandlung für später (S. 179) zurückstellen.

Abb. 68 zeigt drei statisch bestimmte Rahmen derselben Form, die sich durch die Anordnung der Gelenke unterscheiden. Der Rahmen in Abb. 68a kommt praktisch nicht vor, aber er bildet den Ausgangspunkt

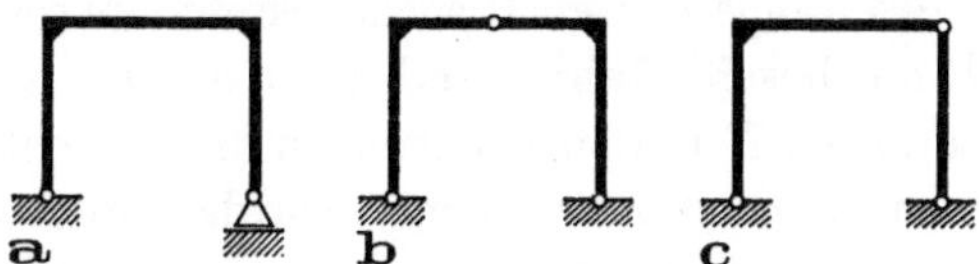

Abb. 68. Statisch bestimmte Rahmen.

für die Untersuchung statisch unbestimmter Rahmen. Der Dreigelenkrahmen, Abb. 68b, wird gelegentlich gebaut, wenn die statische Unbestimmtheit des Zweigelenkrahmens (Abb. 167, S. 179) unerwünscht

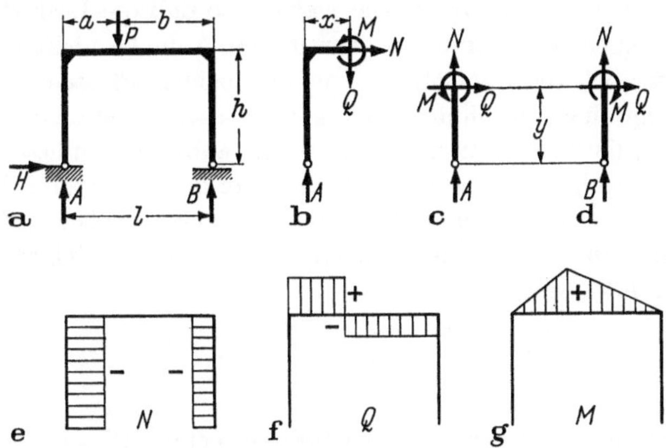

Abb. 69. Rahmen mit Gleitlager, lotrechte Last.

ist, und auch der Rahmen mit Pendelstütze (Abb. 68c) findet sich gelegentlich in Bauwerken.

Wir wollen hier die ersten beiden Rahmenarten für einige Belastungen untersuchen und beginnen mit dem in Abb. 69a dargestellten Fall.

Im linken Stützpunkt ist die Aufnahme einer waagerechten Stützkraft H vorgesehen. Wenn nur eine lotrechte Last P wirkt, ist H die einzige waagerechte Kraft am Rahmen und muß daher Null sein. Es bleiben dann nur die lotrechten Stützkräfte A und B, und wir finden aus zwei Momentengleichungen für die Fußgelenke des Rahmens, daß

$$A = Pb/l, \qquad B = Pa/l$$

ist, genauso wie bei einem Balken der Stützweite l (Abb. 48). Damit haben wir alle Stützkräfte ermittelt und können nun an die Berechnung der Schnittkräfte herangehen.

Abb. 69b zeigt einen Teil des Rahmens, der aus dem linken Pfosten und einem Stück des waagerechten Riegels besteht. Es sei $x < a$; dann greift die Last P an diesem Rahmenteil nicht an. Im Schnitt sind die drei Schnittkräfte M, Q, N in den Richtungen angebracht, in denen wir sie in einem Balken als positiv bezeichnen würden, und wir wollen dieselben Vorzeichenfestsetzungen hier übernehmen. Dann können wir aus den drei Gleichgewichtsbedingungen für das Rahmenstück ablesen, daß

$$N = 0, \qquad Q = A = Pb/l, \qquad M = Ax = Pbx/l$$

ist. Diese Ergebnisse stimmen genau mit den für einen entsprechend belasteten Balken gefundenen überein (S. 57). Dieselbe Feststellung läßt sich machen, wenn wir $x > a$ wählen, so daß die Last P an dem Rahmenteil erscheint. Damit ist aber unsere Aufgabe nicht erschöpft. Wir müssen noch die Schnittkräfte in den beiden Pfosten berechnen. Abb. 69c zeigt einen Abschnitt des linken Pfostens. Wenn wir an seinem oberen Ende die unbekannten Schnittkräfte anbringen, müssen wir für jede eine Vorzeichenfestsetzung treffen. Die in der Figur zum Ausdruck gebrachte ist zweckmäßig und allgemein gebräuchlich, aber an sich willkürlich. Mit dieser Festsetzung finden wir aus dem Gleichgewicht des Pfostenabschnitts, daß

$$N = -A = -\frac{Pb}{l}, \qquad Q = 0, \qquad M = 0$$

ist. Ganz entsprechend verfahren wir für den rechten Pfosten, Abb. 69d, und erhalten dort

$$N = -B = -\frac{Pa}{l}, \qquad Q = 0, \qquad M = 0.$$

In Abb. 69e—g sind diese Ergebnisse als Diagramme aufgetragen. In diesen Diagrammen sind die positiven Werte von N, Q und M auf der Außenseite der Rahmenstäbe aufgetragen. Wir werden für die Biegemomente gelegentlich die entgegengesetzte Regel befolgen und jedes Biegemoment immer auf der Seite des Rahmenstabes auftragen, auf der es Zugspannungen erzeugt. Diese Regel hat vor der entgegengesetzten den Vorzug, daß sie in den am häufigsten vorkommenden Fällen klarere Diagramme ergibt. Der Leser wird bei der Lösung der Aufgaben zahlreiche Beispiele für diese Behauptung finden.

Der Dreigelenkrahmen, Abb. 70a, weicht von dem eben untersuchten Rahmen mit Gleitlager wesentlich ab. Da beide Fußpunkte gelenkig gestützt sind, müssen wir in beiden je eine lotrechte und eine waagerechte

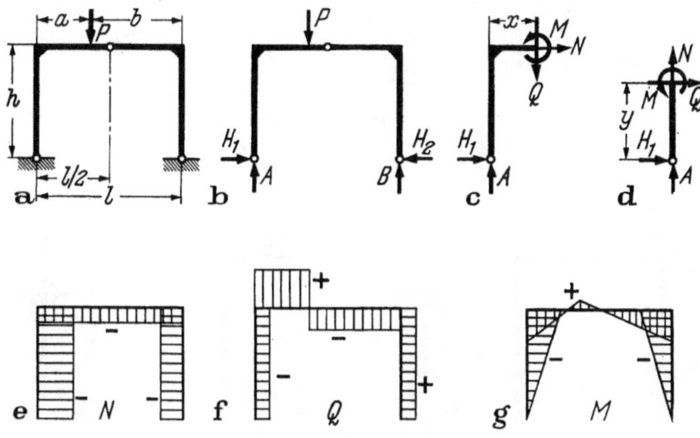

Abb. 70. Dreigelenkrahmen, lotrechte Last.

Stützkraft erwarten. Abb. 70b zeigt den von seinen Stützen gelösten Rahmen mit allen daran angreifenden Kräften. Momentengleichungen in bezug auf die Fußgelenke erweisen sich als identisch mit den zuvor benutzten, da die Horizontalschübe H_1, H_2 dazu keine Beiträge liefern. Wir erhalten daher für A und B dieselben Werte wie für den Rahmen mit Gleitlager.

Die beiden waagerechten Stützkräfte müssen einander gleich sein, $H_1 = H_2$, da sie die einzigen waagerechten Kräfte sind. Um ihre Größe zu bestimmen, betrachten wir die rechte Rahmenhälfte allein und stellen das Moment der daran angreifenden Kräfte in bezug auf das Scheitelgelenk auf:

$$\tfrac{1}{2}\,Bl - H_2 h = 0. \tag{a}$$

Aus ihr folgt, daß

$$H_1 = H_2 = \frac{Bl}{2h} = \frac{Pa}{2h}$$

ist. Dasselbe Ergebnis wird erhalten, wenn man für die an der linken Rahmenhälfte angreifenden Kräfte A, H_1, P eine Momentengleichung aufstellt. Jede dieser für das Scheitelgelenk aufgestellten Momentengleichungen läßt eine zweite Deutung zu. Die linke Seite der Gl. (a) stellt das Biegemoment für den Mittelpunkt des Riegels dar, und die Gleichung sagt daher aus, daß an dieser Stelle, an der sich ein Gelenk befindet, das Biegemoment Null sein muß.

Nachdem wir die vier Stützkräfte berechnet haben, finden wir die Schnittkräfte, indem wir den Rahmen in geeignete Teile zerschneiden und für diese die Gleichgewichtsbedingungen formulieren. Aus Abb. 70c ergibt sich für den linken Teil des Riegels

$$N = -H_1 = -\frac{Pa}{2h}, \qquad Q = A = \frac{Pb}{l},$$

$$M = Ax - H_1 h = \frac{Pb}{l}x - \frac{Pa}{2}.$$

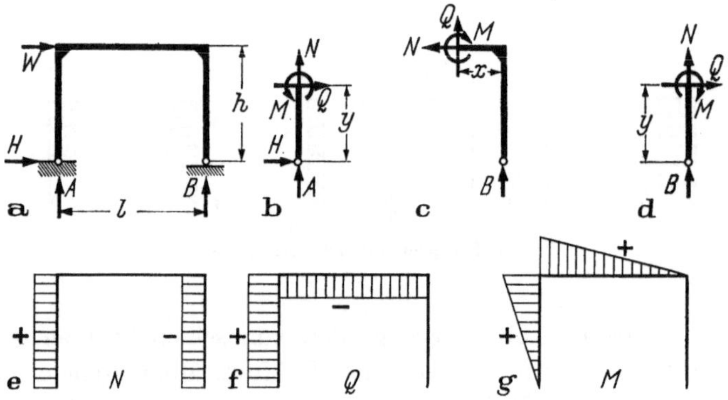

Abb. 71. Rahmen mit Gleitlager, waagerechte Last.

Aus Abb. 70d findet man für den linken Pfosten

$$N = -A = -\frac{Pb}{l}, \quad Q = -H_1 = -\frac{Pa}{2h}, \quad M = -H_1 y = -\frac{Pa}{2h}y.$$

In derselben Weise kann man Schnitte im Riegel rechts der Last und im rechten Pfosten untersuchen. Insgesamt ergeben sich die in Abb. 70e—g dargestellten Diagramme. Ein Vergleich mit den Diagrammen der Abb. 69 lehrt, daß durch die Anwesenheit des Horizontalschubes $H_1 = H_2$ Biegemomente in den Pfosten entstehen, daß dafür aber die Biegemomente im Riegel wesentlich verkleinert werden.

Wir wollen nun die Wirkung einer waagerechten Last W untersuchen und beginnen wieder mit dem Rahmen mit Gleitlager, Abb. 71a. Die Stützkräfte ergeben sich zu

$$-A = B = Wh/l, \qquad H = -W.$$

Die Schnittkräfte werden wieder aus dem Gleichgewicht von Bruchstücken des Rahmens berechnet. Abb. 71b liefert für den linken Pfosten

$$N = -A = Wh/l, \quad Q = -H = W, \quad M = -Hy = Wy.$$

Entsprechend findet man aus Abb. 71d für den rechten Pfosten

$$N = -B = -Wh/l, \quad Q = 0, \quad M = 0.$$

Für den Riegel ergibt sich aus Abb. 71c mit der dort gewählten Bedeutung von x:

$$N = 0, \quad Q = -B = -\frac{Wh}{l}, \quad M = Bx = \frac{Wh}{l}x.$$

Alle diese Ergebnisse sind in Abb. 71e—g in Diagrammen aufgetragen.

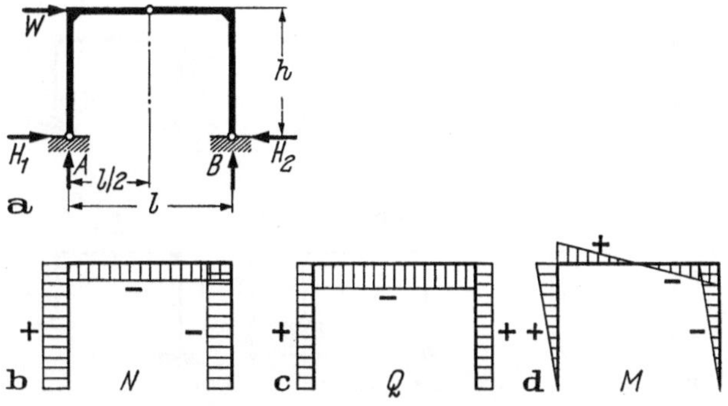

Abb. 72. Dreigelenkrahmen, waagerechte Last.

Für den Dreigelenkrahmen (Abb. 72a) finden wir wieder aus zwei Momentengleichungen für die Fußgelenke, daß A und B dieselben sind wie beim Rahmen mit Gleitlager. Für den Horizontalschub H_2 ergibt sich aus dem Verschwinden des Biegemoments im Scheitelgelenk

$$H_2 = \frac{B \cdot l/2}{h} = \frac{1}{2} W,$$

und aus dem Gleichgewicht der waagerechten Kräfte folgt dann

$$H_1 = H_2 - W = -\tfrac{1}{2} W.$$

Zerschneiden des Rahmens in Teile liefert schließlich die in Abb. 72b—d dargestellten Schnittkraftdiagramme. Auch hier weist der Dreigelenkrahmen eine bessere Verteilung der Biegemomente über die drei Stäbe auf.

Aufgabe

25. Für jeden der skizzierten Rahmen (Maße in m) sind die drei Schnittkraftdiagramme aufzuzeichnen. *Anmerkung zu den Lösungen:* Beachte, daß sich die Lösung zu (d) aus der zu (c) und ihrem symmetrischen Gegenstück aufbauen läßt. Die Besonderheit des Falles (l) wird verständlich, wenn man bedenkt, daß aus Symmetriegründen die im Scheitelgelenk übertragene Kraft waagerecht sein muß und daß sich die drei an einer Rahmenhälfte wirkenden Kräfte in einem Punkte schneiden müssen. Damit erklärt sich dann die Gleichheit der beiden Eckmomente in Fall (j).

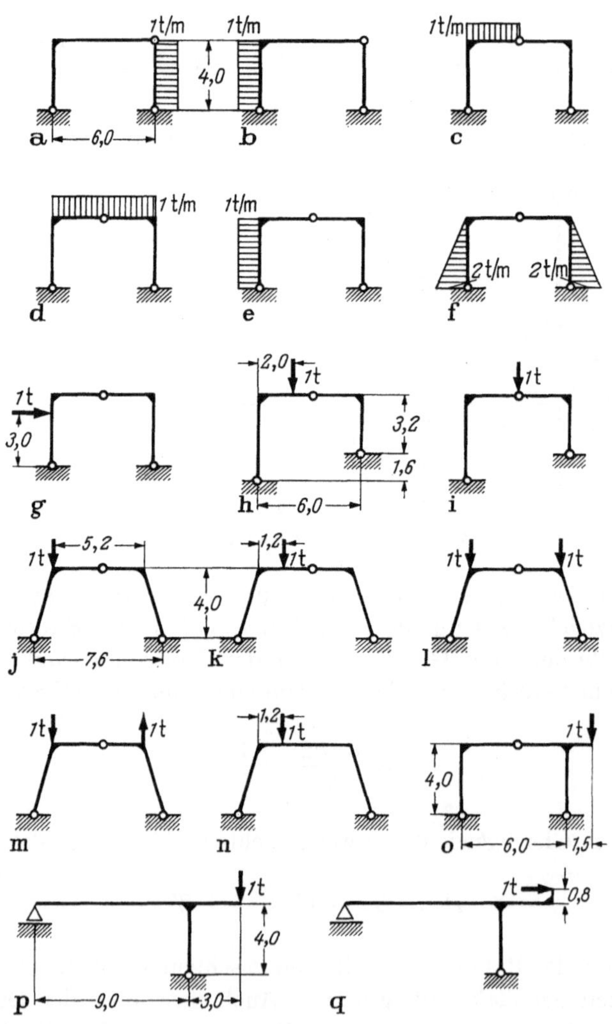

Abb. A 25.

f) Prinzip der virtuellen Verschiebungen

In der Statik wird gezeigt, daß ein System im Gleichgewicht ist, wenn die an ihm angreifenden Kräfte bei einer kleinen, mit dem Systemzusammenhang verträglichen Verschiebung keine Arbeit leisten. Wir wollen uns hier die Herleitung dieses „Prinzips der virtuellen Verschiebungen“ kurz vor Augen führen. Wegen weiterer Einzelheiten sei der Leser auf Bücher über Statik und allgemeine Mechanik verwiesen.

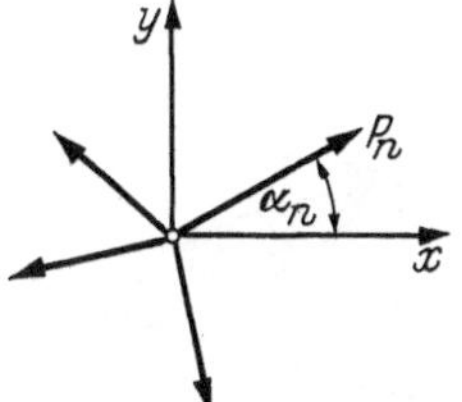

Abb. 73. Kräfte an einem Massenpunkt.

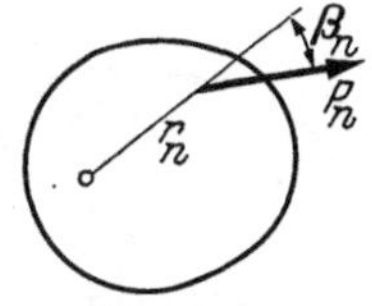

Abb. 74. Kraft an einem starren Körper.

Wir beginnen mit dem Gleichgewicht eines Massenpunktes (Abb. 73). Die an ihm angreifenden Kräfte P_n $(n = 1, 2, \ldots)$ sind im Gleichgewicht dann und nur dann, wenn

$$\sum P_n \cos \alpha_n = 0, \quad \sum P_n \sin \alpha_n = 0. \tag{33}$$

Wir multiplizieren diese Gleichungen mit konstanten (d. h. von n unabhängigen Größen u und v:

$$\sum P_n u \cos \alpha_n = 0, \quad \sum P_n v \sin \alpha_n = 0. \tag{34}$$

Wenn wir u und v als Komponenten einer Verschiebung des Massenpunktes deuten, dann stellen die Summen die während einer Verschiebung u oder v geleistete Arbeit der Kräfte P_n dar, und die Gln. (34) sagen aus, daß der Massenpunkt im Gleichgewicht ist, wenn diese Arbeit Null ist. Die Gleichungen sind offenbar notwendige Gleichgewichtsbedingungen, da sie aus (33) folgen. Sie sind auch hinreichend und fordern, daß die Arbeit des Kräftesystems sowohl für eine waagerechte als auch für eine lotrechte Verschiebung verschwindet, entsprechend den beiden Freiheitsgraden des Massenpunktes. Verschiebungen der hier benutzten Art, die nicht notwendigerweise die wirklich in einem System auftretenden sind und nur zur Aufstellung einer Arbeitsgleichung benutzt werden, werden als *virtuelle Verschiebungen* bezeichnet, und die während einer virtuellen Verschiebung geleistete Arbeit heißt virtuelle Arbeit.

Wenn die Kräfte P_n an einem starren Körper angreifen (Abb. 74), gelten dieselben Komponentengleichungen (33), die wiederum durch die

Arbeitsgleichungen (34) ersetzt werden können. Wenn hier die virtuellen Verschiebungen u, v von n unabhängig sind, beschreiben sie eine waagerechte und eine lotrechte Parallelverschiebung (Translation) des Körpers. Für das Gleichgewicht des Körpers sind die Komponentengleichungen (33) zwar notwendig, aber nicht hinreichend. Um das Gleichgewicht der Kräfte sicherzustellen, muß auch eine Momentengleichung erfüllt sein. Wir wählen einen beliebigen Bezugspunkt O und schreiben sie in der Form

$$\sum r_n P_n \sin \beta_n = 0. \tag{35}$$

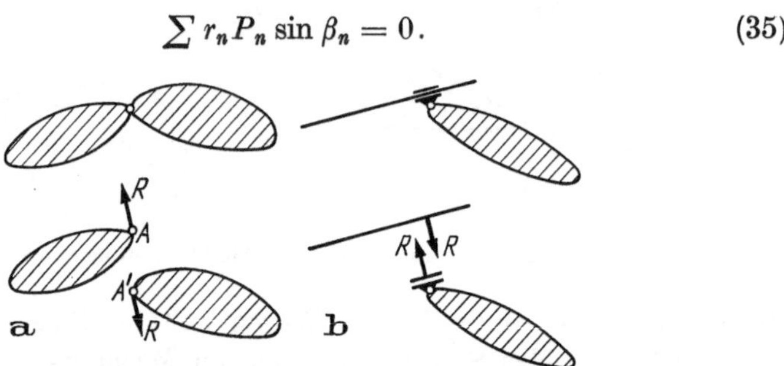

Abb. 75. Aus zwei starren Körpern bestehendes System, (a) Gelenkverbindung, (b) Gleitverbindung.

Wir multiplizieren diese Gleichung mit einer beliebigen, aber kleinen Größe ψ und schreiben

$$\sum \psi r_n \cdot P_n \sin \beta_n = 0. \tag{36}$$

In dieser Gleichung deuten wir nun ψr_n als die virtuelle Verschiebung des Angriffspunktes der Kraft P_n während einer virtuellen Drehung des starren Körpers um den Winkel ψ mit O als Drehpunkt. $P_n \sin \beta_n$ ist die Komponente der Kraft in Richtung der Verschiebung, das Produkt also die virtuelle Arbeit. Die drei Gln. (34), (36) sind notwendig und hinreichend, und sie sagen aus, daß der Körper dann und nur dann im Gleichgewicht ist, wenn die virtuelle Arbeit der daran angreifenden Kräfte für jede mögliche (kleine) Verschiebung Null ist, d. h. für jede Translation oder Rotation und, natürlich, auch für jede Kombination solcher Verschiebungen.

Für die Aufstellung der Gl. (36) ist es nötig, sich auf kleine (infinitesimale) virtuelle Verschiebungen zu beschränken; denn, wenn sich der Körper um einen endlichen Winkel dreht, ändern sich die Hebelarme der Kräfte, und die während der Verschiebung geleistete Arbeit ist dann nicht notwendigerweise Null. Das Prinzip kann daher nur in Ausnahmefällen auf endliche Verschiebungen angewendet werden, und wir wollen von nun an unter einer virtuellen Verschiebung immer eine unendlich kleine Bewegung verstehen.

Abb. 75a zeigt ein aus zwei starren Körpern bestehendes System. Es hat 4 Freiheitsgrade: die 3 Freiheitsgrade des linken Körpers und eine zusätzliche Drehung des rechten Körpers um den Gelenkpunkt — oder: die 6 Freiheitsgrade zweier Körper minus die 2 Bindungen, daß die waagerechte und die lotrechte Verschiebung des Gelenkpunktes für beide Körper dieselbe sein muß.

Wenn wir die beiden Körper trennen, müssen wir im Gelenkpunkt die Kräfte R als äußere Kräfte einführen, mit denen sie aufeinander einwirken. Diese Kräfte sind gleich groß und von entgegengesetzter Richtung. Wenn wir uns nun auf solche virtuelle Verschiebungen beschränken, für die der Zusammenhang der beiden Körper im Gelenk gewahrt bleibt, dann ist die Verschiebung von A und A' dieselbe, und die Arbeiten der beiden Kräfte R sind gleich und von entgegengesetztem Vorzeichen, heben sich also aus jeder Arbeitsgleichung heraus. Wir können natürlich auch die beiden Körper voneinander trennen und haben dann zwei zusätzliche Freiheitsgrade, also zwei zusätzliche Gleichungen und auch zwei zusätzliche Unbekannte, eben die beiden Komponenten des Gelenkdrucks R. In der Regel wird man es vorziehen, den Systemzusammenhang aufrechtzuerhalten, und die praktische Nützlichkeit des Prinzips der virtuellen Verschiebungen beruht auf dieser Möglichkeit, uninteressante Unbekannte von der Rechnung auszuschließen.

Es sei dem Leser überlassen, den hier vorgeführten Gedankengang auf eine Gleitverbindung nach Art der Abb. 75b zu übertragen.

g) Kinematische Berechnung von Schnittkräften

Wir wenden uns nun der Berechnung von Schnittkräften zu. Abb. 76a zeigt einen einfachen Balken, der eine Einzellast P trägt. Dieser Balken ist offenbar kein bewegliches System; er hat keinen Freiheitsgrad. Virtuelle Verschiebungen sind in ihm nicht möglich, und er wird unter jeder Last im Gleichgewicht sein. Wir verwandeln ihn in einen Mechanismus, indem wir an einer beliebigen Stelle x ein Gelenk einfügen. Nun ist das Gleichgewicht nicht mehr selbstverständlich, und um es aufrechtzuerhalten, müssen wir im Gelenk an jeder Balkenhälfte ein äußeres Moment M anbringen, eben das Biegemoment, mit dem im wirklichen Balken die beiden Teile aufeinander einwirken. Wenn wir nun den Mechanismus der Abb. 76b einer virtuellen Verschiebung unterwerfen (Abb. 76c), leisten die Last P und die bei den Momente M Arbeit, und der für das Gleichgewicht nötige Wert von M folgt aus der Forderung, daß die Summe aller Arbeiten Null sein muß.

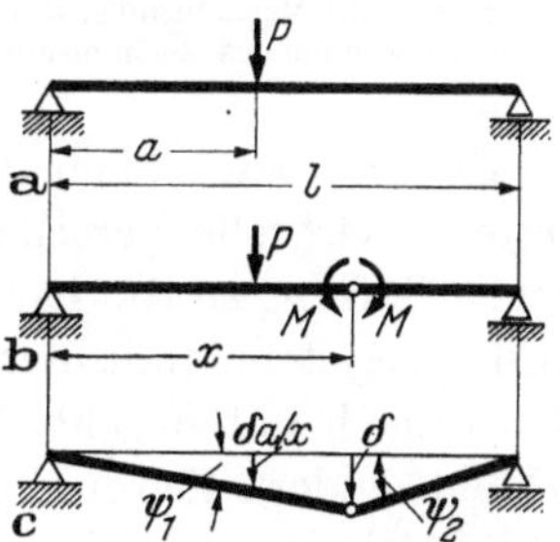

Abb. 76. Balken mit Einzellast, (a) Balken, (b) Mechanismus zur kinematischen Berechnung des Biegemoments, (c) virtuelle Bewegung des Mechanismus.

Wir wählen für die lotrechte Verschiebung des Gelenks einen beliebigen, aber kleinen Wert δ. Die Verschiebung des Angriffspunktes von P ist dann $\delta a/x$, und die beiden Balkenhälften drehen sich in entgegengesetztem Sinne um kleine Winkel $\psi_1 = \delta/x$ und $\psi_2 = \delta/(l-x)$. Die Kraft P leistet positive Arbeit, während die Arbeit der Momente M negativ ist, und die Summe aller Arbeiten ist

$$P\frac{\delta a}{x} - M\left(\frac{\delta}{x} + \frac{\delta}{l-x}\right) = 0 .$$

Aus dieser Gleichung hebt sich die willkürliche Größe δ heraus, und wenn man nach M auflöst, erhält man

$$M = \frac{Pa}{l}(l-x)$$

in Übereinstimmung mit dem Ausdruck (b), den wir auf S. 58 aus dem Gleichgewicht von Freikörpersystemen gefunden haben.

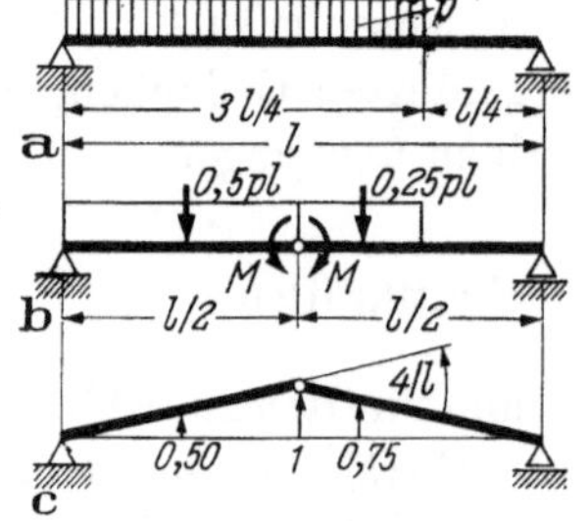

Abb. 77. Balken mit Streckenlast, (a) Balken, (b) Mechanismus, (c) virtuelle Bewegung des Mechanismus.

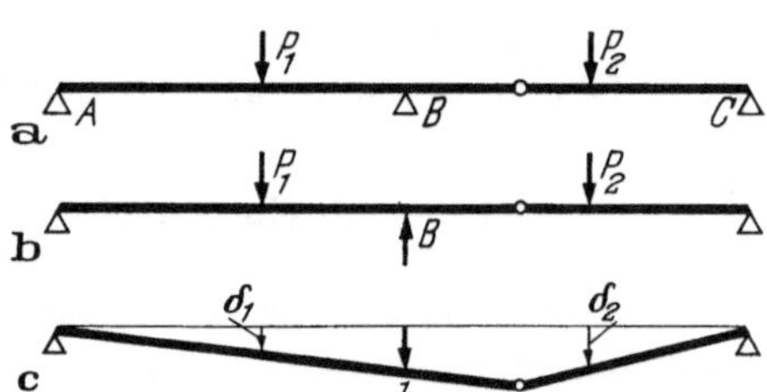

Abb. 78. Kinematische Berechnung einer Stützkraft, (a) Gerberträger, (b) Mechanismus, (c) virtuelle Bewegung.

Es sei ausdrücklich darauf hingewiesen, daß die in Abb. 76c dargestellte virtuelle Verschiebung nichts mit der Durchbiegung des wirklichen Balkens zu tun hat. Sie ist eine absolut fiktive Verschiebung eines fiktiven Systems (mit dem Gelenk!), und es ist insbesondere nicht nötig, daß δ nach unten geht. Wenn man den Mechanismus nach oben verschiebt, ändern sich in der Arbeitsgleichung alle Vorzeichen, und für M ergibt sich derselbe Wert wie zuvor.

Als ein zweites Beispiel für die Anwendung dieses *kinematischen Verfahrens* berechnen wir das Biegemoment in der Mitte des in Abb. 77a dargestellten Balkens. Abb. 77b zeigt den Mechanismus und die daran angreifenden Kräfte. Für jeden starren Körper, also für jede der beiden Balkenhälften, ist die Arbeit aller daran angreifenden Lasten gleich der Arbeit ihrer Resultierenden, und diese Resultierenden sind in die Figur eingetragen. Abb. 77c zeigt eine virtuelle Verschiebung. Da sich in dem ersten Beispiel die willkürliche Verschiebungsgröße δ ohnehin heraushob, haben wir hier die Verschiebung des Balkenmittelpunktes gleich 1 gesetzt. Die Verschiebungen der Lastpunkte sind dann 0,5 und 0,75 wie angegeben, und jede Balkenhälfte dreht sich um $1/(l/2) = 2/l$. Die relative Drehung im Gelenkpunkt ist daher $4/l$, und diese Größe ist in Abb. 77c ebenfalls eingetragen. Die Arbeitsgleichung lautet:

$$-0{,}5pl \cdot 0{,}5 - 0{,}25pl \cdot 0{,}75 + M \cdot \frac{4}{l} = 0$$

und liefert

$$M = 0{,}1094pl^2 .$$

Wie man aus diesen Beispielen sieht, besteht die Rechnung stets aus zwei Teilen, der kinematischen Analyse (Bewegungsanalyse) des Mechanismus und der Aufstellung der Arbeitsgleichung. Für komplizierte Systeme nimmt die kinematische Analyse größere Ausmaße an, und die Darstellung der dann nötigen speziellen Methoden überschreitet den Rahmen dieses Buches.

Die kinematische Methode ist nicht nur auf Biegemomente anwendbar, sondern kann auch zur Berechnung von Stützkräften, Querkräften und Längskräften herangezogen werden. Als Beispiel für die Berechnung einer Stützkraft betrachten wir den in Abb. 78a dargestellten Gerberträger. Um die Stützkraft B zu berechnen, müssen wir die Stütze B beseitigen und dadurch dem System einen Freiheitsgrad erteilen, Abb. 78b. Wir wählen willkürlich die Verschiebung des Stützpunktes gleich 1 und haben dann zur Berechnung von B die Arbeitsgleichung

$$\sum P_n \delta_n - B \cdot 1 = 0 .$$

Die Verschiebung δ_n eines beliebigen Punktes n ist offenbar der Wert der Stützkraft B für eine in dem Punkte n angreifende Einheitslast. Diese Größe wird oft als Einflußkoeffizient bezeichnet, und ein Diagramm nach Art der Abb. 78c wird Einflußlinie der Stützkraft B genannt. In demselben Sinne wird aus Abb. 77c die Einflußlinie des Biegemoments M in der Balkenmitte, wenn δ so gewählt wird, daß die relative Drehung der beiden Balkenteile gleich 1 ist.

Um eine Querkraft aus einer Arbeitsgleichung zu berechnen, müssen wir den Balken in einen Mechanismus verwandeln, in dem diese Querkraft virtuelle Arbeit leisten kann. Ein solcher Mechanismus ist in Abb. 79b angedeutet. Der Balken ist an der Stelle x durchschnitten, und die beiden Ufer des Schnittes sind durch zwei waagerechte Gelenkstäbe verbunden, die ein Biegemoment und eine Längskraft, aber keine Querkraft übertragen können. Abb. 79c zeigt ein einfacheres Symbol für diesen Mechanismus, und in Abb. 79d ist seine virtuelle Verschiebung dargestellt. Die beiden Balkenhälften drehen sich im gleichen Sinne um denselben kleinen Winkel ψ, und die beiden Kräfte Q leisten die Arbeit

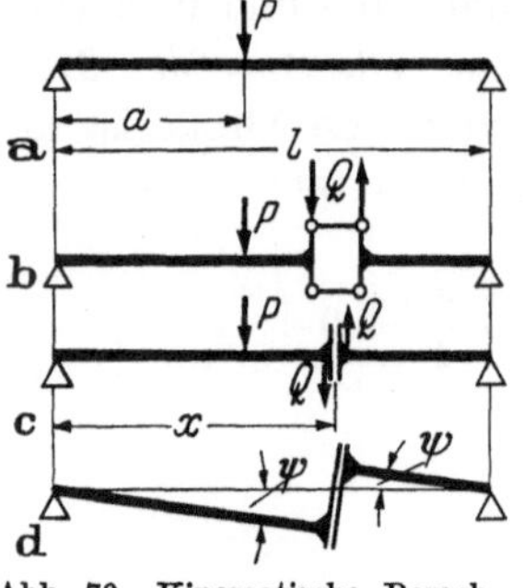

Abb. 79. Kinematische Berechnung einer Querkraft, (a) Balken, (b), (c) Mechanismus, (d) virtuelle Bewegung.

$$Q\psi x + Q\psi(l - x) = Q\psi l,$$

während die Last P die Arbeit $P\psi a$ leistet. Die Arbeitsgleichung heißt also

$$P\psi a + Q\psi l = 0$$

und liefert

$$Q = -\frac{Pa}{l}.$$

3. Normalspannung

a) Ebenbleiben der Querschnitte

Wir haben gelernt, an jeder beliebigen Stelle eines Balkens die Schnittkräfte M, N und Q zu berechnen und können uns nun dem eigentlichen Ziel zuwenden, der Berechnung der im Balken auftretenden Spannungen.

Als Ausgangspunkt für den Aufbau der Theorie wählen wir einen langen, dünnen Stab aus homogenem Material, etwa aus Stahl, Holz oder Glas. Der Stab sei prismatisch, d. h. er sei gerade und habe überall denselben Querschnitt. Welche Form der Querschnitt hat, ist gleichgültig, nur soll er eine lotrechte Symmetrieachse haben. Ein Kreis, ein Rechteck oder ein I-Querschnitt erfüllt diese Voraussetzung. Die Symmetrieachsen aller Querschnitte des Stabes liegen in derselben Ebene, und wir wollen nun den Stab in dieser Ebene verbiegen, indem wir an seinen Enden Kräftepaare M von entgegengesetztem Drehsinn anbringen. Das kann in verschiedener Weise geschehen. Abb. 80 zeigt zwei Möglichkeiten mit den zugehörigen M-Diagrammen. Wesentlich ist nur, daß die Kräfte nahe den Enden angebracht werden, so daß der größte Teil des Stabes ein konstantes Biegemoment M hat. Dann werden die Einzelheiten der Krafteinleitung an den Enden keinen wesentlichen Einfluß auf die Formänderung des mittleren Teiles ausüben, und wenn wir dort ein Element der Länge Δx abgrenzen, ist zu erwarten, daß es in der in Abb. 81 gezeichneten Weise verbogen wird, daß aber seine ursprünglich lotrechte Mittelebene auch für das verbogene Element eine Symmetrieebene ist. Dieser mittlere Querschnitt des Elements muß daher eben bleiben, und da wir natürlich Elemente Δx ganz beliebig aus dem Balken herausschneiden können, können wir jeden beliebigen Querschnitt zum mittleren Querschnitt eines Elements machen und so nachweisen, daß er bei der Verbiegung des Balkens eben bleiben muß.

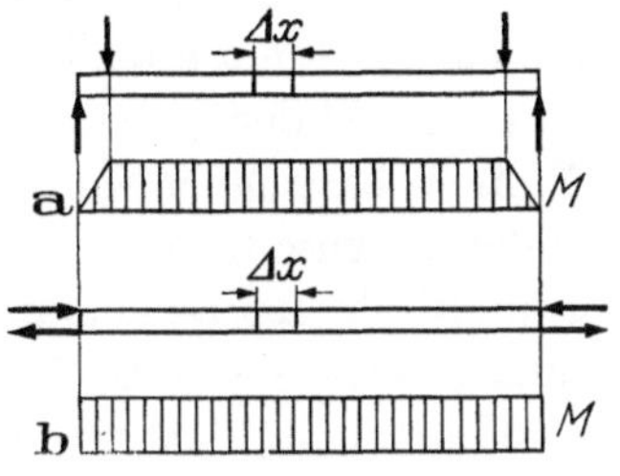

Abb. 80. Schlanker Balken mit konstantem Biegemoment.

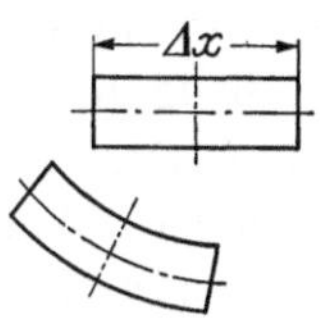

Abb. 81. Balkenelement vor und nach der Formänderung des Balkens.

In technischen Balkenaufgaben ist der Fall konstanten Biegemomentes natürlich eine seltene Ausnahme. In der Regel ändert sich das Moment längs der Balkenachse, aber diese Änderung geht stetig vor sich, und dann liegt die Vermutung nahe, daß die Querschnitte zwar nicht exakt, aber doch mit guter Annäherung eben bleiben. Wir werden daher die Annahme eben bleibender Querschnitte der Spannungsermittlung zugrunde legen.

b) Verzerrungen und Spannungen

Abb. 82 zeigt den Querschnitt des Balkens mit den durch seinen Schwerpunkt gehenden Koordinatenachsen y und z (z ist Symmetrieachse) und daneben die Seitenansicht eines Balkenelements im unverformten und im verformten Zustande.

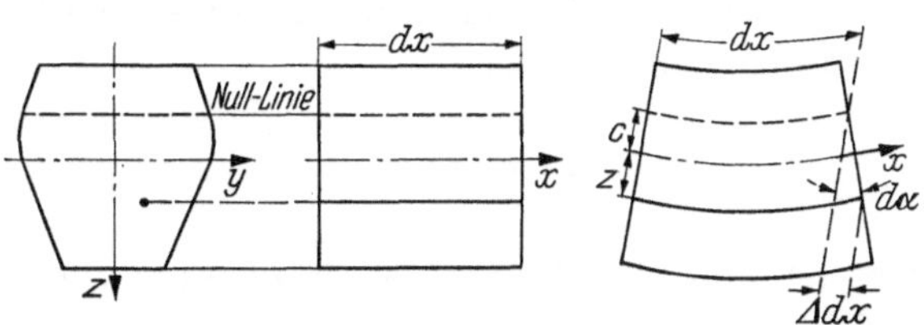

Abb. 82. Verbiegung eines Balkenelements.

Wir denken uns dieses Element durch lotrechte und waagerechte Längsschnitte in viele dünne Stäbe zerlegt, die wir Fasern nennen wollen (auch wenn der Balken nicht aus Holz besteht). Im unverformten Element haben alle diese Fasern dieselbe Länge dx. Da ein positives Biegemoment (Abb. 57, S. 56) im oberen Teil des Balkens Druckspannungen, im unteren Zugspannungen erzeugt, müssen die Fasern im oberen Teil des Elements kürzer, im unteren länger als dx sein. Irgendwo in der Mitte müssen dann Fasern sein, deren Länge sich nicht ändert. Wir nennen sie die neutralen Fasern. Wegen des Ebenbleibens der Querschnitte bilden sie eine ebene Schicht, die in der Seitenansicht des Elements in eine einzige Linie projiziert erscheint. Die Schnittlinie der neutralen Faserschicht mit der Querschnittsebene ist eine horizontale Gerade, die als Nullinie bezeichnet wird. Wir nehmen an, daß sie im Abstande c oberhalb der y-Achse liegt.

In Abb. 82 ist eine Faser im Abstande z unterhalb der Balkenmittellinie hervorgehoben. Wenn das Balkenelement verbogen wird, ändert sie ihre Länge um Δdx. Wegen unserer Grundannahme, daß die Querschnitte eben bleiben, ist Δdx proportional dem Abstand $(c+z)$ von der Nullinie:

$$\Delta dx = d\alpha(c+z).$$

Die Dehnung der Faser ist dann

$$\varepsilon = \frac{\Delta dx}{dx} = \frac{d\alpha}{dx}(c+z) = \varkappa(c+z), \tag{37}$$

wo $d\alpha$ und $\varkappa = d\alpha/dx$ Konstante sind. Der Winkel $d\alpha$ zwischen den Endquerschnitten des Balkenelements ist auch der Winkel zwischen zwei Tangenten an die verbogene Balkenachse, und der Quotient $d\alpha/dx = \varkappa$ ist die Richtungsänderung der verbogenen Achse (der *Biegelinie*) je Einheit ihrer Länge, d. h. ihre Krümmung.

Diese Feststellungen sind unabhängig vom Formänderungsgesetz des Werkstoffs, und sie gelten nicht nur für elastische, sondern auch für plastische Formänderungen. Wenn wir uns auf lineare Elastizität beschränken, also voraussetzen, daß das Hookesche Gesetz gilt, so ist auch die Spannung σ proportional $(c+z)$:

$$\sigma = E\varepsilon = E\varkappa(c+z).$$

Unsere Aufgabe ist nun, den Proportionalitätsfaktor $\varkappa$ zu bestimmen, d. h. seine Beziehung zu dem im Stabquerschnitt übertragenen Biegemoment M aufzufinden. Bei dieser Gelegenheit werden wir auch Klarheit darüber erlangen, wo die neutrale Schicht, d. h. die Nullinie, liegt. Als Hilfsmittel stehen uns zwei Bedingungen zur Verfügung, die wir nun erörtern wollen.

Abb. 83a ist eine perspektivische Darstellung des Querschnitts. Sie zeigt die Symmetrieachse und die Nullinie, und einige Pfeile deuten die Richtung und Größe der Spannungen an. Abb. 83b zeigt den Querschnitt in seiner Ebene. In dem Flächenelement dF wird die Kraft

$$\sigma\,dF = E\varkappa(c + z)\,dF$$

übertragen. Die Resultierende aller im Querschnitt übertragenen Kräfte ist die Längskraft

$$N = \int_F \sigma\,dF,$$

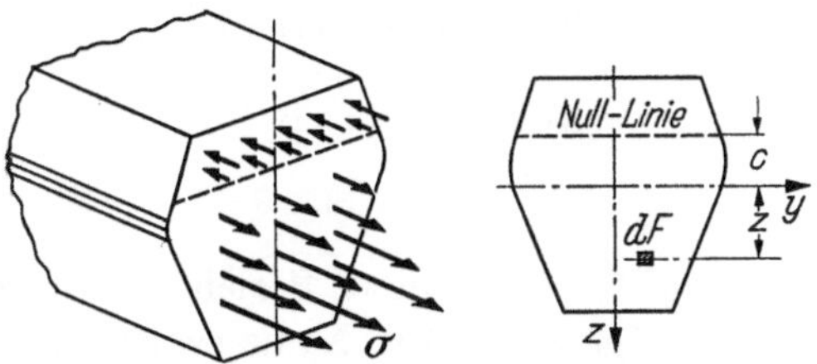

Abb. 83. Spannungen im Balkenquerschnitt.

von der wir hier voraussetzen, daß sie Null ist. Wir haben also

$$0 = \int_F \sigma\,dF = \int_F E\varkappa(c + z)\,dF.$$

Da E und $\varkappa$ konstante Faktoren, d. h. von y und z unabhängig sind, können wir sie vor das Integral ziehen, und da sie sicher nicht Null sind, muß das verbleibende Integral verschwinden:

$$0 = \int_F (c + z)\,dF = cF + \int_F z\,dF.$$

Da wir voraussetzen, daß die y-Achse durch den Querschnittsschwerpunkt geht, ist $\int z\,dF = 0$, und da $F \neq 0$ ist, muß $c = 0$ sein; d. h.: Die Nullinie ist eine Schwerachse des Querschnitts.

Mit $c = 0$ folgt aus den vorangehenden Gleichungen für die Dehnung und die Spannung:

$$\varepsilon = \varkappa z, \qquad \sigma = E\varkappa z. \tag{38a, b}$$

Nachdem wir aus der Bedingung $N = 0$ die Verteilung der Spannungen gefunden haben, gehen wir daran, ihre Größe zu ermitteln. Dafür steht uns die weitere Bedingung zur Verfügung, daß die im Querschnitt übertragenen Spannungen einem Kräftepaar vom Moment M äquivalent sein müssen. Da die Resultierende Null ist, können wir die Momentengleichung für jede beliebige horizontale Bezugsachse aufschreiben. Wir wählen die y-Achse. Dann ist der Beitrag eines Flächenelements dF

(s. Abb. 83) zu dem Moment

$$dM = \sigma\, dF \cdot z,$$

und das Biegemoment M ist das Integral über alle Beiträge:

$$M = \int_F z\sigma\, dF. \tag{39}$$

Wenn wir hier σ aus Gl. (38b) einführen, erhalten wir

$$M = E\varkappa \int_F z^2\, dF. \tag{40}$$

Das Integral auf der rechten Seite dieser Beziehung wird das *Trägheitsmoment* des Querschnitts genannt. Der Name erklärt sich aus der Analogie mit dem in der Dynamik gebrauchten Massenträgheitsmoment, das ein Integral über alle mit dem Quadrat ihres Abstandes multiplizierten *Massen*elemente eines Körpers ist.

Das *Flächen*trägheitsmoment

$$I = \int_F z^2\, dF, \tag{41}$$

mit dem wir es hier zu tun haben, hat die Dimension der vierten Potenz einer Länge und wird gewöhnlich in cm^4 gemessen. Für sehr kleine Querschnitte ist mm^4 vorzuziehen, und im Stahlbetonbau ist dm^4 als Einheit nützlich, aber wenig gebräuchlich.

Das Trägheitsmoment I hängt nur vom Querschnitt, nicht von der Belastung ab und ist daher bekannt, sobald Form und Größe des Querschnitts bekannt sind. Wir können dann die Beziehung

$$M = EI\varkappa \tag{42}$$

nach $\varkappa$ auflösen und das Ergebnis in Gl. (38b) einführen:

$$\sigma = \frac{Mz}{I}. \tag{43}$$

Diese Formel ist grundlegend für die Ermittlung von Biegespannungen. Um sie anzuwenden, gehen wir in folgender Weise vor: Zuerst bestimmen wir den Schwerpunkt des Querschnitts. Dann legen wir durch ihn ein y-z-System so, daß die z-Achse in der Belastungsebene des Balkens liegt. Dann berechnen wir das Trägheitsmoment und schließlich aus Gl. (43)

die Spannung. In Abb. 84 ist die Verteilung der Biegespannungen σ als Funktion von z dargestellt.

Die Extremwerte der Spannung σ erhält man offenbar, wenn man für z Extremwerte einsetzt, $z = h_u$ und $z = -h_o$. Die größte Zugspannung ist

$$\sigma_u = \frac{M h_u}{I} = \frac{M}{W_u} \tag{44a}$$

und die größte Druckspannung

$$\sigma_0 = -\frac{M h_0}{I} = -\frac{M}{W_0}. \tag{44b}$$

Abb. 84. Spannungsdiagramm für einen Balkenquerschnitt.

Die beiden Größen $W_u = I/h_u$ und $W_o = I/h_o$ heißen die *Widerstandsmomente* des Querschnitts. Wenn die y-Achse eine Symmetrieachse ist, sind sie einander gleich, $W_u = W_o = W$. Sie haben die Dimension einer dritten Potenz einer Länge, aber sie haben ihrer Herkunft nach nichts mit einem Volumen zu tun. Für gebräuchliche Querschnitte, z. B. für Walzprofile, kann man sie aus Tabellen entnehmen, und dann ist die Berechnung von Biegespannungen eine äußerst einfache Sache.

Es sei daran erinnert, daß die Formeln, soweit wir sie hier kennengelernt haben, unter der Voraussetzung gewonnen worden sind, daß die z-Achse eine Symmetrieachse des Querschnitts ist. Wir werden später (auf S. 101) sehen, unter welchen Bedingungen man sie auf unsymmetrische Querschnitte anwenden kann oder wie man sie in solchen Fällen abändern muß.

c) Flächenträgheitsmoment

α) Definition und Berechnung

Mit Gl. (41) haben wir einen neuen, wichtigen Begriff eingeführt, das Trägheitsmoment einer Querschnittsfläche. Um ein Trägheitsmoment zu berechnen, bedarf es eines Querschnitts und einer Bezugsachse, von der die Abstände z gemessen werden. In Gl. (41) ist die Bezugsachse die waagerechte Schwerachse. Wir wollen jetzt die Theorie der Trägheitsmomente auf einer breiteren Grundlage entwickeln. Wir betrachten gleichzeitig die Trägheitsmomente eines Querschnitts in bezug auf beide Koordinatenachsen

$$I_y = \int_F z^2\, dF, \qquad I_z = \int_F y^2\, dF \tag{45a, b}$$

und führen als einen neuen Begriff das Zentrifugalmoment

$$I_{yz} = \int_F yz\, dF \tag{45c}$$

ein. Seine Bedeutung im Rahmen der Theorie werden wir später (S. 97) kennenlernen.

Wenn der Querschnitt eine einfache Gestalt hat, ist die Berechnung des Trägheitsmoments eine einfache Aufgabe. Wir brauchen nur die

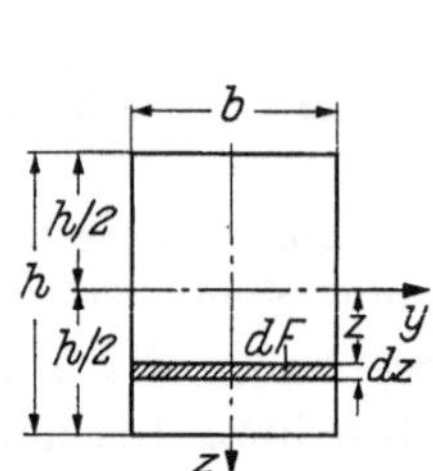

Abb. 85. Rechteckquerschnitt.

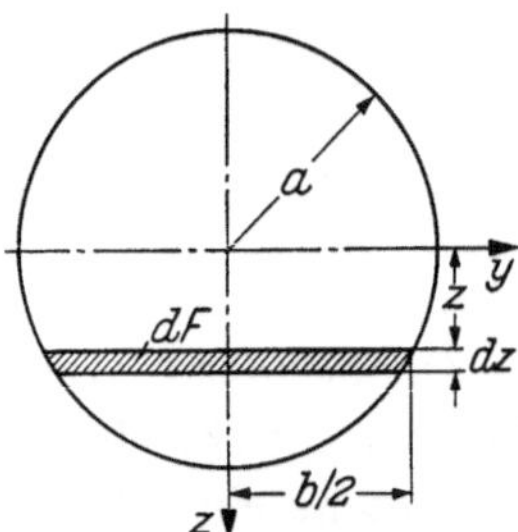

Abb. 86. Kreisquerschnitt.

durch Gl. (45) geforderte Integration formal auszuführen. Wir wollen das an einigen Beispielen zeigen.

In einem Rechteckquerschnitt wählen wir als Flächenelement einen schmalen Streifen parallel zur y-Achse (Abb. 85). Er hat den Inhalt $dF = b\, dz$, und alle seine Teile haben denselben Abstand z von der y-Achse. Sein Beitrag zum Trägheitsmoment I_y ist $z^2 b\; dz$, und wir finden das ganze Trägheitsmoment, indem wir über alle Streifen, d. h. von $z = -h/2$ bis $z = +h/2$ integrieren:

$$I_y = \int_{-h/2}^{+h/2} z^2 b\, dz = b \int_{-h/2}^{+h/2} z^2\, dz = b \left[\frac{z^3}{3}\right]_{-h/2}^{+h/2} = \frac{b h^3}{12}. \tag{46}$$

Ganz entsprechend können wir das Trägheitsmoment I_z für die z-Achse finden, indem wir einen Vertikalstreifen der Breite dy benutzen. Wir können aber auch ohne Rechnung einsehen, daß das Ergebnis

$$I_z = \frac{hb^3}{12}$$

sein muß.

Dieselbe Aufgabe für einen Kreisquerschnitt macht etwas mehr Rechenarbeit. Aus der Kreisgleichung entnehmen wir, daß das in Abb. 86

schraffierte Flächenelement dF die Breite

$$b = 2\sqrt{a^2 - z^2}$$

hat. Der Beitrag des Elements zum Trägheitsmoment ist wieder, wie beim Rechteck, $z^2 b\, dz$, aber diesmal ist b von z abhängig, und wenn wir über z von $-a$ bis $+a$ integrieren, können wir b nicht vor das Integral ziehen:

$$I_y = \int_{-a}^{+a} z^2 b\, dz = 2 \int_{-a}^{+a} z^2 \sqrt{a^2 - z^2}\, dz.$$

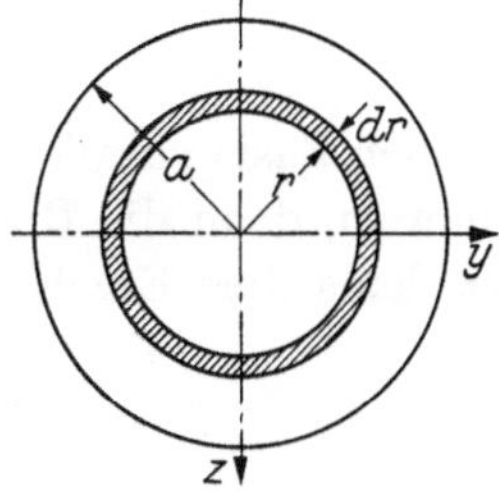

Abb. 87. Kreisquerschnitt.

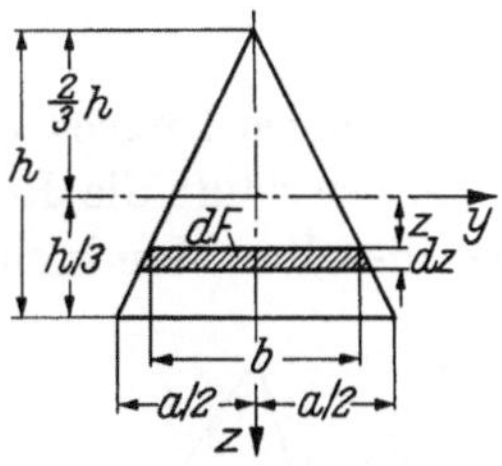

Abb. 88. Symmetrischer Dreiecksquerschnitt.

Dieses Integral kann nach bekannten Methoden ausgerechnet oder aus einer Integraltabelle entnommen werden. Man findet

$$I_y = 2\left[\frac{1}{8} z(2z^2 - a^2)\sqrt{a^2 - z^2} + \frac{a^4}{8} \arcsin\frac{z}{a}\right]_{-a}^{+a} = \frac{\pi a^4}{4}.$$

Wir können dasselbe Ergebnis auf dem folgenden, viel einfacheren Wege gewinnen: Wegen der Symmetrie des Kreises ist $I_y = I_z$ und daher

$$2I_y = I_y + I_z = \int (y^2 + z^2)\, dF = \int r^2\, dF = I_p.$$

Das hier mit I_p bezeichnete Integral wird als *polares Trägheitsmoment* bezeichnet, und wir werden auf S. 204 sehen, daß es in der Torsion kreiszylindrischer Stäbe eine wesentliche Rolle spielt.

Zur Berechnung von I_p zerlegen wir den Kreis nach Abb. 87 in ringförmige Flächenelemente und schreiben

$$I_p = \int_0^a r^2 \cdot 2\pi r\, dr = 2\pi \frac{a^4}{4} = \frac{\pi a^4}{2}.$$

Für ein Dreieck ist das Integral sehr einfach. Wir wählen für die Rechnung ein gleichschenkliges Dreieck (Abb. 88). Die Breite eines

Streifens ist offenbar

$$b = \frac{a}{h}\left(\frac{2}{3}h + z\right)$$

und das Trägheitsmoment daher

$$I_y = \int_{-2h/3}^{+h/3} z^2 b\, dz = \frac{a}{h}\int_{-2h/3}^{+h/3} z^2\left(\frac{2}{3}h + z\right) dz,$$

und wenn man das ausrechnet, erhält man

$$I_y = \frac{a h^3}{36}.$$

Für ein beliebiges Dreieck und die zu seiner Basis parallele Schwerachse (Abb. 89) verläuft die Rechnung genau so, denn die Breite b des Elements ist dieselbe. Man kommt daher zu demselben Ergebnis.

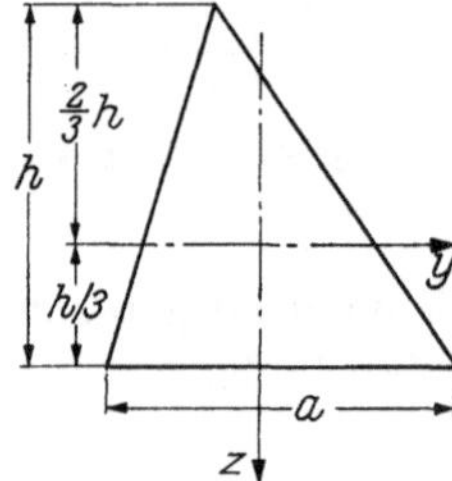

Abb. 89. Unsymmetrischer Dreiecksquerschnitt.

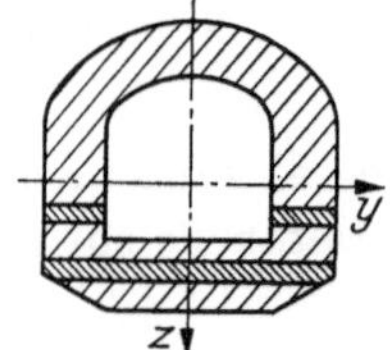

Abb. 90. Hohlquerschnitt.

Für Hohlquerschnitte ist die Breite b des Flächenelements entweder gleich der Breite des Vollquerschnitts oder gleich der Differenz der Breiten des Vollquerschnitts und des Hohlraums (Abb. 90). Das Trägheitsmoment ist gleich der Differenz der Trägheitsmomente für den Vollquerschnitt und den Hohlraum. Allerdings müssen alle diese Trägheitsmomente auf dieselbe Achse bezogen werden. Wenn die Schwerachsen von Vollquerschnitt, Hohlquerschnitt und Hohlraum nicht zusammenfallen, kann man von dieser Differenzregel nur Gebrauch machen, wenn man sich auch mit Trägheitsmomenten für andere als Schwerachsen befaßt. Dem steht natürlich nichts im Wege, und wir werden alsbald (S. 93) ausführlich auf diese Möglichkeit eingehen.

Wir geben hier ein paar einfache Beispiele für Hohlquerschnitte, in denen die Schwerachsen übereinstimmen.

Für ein symmetrisch ausgehöhltes Rechteck (Abb. 91) finden wir

$$I_y = \tfrac{1}{12}\left(b_1 h_1^3 - b_2 h_2^3\right).$$

Wenn der Querschnitt dünnwandig ist, empfiehlt sich diese Formel nicht für den praktischen Gebrauch, da sie das Ergebnis als eine kleine Differenz zweier großer Zahlen liefert. Man führt dann besser die Wand-

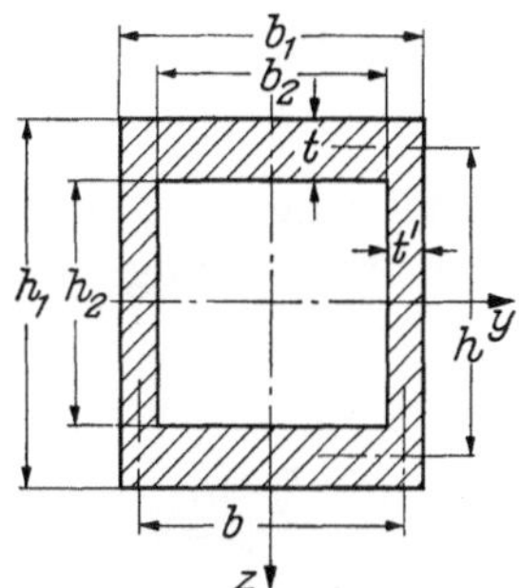

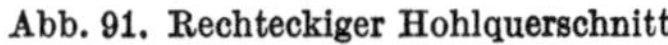

Abb. 91. Rechteckiger Hohlquerschnitt.

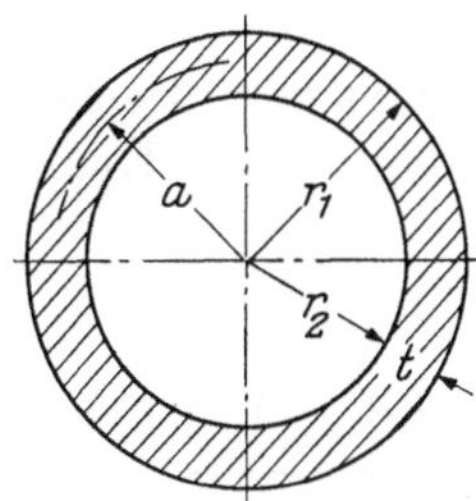

Abb. 92. Kreisringquerschnitt.

dicken t, t' und die von Wandmitte zu Wandmitte gemessenen Größen b und h ein:

$$b_1 = b + t', \qquad h_1 = h + t,$$
$$b_2 = b - t', \qquad h_2 = h - t.$$

Man erhält dann

$$I_y = \tfrac{1}{2} h^2 (3bt + ht') + \tfrac{1}{6} (3ht' + bt) t^2.$$

Wenn der Querschnitt dünnwandig ist, ist der zweite Summand sehr klein, da er dritte Potenzen der Wanddicken enthält. Man kann ihn dann vernachlässigen und hat einfach

$$I_y = \tfrac{1}{2} h^2 bt + \tfrac{1}{6} h^3 t'. \tag{47}$$

Der zweite Term auf der rechten Seite ist, wie man sofort sieht, das Trägheitsmoment der beiden Seitenwände $h \cdot t'$, und der erste Term stellt den Anteil der waagerechten Wände $b \cdot t$ in vereinfachter Form dar, als Produkt der Fläche bt mit dem Quadrat des mittleren Abstandes $h/2$ von der Achse. Die in Gl. (47) vernachlässigten Glieder berücksichtigen die Tatsachen, daß sich die Querschnitte der Wände in den Ecken des Profils überdecken, und daß der Abstand von Flächenelementen in den waagerechten Querschnittsteilen um eine halbe Wandstärke größer oder kleiner sein kann als der Mittelwert $h/2$.

Als zweites Beispiel wählen wir einen Kreisringquerschnitt (Abb. 92). Wir finden, indem wir die Trägheitsmomente für zwei Kreise mit den Radien r_1 und r_2 von einander abziehen,

$$I_y = I_z = \frac{\pi}{4} (r_1^4 - r_2^4). \tag{48}$$

Wenn der Querschnitt dünnwandig ist, braucht man die vierten Potenzen mit vielstelliger Genauigkeit, um ihre Differenz noch mit Rechenschiebergenauigkeit finden zu können. Man schreibt dann besser

$$I_y = \frac{\pi}{4}(r_1 - r_2)(r_1^3 + r_1^2 r_2 + r_1 r_2^2 + r_2^3).$$

Wenn man nun zum Rechenschieber greift, sieht man, daß die vier Glieder in der letzten Klammer mit guter Annäherung durch einen

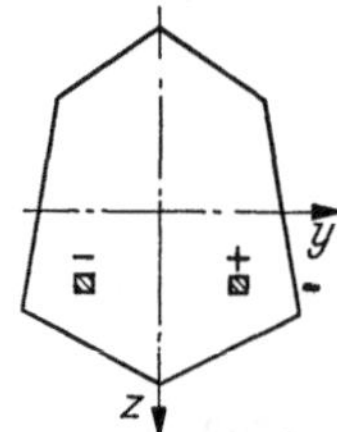

Abb. 93. Einfach symmetrischer Querschnitt.

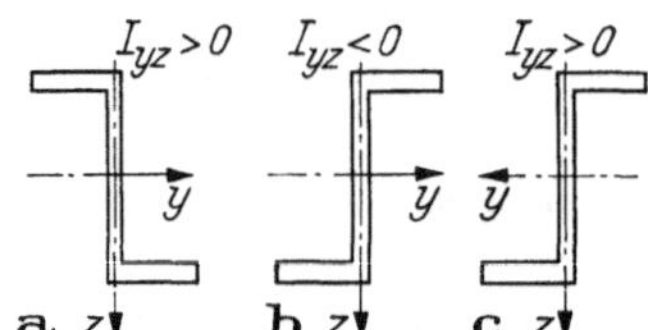

Abb. 94. Vorzeichen des Zentrifugalmoments eines unsymmetrischen Querschnitts.

Mittelwert a^3 ersetzt werden können, und man hat als Annäherung die Formel

$$I_y = \pi t a^3. \tag{49}$$

Ebenso wie die Näherungsformel für das Hohlrechteck ist auch diese Formel um so genauer, je dünnwandiger der Querschnitt ist.

Die Berechnung von Zentrifugalmomenten zeigt eine Eigentümlichkeit. Wenn eine der Koordinatenachsen, etwa die z-Achse (Abb. 93) eine Symmetrieachse des Querschnitts ist, kann man die Flächenelemente dF des Integrals (45c) zu Paaren zusammenfassen, so daß z für beide Elemente denselben Wert hat, während die Werte von y entgegengesetzt gleich sind. Dann ist die Summe der Beiträge dieser Elemente zu I_{yz} gleich Null, und es folgt, daß $I_{yz} = 0$ ist, wenn wenigstens eine der beiden Bezugsachsen eine Symmetrieachse ist. Es ist natürlich auch durchaus möglich, daß das Zentrifugalmoment (mehr oder weniger zufällig) verschwindet, wenn der Querschnitt unsymmetrisch ist. Wenn ein unsymmetrischer Querschnitt im wesentlichen im ersten und dritten Quadranten liegt, Abb. 94a, überwiegen in (45c) die positiven Beiträge, und $I_{yz} > 0$, während im entgegengesetzten Falle $I_{yz} < 0$ ist (Abb. 94b). Das Vorzeichen des Zentrifugalmoments kehrt sich um, wenn auf einer Achse die positive Richtung umgekehrt wird (Abb. 94c).

Als ein Beispiel für die Berechnung eines Zentrifugalmoments wählen wir den in Abb. 95 dargestellten Viertelkreis. Zur Vereinfachung der

Rechnung wollen wir als Bezugsachsen nicht die Schwerachsen, sondern die geraden Seiten benutzen. Wir schneiden einen waagerechten Streifen der Breite dz heraus. Für alle seine Flächenelemente $dF = dy \cdot dz$ ist z konstant, und sein Beitrag zu I_{yz} ist

$$z\,dz \int_0^{\sqrt{a^2-z^2}} y\,dy = z\,dz \cdot \tfrac{1}{2}(a^2 - z^2).$$

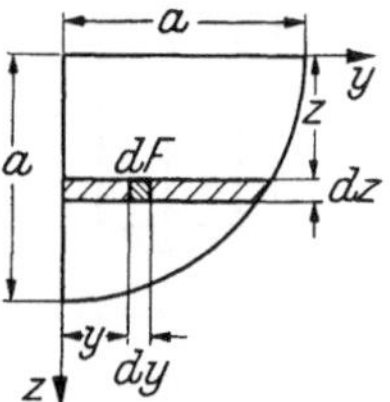

Abb. 95. Viertelkreisquerschnitt.

Das Zentrifugalmoment ergibt sich, wenn wir diese Beiträge über z integrieren:

$$I_{yz} = \int_0^a \frac{1}{2}(a^2 - z^2) z\,dz = \frac{a^4}{8}. \qquad (50)$$

Wir werden auf S. 94 sehen, wie man von diesem Ergebnis zu dem Zentrifugalmoment für die zu den Seiten parallelen Schwerachsen kommen kann.

β) Trägheitsradius

Jedes Trägheitsmoment hat die Dimension der vierten Potenz einer Länge. Wir können es daher darstellen als das Produkt der Fläche F mit dem Quadrat einer Länge:

$$I_y = F i_y^2, \qquad I_z = F i_z^2. \qquad (51)$$

Die Größen i_y, i_z werden Trägheitsradien genannt. Sie stellen Mittelwerte der Abstände z und y dar, die in den Definitionsgleichungen (45) der Trägheitsmomente auftreten. Es folgt daraus, daß z. B. i_y wesentlich kleiner sein muß als die Koordinate z des am weitesten (in positiver oder negativer Richtung) von der y-Achse entfernten Punktes.

Für ein Rechteck (Abb. 85) findet man nach Gl. (46)

$$i_y = \sqrt{\frac{I_y}{F}} = \sqrt{\frac{\frac{1}{12} b h^3}{bh}} = \frac{h}{\sqrt{12}}. \qquad (52)$$

Für einen I-Träger I 200 ist $I_y = 2140\ \text{cm}^4$ und $F = 33{,}5\ \text{cm}^2$, daher $i_y = 8{,}00$ cm. Das kommt der Hälfte der Querschnittshöhe $h = 20$ cm ziemlich nahe, da der Querschnitt so geformt ist, daß der überwiegende Teil aller Elemente dF nahezu um diesen Betrag von der Achse entfernt ist. Das aus diesem Beispiel abgeleitete Verhältnis $i_y/h = 0{,}4$ gilt für alle diesem Profil geometrisch ähnlichen, und da normale I-Profile mehr oder weniger geometrisch ähnlich sind, kann man es benutzen, um an-

Tabelle 2. *Flächeninhalt, Schwerpunktslage, Trägheits- und Zentrifugalmomente*

Querschnitt	Fläche, Schwerpunkt	Trägheits- und Zentrifugalmomente
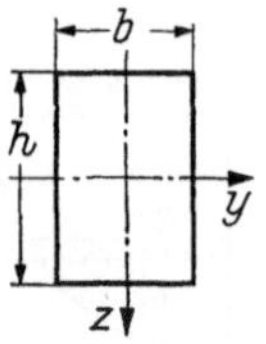	$F = bh$	$I_y = \frac{1}{12} bh^3, \quad I_z = \frac{1}{12} b^3 h$
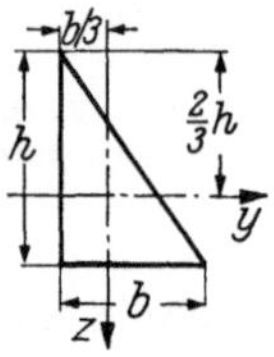	$F = \frac{1}{2} bh$	$I_y = \frac{1}{36} bh^3, \quad I_z = \frac{1}{36} b^3 h$ $I_{yz} = -\frac{7}{72} b^2 h^2$
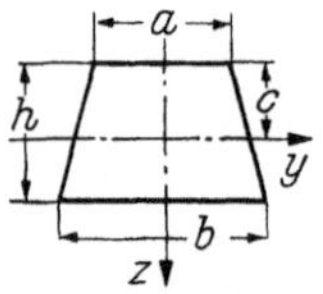	$F = \frac{1}{2}(a+b)\,h$ $c = \frac{h}{3}\,\frac{a+2b}{a+b}$	$I_y = \frac{h^3}{36}\,\frac{a^2+4ab+b^2}{a+b}$ $I_z = \frac{h}{48}(a^3+a^2b+ab^2+b^3)$
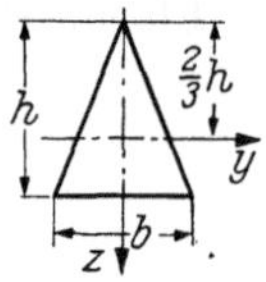	$F = \frac{1}{2} bh$	$I_y = \frac{1}{36} bh^3, \quad I_z = \frac{1}{48} b^3 h$
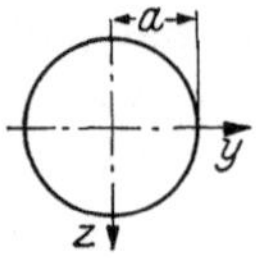	$F = \pi a^2$	$I_y = \frac{1}{4} \pi a^4$
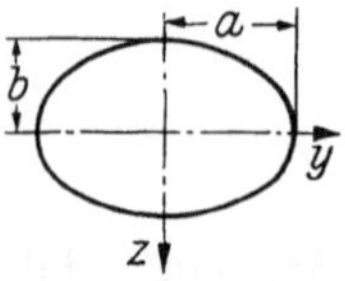	$F = \pi ab$	$I_y = \frac{1}{4} \pi ab^3, \quad I_z = \frac{1}{4} \pi a^3 b$
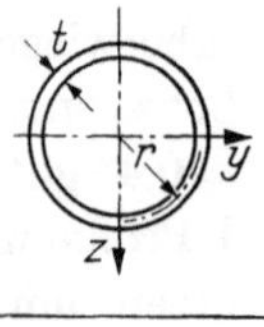	$F = 2\pi at$	$I_y = \pi a^3 t \left(1 + \frac{t^2}{4a^2}\right)$

Tabelle 2 (Fortsetzung)

Querschnitt	Fläche, Schwerpunkt	Trägheits- und Zentrifugalmomente
	$F = \frac{1}{2}\pi a^2$ $c = \frac{4a}{3\pi}$	$I_y = \left(\frac{\pi}{8} - \frac{8}{9\pi}\right)a^4$
	$F = \left(1 - \frac{\pi}{4}\right)a^2$ $c = \frac{2a}{3(4-\pi)}$	$I_y = \frac{a^4}{144}\,\frac{176 - 84\pi + 9\pi^2}{4-\pi}$ $= 0{,}007545a^4$
	$F = \frac{2}{3}bh$ $c = \frac{3}{5}h$	$I_y = \frac{8}{175}bh^3, \quad I_z = \frac{1}{30}b^3h$

genäherte Werte für andere Querschnitte derselben Art aus ihren Flächeninhalten F zu berechnen. Man überzeuge sich anhand einer Profiltabelle, wie weit diese Näherung verläßlich ist, und wo ihre Grenzen liegen.

γ) Steinerscher Satz

Wir haben bisher nur von Trägheitsmomenten gesprochen, die auf eine Schwerachse bezogen sind. Es steht nichts im Wege, die Definition (45) auf eine beliebige Achse anzuwenden (Abb. 96) und

$$I_{y'} = \int_F z'^2\,dF$$

als das Trägheitsmoment in bezug auf die y'-Achse zu bezeichnen. Wegen $z' = z + c$ hat man dann

$$I_{y'} = \int_F (z + c)^2\,dF$$
$$= \int_F z^2\,dF + 2c\int_F z\,dF + c^2\int_F dF.$$

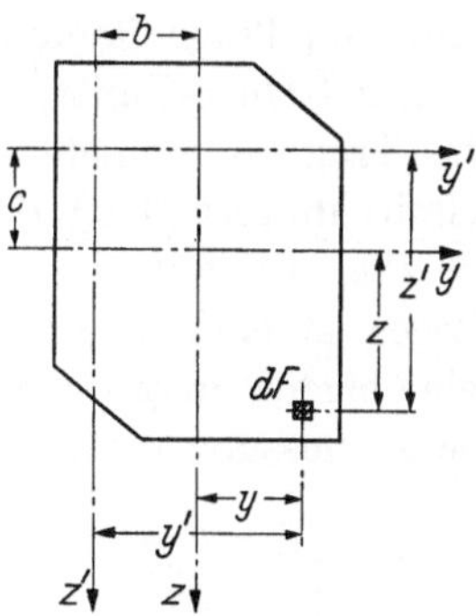

Abb. 96.
Parallelverschiebung des Koordinatensystems.

Das erste der drei Integrale auf der rechten Seite ist das Trägheitsmoment I_y für die zur

y'-Achse parallele Schwerachse, das zweite ist das statische Moment des Querschnitts in bezug auf diese Achse und daher gleich Null, und das dritte ist der Flächeninhalt F. Es ist daher

$$I_{y'} = I_y + c^2 F$$

und entsprechend (53a, b)

$$I_{z'} = I_z + b^2 F.$$

Diese Formeln werden als Steinerscher Satz bezeichnet. Sie sind in dieser Form an die Voraussetzung gebunden, daß y und z Schwerachsen sind.

Als Integral über eine positive Größe ist das Trägheitsmoment immer positiv, und da b^2, c^2 und F positiv sind, ist das Trägheitsmoment für eine nicht durch den Schwerpunkt gehende Achse stets größer als das für die dazu parallele Schwerachse.

Für das Zentrifugalmoment ergibt sich entsprechend

$$I_{y'z'} = \int_F (y+b)(z+c)\,dF = \int_F yz\,dF + b\int_F z\,dF + c\int_F y\,dF + bc\int_F dF$$

$$= I_{yz} + bcF, \tag{53c}$$

aber in dieser Formel können alle Beiträge positiv oder negativ sein.

Die Gln. (53) können dazu benutzt werden, um von einer Schwerachse zu einer dazu parallelen Achse überzugehen, oder in umgekehrter Richtung, um aus einem Trägheitsmoment für eine Achse y' das Trägheitsmoment für die dazu parallele Schwerachse y zu finden. Wenn keine der beiden interessierenden Achsen eine Schwerachse ist, muß man zunächst zur Schwerachse übergehen und dann die Formel ein zweites Mal anwenden. In diesem Falle genügt es nicht, daß der Abstand der beiden Achsen von einander bekannt ist, sondern ihre Abstände von der Schwerachse müssen bekannt sein.

Der Steinersche Satz hat viele nützliche Anwendungen in der Berechnung von Trägheitsmomenten. Wir zeigen das an einigen Beispielen.

Ein I-Querschnitt, Abb. 97, kann in drei Rechtecke zerlegt werden. Das Trägheitsmoment I_y ist das Integral (45a) über den ganzen Querschnitt und ist gleich der Summe der Integrale über die drei Rechtecke, die aber alle auf die y-Achse bezogen werden müssen. Der Beitrag des Steges ist einfach das Trägheitsmoment eines Rechtecks in bezug auf seine eigene Schwerachse, und wir berechnen ihn, indem wir in Gl. (46) die Abmessungen b und h durch t' und $(h - 2t)$ ersetzen:

$$\tfrac{1}{12} t'(h-2t)^3.$$

Wenn wir mit den Abmessungen b und t eines Flansches ebenso verfahren, finden wir nur sein Trägheitsmoment in bezug auf seine eigene

Schwerachse. Um das Trägheitsmoment für die y-Achse zu finden, die *nicht* eine Schwerachse des Querschnitts*teiles* ist, müssen wir einen Term c^2F addieren in unserem Falle

$$\left(\frac{h-t}{2}\right)^2 \cdot bt.$$

Das Trägheitsmoment des ganzen I-Querschnitts ist also

$$I_y = \tfrac{1}{12}t'(h-2t)^3 + \tfrac{1}{6}bt^3 + \tfrac{1}{2}(h-t)^2bt. \tag{54}$$

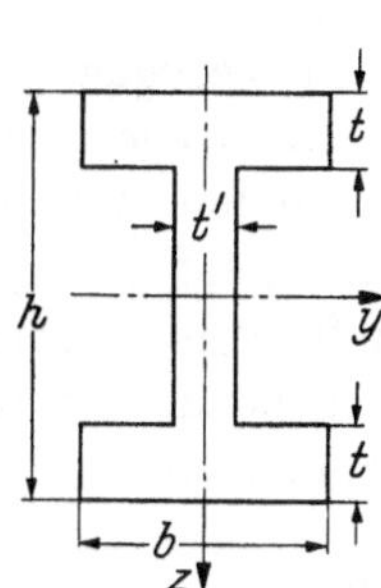

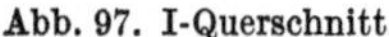
Abb. 97. I-Querschnitt.

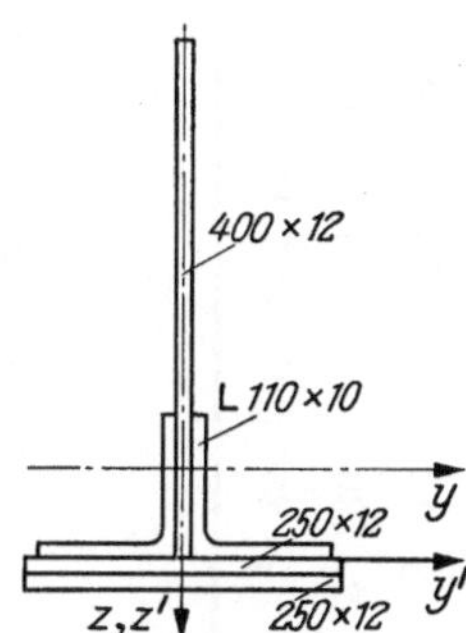

Abb. 98. Zusammengesetzter Stahlbau-Querschnitt.

Für kompliziertere Querschnitte ist es nicht ratsam, allgemeine Formeln zu entwickeln, sondern man beginnt besser sofort die Zahlenrechnung in Tabellenform. Wir zeigen das an dem in Abb. 98 dargestellten T-Querschnitt. In der ersten Spalte der Tabelle sind die Bauteile aufgeführt und, soweit möglich, zu Gruppen zusammengefaßt. Die Spalte F enthält die Querschnitte der Bauteile, die Spalte z' die Abstände ihrer Schwerpunkte von der willkürlich gewählten y'-Achse. Diese Zahlen sind entweder anhand der Figur berechnet oder — für die Winkeleisen — aus einer Profiltabelle entnommen. Die Werte in den Spalten F und Fz' werden aufaddiert, und der Quotient dieser Summen ist nach Gl. (4) die Schwerpunktskoordinate $z_0' = -6{,}77$ cm des Gesamtquerschnitts. Man beachte, daß jede Zahl mit Rechenschiebergenauigkeit berechnet ist, daß aber beim Aufaddieren überzählige, sinnlose Stellen sofort abgestoßen werden. Die letzte Spalte enthält alles, was zur Berechnung des Trägheitsmomentes nötig ist, die Ansätze und das Endergebnis für jeden Querschnittsteil. Der erste Summand in jeder Zeile ist das Eigenträgheitsmoment, der zweite das Produkt c^2F des Steinerschen Satzes, wobei c die Differenz zwischen den Werten z' für den Teil und für den Gesamtquerschnitt ist und ohne Zwischenrechnung hingeschrieben werden kann.

Berechnung eines Trägheitsmoments

Bauteil mm	F cm²	z' cm	Fz' cm³		I_y cm⁴
400 · 12	48,0	−20,00	− 960	$\frac{1}{12}\cdot 1{,}2\cdot 40^3 + 13{,}23^2\cdot 48{,}0 = 6400 + 8410 =$	14810
2 L 110 · 10	42,4	− 3,07	− 130,2	$2\cdot 239 + 3{,}70^2\cdot 42{,}4 = 478 + 581 =$	1059
2 · 250 · 12	60,0	+ 1,20	+ 72,0	$\frac{1}{12}\cdot 25\cdot 2{,}4^3 + 7{,}97^2\cdot 60{,}0 = 28{,}8 + 3815 =$	3844
Querschnitt	150,4	− 6,77	−1018		19710

Wo es nötig ist, kann die Tabelle leicht erweitert werden, so daß sie auch die Bestimmung der waagerechten Schwerpunktskoordinate y' und des Trägheitsmomentes I_z umfaßt, und auch das Zentrifugalmoment I_{yz} kann in derselben Tabelle berechnet werden.

δ) Drehung des Achsenkreuzes

Bisher haben wir Trägheits- und Zentrifugalmomente immer auf lotrechte oder waagerechte Achsen bezogen. Es steht natürlich nichts im Wege, Trägheitsmomente auch für andere Achsen zu berechnen. Wir wollen jetzt sehen, wie die Trägheitsmomente für verschiedene, durch denselben Punkt gehende Achsen miteinander zusammenhängen.

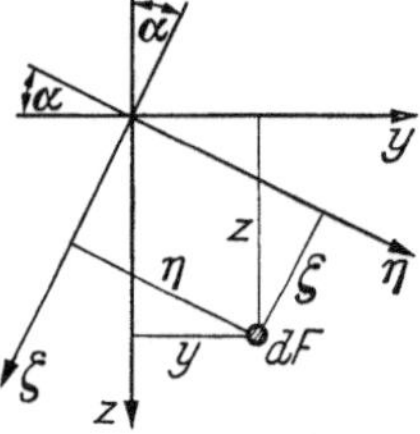

Abb. 99. Drehung des Koordinatensystems.

Wir betrachten einen ganz beliebigen Querschnitt und in seiner Ebene zwei rechtwinklige Koordinatensysteme y, z und η, ζ mit gemeinsamem Ursprung und definieren neben I_y und I_z auch Trägheitsmomente

$$I_\eta = \int_F \zeta^2\, dF, \qquad I_\zeta = \int_F \eta^2\, dF.$$

Das Flächenelement dF (Abb. 99) wird in diesem Falle gewöhnlich ein Rechteck $d\eta \cdot d\zeta$ sein, aber es kann auch irgend etwas anderes sein, wenn nur die Summe aller Elemente die Querschnittsfläche F einfach und vollständig überdeckt.

Durch einfache trigonometrische Überlegungen findet man, daß zwischen den Koordinaten eines Punktes in den beiden Systemen die folgenden Beziehungen bestehen:

$$\eta = \quad y \cos\alpha + z \sin\alpha,$$

$$\zeta = -y \sin\alpha + z \cos\alpha.$$

Setzt man das in die Definitionsgleichung für I_η ein, so erhält man

$$I_\eta = \int_F (y^2 \sin^2\alpha - 2yz \sin\alpha \cos\alpha + z^2 \cos^2\alpha)\, dF,$$

und da der Winkel α nicht von y und z abhängt, kann man schreiben

$$I_\eta = \sin^2\alpha \int_F y^2\, dF - 2\sin\alpha\cos\alpha \int_F yz\, dF + \cos^2\alpha \int_F z^2\, dF.$$

Das erste und dritte Integral auf der rechten Seite sind die Trägheitsmomente I_z und I_y für die Achsen z und y, und das zweite Integral ist das Zentrifugalmoment für das rechtwinklige Achsenkreuz y, z. Mit dieser Bezeichnung kann man schreiben

$$I_\eta = I_y \cos^2\alpha + I_z \sin^2\alpha - 2I_{yz} \cos\alpha \sin\alpha, \tag{55a}$$

und ganz entsprechend erhält man aus der Definitionsgleichung für I_ζ die Formel

$$I_\zeta = I_y \sin^2\alpha + I_z \cos^2\alpha + 2I_{yz} \cos\alpha \sin\alpha. \tag{55b}$$

Nachdem wir genötigt waren, das Zentrifugalmoment I_{yz} in unsere Betrachtungen einzubeziehen, müssen wir uns auch um das entsprechende Zentrifugalmoment

$$I_{\eta\zeta} = \int_F \eta\zeta\, dF$$

kümmern. Drückt man auch in diesem Integral η und ζ durch y und z aus, so findet man folgende Formel:

$$I_{\eta\zeta} = (I_y - I_z) \cos\alpha \sin\alpha + I_{yz}(\cos^2\alpha - \sin^2\alpha). \tag{55c}$$

Wie man aus dieser Gleichung ersieht, kehrt sich das Vorzeichen von $I_{\eta\zeta}$ um, wenn man das Achsenkreuz um 90° dreht, etwa so, daß die y-Achse in die z-Achse und die z-Achse in die negative y-Achse übergeht. Es muß daher auch Winkel $\alpha = \alpha_0$ geben, für die $I_{\eta\zeta} = 0$ wird. Aus Gl. (55c) folgt, daß dann

$$\frac{I_{yz}}{I_z - I_y} = \frac{\cos\alpha_0 \sin\alpha_0}{\cos^2\alpha_0 - \sin^2\alpha_0} = \frac{\sin 2\alpha_0}{2\cos 2\alpha_0}$$

sein muß, also

$$\tan 2\alpha_0 = \frac{2 I_{yz}}{I_z - I_y}. \tag{56}$$

Wegen der Periodizität des Tangens hat diese Gleichung Lösungen $2\alpha_0$, die sich um ganze Vielfache von 180° unterscheiden. Die zugehörigen Winkel α_0 sind um 90° voneinander verschieden und beschreiben gerade die verschiedenen Achsenrichtungen eines Kreuzes von zwei zueinander rechtwinkligen Achsen, auf die die Pfeile für die positiven Richtungen beliebig aufgesetzt werden können. Diese beiden Achsen werden Trägheitshauptachsen genannt.

Für $\alpha = 0°$ oder $\alpha = 180°$ erhält man aus Gl. (55a) $I_\eta = I_y$, für $\alpha = 90°$ oder $\alpha = 270°$ dagegen $I_\eta = I_z$. Wenn man das Achsenkreuz, beginnend mit $\alpha = 0°$, stetig dreht, muß I_η in periodischem Wechsel zu- und abnehmen, und es muß Werte α geben, für die es Größt- oder Kleinstwerte annimmt. Wir finden diese Winkel, indem wir I_η nach α differenzieren und die Ableitung Null setzen:

$$\frac{dI_\eta}{d\alpha} = 2(-I_y + I_z)\cos\alpha \sin\alpha - 2I_{yz}(\cos^2\alpha - \sin^2\alpha) = 0.$$

Durch Vergleich mit Gl. (55c) erkennen wir, daß die Ableitung gleich $-2I_{\eta\zeta}$ ist. Das Trägheitsmoment hat daher seine Extremwerte für dieselben Achsen, für die das Zentrifugalmoment verschwindet, d. h. für die Hauptachsen. Diese Extremwerte werden Hauptträgheitsmomente genannt und mit I_a und I_b bezeichnet. Zu der einen Hauptachse gehört das größte Trägheitsmoment, zu der anderen das kleinste.

Wenn ein Querschnitt eine Symmetrieachse hat, bildet diese mit der dazu senkrechten Achse das Hauptachsenkreuz. Wenn der Querschnitt zwei Symmetrieachsen hat, müssen sie notwendigerweise aufeinander senkrecht stehen. Wenn mehr als zwei Symmetrieachsen vorhanden sind (Quadrat: 4, Sechseck: 6, Kreis: ∞), gibt es mehrere Hauptachsenkreuze. Man kann ohne Rechnung aus Gl. (56) ablesen, daß das nur dann möglich ist, wenn auf der rechten Seite ein unbestimmter Ausdruck 0/0 steht, d. h. wenn $I_{yz} = 0$ und $I_y = I_z$ ist. Dann ist aber nach Gl. (55a) $I_\eta = I_y$ für jeden Winkel α und nach Gl. (55c) $I_{\eta\zeta} = 0$. In solchen Fällen sind also alle Trägheitsmomente einander gleich und alle Achsen Hauptachsen. Es ist also z. B. für das in Abb. 100 gezeichnete Quadrat $I_y = \frac{1}{12}a^4$ und $I_{yz} = 0$, Ergebnisse, die man natürlich auch durch unmittelbares Ausrechnen finden kann, aber dann nur mit großer Mühe.

Wenn man nur die Größe der Hauptträgheitsmomente I_a, I_b haben will und sich für die Richtung des zugehörigen Achsenkreuzes nicht interessiert, kann man sich den Umweg über die trigonometrischen Funktionen sparen. Wenn man die Gln. (55a, b) addiert und dabei $I_\eta = I_a$, $I_\zeta = I_b$ setzt, findet man, daß

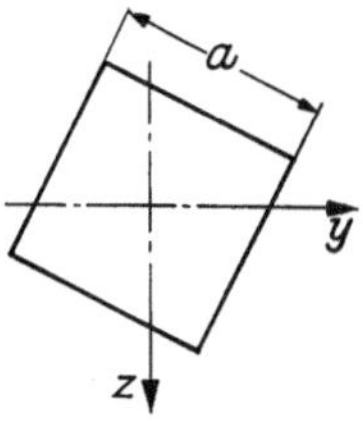

$$I_a + I_b = I_y + I_z$$

ist. Wenn man dieselben Gleichungen voneinander abzieht und das Ergebnis quadriert, erhält man die Beziehung

Abb. 100. Quadratquerschnitt.

$$(I_a - I_b)^2 = (I_y - I_z)^2 \cos^2 2\alpha + 4 I_{yz}^2 \sin^2 2\alpha - 4 I_{yz} (I_y - I_z) \cos 2\alpha \sin 2\alpha .$$

Anderseits folgt aus Gl. (55c) mit $I_{\eta\zeta} = I_{ab} = 0$:

$$0 = (I_y - I_z)^2 \sin^2 2\alpha + 4 I_{yz}^2 \cos^2 2\alpha + 4 I_{yz} (I_y - I_z) \cos 2\alpha \sin 2\alpha .$$

Aus diesen beiden Gleichungen folgt durch Addition eine zweite Beziehung, die den Winkel α nicht enthält:

$$(I_a - I_b)^2 = (I_y - I_z)^2 + 4 I_{yz}^2 .$$

Da diese Gleichung nur Quadrate enthält, erlaubt sie nicht zu entscheiden, ob I_a oder I_b das größere der beiden Hauptträgheitsmomente ist. Aber man erhält wenigstens die Größe der beiden Hauptträgheitsmomente, indem man $I_a + I_b$ und $|I_a - I_b|$ addiert oder subtrahiert:

$$I_{a,b} = \tfrac{1}{2} \left[I_y + I_z \pm \sqrt{(I_y - I_z)^2 + 4 I_{yz}^2} \right] . \tag{57}$$

Wir werden später in ganz anderem Zusammenhange (S. 302) eine einfache geometrische Deutung dieser Formeln kennenlernen.

Aufgaben

26. Für die in den Abbildungen dargestellten Querschnitte berechne durch formale Integration die Trägheitsmomente und das Zentrifugalmoment für das Schwerachsenkreuz y, z! In einigen Fällen empfiehlt es sich, die Integration in einem günstigeren Achsenkreuz durchzuführen und das Endergebnis über Steiners Satz zu erreichen.

27. Benutze Steiners Satz zur numerischen (tabellarischen) Berechnung der Trägheits- und Zentrifugalmomente für die lotrechte und waagerechte Schwerachse! Bestimme die Richtung der Trägheitshauptachsen, die Hauptträgheitsmomente und die zugehörigen Trägheitsradien. Trage die letzteren in die Figur ein und beurteile die Wahrscheinlichkeit eines Rechenfehlers. Alle Maße in den Abbildungen sind in mm. Die Rechnung wird zweckmäßiger in cm ausgeführt. Für das Beispiel (d) ist die Verwendung einer Normalprofiltabelle nützlich. Wenn sie nicht zur Hand ist, können die Winkelstahlquerschnitte unter Vernachlässigung der Ausrundung der Kanten durch zwei Rechtecke ersetzt werden.

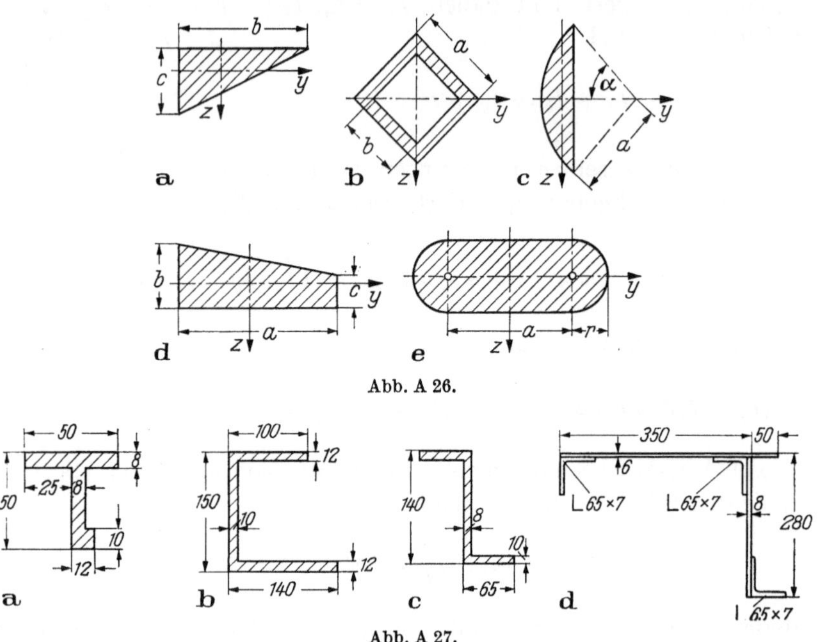

Abb. A 26.

Abb. A 27.

28. Für ein gleichschenkliges Winkeleisen ∟ 160 × 19 gibt die Profiltabelle die folgenden Werte: $I_y = I_z = 1350\ \text{cm}^4$, $I_\eta = 2140\ \text{cm}^4$, $I_\zeta = 558\ \text{cm}^4$. Prüfe die Richtigkeit von I_y! Berechne I_{yz}!

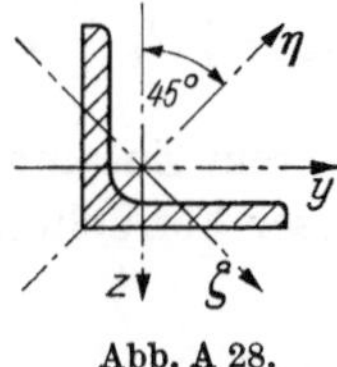

Abb. A 28.

d) Zweiachsige Biegung

Auf S. 80 mußten wir voraussetzen, daß die Ebene, in der die Lasten auf einen Balken wirken, eine Symmetrieebene für alle seine Querschnitte ist. Diese Voraussetzung war nötig um sicher zu sein, daß sich der Balken wirklich nur in der Lastebene verbiegt und nicht auch seitwärts. Wir sind nun genügend vorbereitet, um diese Voraussetzung fallen zu lassen und den folgenden Fall zu behandeln:

Ein ursprünglich gerader Stab sei so verbogen, daß alle seine ursprünglich geraden Fasern zu *ebenen* Kurven verformt sind. Ist es möglich, eine solche Formänderung durch Biegemomente zu erzeugen, die alle in der Ebene dieser Kurven liegen, d. h. deren Achsen auf der Biegeebene senkrecht stehen?

Wir legen wie bisher eine x-Achse in die Längsrichtung des Balkens, genauer durch die Schwerpunkte aller Querschnitte, und wir wählen die z-Achse so, daß die x–z-Ebene die verbogene Balkenachse enthält. Die Formänderung des Balkenelements und die Spannungsverteilung im Querschnitt sind dann durch Abb. 82 und 84 beschrieben, doch können wir dort den symmetrischen Querschnitt durch einen ganz beliebigen, unsymmetrischen ersetzen. Die aus diesen Figuren abgeleiteten Formeln sind nach wie vor gültig, doch erweist es sich als vorteilhaft, die dort benutzten Symbole M, I, $\varkappa$ mit Indizes zu versehen, um sie von anderen Größen derselben Art zu unterscheiden. Das durch Gl. (39) definierte Biegemoment ist das Moment der Spannungen in bezug auf die y-Achse, und wir schreiben es jetzt als

$$M_y = \int_F \sigma z \, dF. \tag{58}$$

Für das Trägheitsmoment I schreiben wir I_y gemäß Gl. (45a), und die Krümmung $\varkappa$, die die Verbiegung des Balkens in der x–z-Ebene beschreibt, nennen wir $\varkappa_z$. Die Gln. (42) und (43), die nach wie vor gültig sind, erscheinen dann in der Form

$$M_y = E I_y \varkappa_z \qquad \text{und} \qquad \sigma = \frac{M_y z}{I_y}. \tag{59), (60}$$

Der wesentlich neue Gedanke ist nun der, daß die Spannungen σ in einem unsymmetrischen Querschnitt auch ein Moment in bezug auf die z-Achse haben können. Wir definieren es unter willkürlicher Festsetzung des Vorzeichens als

$$M_z = \int_F \sigma y \, dF, \tag{61}$$

und wenn wir hier die Spannungsverteilung nach Gl. (38b) mit $\varkappa = \varkappa_z$ einsetzen, erhalten wir

$$M_z = E \varkappa_z \int_F z y \, dF = E I_{yz} \varkappa_z. \tag{62}$$

Aus dieser Formel können wir folgende Tatsachen ablesen:

1. Wenn $I_{yz} \neq 0$ ist, sind zu einer Verbiegung in der (lotrechten) x–z-Ebene Biegemomente in lotrechter und waagerechter Ebene nötig.

Es müssen daher auch Lasten in beiden Ebenen vorhanden sein. Fehlen die waagerechten Lasten, so kann sich der Balken nicht ausschließlich in lotrechter Richtung durchbiegen.

2. Wenn $I_{yz} = 0$ ist, wird eine lotrechte Durchbiegung durch lotrechte Lasten erzeugt. Der Balken verhält sich dann genauso wie ein Balken mit symmetrischem Querschnitt und alles, was auf S. 80 bis 85 gesagt wurde, ist unverändert anwendbar.

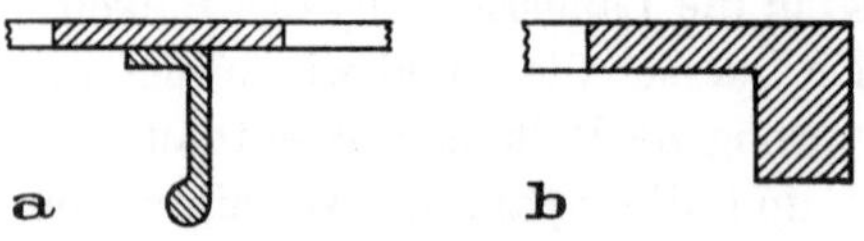

Abb. 101. Verbindung eines Balkens mit einer Platte, (a) Schiffsdeck, (b) Plattenbalken aus Stahlbeton.

Mit dem ersten Fall, daß y, z keine Trägheitshauptachsen sind, müssen wir uns näher beschäftigen. Abb. 101 zeigt zwei Beispiele, in denen sich Balken nur in lotrechter Richtung durchbiegen können. Abb. 101a ist ein Querschnitt durch ein Schiffsdeck. Der Balken besteht aus einem Wulstwinkel und einem Streifen der Deckplatte. Die Verbindung mit dem ganzen Deck macht eine seitliche Verbiegung des Balkens unmöglich. Wenn eine lotrechte Last aufgebracht wird, muß das Deck einen seitlichen Schub ausüben, der so groß und so verteilt ist, daß die Biegemomente M_y und M_z im Deckbalken überall in dem durch die Gln. (59) und (62) bestimmten Verhältnis stehen:

$$M_y : M_z = I_y : I_{yz}.$$

Die Größe dieser seitlichen Belastung ist meist ohne Interesse. Sie kann für die Niete von Bedeutung sein, die den Wulstwinkel mit der Deckplatte verbinden.

Abb. 101b zeigt den Randträger einer Plattenbalkendecke aus Stahlbeton. Auch hier besteht der Querschnitt aus dem des eigentlichen Balkens und einem Teil des anstoßenden Plattenquerschnitts, und wieder verhindert die Deckenplatte eine seitliche Verbiegung.

In beiden Fällen kann man $\varkappa_z$ aus Gl. (59) berechnen und für $\varkappa$ in Gl. (38b) einführen, die dann die Form (60) annimmt. Die waagerechte Zusatzlast und das Zentrifugalmoment des Querschnitts treten dann in der Spannungsberechnung überhaupt nicht in Erscheinung.

Die Erkenntnis, daß ein in einer bestimmten Ebene belasteter Balken sich nicht notwendig in derselben Ebene verbiegt, macht es nötig, den allgemeinen Fall zu untersuchen, daß in einem Querschnitt Biegemomente M_y und M_z von beliebiger Größe übertragen werden. Gl. (38b) kann dann in ihrer einfachen Form nicht aufrecht erhalten werden, und wir können aus der Annahme eben bleibender Querschnitte nur folgern, daß ε und mithin auch σ lineare Funktionen von y und z sein müssen, also

$$\sigma = \sigma_0 + E\varkappa_y y + E\varkappa_z z. \tag{63}$$

Auf S. 82 haben wir $\varkappa$ als die örtliche Krümmung der verbogenen Balkenachse erkannt. Die hier auftretenden Koeffizienten $\varkappa_y$ und $\varkappa_z$ stellen dementsprechend die Krümmung der beiden Projektionen der Balkenachse auf die x–y-Ebene und auf die x–z-Ebene dar.

Setzt man (63) in die Definitionsgleichungen (58) und (61) für die beiden Biegemomente ein, so erhält man

$$M_y = \int\limits_F z\sigma\, dF = \sigma_0 \int\limits_F z\, dF + E\varkappa_y \int\limits_F yz\, dF + E\varkappa_z \int\limits_F z^2\, dF,$$

$$M_z = \int\limits_F y\sigma\, dF = \sigma_0 \int\limits_F y\, dF + E\varkappa_y \int\limits_F y^2\, dF + E\varkappa_z \int\limits_F yz\, dF.$$

Auf der rechten Seite ist jeweils das erste der drei Integrale Null, weil der Koordinatenursprung im Schwerpunkt des Querschnitts liegt, und in den anderen Integralen erkennt man die Trägheits- und Zentrifugalmomente:

$$M_y = EI_{yz}\varkappa_y + EI_y\varkappa_z,$$

$$M_z = EI_z\varkappa_y + EI_{yz}\,\varkappa_z. \tag{64}$$

Diese Formeln geben die Momente, wenn die Krümmungen bekannt sind. In der Regel werden die Momente bekannt und die Krümmungen gesucht sein. Dann muß man die beiden Gleichungen nach $E\varkappa_y$ und $E\varkappa_z$ auflösen und erhält

$$E\varkappa_y = \frac{I_y M_z - I_{yz} M_y}{I_y I_z - I_{yz}^2}, \qquad E\varkappa_z = \frac{I_z M_y - I_{yz} M_z}{I_y I_z - I_{yz}^2}. \tag{65}$$

Die Schwerpunktspannung σ_0 folgt wieder aus der Bedingung, daß die Resultierende aller Spannungen Null ist:

$$0 = \int\limits_F \sigma\, dF = \sigma_0 F + E\varkappa_y \int\limits_F y\, dF + E\varkappa_z \int\limits_F z\, dF.$$

Da die beiden Integrale, die statischen Momente des Querschnitts, voraussetzungsgemäß Null sind, muß $\sigma_0 = 0$ sein. Die Spannungsverteilung ergibt sich dann aus den Gln. (63) und (65) zu

$$\sigma = \frac{I_z z - I_{yz} y}{I_y I_z - I_{yz}^2} M_y + \frac{I_y y - I_{yz} z}{I_y I_z - I_{yz}^2} M_z. \tag{66}$$

Für die Auffindung der Spannungs-Größtwerte ist es nützlich, die Lage der Nullinie zu kennen. Wenn wir in Gl. (63) die rechte Seite gleich

Null setzen und beachten, daß $\sigma_0 = 0$ ist, erhalten wir die Gleichung der Nullinie

$$E\varkappa_y y + E\varkappa_z z = 0.$$

Wenn beide Krümmungen positiv sind, hat sie die in Abb. 102 gezeichnete Lage. Ihre Neigung gegen die y-Achse ist gegeben durch

$$\tan\beta = \frac{E\varkappa_y}{E\varkappa_z} = \frac{I_y M_z - I_{yz} M_y}{I_z M_y - I_{yz} M_z}.$$

Nachdem man die Nullinie in den Querschnitt eingetragen hat, kann man leicht die Punkte angeben, die am weitesten von ihr entfernt sind und in

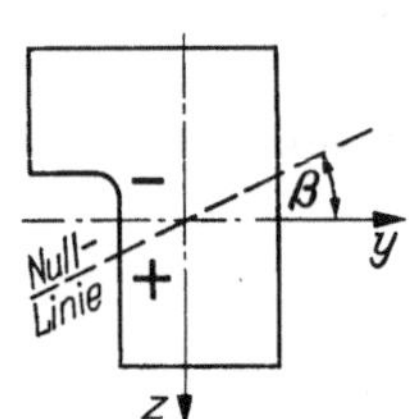

Abb. 102. Unsymmetrischer Querschnitt.

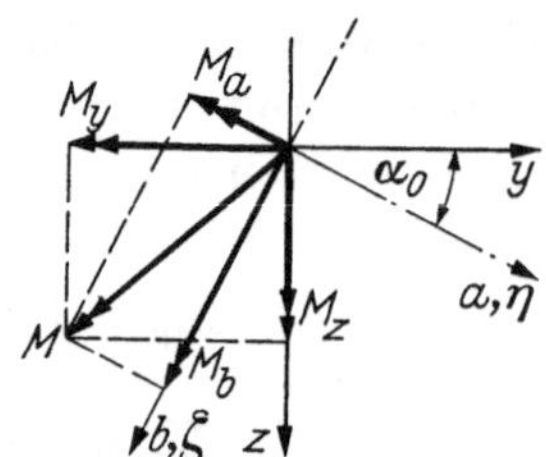

Abb. 103. Zerlegung des Biegemoments in Komponenten.

denen daher die größten Spannungen auftreten müssen. Wenn der Querschnittsumriß ein Vieleck ist (Rechteck, Winkelquerschnitt), müssen die Größtwerte in zwei ausspringenden Ecken auftreten, und es ist oft am einfachsten, auf das Aufsuchen der Nullinie ganz zu verzichten und nur die Spannungen in den Eckpunkten auszurechnen.

Wenn wir sagen, daß ein Balken durch Biegemomente in zwei Ebenen beansprucht ist, so heißt das im Grunde nichts anderes, als daß das resultierende Biegemoment in einer ganz beliebigen Ebene wirken kann. In der Regel wird die Wahl der Achsen y, z, auf die wir seine Komponenten beziehen, durch äußere Umstände nahegelegt sein, etwa so, daß die z-Achse lotrecht nach unten zeigt und daß das Biegemoment M_y durch lotrechte Lasten erzeugt wird. Man kann aber natürlich das resultierende Biegemoment auch in andere, ganz beliebige Komponenten zerlegen, und es ist gelegentlich nützlich, die Komponenten in Richtung der beiden Trägheitshauptachsen zu wählen. Der Winkel α_0 in Abb. 103 ist dann durch Gl. (56) gegeben, und das Biegemoment M hat die Komponenten

$$M_a = M_y \cos\alpha_0 - M_z \sin\alpha_0,$$

$$M_b = M_y \sin\alpha_0 + M_z \cos\alpha_0.$$

Wenn man diese Komponenten für die Spannungsberechnung benutzen will, muß man in Gl. (66) die Indizes y, z durch a, b ersetzen. Wegen $I_{ab} = 0$ erhält man dann die einfache Formel

$$\sigma = \frac{M_a \zeta}{I_a} + \frac{M_b \eta}{I_b}, \tag{67}$$

in der η, ζ die längs der Hauptachsen a, b gemessenen Koordinaten des Querschnittspunkts mit der Spannung σ sind.

e) Biegung mit Längskraft

Wir wollen jetzt die Ausführungen des letzten Abschnitts dahin verallgemeinern, daß wir zu den beiden Biegemomenten M_y und M_z die Wirkung einer Längskraft N hinzufügen. Die gleichzeitige Wirkung von axialem Zug oder Druck und einem oder beiden Biegemomenten findet sich in exzentrisch belasteten Säulen und Streben, in Rahmen, Ringen und Gewölben und in vielen anderen Bau- und Maschinenteilen. Die von der Längskraft und von den beiden Biegemomenten erzeugten Spannungen sind durch die Gln. (2) und (66) gegeben. Da sie linear von den Schnittkräften abhängen, können wir sie überlagern und finden

$$\sigma = \frac{N}{F} + \frac{I_y M_z - I_{yz} M_y}{I_y I_z - I_{yz}^2}\, y + \frac{I_z M_y - I_{yz} M_z}{I_y I_z - I_{yz}^2}\, z. \tag{68}$$

Für den Schwerpunkt $y = z = 0$ ergibt sich daraus

$$\sigma_0 = N/F. \tag{69}$$

Wenn y, z Trägheitshauptachsen sind, vereinfacht sich Gl. (68) zu

$$\sigma = \frac{N}{F} + \frac{M_z y}{I_z} + \frac{M_y z}{I_y}, \tag{70}$$

und wir wollen uns für den weiteren Aufbau der Theorie auf diesen Sonderfall beschränken, auf den sich der allgemeine Fall jederzeit durch eine Achsendrehung zurückführen läßt.

Die Nullinie ist der geometrische Ort aller Punkte, für die $\sigma = 0$ ist. Sie hat daher die Gleichung

$$\frac{N}{F} + \frac{M_z}{I_z}\, y + \frac{M_y}{I_y}\, z = 0. \tag{71}$$

Wenn beide Biegemomente gleich Null sind, ergibt sich nach (71) eine gleichförmige Spannungsverteilung, und die Kraft N wird im

Schwerpunkt übertragen. Wenn man ein Biegemoment M_z hinzufügt, so heißt das, daß die Kraft um die Strecke

$$e_y = M_z/N \tag{72a}$$

nach rechts verschoben ist und am Hebelarm e_y das Moment M_z erzeugt. Wenn außerdem ein Biegemoment M_y vorhanden ist, können wir es durch Verschiebung des Kraftangriffspunktes um

$$e_z = M_y/N \tag{72b}$$

in Richtung der positiven z-Achse abgelten. Die durch Gl. (72) eingeführten *Exzentrizitäten* sind also die Koordinaten des Angriffspunktes A der Resultierenden aller im Querschnitt übertragenen Spannungen σ.

Wenn wir in Gl. (71) $M_z = N e_y$ und $M_y = N e_z$ schreiben und in den Nennern der Brüche nach (51) die Trägheitsradien einführen, können wir einen gemeinsamen Faktor N/F herausziehen und erhalten für die Spannung

$$\sigma = \frac{N}{F}\left(1 + \frac{e_y y}{i_z^2} + \frac{e_z z}{i_y^2}\right) \tag{73}$$

und als Gleichung der Nullinie

$$\frac{e_y}{i_z^2} y + \frac{e_z}{i_y^2} z = -1. \tag{74}$$

Die Gleichung bildet den Ausgangspunkt für eine graphische Konstruktion der Nullinie. Wir setzen $z = 0$ und erhalten für $y = y_0$ die Koordinate des Schnittpunkts der Nullinie mit der y-Achse:

$$y_0 = -i_z^2/e_y. \tag{75a}$$

Um den Punkt mit dieser Koordinate zu finden, tragen wir auf der z-Achse die Strecke i_z in beliebiger Richtung ab und ziehen nach Abb. 104 zwei zueinander senkrechte Linien BD und DE. In derselben Weise findet man aus $e_z = OC$ und $i_y = OF$ den anderen Achsabschnitt

$$z_0 = -i_y^2/e_z \tag{75b}$$

und damit die Nullinie NN. Man beachte, daß der Trägheitsradius i_z nach der auf S. 91 gegebenen anschaulichen Deutung einen mittleren Abstand *von* der z-Achse darstellt, während er hier, um 90° gedreht, *auf* der z-Achse aufgetragen werden muß.

Nachdem die Nullinie gefunden ist, berechnen wir noch die Schwerpunktsspannung $\sigma_0 = N/F$ und können nun das Spannungsdiagramm für den (in der Figur nicht dargestellten) Querschnitt aufzeichnen. Die Spannung σ in einem beliebigen Punkte P der Querschnittsebene ist seinem Abstand von der Nullinie proportional. Das Spannungsdiagramm ist daher geradlinig, und jeder Spannungswert σ gilt für alle Punkte P, die auf einer Parallelen zur Nullinie liegen. Die Extremwerte der Span-

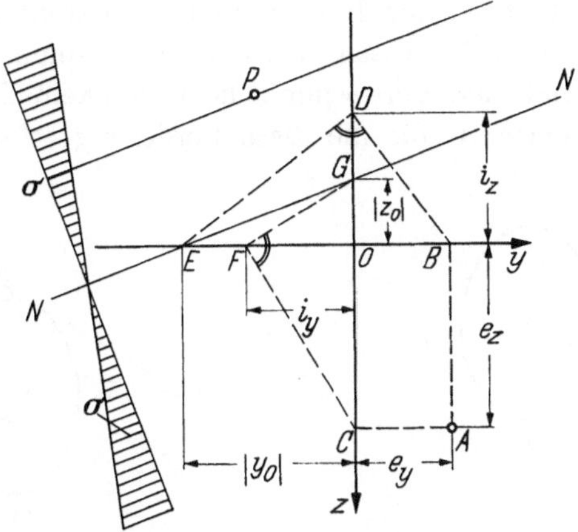

Abb. 104. Bestimmung der Nullinie für exzentrischen Druck oder Zug.

nung treten in denjenigen Querschnittspunkten auf, die am weitesten von der Nullinie entfernt sind, und diese lassen sich mit Hilfe der graphischen Darstellung der Abb. 104 leicht auffinden.

Aufgabe

29. Die Abbildung zeigt einen symmetrischen Querschnitt einer exzentrisch belasteten Säule. In dem markierten Punkt wird eine Druckkraft $P = 19$ t übertragen. Berechne die nötigen Trägheitsmomente, bestimme die Nullinie und die im Querschnitt übertragenen Spannungen! Ist der Querschnitt frei von Zugspannungen? Maße in cm.

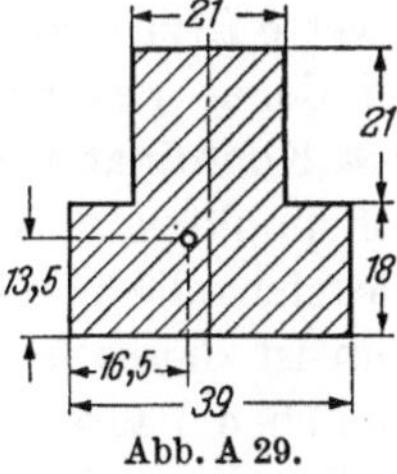

Abb. A 29.

f) Kern

Wie man aus Abb. 104 und Gl. (75) ersieht, wachsen die Achsabschnitte y_0 und z_0, wenn die Exzentrizitäten e_y und e_z abnehmen, und wenn diese klein genug sind, verläuft die Nullinie gänzlich außerhalb des

Querschnitts, Abb. 105. Dann treten im ganzen Querschnitt nur Spannungen eines Vorzeichens auf.

Es werden nun oft, insbesondere im Bauwesen, für Druckglieder Baustoffe verwendet, deren Zugfestigkeit klein und unzuverlässig ist (z. B. Mauerwerk oder unbewehrter Beton), und es besteht das Bedürfnis, solche Bauglieder so zu bemessen, daß der Angriffspunkt A der Längskraft N immer so nahe am Schwerpunkt liegt, daß keine Zugspannungen auftreten. Die Punkte A, für die diese Forderung erfüllt ist, erfüllen

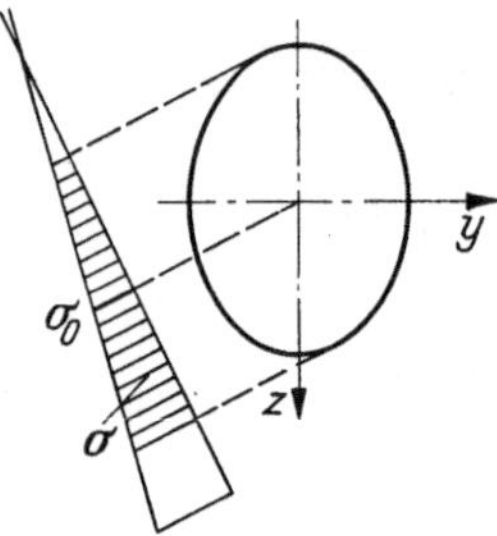

Abb. 105. Biegung mit Längskraft: Nullinie außerhalb des Querschnitts.

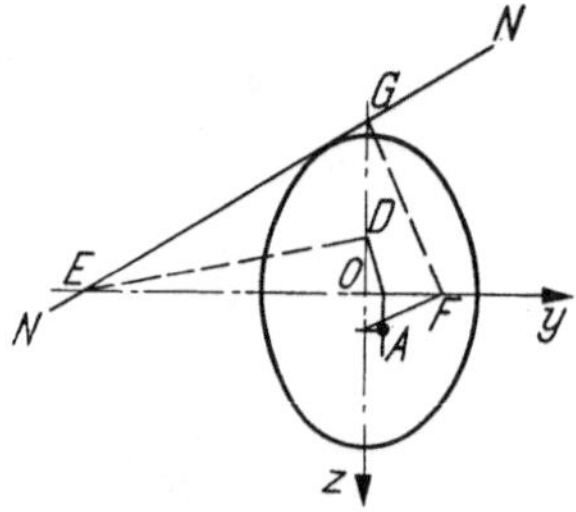

Abb. 106. Querschnitt mit exzentrischer Längskraft: Nullinie berührt den Querschnittsumriß.

einen bestimmten Bereich der Querschnittsebene, der als Kern des Querschnitts bezeichnet wird. Wir stellen uns die Aufgabe, den Kern zu finden.

Um sie zu lösen, müssen wir offenbar die in Abb. 104 gelöste Aufgabe umkehren. Wir ziehen eine Gerade, die den Querschnittsumriß berührt (ohne ihn an einer anderen Stelle zu schneiden), bestimmen ihre Achsabschnitte $OE = |y_0|$ und $OG = |z_0|$ und konstruieren die Koordinaten e_y und e_z des zugehörigen Kraftangriffspunktes A. Wenn wir die Gerade EG um den ganzen Querschnitt herumrollen, beschreiben die zugehörigen Punkte A eine Kurve, den Umriß des Kerns, Abb. 106.

Es besteht eine bemerkenswerte Reziprozität zwischen den Tangenten des Querschnittsumrisses und denen des Kerns. In den Gln. (75a, b) bezeichneten y, z die *laufenden* Koordinaten der Nullinie und e_y, e_z die *festen* Koordinaten des Angriffspunktes A. Wir wollen nun eine Schar von Nullinien betrachten, die sich alle in einem Punkt mit den Koordinaten y, z schneiden. Dann ist dieses feste Wertepaar y, z für jede dieser Nullinien eines der möglichen Paare der laufenden Koordinaten. Die Koordinaten e_y, e_z der zu allen diesen Nullinien gehörenden Angriffspunkte A müssen Gl. (75) befriedigen, d. h. sie müssen auf einer Geraden liegen, für die e_y, e_z die laufenden Koordinaten sind. Da aber die Paare y, z und e_y, e_z in Gl. (75) völlig gleichberechtigt auftreten, so folgt, daß diese Gerade die Nullinie ist, die zu einem Angriffspunkt mit den Koordinaten y, z gehört. Wir können daher die folgende Feststellung machen:

Dreht sich die Nullinie um einem festen Punkt, so beschreibt der zugehörige Kraftangriffspunkt eine Gerade, und diese Gerade ist identisch mit der Nullinie, die sich ergibt, wenn der Drehpunkt zum Kraftangriffspunkt gemacht wird.

Wir wollen nun diesen Satz auf den Kern eines Rechtecks anwenden. Abb. 107 zeigt die Tangenten, die als Nullinien in Frage kommen. Es sind vier Scharen, die je eine der Ecken als Drehpunkt haben. Der

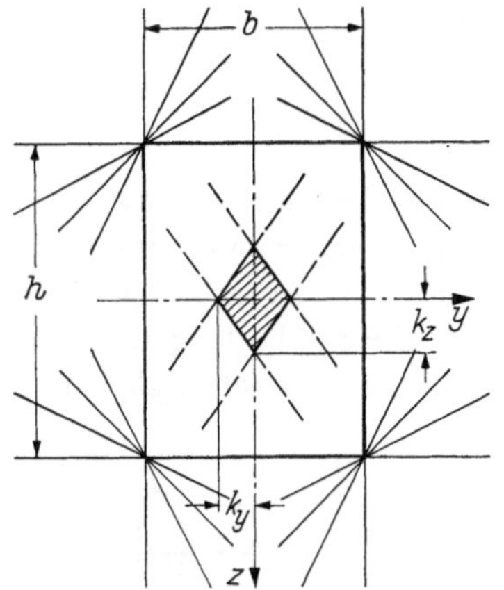

Abb. 107. Querschnittstangenten und Kern eines Rechtecks.

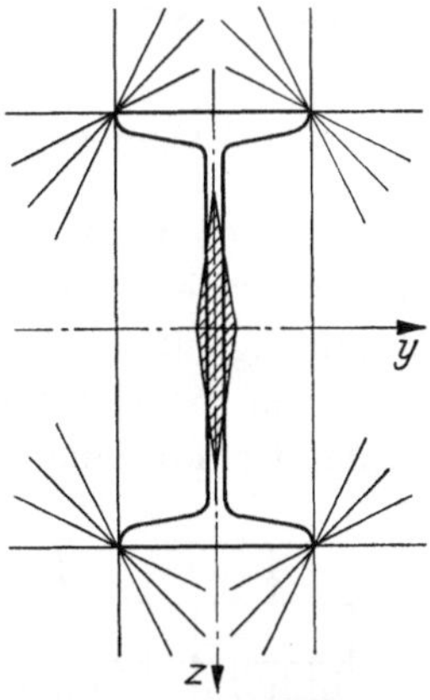

Abb. 108. Querschnittstangenten und Kern eines I-Querschnitts.

Kernumriß besteht daher aus vier Geraden, die die zu den vier Ecken als Angriffspunkten gehörenden Nullinien sind, und der Kern ist ein Rhombus, dessen Ecken auf den Symmetrieachsen des Rechtecks liegen. Ihre Koordinaten, die *Kernweiten*, sind

$$k_y = \frac{i_z^2}{b/2} = \frac{b^2/12}{b/2} = \frac{b}{6}, \qquad k_z = \frac{h}{6}. \tag{76}$$

Zu allen Kraftangriffspunkten innerhalb des schraffierten Kerns gehören Nullinien, die den Querschnitt nicht schneiden. Wenn die Längskraft in einer Symmetrieebene des rechteckigen Querschnitts liegt, und wenn sie im mittleren Drittel der Querschnittshöhe oder -breite übertragen wird, treten nach (76) im Querschnitt nur Spannungen *eines* Vorzeichens auf. Man sieht aber aus Abb. 107, daß selbst eine geringe Abweichung der Längskraft von der Symmetrieebene dieses „sichere Drittel" wesentlich verkleinert.

Für einen I-Träger hat man dasselbe Tangentensystem, aber andere Werte der Trägheitsradien. Abb. 108 zeigt den Kern für ein typisches Normalprofil.

Aufgaben

30. Finde den Kern für ein Dreieck, einen Vollkreis, einen dünnwandigen Kreisring, ein Stahlprofil IPB450 (s. DIN 1025), für den in Aufgabe 29 auf S. 107 dargestellten Querschnitt!

31. Beweise folgende Sätze: (a) Wählt man einen Punkt auf dem Umfang eines konvexen Querschnitts als Kraftangriffspunkt, so ist die zugehörige Nullinie eine Tangente des Kerns. (b) Ein nicht-konvexer Querschnitt hat Tangenten, die den Umriß in zwei Punkten berühren. Der zu einer solchen Tangente als Nullinie gehörende Punkt des Kernumrisses ist eine Ecke.

g) Querschnitt mit versagender Zugzone

Solange eine im Querschnitt übertragene Druckkraft innerhalb des Kerns angreift, treten im ganzen Querschnitt nur Druckspannungen auf, und die Zugfestigkeit des Materials wird nicht in Anspruch genommen. Aber auch wenn die Kraft außerhalb des Kerns übertragen wird, und wenn das Material nur eine vernachlässigbar kleine Zugfestigkeit besitzt,

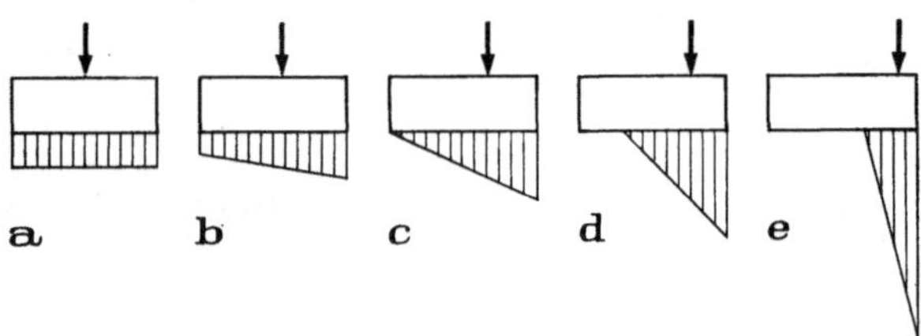

Abb. 109. Bodendruck unter einem Fundamentblock in Abhängigkeit von der Laststellung.

ist unter gewissen Umständen ein Spannungsgleichgewicht möglich. Wir wollen uns die Sachlage am Beispiel einer Gründungsfuge anschaulich klar machen.

Abb. 109 zeigt die Seitenansicht eines rechteckigen Fundamentblocks. Wenn die zu übertragende Kraft (einschließlich des Fundamentgewichts) durch den Schwerpunkt der Gründungsfuge geht, ist die in dieser Fuge wirkende Spannung (der Bodendruck) gleichmäßig über die ganze Fläche verteilt (Abb. 109a). Rückt man die Kraft etwas nach rechts, so wächst der Bodendruck auf der rechten Seite, während er auf der linken Seite abnimmt (Abb. 109b). Wenn die Kraft durch die Kerngrenze geht, hat die Spannung am linken Ende der Bodenfuge den Wert Null erreicht. Rückt man die Kraft noch etwas weiter nach rechts, so hebt sich das Fundament auf der linken Seite etwas vom Baugrund ab, und es bildet sich ein Spannungskeil aus, wie ihn Abb. 109d darstellt. Die Lage der Nullinie ist durch die Forderung bestimmt, daß die Resultierende des Bodendrucks mit der angreifenden Kraft zusammenfallen muß. Ein solches Spannungsgleichgewicht mit klaffender Bodenfuge ist offenbar möglich, so lange die Kraft innerhalb des Querschnittsumrisses angreift. Es können jedoch, wenn die Kraft dem Rande sehr nahe kommt, sehr hohe Spannungen auftreten, s. Abb. 109e.

Was für die (beliebig geformte) Bodenfuge eines Fundaments gilt, gilt auch für jeden Querschnitt eines exzentrisch gedrückten Stabes. Wir beginnen das quantitative Studium mit einem Stab von Rechteckquerquerschnitt und nehmen an, daß der Angriffspunkt A der übertragenen Kraft auf der z-Achse liegt. Abb. 110 zeigt den Querschnitt und das Spannungsdiagramm. Der an der Kraftübertragung beteiligte Teil des Querschnitts ist schraffiert. Der spannungslose Teil stellt einen Anriß dar, der sich nicht weiter fortpflanzt und nicht zum Zusammenbruch führt, da mit dem in der Figur dargestellten Spannungszustand Gleichgewicht möglich ist. Natürlich ist der Stab nicht in jedem Querschnitt gerissen, und wir haben für unsere Untersuchung den gefährlichsten Querschnitt herausgegriffen. Wenn die Exzentrizität der Längskraft konstant ist oder sich nur langsam ändert, werden Risse in mehreren Querschnitten auftreten, und zwischen ihnen wird der Spannungszustand nur geringfügig von dem eines Querschnitts mit Riß abweichen.

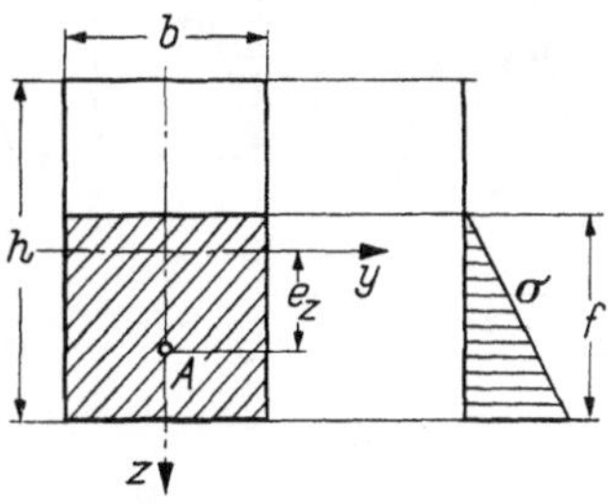

Abb. 110. Rechteckquerschnitt mit versagender Zugzone.

Wir wollen nun für einen angenommenen Wert der Druckzonenhöhe f die zugehörige Exzentrizität e_z der Längskraft berechnen. Diese Kraft muß offenbar durch den Schwerpunkt des Spannungskeils gehen, der in der Figur im Seitenriß sichtbar ist; d. h. ihr Abstand von der Querschnittsunterkante muß $= f/3$ sein, und daraus folgt die Beziehung

$$f = \tfrac{3}{2}h - 3e_z.$$

Die Randspannung ist dann

$$\sigma_{\max} = \frac{2N}{bf} = \frac{4N}{3b(h - 2e_z)}. \tag{77a}$$

Die Formel zeigt, daß für konstante Exzentrität e_z die Spannung proportional der Längskraft ist. Wenn wir jedoch die im Querschnitt übertragene Kraft nicht durch ihre Resultierende und deren Lage (N, e_z), sondern durch die Längskraft und das Biegemoment $(N, M_y = Ne_z)$ ausdrücken, nimmt die Formel für die Größtspannung die folgende Form an:

$$\sigma_{\max} = \frac{4N^2}{3b(hN - 2M_y)}. \tag{77b}$$

Sie zeigt, daß im Falle versagender Zugzone die Spannungsaufgabe nicht linear ist. Man kann daher auf die Berechnung solcher Spannungen das Verfahren der linearen Superposition nicht anwenden. Das heißt, wenn der Stab der gemeinsamen Wirkung mehrerer Lasten unterworfen ist, kann man die in ihm auftretenden Spannungen nicht finden, indem man die Spannungen für jede der Lasten getrennt berechnet und diese Werte addiert.

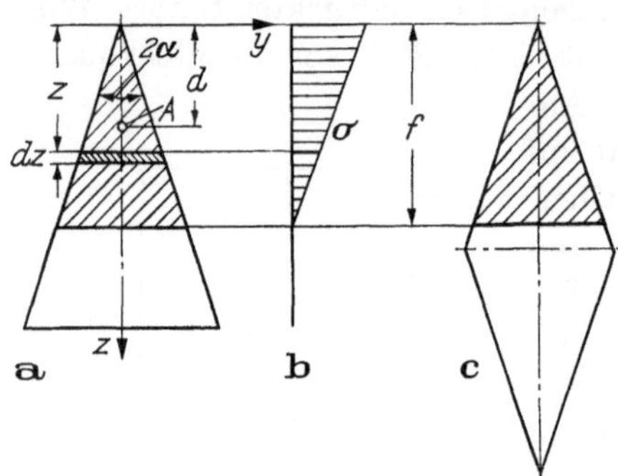

Abb. 111. Dreiecksquerschnitt mit versagender Zugzone, (a) Querschnitt, b) Spannungsverteilung c) gleichwertiger rhombischer Querschnitt.

Wenn in Gl. (77a) $e_z = h/2$ wird, ergibt sich $\sigma_{\max} = \infty$, entsprechend einer Entartung des Spannungsdreiecks der Abb. 109e in eine einzige Ordinate. Wenn e_z über diesen Wert hinaus anwächst, sind die Gln. (77) nicht mehr anwendbar.

Als ein zweites Beispiel wählen wir den in Abb. 111a dargestellten Querschnitt, ein gleichschenkliges Dreieck. Wir wollen annehmen, daß der Angriffspunkt A der Längskraft oberhalb des Schwerpunkts liegt, so daß die Druckzone am spitzen Ende des Querschnitts liegt, während sich der Anriß von der Grundlinie aus ausbreitet. Wir führen ein Koordinatensystem y, z ein, das seinen Ursprung in der Spitze des Dreiecks hat, und berechnen den Abstand d aus einer Momentengleichung in bezug auf die y-Achse:

$$N d = \int_0^f \sigma \cdot 2 z \tan \alpha \cdot z \cdot dz .$$

Mit

$$\sigma = \frac{\sigma_{\max}(f - z)}{f}$$

ergibt daß

$$N d = \tfrac{1}{6} \sigma_{\max} f^3 \tan \alpha .$$

Anderseits findet man

$$N = \int_0^f \sigma \cdot 2 z \tan \alpha \cdot dz = \tfrac{1}{3} \sigma_{\max} f^2 \cdot \tan \alpha .$$

Durch Vergleich dieser beiden Ergebnisse folgt dann schließlich

$$d = \tfrac{1}{2} f ,$$

woraus man f für gegebenes d berechnen kann.

Die Benutzung des Randabstandes d an Stelle der Exzentrizität e_z macht die Rechnung von der Gestalt und Größe des gerissenen Querschnittsteils unabhängig. Die hier für ein gleichschenkliges Dreieck durchgeführte Rechnung ist daher auch auf den rechts in Abb. 111c gezeichneten rhombischen Querschnitt anwendbar, und da sich der Winkel α heraushebt, gilt sie auch für ein auf der Spitze stehendes Quadrat, solange sich d kleiner als die halbe Diagonale ergibt.

Aufgabe

32. Die Abbildungen zeigen symmetrische Querschnitte, in denen eine Druckkraft exzentrisch übertragen wird. Unter der Annahme versagender Zugzone bestimme die Lage der Nullinie und die Spannungsverteilung! Die beiden ersten Beispiele können leicht in allgemeiner Form gelöst werden. Für das dritte wird numerische Lösung durch Probieren vorgeschlagen.

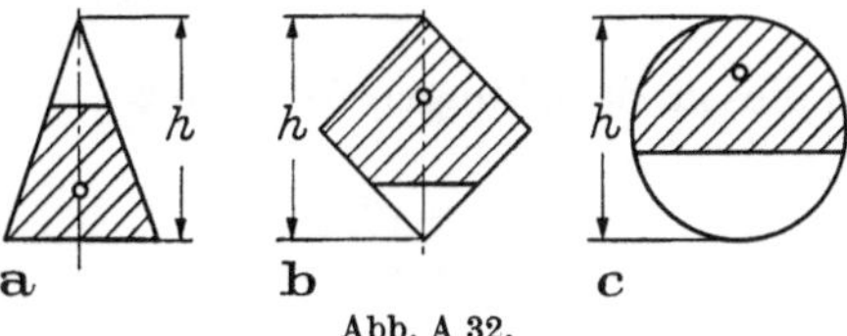

Abb. A 32.

h) Stahlbetonbalken

Ein dem eben behandelten nahe verwandtes Problem bildet die Grundlage der Spannungsberechnung in Stahlbetonbalken. Beton hat, wie andere natürliche und künstliche Steine, eine hohe Druckfestigkeit, aber eine kleine und unzuverlässige Zugfestigkeit. Man vereint sie mit der hohen Zugfestigkeit des Stahls, indem man die Zugzone eines Betonbalkens durch eingelegte Rundstahlstäbe verstärkt, wie das in Abb. 112 angedeutet ist, die einen Balken mit rechteckigem Querschnitt darstellt. Unter dem Einfluß der Lasten entwickeln sich positive Biegemomente M, also Druckspannungen in der oberen und Zugspannungen in der unteren Hälfte des Querschnitts. In der Berechnung dieser Spannungen bleibt man auf der sicheren Seite, wenn man annimmt, daß der Beton überhaupt keine Zugfestigkeit hat, also in der Zugzone gerissen ist, so daß Zugspannungen ausschließlich von den Stahleinlagen übertragen werden. Man hat dann das in Abb. 113 dargestellte Spannungsdiagramm. Der obere Teil des Querschnitts ist die Druckzone, der untere die Zugzone. Die Grenze zwischen beiden ist die Nullinie, von der wir, wie bisher, die Querschnittskoordinate z lotrecht nach unten messen wollen.

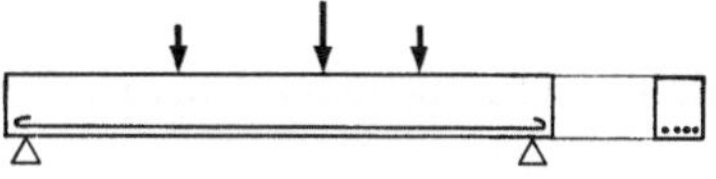

Abb. 112. Stahlbetonbalken.

In der Zugzone liegen die Stahlstäbe vom Gesamtquerschnitt F_e. Da die wirklichen Abmessungen der gerissenen Zugzone in unsere Rechnungen nicht eingehen werden, messen wir die Balkenhöhe h wie in der Figur angegeben, d. h. so daß sie nur die aktiven Teile des Querschnitts umfaßt.

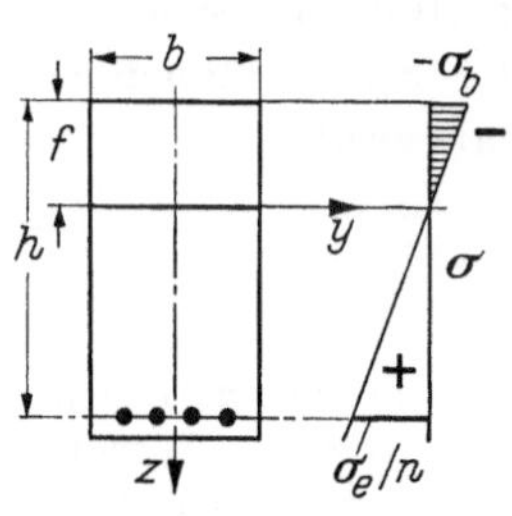

Abb. 113. Stahlbetonquerschnitt mit gerissener Zugzone.

Mit derselben Berechtigung wie in allen anderen Fällen können wir auch hier erwarten, daß die Dehnung ε dem Abstand z proportional ist:

$$\varepsilon = \varkappa z.$$

Dann sind die Spannungen im Beton $\sigma = E_b \varkappa z$ und im Stahl $\sigma = E_s \varkappa z = n E_b \varkappa z$, wenn E_b und E_s die Elastizitätsmoduln der beiden Baustoffe sind und

$$n = E_s / E_b$$

ihr Verhältnis. Aus diesen Beziehungen folgt, daß

$$\frac{\sigma_b}{f} = \frac{\sigma_e}{n(h-f)} \tag{78}$$

ist. Daneben stehen uns noch zwei Gleichgewichtsbedingungen zur Verfügung: Die Spannungen liefern die Resultierende $N = 0$ und ein Biegemoment M von bekannter Größe:

$$\tfrac{1}{2}\sigma_b b f = \sigma_e F_e, \qquad \tfrac{1}{3}\sigma_b b f^2 + \sigma_e F_e (h - f) = M. \tag{79a, b}$$

Wenn man die Gln. (78) und (79a) durcheinander dividiert, erhält man eine quadratische Gleichung für f,

$$b f^2 + 2 n F_e (f - h) = 0,$$

die nur eine positive Lösung hat:

$$f = \frac{n F_e}{b}\left(-1 + \sqrt{1 + \frac{2hb}{n F_e}}\right). \tag{80}$$

Sie ergibt die Höhe der Druckzone unabhängig vom Biegemoment.

Wenn man $\sigma_e F_e$ zwischen (79a, b) eliminiert, erhält man eine Gleichung, aus der man σ_b berechnen kann, nachdem f bekannt ist:

$$\sigma_b = \frac{6M}{bf\,(3h - f)}, \tag{81a}$$

und dann liefert Gl. (79a)

$$\sigma_e = \frac{3M}{F_e (3h - f)}. \tag{81b}$$

Für den Alltagsgebrauch sind diese Formeln zu umständlich. Sie lassen sich aber leicht vertafeln. Führt man das für einen gegebenen Querschnitt bekannte Bewehrungsverhältnis

$$\mu = F_e/bh \tag{82}$$

ein, so nimmt Gl. (80) die Form

$$\frac{f}{h} = n\mu\left(-1 + \sqrt{1 + 2/n\mu}\right)$$

an, also

$$f = c_1 h.$$

Die Formeln für die Spannungen heißen dann

$$\sigma_b = \frac{6}{(f/h)\,(3 - f/h)} \cdot \frac{M}{bh^2} = c_2 \frac{M}{bh^2}, \tag{83a, b}$$

$$\sigma_e = \frac{c_1}{2\mu}\,\sigma_b = c_3 \frac{M}{bh^2}.$$

Die Koeffizienten c_1, c_2 und c_3 hängen von n und μ ab, können also für ein festgelegtes n in einer Tabelle als Funktionen von μ dargestellt werden.

In der Regel fragt man nicht nach den Spannungen für einen gegebenen Querschnitt, sondern nach den Abmessungen des Querschnitts für gegebene Werte der Spannungen und des Biegemoments. Dann folgt aus (78)

$$f = \frac{h}{1 + \sigma_e/n\sigma_b} = k_1 h, \tag{84}$$

und aus (79a) folgt das Bewehrungsverhältnis

$$\mu = \frac{k_1 \sigma_b}{2\sigma_e}. \tag{85}$$

Gl. (83a) liefert schließlich die Formel

$$bh^2 = \frac{6M}{\sigma_b k_1 (3 - k_1)} = k_2 \frac{M}{\sigma_b}, \tag{86}$$

aus der man eine der Querschnittsabmessungen berechnet, nachdem man für die andere einen zweckmäßigen Wert angenommen hat. Man kann eine Tafel anlegen, die k_1, μ und $k_2 = c_2$ für ein festes n als Funktionen von σ_e/σ_b gibt.

4. Schubspannung

a) Grundformel

Wir haben gesehen, daß die Werkstoffausnutzung in einem Balken am besten ist, wenn so viel Material als möglich in den Gurten angehäuft wird, wo die Biegespannung σ ihre größten positiven und negativen Werte annimmt. Der Steg trägt wenig zur Biegefestigkeit und Biegesteifigkeit des Balkens bei. Trotzdem können wir ihn nicht entbehren, denn ohne ihn hätten wir statt eines starken Balkens zwei sehr schwache. Er hat offenbar die Aufgabe die beiden Gurte zusammenzuhalten, und wir fragen, worin dieses Zusammenhalten eigentlich besteht? Die Frage

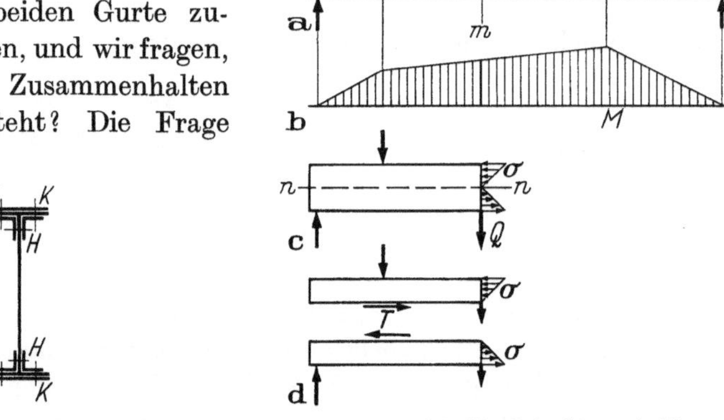

Abb. 114. Querschnitt eines genieteten Stahlträgers.

Abb. 115. Schubkraft im Längsschnitt durch einen Balken.

drängt sich noch stärker auf, wenn wir die Halsniete H und Kopfniete K eines zusammengesetzten Querschnitts (Abb. 114) berechnen wollen. Wie sollen wir Nietdurchmesser und Nietteilung wählen, und welcher Art sind die Kräfte, die diese Niete zu übertragen haben? Mit der Beantwortung dieser Fragen wollen wir uns jetzt beschäftigen.

Abb. 115a zeigt die Seitenansicht eines Balkens mit einer beliebig gewählten lotrechten Belastung. Wir zerschneiden den Balken im Querschnitt m–m und betrachten seine linke Hälfte. Abb. 115c zeigt die daran angreifenden Kräfte, d. h. die äußeren Kräfte, die Querkraft Q und die Biegespannungen σ. Dieses Kraftsystem ist im Gleichgewicht.

Wir zerschneiden nun die Balkenhälfte längs der neutralen Schicht n–n und untersuchen das waagerechte Gleichgewicht der beiden Teile. Am oberen Teil greifen Druckspannungen σ an, und wir brauchen eine nach rechts wirkende Kraft, die ihnen Gleichgewicht hält, während die Zugspannungen σ am unteren Teil eine ebenso große nach links wirkende Kraft erfordern. Diese beiden Schubkräfte T sind in Abb. 115d eingetragen. Sie sind die Resultierenden von waagerechten Schubspannungen, die sich irgendwie über die Länge und Breite des Schnittes n–n verteilen.

Zur Berechnung dieser Verteilung schneiden wir aus dem Balken ein kurzes Stück der Länge Δx heraus und zertrennen es der Länge nach durch einen ebenen oder gekrümmten Schnitt AB in einen oberen und einen unteren Teil (Abb. 116). Die Länge dieses Schnittes sei l. Das Biegemoment im linken Endquerschnitt des Balkenelements sei M. Dann ist nach Gl. (43) die am Abstande ζ von der Nullinie wirkende

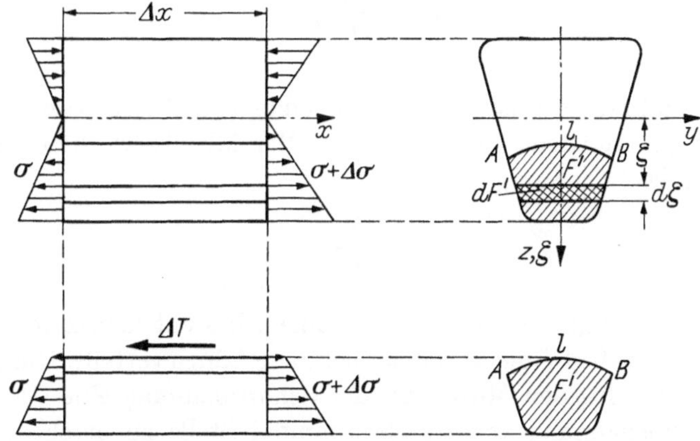

Abb. 116. Schubkraft ΔT im Längsschnitt durch ein Balkenelement.

Biegespannung $\sigma = M\zeta/I$, und die in dem schraffierten Querschnittsteil F' übertragenen Biegespannungen haben die Resultierende

$$\int_{F'} \sigma\, dF = \frac{M}{I} \int_{F'} \zeta\, dF = \frac{M}{I} S,$$

wenn S das statische Moment des Querschnittsteils F' in bezug auf die Nullinie bezeichnet.

Im rechten Endquerschnitt das Balkenelements herrscht das Biegemoment $M + \Delta M$, das die Biegespannungen $\sigma + \Delta\sigma = (M + \Delta M)\zeta/I$ erzeugt. Die Resultierende dieser Spannungen in dem abgetrennten Querschnittsteil F' ist

$$\int_{F'} (\sigma + \Delta\sigma)\, dF = \frac{M + \Delta M}{I} S.$$

Das waagerechte Gleichgewicht der unteren Hälfte des Balkenelements erfordert, daß in dem Schnitt AB eine Schubkraft

$$\Delta T = \frac{\Delta M}{I} S$$

übertragen wird, die natürlich der auf die Länge Δx entfallende Teil der in Abb. 115d gezeigten Schubkraft T ist. Wenn entweder Δx so klein ist, daß die Querkraft innerhalb des Elements als konstant gelten kann, oder wenn wir für ein längeres Element einen geeigneten Mittelwert der Querkraft auswählen, können wir nach Gl. (32b)

$$\Delta M = Q \Delta x$$

setzen und haben dann

$$\Delta T = \frac{QS}{I} \Delta x. \tag{87}$$

Die Schubkraft ΔT ist die Resultierende von Schubspannungen τ, die in der Schnittfläche $\Delta x \cdot l$ wirken. Der Mittelwert dieser Schubspannungen ist

$$\tau = \frac{QS}{Il}. \tag{88}$$

Wenn wir die Länge Δx klein genug wählen, besteht kein Zweifel, daß sich die Schubkraft ΔT gleichmäßig über diese Länge verteilt. Um jedoch aus der Gl. (88) für den Mittelwert der Schubspannung eine Gleichung für die Schubspannung an einer bestimmten Stelle zu machen, ist es nötig, den Schnitt AB so zu führen, daß sich die Spannung auch gleichmäßig über seine Länge l verteilt. Das ist im allgemeinen nicht möglich, und wir wollen nun sehen, in welchen speziellen Fällen wir zu einer brauchbaren Aussage über die Schubspannungen in einem Balken kommen können.

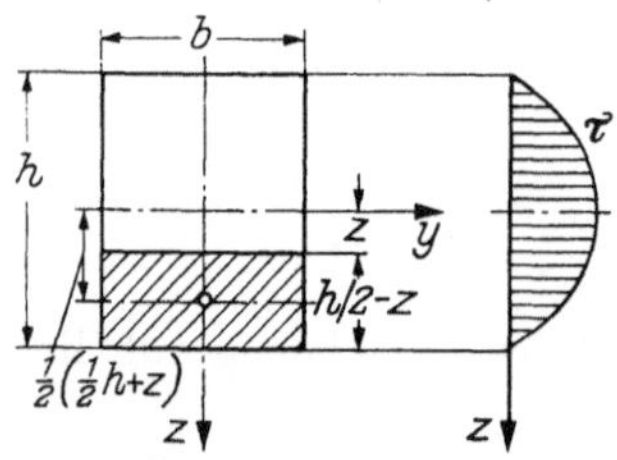

Abb. 117. Schubspannungsverteilung in einem Rechteckquerschnitt.

b) Vollquerschnitte

Wenn wir einen Rechteckquerschnitt durch einen waagerechten Schnitt z in zwei Teile zerlegen, ist die Vermutung naheliegend, daß sich die Schubspannung τ gleichmäßig über die Breite b verteilt. Das statische Moment des abgetrennten Querschnittsteils ist nach Abb. 117

$$S = (\tfrac{1}{2}h - z)b \cdot \tfrac{1}{2}(\tfrac{1}{2}h + z) = \tfrac{1}{8}b(h^2 - 4z^2),$$

und Gl. (88) ergibt mit $l = b$ die Schubspannung

$$\tau = \frac{QS}{Ib} = \frac{3Q}{2bh}\left(1 - \frac{4z^2}{h^2}\right). \tag{89}$$

Die Schubspannung hängt von z ab und ist am größten für $z = 0$, d. h. für einen Schnitt längs der neutralen Schicht. Dort haben wir

$$\tau_{\max} = \frac{3Q}{2bh}. \tag{90}$$

Am oberen und unteren Querschnittsrand, d. h. für $z = \pm h/2$, wird $\tau = 0$. Das ist ein selbstverständliches Ergebnis, denn ein waagerechter Schnitt in dieser Höhe ist kein Schnitt mehr, sondern die obere oder untere Außenfläche des Balkens, an der natürlich keine Schubkräfte angreifen. Das Diagramm auf der rechten Seite von Abb. 117 zeigt den Verlauf der Schubspannungen als Funktion von z.

Auf S. 38 haben wir gesehen, daß zu jeder Schubspannung τ, die in irgendeinem Schnitt auftritt, eine gleich große Schubspannung in einem dazu senkrechten Schnitte gehört. Der zu dem waagerechten Schnitt senkrechte ist der Balkenquerschnitt, und wir müssen daher Schubspannungen der durch Gl. (88) gegebenen Größe auch im Querschnitt erwarten. Auch diese sind nach der in Abb. 117 gezeichneten Parabel über die Querschnittshöhe verteilt. Man überzeugt sich leicht durch Integration, daß die Resultierende dieser Schubspannungen gleich der Querkraft ist:

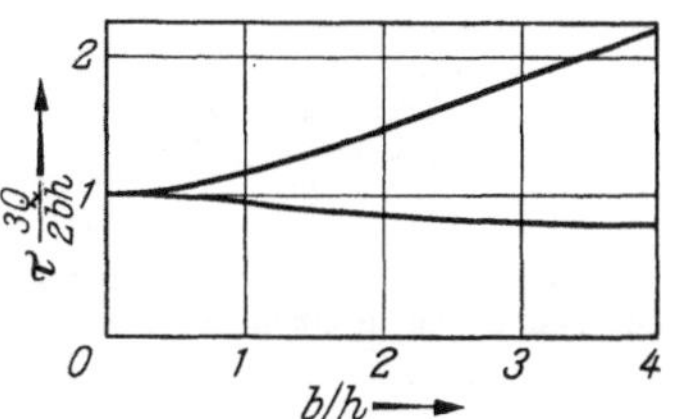

Abb. 118. Ungleichförmigkeit der Schubspannungsverteilung über die Breite b eines Rechteckquerschnitts der Höhe h. Obere Kurve für $y = b/2$, untere Kurve für $y = 0$, Bezeichnungen nach Abb. 117.

$$\int_{-h/2}^{+h/2} \tau b \, dz = Q.$$

Der Größtwert der Schubspannung ist nach Gl. (90) um 50% höher als der Mittelwert Q/bh.

Eine genauere, dreidimensionale Untersuchung des Schubproblems liefert das überraschende Ergebnis, daß die Schubspannung nicht gleichmäßig über die Breite b des Querschnitts verteilt ist, sondern an den Seiten höher ist als in der Symmetrieachse. Die Abweichungen sind der Größe $\nu/(1+\nu)$ proportional, verschwinden also, wenn der Werkstoff keine Querdehnung hat. Abb. 118 gibt einen ungefähren Anhalt zur Beurteilung der Ungleichförmigkeit.

Für andere als Rechteckquerschnitte wird die Annahme gleichmäßiger Spannungsverteilung über die Breite b noch unsicherer. Für die mittlere Schubspannung auf dem waagerechten Durchmesser eines Kreisquerschnitts vom Radius a findet man

$$\tau = \frac{Q \cdot \frac{2}{3} a^3}{\frac{1}{4}\pi a^4 \cdot 2a} = \frac{4}{3\pi} \frac{Q}{a^2}. \tag{91}$$

Die dreidimensionale Untersuchung zeigt, daß die größte Schubspannung in der Mitte des Durchmessers auftritt und je nach dem Wert der Querzahl ν um 4 bis 12% größer ist als der Mittelwert nach Gl. (91).

c) Dünnwandige Querschnitte

Abb. 119 zeigt den Querschnitt eines dünnwandigen Kreisrohres. Wenn wir Schubspannungen in einem Balken dieses Querschnitts berechnen wollen, wäre es töricht, waagerechte Schnitte wie etwa 1–1 und

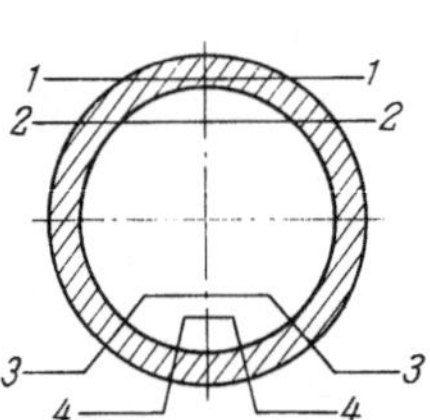

Abb. 119. Schnitte zur Berechnung der Schubspannungen in einem Kreisringquerschnitt.

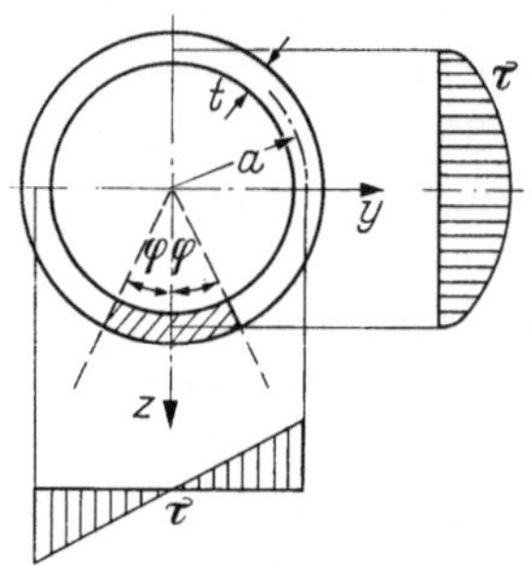

Abb. 120. Schubspannungen in einem Rohrquerschnitt.

2–2 zu führen, da sich die Schubspannungen in solchen Schnitten sicher nicht gleichförmig über die Schnittlänge l verteilen. Wenn wir dagegen Schnitte 3–3 oder 4–4 in Richtung der Wanddicke führen, können wir um so mehr eine gleichförmige Spannungsverteilung erwarten, je dünner die Rohrwand ist. Um auch eine gleichförmige Verteilung über den Einschnitt links und den Ausschnitt rechts sicherzustellen, ist es natürlich nötig, daß beide symmetrisch zur lotrechten Symmetrieachse des Querschnitts gewählt werden.

Das statische Moment des in Abb. 120 schraffierten Querschnittsteils ist

$$S = 2\int_0^{\varphi} a\cos\varphi \cdot t \cdot a\,d\varphi = 2a^2 t\sin\varphi .$$

Für das Trägheitsmoment I eines dünnwandigen Rohrquerschnitts in bezug auf einen Durchmesser fanden wir auf S. 90

$$I = \pi a^3 t .$$

Mit $l = 2t$ ergibt dann Gl. (88) die Schubspannung

$$\tau = \frac{Q \cdot 2a^2 t\sin\varphi}{\pi a^3 t \cdot 2t} = \frac{Q}{\pi a t}\sin\varphi . \tag{92}$$

Wenn man τ über dem lotrechten Durchmesser aufträgt, ergibt sich eine Halbellipse (genauer zwei Halbellipsen mit positiven und negativen Ordinaten für die beiden Querschnittshälften). Einfacher ist es, die Schubspannung als Funktion von y über dem waagerechten Durchmesser aufzutragen. Das Diagramm ist dann eine gerade Linie. Die größte Schubspannung findet man für $\varphi = 90°$, d. h. in der Nullinie. Sie ist

$$\tau_{\max} = \frac{Q}{\pi a t}. \tag{93}$$

In den Punkten $\varphi = 0°$ und $\varphi = 180°$, d. h. auf der Symmetrieachse des Querschnitts, ist $\tau = 0$. Wir können daher das Rohr der Länge nach in zwei Stäbe mit Halbkreisquerschnitt zerschneiden ohne an dem Spannungszustand etwas zu ändern. Für Kreissegmentquerschnitte, die größer oder kleiner als der Halbkreis sind, können wir jedoch Gl. (92) nicht verwenden, sondern müssen die Untersuchung wiederholen. Wir wollen das für den Fall eines geschlitzten Rohres zeigen (Abb. 121).

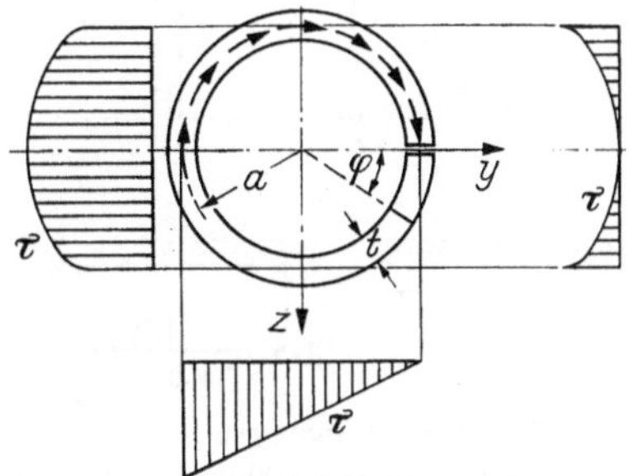

Abb. 121. Schubspannungen in einem geschlitzten Rohr.

Wir nehmen an, daß der Schlitz die Breite Null habe, und zählen die Winkelkoordinate φ wie angegeben. Um einen Teil des Querschnitts abzutrennen, genügt es jetzt, einen einzigen Schnitt der Länge t zu führen. Das statische Moment des durch einen solchen Schnitt abgetrennten Querschnittsteils ist

$$S = \int_0^{\varphi} a \sin\varphi \cdot t \cdot a\, d\varphi = a^2 t(1 - \cos\varphi).$$

Da der Querschnitt alle 360° umfaßt, ist das Trägheitsmoment dasselbe wie für das ungeschlitzte Rohr, und wir erhalten für die Schubspannung

$$\tau = \frac{QS}{It} = \frac{Q \cdot a^2 t(1 - \cos\varphi)}{\pi a^3 t \cdot t} = \frac{Q}{\pi a t}(1 - \cos\varphi).$$

Die beiden lotrechten Diagramme in Abb. 121 stellen die Schubspannungsverteilung für die linke und die rechte Querschnittsseite dar, während das waagerechte Diagramm sowohl für die untere als für die obere Querschnittshälfte gilt. Längs des Schlitzes, d. h. für $\varphi = 0°$ und

$\varphi = 360°$, ist $\tau = 0$, während sich das Maximum für $\varphi = 180°$ zu

$$\tau_{\max} = \frac{2Q}{\pi a t}$$

ergibt, also doppelt so groß wie für das Kreisrohr oder für den Halbkreisquerschnitt.

In der oberen Hälfte des Querschnitts ist die Richtung der Schubspannungen eingetragen unter der Annahme, daß die Querkraft im Schnitt aufwärts gerichtet ist. Man sieht, daß die verhältnismäßig kleinen Schubspannungen auf der rechten Seite der Querkraft entgegen gerichtet sind.

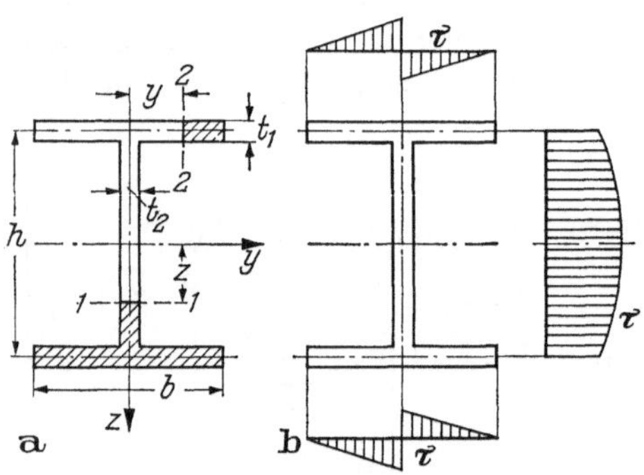

Abb. 122. Schubspannungen in einem I-Träger, (a) Zerlegung des Querschnittes, (b) Spannungsverteilung.

Wenn wir die Schubspannungen in einem I-Querschnitt (Abb. 122) berechnen, machen wir davon Gebrauch, daß der Steg und der Flansch dünn sind. Wir messen daher die Höhe h zwischen den Mittellinien der beiden Flansche und schreiben für das Trägheitsmoment

$$I = \tfrac{1}{2} h^2 (b t_1 + \tfrac{1}{6} h t_2).$$

Dabei haben wir angenommen, daß sich der Querschnitt aus zwei waagerechten Rechtecken $b \cdot t_1$ und einem lotrechten Rechteck $h \cdot t_2$ zusammensetzt. Durch diese Rechtecke werden zwei Stellen des Querschnitts doppelt überdeckt. Der dadurch in die Rechnung eingeführte Fehler ist unbedeutend, so lange t_1, $t_2 \ll b$, h sind. Anderseits ist aber auch die Annahme gleichförmiger Schubspannungsverteilung über die zu führenden Schnitte an die Voraussetzung der Dünnwandigkeit gebunden. Die eingeführte Vereinfachung ist daher sinnvoll.

Der Schnitt 1–1 durch den Steg hat die Länge $l = t_2$. Das statische Moment des abgetrennten Querschnittsteiles ist

$$S = b t_1 \cdot \frac{h}{2} + t_2 \left(\frac{h}{2} - z\right) \cdot \frac{1}{2}\left(\frac{h}{2} + z\right) = \frac{1}{2}\, b h t_1 + \frac{1}{8}\,(h^2 - 4z^2) t_2,$$

und damit ergibt sich die Schubspannung zu

$$\tau = \frac{QS}{I t_2} = Q\,\frac{3[4bht_1 + (h^2 - 4z^2)\,t_2]}{2h^2 t_2 (6bt_1 + ht_2)}. \tag{94}$$

Sie ist eine quadratische Funktion von z und in Abb. 122b in einem Diagramm aufgetragen. Das Maximum findet sich auf der Nullinie $z = 0$:

$$\tau_{\max} = Q \cdot \frac{3(4bt_1 + ht_2)}{2ht_2(6bt_1 + ht_2)}.$$

Für den Schnitt 2–2 durch einen Flansch ist das statische Moment des abgetrennten Querschnittsteils

$$S = \left(\frac{b}{2} - y\right) t_1 \cdot \frac{h}{2}$$

und daher die Schubspannung

$$\tau = \frac{QS}{It_1} = Q \frac{3(b - 2y)}{h(6bt_1 + ht_2)}. \qquad (95)$$

Sie ist eine lineare Funktion von y, die am freien Ende des Flansches verschwindet und in der Flanschmitte ihren Größtwert erreicht.

Um diesen Schubspannungen sinngemäße Vorzeichen beizulegen, ist es nötig, die zugeordneten, in der Querschnittsebene liegenden Schubspannungen zu betrachten. Abb. 123 zeigt ein Balkenelement, das durch fünf Schnitte 1–1 und 2–2 in sechs Teile zerlegt ist. Es ist angenommen, daß das größere Biegemoment $M + dM$ im hinteren Querschnitt auftritt. Die starken, waagerechten Pfeile bezeichnen die Resultierenden der Biegespannungen, die an den verschiedenen Querschnittsteilen angreifen, und die dünnen Pfeile geben die Richtung der Schubspannungen in Längs- und Querschnitten an. Man sieht, daß sich die Spannungen im Querschnitt stetig aneinander anschließen nach Art einer Strömung, die an den Enden des Zugflansches beginnt, allmählich stärker wird, im Steg aufwärts fließt und sich dann auf die beiden Hälften des Druckflansches verteilt, wo sie versickert. Wir werden später (S. 211) sehen, daß diese Analogie zwischen Schubspannungen im Querschnitt und Stromlinien tiefer geht, als es hier den Anschein haben mag.

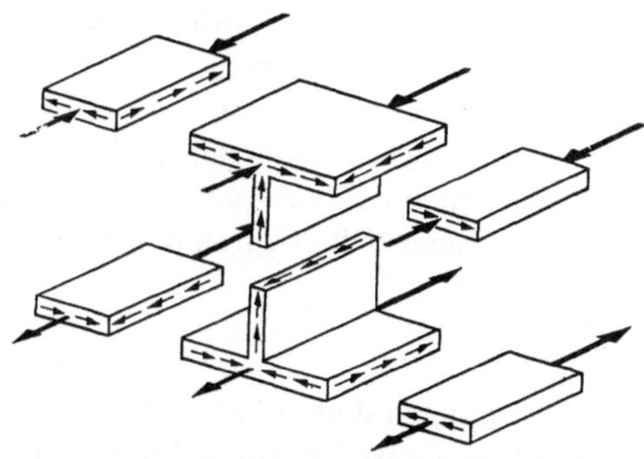

Abb. 123. Zerschnittener I-Träger, Veranschaulichung der Wechselwirkung zwischen Längsspannungen und Schubspannungen.

Die Figur zeigt, daß die Schubspannungen in den beiden Hälften eines jeden Flansches entgegengesetzte Richtung haben. Das ist in den Schubspannungsdiagrammen der Abb. 122b dadurch zum Ausdruck gebracht, daß die Ordinaten in entgegengesetzter Richtung aufgetragen sind.

In dem Gebiet, wo Flansch und Gurt zusammentreffen, ist es nicht möglich, einen Schnitt zu führen, für den sich mit einiger Gewißheit behaupten läßt, daß die Schubspannungen gleichmäßig über seine Breite verteilt seien. Eine genaue, dreidimensionale Untersuchung zeigt, daß in diesem Gebiete die Größe der Schubspannungen sehr wesentlich von der Ausrundung der einspringenden Ecke abhängt. In einer scharfen Ecke ergibt sich örtlich eine unendliche Schubspannung, und die Spannung ist um so kleiner, je größer der Ausrundungsradius der Kehle ist.

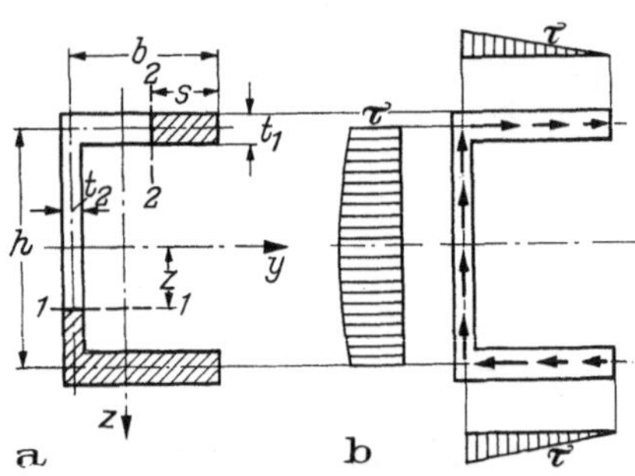

Abb. 124. U-Profil, (a) Zerlegung des Querschnitts, b) Schubspannungen.

Als letzten Querschnitt in dieser Gruppe wollen wir ein dünnwandiges U-Profil untersuchen (Abb. 124a). Die Rechnung ähnelt der eben vorgeführten, und wir können uns daher kurz fassen. Die Bezeichnungen sind so gewählt, daß für das Trägheitsmoment dieselbe Formel gilt wie beim I-Profil.

Für den Schnitt 1–1 können wir auch die Formel für das statische Moment des abgetrennten Querschnittsteils übernehmen und erhalten daher auch für die Schubspannung dieselbe Formel (94).

Für den Schnitt 2–2 durch den Flansch ist $S = \frac{1}{2} s t_1 h$ und daher

$$\tau = Q \frac{6s}{h(6bt_1 + ht_2)}.$$

Diese Spannungen sind in Abb. 124b aufgetragen. Der Verlauf der Spannungen im Querschnitt ist durch Pfeile angedeutet. Für die Umgebung der Ecken gilt dasselbe wie für die Verzweigungsstellen des I-Querschnitts.

d) Schubmittelpunkt

Wie Abb. 124b zeigt, sind die in einem U-Querschnitt übertragenen Schubspannungen teils lotrecht und teils waagerecht. Die lotrechten Schubspannungen lassen sich zu einer Resultierenden zusammensetzen:

$$R_v = \int_{-h/2}^{+h/2} \tau t_2 \, dz = \frac{3Q}{2h^2(6bt_1 + ht_2)} \int_{-h/2}^{+h/2} [4bht_1 + h^2 t_2 - 4t_2 z^2] \, dz.$$

Nach Ausführung der Integration ergibt sich, daß diese Resultierende gleich der Querkraft Q ist, wie es nicht anders zu erwarten war. Die Wirkungslinie *dieser* Resultierenden fällt mit der Stegmittellinie zusammen.

Außer dieser lotrechten Kraft werden aber auch zwei waagerechte Kräfte übertragen, die zusammen ein Kräftepaar bilden. Jede dieser Kräfte hat die Größe

$$R_h = \int_0^b \tau t_1 \, ds = \frac{6 Q t_1}{h(6bt_1 + ht_2)} \int_0^b s \, ds = \frac{3 Q b^2 t_1}{h(6bt_1 + ht_2)}.$$

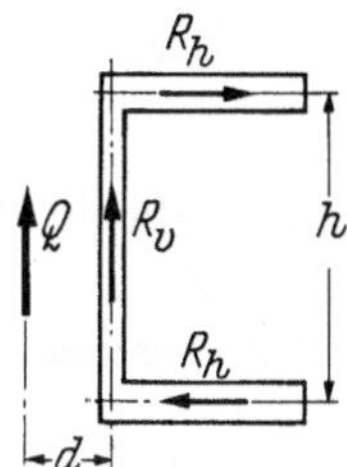

Abb. 125. Resultierende der in einem U-Querschnitt wirkenden Schubspannungen.

Die Resultierende *aller* im U-Querschnitt übertragenen Schubspannungen liegt daher nicht in der Stegmittellinie, sondern links davon (Abb. 125). Durch Bildung der Momente in bezug auf einen Punkt der Stegmittellinie ergibt sich

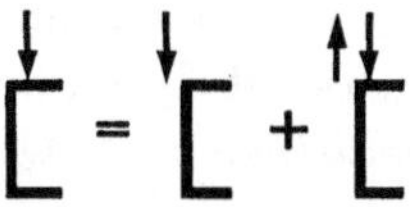

Abb. 126. Balken mit U-Querschnitt: Zerlegung einer lotrechten Last in eine durch den Schubmittelpunkt gehende Biegebelastung und eine Torsionsbelastung.

$$Q \cdot d = R_h \cdot h$$

und damit

$$d = \frac{3 b^2 t_1}{6 b t_1 + h t_2}. \tag{96}$$

Für den Balken mit U-Querschnitt bedeutet das, daß er lotrechte Lasten mit den durch unsere Formeln für σ und τ gegebenen Spannungen nur tragen kann, wenn alle äußeren Kräfte, Lasten sowohl als Stützkräfte, in der durch den Abstand d definierten Ebene liegen. Tun sie das nicht, so müssen wir sie in diese Ebene verlegen und das dabei entstehende Versetzungsmoment (Abb. 126) als eine Torsionsbelastung zusätzlich in die Spannungsberechnung einführen. Wie sich der U-Stab gegenüber einem solchen Torsionsmoment verhält, werden wir auf S. 233 sehen.

Wenn wir denselben Balken einer waagerechten Belastung unterwerfen, ergibt sich die in Abb. 127 skizzierte Schubspannungsverteilung, die wir nach dem im vorstehenden beschriebenen Verfahren im einzelnen berechnen können. Es ist aber schon ohne Rechnung einleuchtend, daß die Resultierende dieser Schubspannungen wegen der Symmetrie des Profils auf der y-Achse liegt. Eine Belastung in einer beliebigen, geneigten Ebene läßt sich stets in eine lotrechte und eine waagerechte

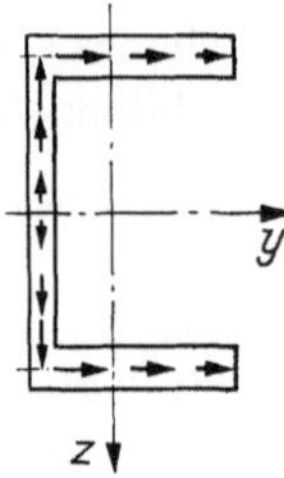

Abb. 127. Schubspannungen in einem U-Profilstab unter waagerechter Belastung.

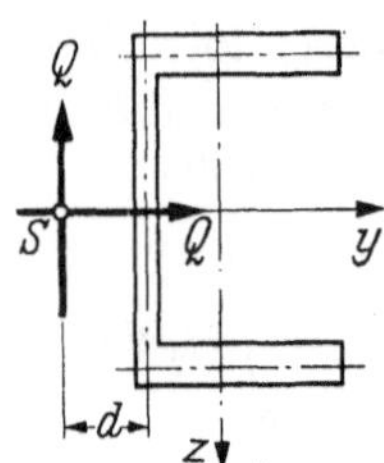

Abb. 128. Schubmittelpunkt S als Angriffspunkt der Querkraft.

Komponente zerlegen. Da die zugehörigen Querkräfte die in Abb. 128 eingetragenen Wirkungslinien haben müssen, muß jede irgendwie gerichtete Querkraft durch den mit S bezeichneten Punkt gehen. Er wird der *Schubmittelpunkt* des Querschnitts genannt.

e) Rohrquerschnitte

Auf S. 120 haben wir die Schubspannungen in einem Kreisrohrquerschnitt berechnet. Eine Überprüfung dieser Rechnung zeigt, daß wir von der Symmetrie des Querschnitts in bezug auf die z-Achse Gebrauch gemacht haben, und daß wir ohne diese Symmetrie die Rechnung nicht hätten durchführen können. Es erhebt sich daher die Frage, wie wir vorgehen sollen, wenn eine solche Symmetrie nicht vorhanden ist.

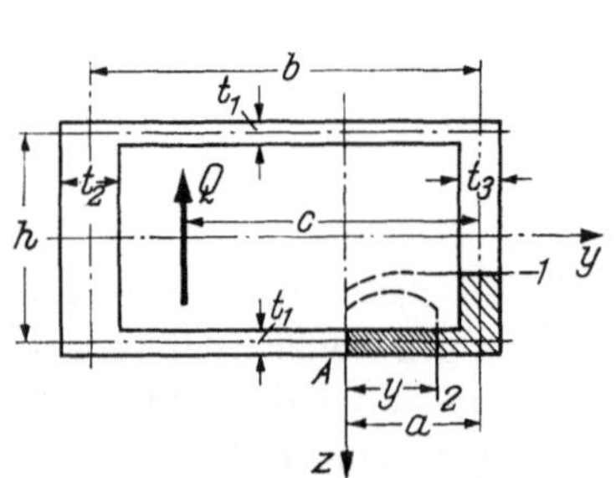

Abb. 129. Kastenquerschnitt.

Wir wählen ein einfaches Beispiel, das ohne viel Rechenarbeit das Wesentliche zeigt, nämlich den in Abb. 129 dargestellten Kastenquerschnitt. In bezug auf seine waagerechte Symmetrieachse hat er das Trägheitsmoment

$$I = \tfrac{1}{2}h^2\left[bt_1 + \tfrac{1}{6}h(t_2 + t_3)\right].$$

Wir versuchen nun die Schubspannungen zu berechnen. Ein waagerechter Schnitt durch beide Stege führt zu keinem Ergebnis, da wir nicht wissen, wie sich die gesamte Schubkraft auf die beiden Stege verschiedener Dicke verteilt. Ein Blick auf Abb. 120 legt jedoch nahe, daß es im Untergurt einen Punkt A gibt, wo die Schubspannung ihre Richtung umkehrt. Wenn wir einen Schnitt A–1 durch diesen Schubspannungsnullpunkt führen, wissen wir, daß die gesamte zu dem schraffierten Querschnittsteil gehörige Schubkraft in dem rechten Steg übertragen werden muß. Wir finden

$$S = a t_1 \frac{h}{2} + t_3 \cdot \frac{1}{2}\left(\frac{h^2}{4} - z^2\right)$$

und

$$\tau = Q \frac{3[4aht_1 + (h^2 - 4z^2)\, t_3]}{2h^2 t_3\, [6bt_1 + h(t_2 + t_3)]}. \qquad (97\text{a})$$

Ein Schnitt A–2 liefert die Schubspannung für den Untergurt:

$$\tau = Q \frac{6y}{h[6bt_1 + h(t_2 + t_3)]}. \qquad (97\text{b})$$

Diese Formeln bestimmen den Schubspannungszustand im Querschnitt eindeutig unter der Annahme, daß a bekannt ist. Man überzeugt sich leicht, daß die Resultierende aller Schubspannungen im Querschnitt gleich Q ist, und aus einer Momentengleichung findet man die Lage dieser Resultierenden:

$$c = b \frac{ht_2 + 3(3b - 4a)\, t_1}{6bt_1 + h(t_2 + t_3)}. \qquad (98)$$

Diese Formel kann nach a aufgelöst werden und zeigt, daß man für jede beliebige Lage der Querkraft eine Schubspannungsverteilung finden kann, die mit der Querkraft und den Biegespannungen im Gleichgewicht ist. Rohrquerschnitte haben daher keinen Schubmittelpunkt in dem Sinne, den wir hier diesem Worte beigelegt haben.

Aufgaben

33. In den beiden gezeichneten Querschnitten kann man mit einigem Recht annehmen, daß die zu einer lotrechten Querkraft Q gehörenden Schubspannungen gleichmäßig über die Breite verteilt sind. Berechne ihre Verteilung über die Querschnittshöhe!

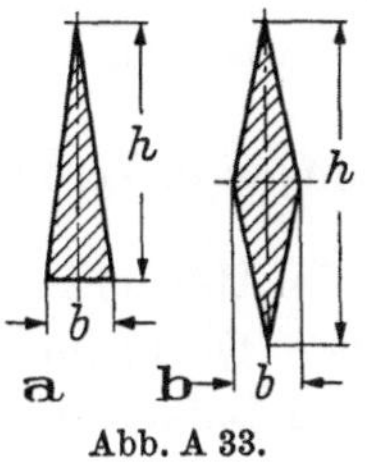

Abb. A 33.

34. Die Abbildungen zeigen einen unvollständigen Rohrquerschnitt und Strangpreßprofile, wie sie für Aluminiumlegierungen in Gebrauch sind. Alle Maße sind in mm. Berechne die zu einer lotrechten Querkraft gehörende Schubspannungsverteilung und stelle sie bildlich dar!

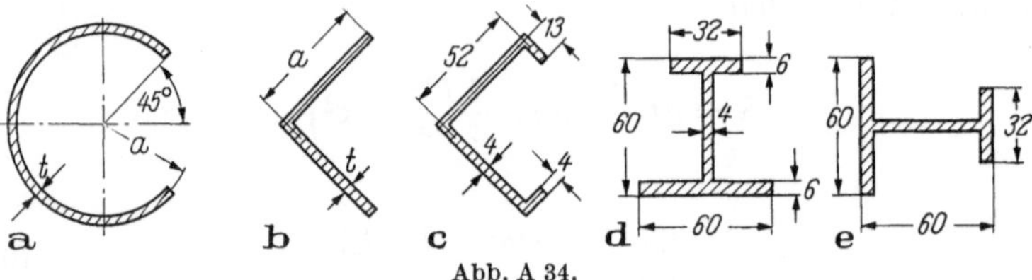

Abb. A 34.

35. Die Abbildungen zeigen ähnliche Querschnitte wie in der vorangehenden Aufgabe, jedoch mit dem Unterschied, daß die Trägheitshauptachsen nicht lotrecht und waagerecht sind, sondern erst gefunden werden müssen. Gl. (88) ist daher nicht unmittelbar anwendbar. Stelle eine allgemeinere Formel auf und wende sie auf die dargestellten Querschnitte an!

36. Für die in der vorangehenden Aufgabe untersuchten Querschnitte kann die Schubspannungsverteilung auch in der folgenden Weise gefunden werden: Man bestimme die Trägheitshauptachsen, zerlege die Querkraft Q in entsprechende Komponenten und führe für diese die Rechnung getrennt durch. Die Lösung ergibt sich dann durch Superposition.

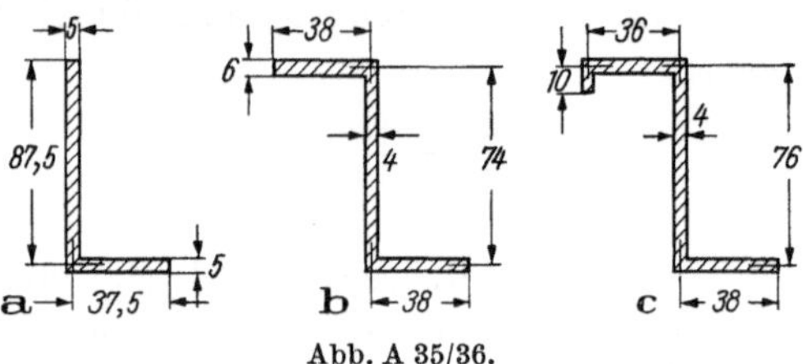

Abb. A 35/36.

37. Die Abbildungen zeigen Profile konstanter Wanddicke. Bestimme für sie die Lage des Schubmittelpunkts! Für das L-Profil ist das ohne Rechnung möglich. Für die beiden letzten Querschnitte (Abkantprofile, hergestellt durch Abkanten von Leichtmetallblech) ist es dem Leser überlassen, die Ausrundungen durch scharfe Ecken zu ersetzen.

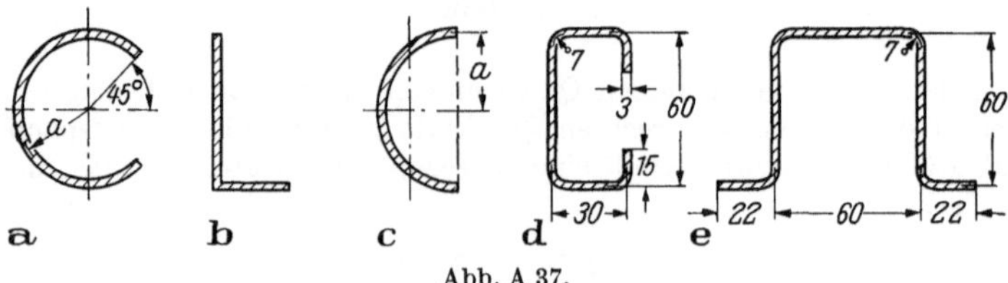

Abb. A 37.

f) Schubspannungen in Verbindungsmitteln

Wir kommen hier auf das in Abb. 114 angedeutete Problem zurück: Abb. 130 zeigt einen ähnlichen Querschnitt und daneben die Seitenansicht des Balkens. Aus diesem Balken schneiden wir ein Stück heraus, dessen Länge gleich der Nietteilung ist, $\Delta x = e$. Den durch Abb. 116 definierten Schnitt AB führen wir hier so, daß er im Querschnitt den schraffierten von dem unschraffierten Teil trennt. Dieser Schnitt geht zwischen den Winkeln und dem Stegblech hindurch und zerschneidet nur den Halsniet, den er zweimal trifft. Auf diesen Schnitt wenden wir die Grundformel (87) an:

$$\Delta T = \frac{QSe}{I}, \tag{99}$$

in der S das statische Moment des schraffierten Querschnittsteils in bezug auf die Nullinie ist. Die Kraft ΔT ist der Unterschied der Zugkräfte, die

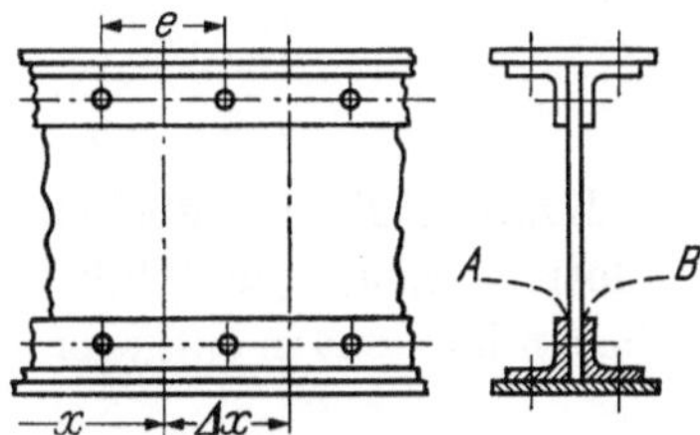

Abb. 130. Querschnitt eines genieteten Stahlträgers.

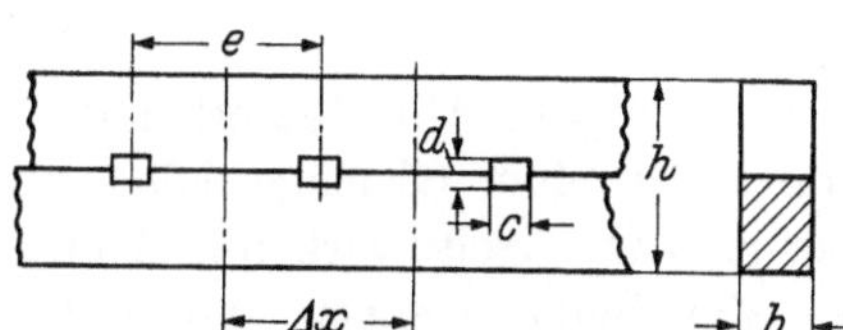

Abb. 131. Dübelverbindung in einem Holzbalken.

in den Schnitten x und $x + \Delta x$ auf den schraffierten Querschnittsteil wirken, und diese Kraft muß offenbar durch den zweischnittigen Halsniet übertragen werden. Mit dieser Kraft führen wir die auf S. 32 bis 34 beschriebene Nietberechnung durch. Für den Lochwanddruck ist gewöhnlich der Steg maßgebend, da er dünner ist als die beiden Winkel zusammengenommen.

Ganz ähnlich können die Kopfniete berechnet werden. Sie haben aus praktischen Gründen dieselbe Nietteilung und gewöhnlich auch denselben Durchmesser. Das in Gl. (99) auftretende statische Moment S ist kleiner als das für den Halsniet, da der Beitrag der Winkel wegfällt. Die Niete sind einschnittig, aber es sind gewöhnlich deren zwei vorhanden, so daß wiederum zwei Schubquerschnitte zur Verfügung stehen. Für den Lochwanddruck steht in der Regel mehr Fläche zur Verfügung als im Steg. Alle Spannungen sind daher kleiner als im Halsniet, solange nichts von der üblichen Anordnung abweicht, und dann erübrigt sich der Spannungsnachweis für die Kopfniete.

Im Holzbau benötigt man gelegentlich einen Balken, dessen Querschnitt größer ist als der größte im Handel erhältliche. Ein solcher Querschnitt kann durch Aufeinanderlegen von zwei oder drei Balken aufgebaut werden wie das in Abb. 131 gezeigt ist. Um aus den Teilen ein Ganzes zu machen, muß man für die Übertragung der Schubspannung zwischen ihnen sorgen. Das geschieht durch Dübel, Hartholzstücke von rechteckigem Querschnitt, wie sie in der Figur sichtbar sind. Zur Berechnung der von einem Dübel übertragenen Kraft wählen wir wieder $\Delta x = e$ und haben

$$\Delta T = \frac{QSe}{I} = \frac{Q(bh^2/8)\,e}{bh^3/12} = \frac{3eQ}{2h}.$$

Diese Kraft erzeugt Schubspannungen in einem waagerechten Schnitt durch den Dübel (Abb. 132):

$$\tau = \Delta T/bc$$

und eine dem Lochwanddruck der Niete vergleichbare Druckspannung in den Dübelseiten

$$\sigma = \frac{\Delta T}{\frac{1}{2}bd}.$$

Wie man aus Abb. 132 erkennt, bilden die Kräfte ΔT am Dübel ein Kräftepaar. Zum Gleichgewicht sind daher lotrechte, auf der Dübelober- und Unterseite wirkende Kräfte nötig, die ein Moment in entgegengesetztem Sinne erzeugen. Man muß deshalb die beiden Hälften des Balkens durch lotrechte Stahlanker zusammenhalten.

Abb. 132. Schubkräfte an einem Dübel der Abb. 131.

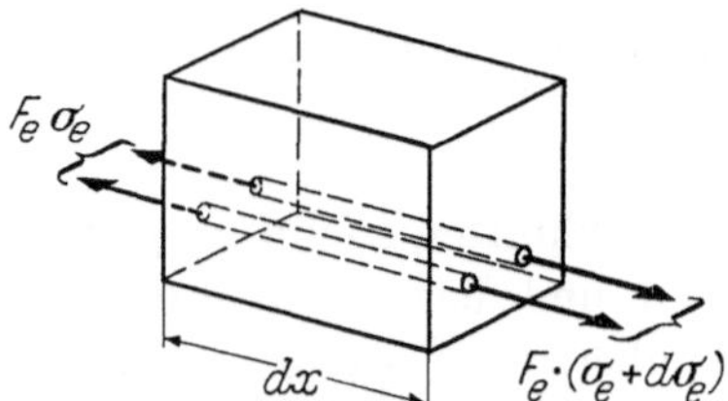

Abb. 133. Zur Berechnung der Haftspannungen in einem Stahlbetonbalken.

g) Haftspannungen

Wir haben auf S. 114 gesehen, wie in einem Stahlbetonquerschnitt die beiden Baustoffe zusammenwirken um ein Biegemoment zu übertragen. Da nach Gl. (80) die Höhe f der Druckzone nicht vom Biegemoment abhängt, ist nach (81b) die Stahlspannung σ_e dem Biegemoment M proportional. Ändert sich M längs der Balkenachse, so ändert sich die Kraft in der Bewehrung entsprechend (Abb. 133). Es müssen daher am Umfang der Stahlstäbe Schubspannungen τ angreifen, die dem Kraftunterschied $F_e d\sigma_e$ Gleichgewicht halten. Wir können sie nach der Grundformel (88) berechnen, wenn wir den Schnitt der Länge l so führen, daß er die Bewehrung vom Beton trennt, also längs des Umfangs aller Stahlstäbe. Die so gefundene Schubspannung, die zwischen Beton und Stahl übertragen wird, heißt Haftspannung. Man kann für einen gegebenen Stahlquerschnitt F_e ihre Höhe beeinflussen, indem man die Bewehrung aus wenigen dicken oder vielen dünnen Stäben zusammensetzt.

5. Durchbiegung

a) Durchbiegung und Krümmung

Wenn ein Balken belastet wird, verbiegt er sich, d. h. seine ursprünglich gerade Achse wird krumm, und ihre Punkte verschieben sich nach oben oder unten. Diese Querverschiebung w eines Punktes der Balkenachse wird seine Durchbiegung genannt, und die verformte Achse heißt Biegelinie (Abb. 134). Wir setzen uns hier das Ziel, die Durchbiegung als Funktion von x zu berechnen.

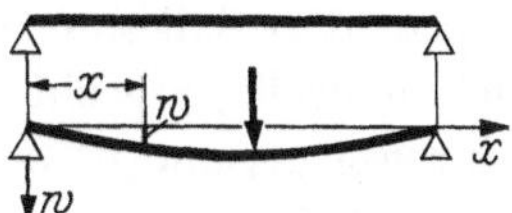

Abb. 134. Verbiegung eines Balkens.

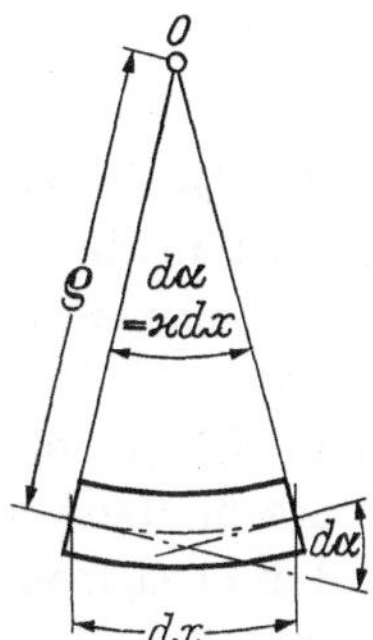

Abb. 135. Verbogenes Balkenelement.

Im allgemeinen kann sich ein Balken lotrecht und waagerecht durchbiegen. Die Durchbiegung eines jeden Punktes hat dann zwei Komponenten v und w. Wir wollen uns hier auf den Fall beschränken, daß die Verbiegung ausschließlich in einer lotrechten Ebene vor sich geht, daß also $v \equiv 0$ ist. Man bezeichnet diesen wichtigen Sonderfall als ebene Biegung.

In Abb. 82 haben wir gesehen, daß sich die beiden Endquerschnitte eines Balkenelements um einen Winkel $d\alpha$ gegeneinander verdrehen, und wir haben erkannt, daß der Quotient $\varkappa = d\alpha/dx$ die Krümmung der Biegelinie ist. Wir wollen uns diesen einfachen geometrischen Sachverhalt hier noch einmal und von einer anderen Seite ansehen.

Wenn wir die beiden Querschnittsebenen nach oben verlängern, schneiden sie sich in einer Geraden, die auf der Biegeebene senkrecht steht und in Abb. 135 als ein Punkt O erscheint. Der Abstand zwischen O und der Balkenachse ist deren Krümmungsradius ϱ, und man liest aus der Figur ab, daß

$$\varrho = \frac{dx}{d\alpha} = \frac{1}{\varkappa}$$

ist. Die zuvor aus der Tangentendrehung definierte Krümmung ist also der Reziprokwert des Krümmungsradius, eine Beziehung, die gewöhnlich als ihre Definition angesehen wird.

Die Krümmung $\varkappa$ ist durch Gl. (42) mit dem Biegemoment M verknüpft und daher bekannt, sobald der Verlauf von M als Funktion von x bestimmt worden ist.

Die Durchbiegung w ist in einem x–w-Koordinatensystem die Ordinate der Biegelinie, und wir können daher nach einer bekannten Formel der analytischen Geometrie die Krümmung in der folgenden Form durch die erste und zweite Ableitung w', w'' von w nach x ausdrücken:

$$\varkappa = -\frac{w''}{(1 + w'^2)^{3/2}}. \tag{100}$$

Das wegen der Quadratwurzel im Nenner mögliche, aber willkürliche Minuszeichen ist in die Formel aufgenommen worden, damit ein nach unten durchgebogener Balken nach Art der Abb. 134 eine positive Krümmung hat.

Wenn man sich einen auf Biegung beanspruchten Balken (etwa einen I-Träger in einem Bauwerk oder eine Maschinenwelle) ansieht, so sieht man nicht, daß er sich unter seiner Last durchbiegt, und es bedarf der Anwendung von Feinmeßgeräten, um die Durchbiegung zu messen. Wir können daher annehmen, daß die Durchbiegung eines Balkens eine sehr kleine Größe ist. Insbesondere ist die Neigung $w' = dw/dx$ eine sehr kleine Größe, deren Quadrat wir gegen 1 vernachlässigen können. Wenn wir das in Gl. (100) tun, wird der Nenner gleich Eins, und wir haben einfach

$$\varkappa = -w''.$$

Zusammen mit Gl. (42) liefert das

$$w'' = -\frac{M}{EI}. \tag{101}$$

Diese Gleichung ist die Differentialgleichung der Biegelinie. Sie lösen, heißt eine Funktion vom $w(x)$ finden, deren zweite Ableitung gleich einer gegebenen Funktion M/EI von x ist und die außerdem bestimmte Bedingungen an den Balkenenden erfüllt.

b) Integration der Differentialgleichung

Gl. (101) ist eine besonders einfache Differentialgleichung. Man kann sie lösen, indem man beide Seiten zweimal nach x integriert. Die erste Integration liefert die Neigung der Biegelinie:

$$w' = -\int_0^x \frac{M}{EI}\,dx + C_1 = f(x) + C_1, \tag{102a}$$

und die zweite Integration liefert die Durchbiegung:

$$w = \int_0^x w'\,dx + C_2 \equiv \int_0^x f(x)\,dx + C_1 x + C_2. \tag{102b}$$

Die doppelte Integration bringt zwei Integrationskonstanten C_1, C_2 in die Lösung, und diese können dazu benutzt werden, um zwei Endbedingungen zu erfüllen. Wir wollen an ein paar Beispielen sehen, wie das gemacht werden kann.

Das Biegemoment in einem Balken mit gleichmäßig verteilter Vollast (Abb. 136) ist nach S. 59:

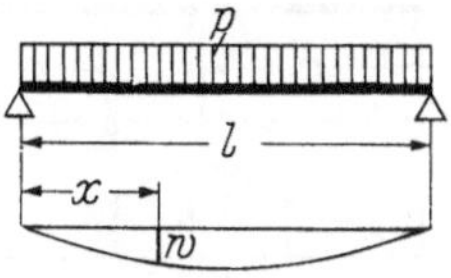

$$M = \tfrac{1}{2}p(lx - x^2).$$

Abb. 136. Durchbiegung eines Balkens unter gleichförmig verteilter Last.

Wenn das Trägheitsmoment I des Balkenquerschnitts überall dasselbe, d. h. von x unabhängig ist, so folgt

$$w' = -\frac{p}{2EI}\int_0^x (lx - x^2)\,dx + C_1 = -\frac{p}{2EI}\left(\frac{lx^2}{2} - \frac{x^3}{3}\right) + C_1$$

und

$$w = -\frac{p}{2EI}\int_0^x \left(\frac{lx^2}{2} - \frac{x^3}{3}\right)dx + C_1 x + C_2 = -\frac{p}{2EI}\left(\frac{lx^3}{6} - \frac{x^4}{12}\right) + C_1 x + C_2.$$

An beiden Enden des Balkens, für $x = 0$ und $x = l$, muß die Durchbiegung Null sein. Aus diesen beiden Endbedingungen können wir die Integrationskonstanten C_1, C_2 berechnen. Man sieht sofort, daß in w für $x = 0$ alle Summanden außer C_2 verschwinden, und daher muß $C_2 = 0$ sein. Für $x = l$ ergibt sich dann die Gleichung

$$0 = -\frac{p}{2EI}\left(\frac{l^4}{6} - \frac{l^4}{12}\right) + C_1 l,$$

aus der

$$C_1 = \frac{pl^3}{24EI}$$

folgt. Damit wird endgültig

$$w = \frac{p}{24EI}(x^4 - 2lx^3 + l^3 x) = \frac{p}{24EI}x(l - x)(l^2 + lx - x^2.)$$

Die Durchbiegung hat die Dimension einer Länge. Wenn wir sie aber unter dem Balken in dem für seine Längsabmessungen benutzten Maßstabe auftragen wollten, würde man nichts sehen. Es ist nötig, für w

einen im Vergleich zu x stark überhöhten Maßstab zu wählen. Ein solches Durchbiegungsdiagramm ist in Abb. 136 dargestellt.

Wenn der Balken eine Einzellast P trägt, wird das Biegemoment M (Abb. 137) in den Balkenteilen links und rechts der Last durch verschiedene analytische Ausdrücke dargestellt, Gln. (a) und (b), S. 57 bis 58. Man muß nun sowohl den einen wie den anderen dieser Ausdrücke als M in Gl. (102a) einführen und die doppelte Integration vollziehen, um Ausdrücke für die Durchbiegung w zu erhalten. Für die linke Balkenhälfte $(0 \leqq x \leqq a)$ ergibt sich so:

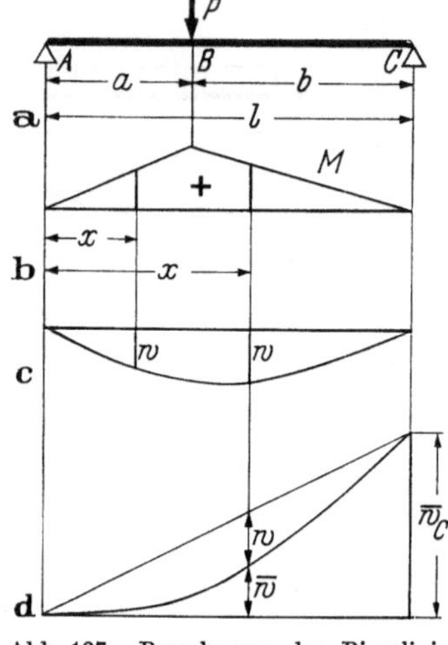

Abb. 137. Berechnung der Biegelinie durch Integration der Differentialgleichung

$$\frac{dw}{dx} = -\frac{Pbx^2}{2EIl} + C_1, \tag{c}$$

$$w = -\frac{Pbx^3}{6EIl} + C_1 x + C_2, \tag{d}$$

und für die rechte Hälfte $(a \leqq x \leqq l)$:

$$\frac{dw}{dx} = -\frac{Pa}{2EIl}(2lx - x^2) + C_3, \tag{e}$$

$$w = -\frac{Pa}{6EIl}(3lx^2 - x^3) + + C_3 x + C_4. \tag{f}$$

Da die Ausdrücke (d) und (f) für w beide für den Lastpunkt $x = a$ gelten, müssen sie dort denselben Wert w ergeben. Diese Bedingung liefert uns eine erste Gleichung zur Berechnung der vier Integrationskonstanten $C_1 \ldots C_4$:

$$-\frac{Pba^3}{6EIl} + C_1 a + C_2 = -\frac{Pa}{6EIl}(3la^2 - a^3) + C_3 a + C_4.$$

In diesem Punkte muß aber nicht nur die Durchbiegung beider Balkenhälften übereinstimmen, sondern die Biegelinie muß auch ohne Knick durch diesen Punkt gehen, d. h. die Neigung dw/dx muß dieselbe sein, wenn man sie nach Gl. (c) oder (e) berechnet:

$$-\frac{Pba^2}{2EIl} + C_1 = -\frac{Pa}{2EIl}(2la - a^2) + C_3.$$

Außerdem muß hier wie im ersten Beispiel an den Balkenenden $w = 0$ sein. Für das linke Ende $x = 0$ müssen wir natürlich Gl. (d) benutzen und erhalten aus ihr $C_2 = 0$, während wir für das rechte Ende $x = l$ Gl. (f) nehmen müssen:

$$-\frac{Pa}{6EIl}(3l^3 - l^3) + C_3 l + C_4 = 0.$$

Wir haben nun vier lineare Gleichungen für die vier Konstanten. Sie aufzulösen, ist grundsätzlich nicht schwierig, und wenn wir die Ergebnisse in die Gln. (d) und (f) einsetzen, erhalten wir nach einigem Zusammenrechnen zwei Ausdrücke, die in den beiden Balkenhälften die Biegelinie darstellen:

$$\text{für } x \leqq a: \qquad w = \frac{Pbx}{6EIl}[l^2 - b^2 - x^2],$$

$$\text{für } x \geqq a: \qquad w = \frac{Pa(l-x)}{6EIl}[l^2 - a^2 - (l-x)^2]. \tag{103a, b}$$

Wir wollen dies Ergebnis benutzen, um zu zeigen, daß der Punkt größter Durchbiegung nicht mit dem Angriffspunkt der Last zusammenfällt. Wir berechnen zunächst die Tangentenneigung dw/dx für $x = a$. Jede der Gln. (103) liefert

$$\left[\frac{dw}{dx}\right]_{x=a} = \frac{Pab}{3EIl}(b - a).$$

Wenn $a < l/2$ ist, so ist das positiv, d. h., die Durchbiegung wächst, wenn man vom Lastpunkt aus in Richtung nach der Balkenmitte fortschreitet. Wir berechnen nun die Neigung für den Mittelpunkt $x = l/2$. Wenn wir annehmen, daß $a < l/2$ ist, müssen wir Gl. (103b) benutzen und finden

$$\left[\frac{dw}{dx}\right]_{x=l/2} = -\frac{Pa}{6EIl}\left[\left(\frac{l}{2}\right)^2 - a^2\right] < 0,$$

d. h. wir sind hier schon jenseits des Maximums, und die Durchbiegung nimmt mit wachsendem x ab. Die größte Durchbiegung liegt also zwischen dem Lastpunkt und der Balkenmitte.

Die zur Gewinnung der Gl. (103) benutzte Methode läßt sich leicht verallgemeinern. Wenn ein Balken Einzelkräfte und verteilte Lasten trägt, kann man ihn in n Abschnitte teilen, in deren jedem das Biegemoment M durch einen einfachen Formelausdruck dargestellt wird. Die Balken in Abb. 138a, b haben je 3 solche Abschnitte; der in Abb. 138c hat $n = 5$. In jedem Abschnitt kann man die in Gl. (102) geforderte doppelte Integration ausführen und erhält dabei 2 Integrationskonstante, im ganzen also $2n$. An den $(n-1)$ Abschnittsgrenzen hat man jeweils die beiden Bedingungen zu erfüllen, daß w und w' kontinuierlich übergehen, im ganzen $2(n-1)$ Bedingungsgleichungen. Dazu kommen die beiden Auflagerbedingungen, daß entweder in zwei Punkten $w = 0$ sein muß (Balken auf zwei Stützen), oder daß in einem Punkte $w = 0$ und $w' = 0$ sein müssen (eingespannter Balken). Man hat also immer $2n$ lineare Gleichungen für die $2n$ unbekannten Konstanten und kann, im Prinzip wenigstens, die Aufgabe lösen. Praktisch ist die Auflösung einer größeren Anzahl linearer Gleichungen allerdings eine recht unangenehme Aufgabe, und in Fällen wie den in Abb. 138 dargestellten verzichtet man besser auf die Aufstellung allgemeiner Formeln nach Art der Gln. (103) und bestimmt die Konstanten numerisch für gegebene Zahlenwerte der Belastung. Besser noch ist es, die Aufstellung eines langen Gleichungssatzes zu vermeiden.

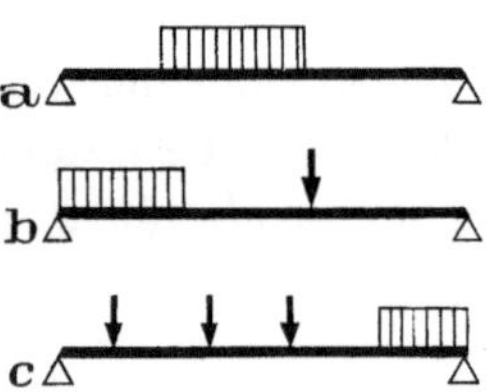

Abb 138. Lastfälle, für die die Biegelinie aus mehreren Stücken besteht.

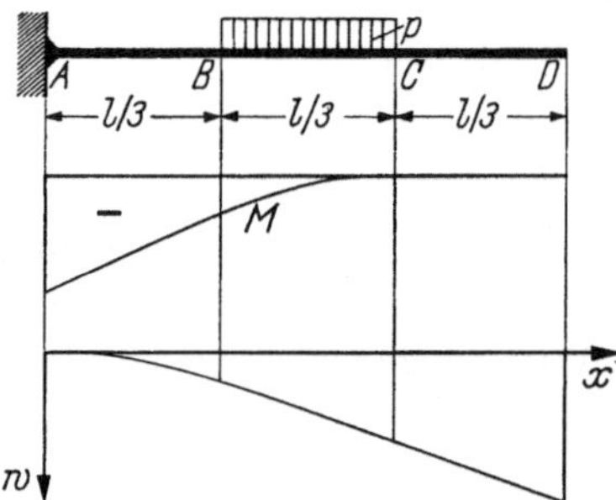

Abb. 139. Biegelinie eines Kragträgers.

Wie das geschehen kann, sehen wir am besten am Beispiel eines Kragträgers. Abb. 139 zeigt denselben Kragträger, für den wir auf S. 59f die Biegemomente berechnet haben. Wir zählen wieder x vom linken Trägerende nach rechts positiv und beginnen mit der Integration im Abschnitt AB. Gl. (102a) liefert

$$w' = \frac{pl}{3EI}\int_0^x\left(\frac{l}{2} - x\right)dx + C_1 = \frac{pl}{6EI}(lx - x^2) + C_1.$$

Wir bestimmen nun sofort C_1 aus der Bedingung, daß für $x = 0$ die Neigung $w' = 0$ sein muß. Das führt offenbar zu $C_1 = 0$. Die zweite Integration nach Gl. (102b) liefert dann

$$w = \frac{pl}{6EI}\left(\frac{lx^2}{2} - \frac{x^3}{3}\right) + C_2,$$

und da für $x = 0$ auch $w = 0$ sein muß, so muß $C_2 = 0$ sein.

Bevor wir uns dem Abschnitt BC zuwenden, berechnen wir die Werte von w' und w an der Abschnittsgrenze B. Mit $x = l/3$ finden wir

$$w'_B = \frac{pl^3}{27\,EI}, \qquad w_B = \frac{7\,pl^4}{972\,EI}.$$

Wenn wir nun die Gln. (102a, b) auf den Abschnitt BC anwenden, erleichtern wir uns die Bestimmung der Integrationskonstanten dadurch, daß wir die untere Integrationsgrenze geschickt wählen, nämlich gleich der Abszisse des Grenzpunktes B. Wir erhalten dann

$$w' = \frac{p}{2\,EI}\int_{l/3}^{x}\left(\frac{2l}{3} - x\right)^2 dx + C_3 = -\frac{p}{162\,EI}\left[(2l - 3x)^3 - l^3\right] + C_3.$$

Wegen der speziellen Wahl der unteren Integrationsgrenze verschwindet das Integral für $x = l/3$, und wir erhalten dort $w' \equiv w'_B = C_3$. Da wir w'_B schon berechnet haben, kennen wir C_3 und erhalten damit

$$w' = -\frac{p}{162\,EI}\left[(2l - 3x)^3 - l^3\right] + \frac{pl^3}{27\,EI}$$

$$= \frac{p}{162\,EI}\left[7\,l^3 - (2l - 3x)^3\right].$$

Für die zweite Integration wählen wir wieder $x = l/3$ als untere Grenze, so daß das Integral an dieser Grenze verschwindet und die neue Integrationskonstante $C_4 = w_B$ sein muß:

$$w = \frac{p}{162\,EI}\int_{l/3}^{x}\left[7\,l^3 - (2l - 3x)^3\right] dx + \frac{7\,pl^4}{972\,EI}$$

$$= \frac{p}{1944\,EI}\left[(2l - 3x)^4 - 28\,l^3(2l - 3x) + 41\,l^4\right].$$

Am rechten Ende des Abschnitts ergibt sich mit $x = 2l/3$:

$$w'_C = \frac{7\,pl^3}{162\,EI}, \qquad w_C = \frac{41\,pl^4}{1944\,EI}.$$

Der Abschnitt CD ist in unserem Beispiel besonders einfach. Da das Biegemoment Null ist, ist das erste Integral identisch Null, und wir erhalten

$$w' = w'_C = \frac{7\,pl^3}{162\,EI},$$

unabhängig von x. Gl. (102b) liefert dann

$$w = \frac{7pl^3}{162\,EI}\int\limits_{2l/3}^{x} dx + w_C = \frac{pl^3}{648\,EI}\,(28x - 5l).$$

Damit ist die Berechnung der Biegelinie im wesentlichen abgeschlossen. Durch Einsetzen von Zahlenwerten für x findet man die Ordinaten, die im w-Diagramm der Abb. 139 aufgetragen sind.

Mit einer kleinen Ergänzung kann man dasselbe Verfahren auch auf Balken auf zwei Stützen anwenden. Dies sei an dem schon vorher behandelten Beispiel, Abb. 137, erläutert. Wir benutzen die schon berechneten Momente, die in Abb. 137b nochmals aufgetragen sind; aber anstatt sofort die wirkliche Durchbiegung w zu berechnen, denken wir uns das rechte Auflager so weit angehoben, daß die linke Endtangente der Biegelinie horizontal wird (Abb. 137d). Die dadurch abgeänderte Durchbiegung sei mit $\overline{w}$ bezeichnet. Sie ist nach oben gerichtet und daher negativ. Die Krümmung des Balkens ändert sich bei dieser Drehung nicht, und wir können $\overline{w}$ ebenso wie w durch doppelte Integration nach Gl. (102) berechnen.

Die Rechnung beginnt ebenso wie auf S. 134 und liefert für den linken Balkenteil AB

$$\overline{w}' = -\frac{Pb}{EIl}\int\limits_0^x x\,dx + C_1 = -\frac{Pbx^2}{2EIl} + C_1,$$

aber wir wissen nun, daß für $x = 0$ die Neigung $\overline{w}' = 0$ ist und erkennen, daß $C_1 = 0$ sein muß. Die zweite Integration liefert daher

$$\overline{w} = -\frac{Pb}{2EIl}\int\limits_0^x x^2\,dx + C_2 = -\frac{Pbx^3}{6EIl} + C_2,$$

und da für $x = 0$ auch $w = 0$ ist, so muß $C_2 = 0$ sein. Wir berechnen nun die Werte an der Abschnittsgrenze $x = a$:

$$\overline{w}'_B = -\frac{Pba^2}{2EIl}, \qquad \overline{w}_B = -\frac{Pba^3}{6EIl}$$

und behandeln dann den zweiten Balkenabschnitt ebenso, wie wir es bei dem Kragträger, Abb. 139, getan haben. Wir erhalten für $a \leqq x \leqq l$:

$$\overline{w}' = -\frac{Pa}{EIl}\int\limits_a^x (l - x)\,dx - \frac{Pba^2}{2EIl} = \frac{Pa}{2EIl}\,[(l - x)^2 - lb],$$

$$\overline{w} = \frac{Pa}{2EIl}\int_a^x [(l-x)^2 - lb]\,dx - \frac{Pba^3}{6EIl} =$$

$$= \frac{Pa}{6EIl}[-(l-x)^3 + 3lb(l-x) - lb(l+b)].$$

Am rechten Ende liefert die letzte Formel

$$\overline{w}_C = -\frac{Pab}{6EI}(l+b).$$

Wenn der Balken mehr als zwei Abschnitte hätte, könnten wir in derselben Weise fortfahren und jede Integrationskonstante bestimmen, sowie sie auftaucht. Wenn wir am rechten Auflager angekommen sind und die Durchbiegung $\overline{w}_C$ berechnet haben, drehen wir den verbogenen Balken um seinen linken Auflagerpunkt, bis das rechte Auflager auf seine ursprüngliche Höhe kommt, d. h. wir senken dieses Auflager um $-\overline{w}_C$. Der zugehörige Drehwinkel ist $-\overline{w}_C/l$, und die Verschiebung, die der Balkenpunkt x bei dieser Drehung erfährt, ist $-(\overline{w}_C/l)x$. Diesen Betrag müssen wir also zu unseren Ergebnissen $\overline{w}$ hinzufügen, um die endgültigen Werte der Durchbiegung w zu erhalten. In unserem Beispiel führt dies zu den folgenden Ergebnissen:
für die linke Balkenhälfte $x \leqq a$:

$$w = -\frac{Pbx^3}{6EIl} + \frac{Pabx}{6EIl}(l+b),$$

für die rechte Balkenhälfte $x \geqq a$:

$$w = \frac{Pa}{6EIl}[-(l-x)^3 + 3lb(l-x) - lb(l+b)] + \frac{Pabx}{6EIl}(l+b).$$

Man überzeugt sich leicht, daß sich diese Ausdrücke so umformen lassen, daß sie mit den früher für denselben Fall gefundenen Formeln übereinstimmen.

c) Numerische Integration

Die Belastung von Balken besteht in der Regel nur aus Einzelkräften und Streckenlasten, und dann ist das Biegemoment in jedem Abschnitt eine einfache, höchstens quadratische Funktion von x. Wenn das Trägheitsmoment konstant ist, ist die formale Integration der kürzeste Weg zur Berechnung der Biegelinie. Wenn dagegen das Trägheitsmoment veränderlich ist, ist die rechte Seite von Gl. (101) kein so einfacher analytischer Ausdruck, und die zweimalige Integration der Funktion M/I wird ein zeitraubendes mathematisches Kunststück, das man besser vermeidet. In solchen Fällen ist numerische Integration am Platze.

Die Rechnung schließt sich an das zuletzt besprochene formale Verfahren an, weicht aber aus rechentechnischen Gründen in Einzelheiten davon ab, die wir anhand der Abb. 140 kennenlernen wollen.

Die Rechnung beginnt natürlich mit der Bestimmung der Biegemomente M aus den gegebenen Lasten und Auflagerverhältnissen und

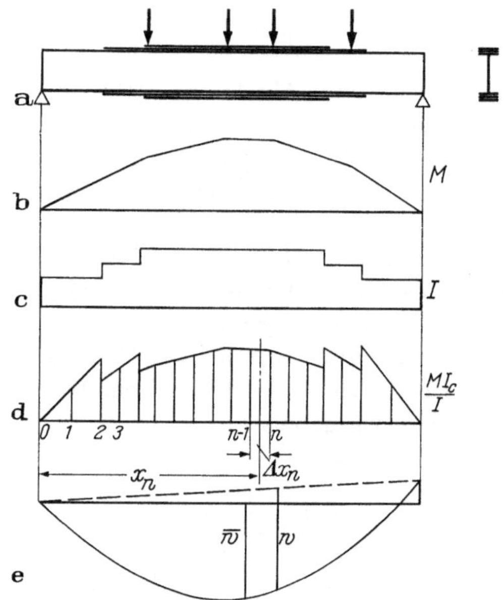

Abb. 140. Biegelinie eines Balkens mit veränderlichem Trägheitsmoment.

mit der Berechnung der Trägheitsmomente für eine hinreichende Anzahl von Querschnitten. Beide Funktionen werden zweckmäßig als Diagramme aufgezeichnet. Der nächste Schritt wäre die Berechnung und zeichnerische Auftragung der rechten Seite von Gl. (101). Da aber die Krümmung M/EI für die meisten Ingenieure eine ungewohnte und daher unanschauliche Größe ist, und da auch ihre Zahlenwerte in sonst gebräuchlichen Einheiten durch Dezimalbrüche mit vielen Nullen hinter dem Komma dargestellt werden, vermeidet man diese Größe, indem man einen konstanten Faktor abspaltet und

$$\frac{M}{EI} = \frac{1}{EI_c} \cdot M\frac{I_c}{I}$$

schreibt. Das Vergleichsträgheitsmoment I_c ist entweder ein im Balken wirklich vorkommendes Trägheitsmoment (etwa das größte) oder ein passend gewählter runder Wert. Den Faktor EI_c wirft man auf die linke Seite der Gl. (101) und berechnet zunächst EI_c-fache Durchbiegungen durch doppelte Integration des „reduzierten Biegemoments“ $M I_c/I$.

Zur Ausführung der Integrationen teilt man die Spannweite in eine hinreichende Anzahl von Intervallen Δx. Je nach Genauigkeitsansprüchen werden in der Regel etwa 10 bis 15 Intervalle nötig sein. Wenn die reduzierte Momentenlinie das in Abb. 140 gezeigte zackige Aussehen hat, sollten die Sprungstellen stets Intervallendpunkte sein. Im übrigen versucht man natürlich, die Intervalle gleich lang zu machen. In Abb. 140

Tabelle 3. *Ermittlung einer Biegelinie durch numerische Integration*

1	2	3	4	5	6	7	8	9	10	11
n	x	Δx	$M \frac{I_c}{I}$	$M \frac{I_c}{I} \Delta x$	$EI_c\overline{w}'$	$EI_c\overline{w}' \Delta x$	$EI_c\overline{w}$	cx	$EI_c w$	w
	m	m	mt	m²t	m²t	m³t	m³t	m³t	m³t	mm
0	0,0		0,0		450,0		0	0	0	0,0
		0,95		21,9		417				
1	0,95		46,1		428,1		417	27	444	0,231
		0,95		65,7		376				
2	1,9		92,2		362,4		793	54	847	0,441
			62,3							
		0,6		43,3		204				
3	2,5		82,0		319,1		997	71	1068	0,556
		0,6		55,1		175				
4	3,1		101,7		264,0		1172	88	1260	0,656
			76,2							
.	.		.		.		.	.	.	.
.	.		.		.		.	.	.	.
.	.		.		.		.	.	.	.
.	.		.		.		.	.	.	.
18	12,0		0,0		−538,6		−341	341	0	0,0

ist eine Intervallteilung angedeutet, die alle Sprungstellen des Trägheitsmoments zu Intervallpunkten macht. Um die Intervallteilung einfach zu halten, ist kein Wert darauf gelegt worden, auch die Lastangriffspunkte zu Teilpunkten zu machen.

Die Integration kann nun in einer Tabelle durchgeführt werden, von der hier der Kopf und einige Zeilen wiedergegeben sind. Spalte 2 enthält die Werte x für die Teilpunkte, und die Werte der Spalte 4 sind für diese Punkte berechnet. Spalte 3 ist entbehrlich, wenn alle Intervalle dieselbe Länge haben. Die Spalten 5 und 6 enthalten die erste Integration, die natürlich durch eine Summation über die Beiträge der endlichen Intervalle ersetzt ist. Die Werte der Spalte 5 sind aus Mittelwerten der Spalte 4 berechnet. Die erste Zeile in Spalte 6 enthält einen Wert, über den noch zu sprechen sein wird. Die Werte auf den Zeilen 1, 2, 3, ... werden erhalten, indem man jeweils den auf der Zwischenzeile der Spalte 5 stehenden Wert subtrahiert:

$$E I_c \left(\frac{d\overline{w}}{dx}\right)_n = E I_c \left(\frac{d\overline{w}}{dx}\right)_0 - \sum_{\nu=1}^{\nu=n} \left(\frac{M I_c}{I}\right)_\nu \Delta x_\nu .$$

Nachdem so in Spalte 6 die Werte für die Intervallenden berechnet sind, werden die Werte für die Intervallmitten interpoliert und ihre Produkte mit den zugehörigen Δx_n in Spalte 7 eingetragen. Die zweite Integration vollzieht sich dann in derselben Weise wie die erste und liefert in Spalte 8 die Werte

$$E I_c \overline{w}_n = E I_c \overline{w}_0 + \sum_{\nu=1}^{\nu=n} E I_c \left(\frac{d\overline{w}}{dx}\right)_\nu \Delta x_\nu .$$

Der Anfangswert in Spalte 8 ist $E I_c w_0 = 0$, da der Balken dort unterstützt ist.

Wenn der Balken ein Kragträger ist, beginnt man die Integrationen natürlich mit $x = 0$ am eingespannten Ende. Dann ist auch der Anfangswert in Spalte 6 bekannt:

$$E I_c \left(\frac{dw}{dx}\right)_0 = 0 .$$

Wenn es sich wie in Abb. 140 um einen Balken auf zwei Stützen handelt, ist es nötig, einen willkürlichen Wert anzunehmen, wie wir es auf S. 138 bei der formalen Integration getan haben. Die Integration liefert dann nicht die endgültigen Werte w, sondern vorläufige Werte $\overline{w}$, die noch einer Korrektur bedürfen. Wir können es uns aber in der numerischen Integration nicht leisten, den Anfangswert in Spalte 6 einfach als 0 anzunehmen, da dann die Werte $\overline{w}$ wie in Abb. 137d so verschieden von den endgültigen Werten w ausfallen würden, daß die lineare Korrektur beinahe ebenso groß sein würde wie $\overline{w}$, so daß sich die Durchbiegung w schließlich als eine kleine Differenz großer Zahlen ergeben würde. Man vermeidet den damit verbundenen Genauigkeitsverlust, indem man den mutmaßlichen Wert der Anfangsneigung $(dw/dx)_0$ sorgfältig abschätzt. Das geschieht, indem man die reduzierte Momentenlinie durch eine geeignete, einfache Momentenlinie approximiert und für diese die Anfangsneigung aus Tab. 4 entnimmt. Das Ergebnis der zweiten Integration sieht dann etwa so aus, wie es in Abb. 140e dargestellt ist, und die noch nötige Korrektur bleibt in mäßigen Grenzen.

Zur Ausführung dieser Korrektur gehen wir von dem letzten Wert in Spalte 8 aus. Er ist der vorläufige Wert der EI_c-fachen Durchbiegung des rechten Auflagerpunktes. Es kann natürlich nicht erwartet werden, daß er sich zu Null ergibt, und wir müssen dieselbe Korrektur anbringen wie in Abb. 137d, d. h. wir müssen zu $\overline{w}$ eine starre Drehung des ganzen Balkens um sein linkes Auflager hinzufügen:

$$EI_c w = EI_c \overline{w} + cx.$$

Der Faktor c wird so gewählt, daß sich für $EI_c w$ am rechten Auflager der Wert Null ergibt, d. h. gleich dem negativen Endwert der Spalte 8 dividiert durch die Spannweite l.

Aufgaben

38. Wiederhole die auf S. 133 durchgeführte Berechnung der Biegelinie eines Balkens unter gleichförmig verteilter Belastung, lege jedoch den Ursprung der Koordinate x in die Balkenmitte! Benutze die Symmetrie der Biegelinie in bezug auf diesen Punkt um die erste Integrationskonstante sofort, wenn sie erscheint, aus der Bedingung zu bestimmen, daß im Symmetriepunkt $dw/dx = 0$ sein muß!

39. Finde durch Integration der Differentialgleichung die Biegelinie für die gezeichneten Lastfälle. Trage das Ergebnis in einem geeigneten Maßstab auf. Alle Balken haben konstantes EI.

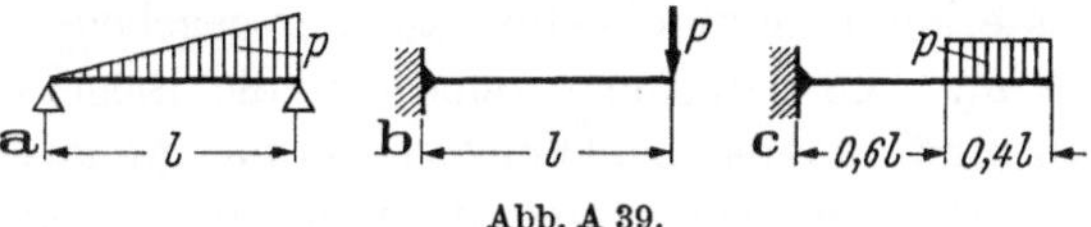

Abb. A 39.

d) Die allgemeine Differentialgleichung des Balkens

Auf S. 62 haben wir in Gl. (32c) eine Differentialgleichung kennengelernt, die das Biegemoment M mit der Belastung p verbindet und die denselben Bau hat wie Gl. (101). In beiden Fällen ist die zweite Ableitung einer unbekannten Funktion, $M(x)$ oder $w(x)$, gleich einer bekannten Funktion, und zweimalige Integration der rechten Seite nach Gl. (102) kann die Lösung liefern.

Wir haben zur Berechnung der Biegemomente ein Verfahren benutzt, daß diese formale Integration durch Aufstellung anschaulicher Gleichgewichtsbedingungen an Teilen des Balkens ersetzt. Man könnte daher versucht sein, die Integration der Gl. (101) dadurch zu vermeiden, daß man ihre rechte Seite als eine fiktive Belastung auffaßt, die zugehörigen Biegemomente berechnet und dann diese als Durchbiegungen des Balkens unter der gegebenen Last deutet. Dieses Verfahren des „*konjugierten Balkens*“ ist nicht so einfach, wie es auf den ersten Blick erscheinen mag.

Die rechnerische Einfachheit des Schnittverfahrens zur Berechnung von Biegemomenten beruht sehr wesentlich auf der Tatsache, daß die Last $p(x)$ gewöhnlich eine Konstante oder, schlimmstenfalls, eine lineare Funktion ist, während M vielfach durch ein Polynom zweiten und gelegentlich dritten Grades dargestellt wird und in Balken mit veränderlichem Trägheitsmoment die rechte Seite von Gl. (101) noch komplizierter aussieht. Dann läuft die Berechnung von fiktiven Momenten in einem fiktiven Balken darauf hinaus, daß man die ohnehin nötigen Integrationen hinter dem Schleier einer unnötigen mechanischen Umdeutung des Problems ausführen muß, ohne irgend etwas zu gewinnen.

Anstatt die beiden Gln. (32c) und (101) miteinander zu vergleichen, wollen wir sie vereinigen. Wenn wir Gl. (101) mit EI multiplizieren und dann zweimal nach x differenzieren, so erscheint auf der rechten Seite $M'' = d^2M/dx^2$, und das kann man nach (32c) durch die Last ausdrücken:

$$(EIw'')'' = -p. \tag{104}$$

Wenn das Trägheitsmoment nicht von x abhängt, kann man EI als eine Konstante aus der zweiten Ableitung herausziehen und hat

$$EIw^{\mathrm{IV}} = -p. \tag{104'}$$

Jede dieser beiden Gleichungen ist eine Differentialgleichung vierter Ordnung, die es erlaubt, w unmittelbar aus der gegebenen Belastungsverteilung $p = p(x)$ zu berechnen, ohne erst die Biegemomente auszurechnen. Man muß offenbar beide Seiten viermal integrieren, und da, wie in den Gln. (102), mit jeder Integration eine freie Konstante in die Rechnung eintritt, erhält man $w(x)$ als eine Funktion mit vier freien Konstanten. Zu deren Berechnung stehen immer vier Bedingungen an den Balkenenden, die *Endbedingungen*, zur Verfügung. Bevor wir sie für die wichtigsten Fälle aufstellen, wollen wir noch eine allgemeine Beziehung ableiten, die dabei gebraucht werden wird.

Wir gehen aus von Gl. (101), die wir hier in der Form

$$M = -EIw'' \tag{105a}$$

wiederholen wollen. Wir differenzieren sie jetzt einmal nach x und wenden auf ihre linke Seite Gl. (32b) an. Wir erhalten

$$Q = -(EIw'')' \tag{105b}$$

und für konstantes Trägheitsmoment

$$Q = -EIw'''. \tag{105b'}$$

Da diese Gleichungen die Schnittkräfte als Ableitungen der Durchbiegung geben, kann man M und Q berechnen, wenn man Gl. (104) oder (104′) gelöst hat. Die ganze Balkenaufgabe, umfassend die Berechnung der Schnittkräfte und der Durchbiegung, ist damit auf die Lösung einer (verhältnismäßig einfachen) Differentialgleichung vierter Ordnung zurückgeführt.

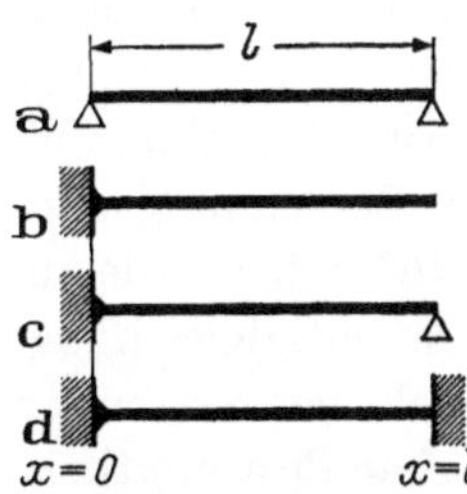

Abb. 141. Balken mit verschiedenen Endbedingungen, (a) Balken auf zwei Stützen, (b) Kragträger, (c) einseitig eingespannter Balken, (d) beiderseits eingespannter Balken.

Wir wenden uns nunmehr den Endbedingungen zu, aus denen die in der Lösung enthaltenen freien Konstanten berechnet werden und die daher zur eindeutigen Bestimmtheit der Lösung notwendig sind.

In einem Balken auf zwei Stützen (Abb. 141 a) ist an beiden Enden $w = 0$ und $M = 0$. Die Momentenbedingung ist nach (105a) gleichbedeutend mit $w'' = 0$, so daß wir die folgenden vier Endbedingungen haben:

$$\begin{aligned} x = 0:\quad & w = 0, \quad \text{(a)} \quad \text{und} \quad x = l:\quad w = 0, \quad \text{(c)} \\ & w'' = 0, \quad \text{(b)} \qquad\qquad\qquad\quad w'' = 0. \quad \text{(d)} \end{aligned} \tag{106}$$

Für einen Kragträger nach Abb. 141b ist am linken Ende die Durchbiegung $w = 0$ und die Neigung $w' = 0$, während am rechten Ende $M = 0$ und $Q = 0$ ist. Für $EI = \text{const}$ läuft das nach den Gln. (105a, b′) darauf hinaus, daß die zweite und dritte Ableitung der Durchbiegung verschwinden:

$$\begin{aligned} x = 0:\quad & w = 0, \quad \text{(a)} \quad \text{und} \quad x = l:\quad w'' = 0, \quad \text{(c)} \\ & w' = 0, \quad \text{(b)} \qquad\qquad\qquad\quad w''' = 0. \quad \text{(d)} \end{aligned} \tag{107}$$

Der in Abb. 141c dargestellte, einseitig eingespannte Balken hat am linken Ende dieselbe Stützung wie ein Kragträger und am rechten dieselbe wie ein Balken auf zwei Stützen. Seine Endbedingungen heißen daher:

$$\begin{aligned} x = 0:\quad & w = 0, \quad \text{(a)} \quad \text{und} \quad x = l:\quad w = 0, \quad \text{(c)} \\ & w' = 0, \quad \text{(b)} \qquad\qquad\qquad\quad w'' = 0. \quad \text{(d)} \end{aligned} \tag{108}$$

Für den eingespannten Balken (Abb. 141d) sind an beiden Enden die Durchbiegung und die Neigung Null:

$$\begin{aligned} x = 0:\quad & w = 0, \quad \text{(a)} \quad \text{und} \quad x = l:\quad w = 0, \quad \text{(c)} \\ & w' = 0, \quad \text{(b)} \qquad\qquad\qquad\quad w' = 0. \quad \text{(d)} \end{aligned} \tag{109}$$

Die beiden letzten Balken sind statisch unbestimmt (s. S. 51), da die Zahl ihrer unbekannten Stützenreaktionen (lotrechte Stützkräfte und Einspannmomente) größer ist als die Zahl der zu ihrer Berechnung verfügbaren Gleichgewichtsbedingungen (lotrechte Kräfte, Momente). Es ist daher ohne weitere Hilfsmittel nicht möglich, das Schnittverfahren zur Berechnung der Biegemomente anzuwenden, und wir werden auf S. 165 sehen, wie man sich dann zu helfen hat. Die Integration der Differentialgleichung (104) oder (104′) mit irgendeinem der hier angegebenen Systeme von vier Endbedingungen stellt eine von der statischen Bestimmtheit oder Unbestimmtheit unbeeinflußte Möglichkeit dar, die Schnittkräfte und die Durchbiegung eines Balkens zu berechnen.

In der praktischen Spannungsberechnung von Balken spielt die Differentialgleichung (104) nur eine sehr untergeordnete Rolle, im wesentlichen deshalb, weil sie die Schnittkräfte nur über den Umweg der Durchbiegungen liefert, aber auch deshalb, weil sie an die Stelle der anschaulichen Handhabung von Gleichgewichtsbedingungen eine formale mathematische Operation setzt. Die Differentialgleichung (104) bildet aber das Rückgrat der mathematischen Theorie des Balkens, und wir werden immer dann auf sie zurückkommen, wenn wir Feststellungen von allgemeiner Gültigkeit machen wollen.

e) Superposition von Durchbiegungen

Gl. (104) ist eine lineare Differentialgleichung, d. h. eine lineare Beziehung zwischen den beiden Funktionen p und w von x. Wenn daher zwei verschiedene Belastungen (Lastfälle) p_1 und p_2 Durchbiegungen $w_1(x)$ und $w_2(x)$ erzeugen, erzeugt die gemeinsame Wirkung beider Lasten die Durchbiegung

$$w = w_1 + w_2.$$

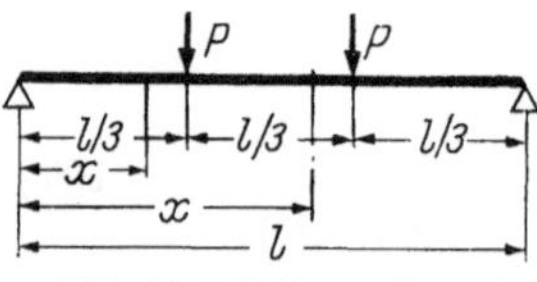

Abb. 142. Balken mit zwei Einzellasten.

Diese lineare Superposition von Durchbiegungen kann benutzt werden, um aus den in Tab. 4 enthaltenen Formeln andere für zusammengesetzte Lastfälle abzuleiten. Wir wollen ein paar Beispiele für dieses Verfahren betrachten.

Der Balken in Abb. 142 trägt zwei gleiche Lasten in den Drittelspunkten. Wir erhalten die zugehörige Durchbiegung, indem wir zweimal den dritten Lastfall der Tab. 4 anwenden, einmal für $a = \frac{1}{3}l$ und einmal für $a = \frac{2}{3}l$. Im linken Drittel des Balkens ist für beide Teillasten $x < a$, und wir erhalten

$$\begin{aligned} w &= \frac{P}{6EI}\left[\frac{2}{3}\,x\left(l^2 - \frac{4}{9}\,l^2 - x^2\right) + \frac{1}{3}\,x\left(l^2 - \frac{1}{9}\,l^2 - x^2\right)\right] \\ &= \frac{P}{18EI}\,x(2l^2 - 3x^2), \qquad x \leqq \frac{1}{3}\,l. \end{aligned}$$

Im mittleren Drittel des Balkens ist für die eine Last $a = \frac{1}{3}l$ und $x > a$, für die andere $a = \frac{2}{3}l$ und $x < a$. Wir müssen daher die beiden verschiedenen Formeln der Tabelle benutzen, jede für eine der Lasten:

$$w = \frac{P}{6EI}\left[\frac{1}{3}(l-x)\left(-\frac{1}{9}l^2 + x(2l-x)\right) + \frac{1}{3}x\left(l^2 - \frac{1}{9}l^2 - x^2\right)\right]$$

$$= \frac{Pl}{162EI}[-l^2 + 27x(l-x)], \qquad \frac{1}{3}l \leqq x \leqq \frac{2}{3}l.$$

Für das rechte Balkendrittel müssen wir zweimal die zweite Formel der Tabelle anwenden. Wegen der Symmetrie von Balken und Belastung können wir statt dessen von der eben abgeleiteten Formel für das erste Drittel ausgehen und darin einfach x durch $(l-x)$ ersetzen. Auf diesem Wege erhalten wir:

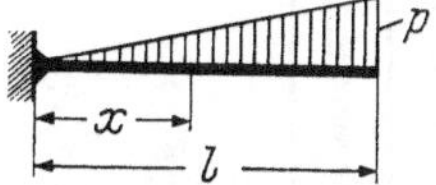

Abb. 143. Balken mit Dreieckslast.

$$w = \frac{P}{18EI}(l-x)[2l^2 - 3(l-x)^2], \qquad x \geqq \frac{2}{3}l.$$

Die größte Durchbiegung findet sich wegen der Symmetrie in der Balkenmitte. Wir erhalten sie, indem wir in der zweiten der hier abgeleiteten Formeln $x = l/2$ setzen:

$$w_{\max} = \frac{Pl^3}{162EI}\left[-1 + 27\cdot\frac{1}{2}\cdot\frac{1}{2}\right] = \frac{23Pl^3}{648EI}.$$

Abb. 143 zeigt eine zweite Aufgabe, die sich mit Hilfe der Tab. 4 sehr einfach lösen läßt. Die Last ist die Differenz der beiden letzten in der Tabelle enthaltenen, und wir finden die zugehörige Durchbiegung, indem wir die dort angegebenen Ausdrücke voneinander abziehen:

$$w = \frac{px^2}{120EIl}[5l(6l^2 - 4lx + x^2) - [4lx^2 + (l-x)(10l^2 + x^2)]]$$

$$= \frac{px^2}{120EIl}[20l^3 - 10l^2x + x^3].$$

Neben dieser einfachen Addition (oder Subtraktion) von zwei oder mehr Lastfällen können wir auch infinitesimale Operationen anwenden, um neue Lastfälle aufzubauen. Die in Abb. 144a dargestellte Streckenlast kann als die Summe vieler differentieller Lasten $P = p\,d\xi$ aufgefaßt werden, deren Abszissen ξ zwischen $\xi = \frac{1}{4}l$ und $\xi = \frac{3}{4}l$ liegen. Für jede dieser Elementarlasten gelten die beiden Formeln des dritten Lastfalles in Tab. 4, wenn wir darin $a = \xi$ und $b = l - \xi$ setzen. Jede der Lasten liefert einen Beitrag zur Durchbiegung w eines Punktes x,

Tabelle 4. *Durchbiegung von Balken* (x = Abstand vom linken Ende)

Lastfall	w	Einzelwerte w	dw/dx
M, l	$\frac{M}{6EIl}x(l-x)(2l-x)$	$w_{\max}=\frac{Ml^2}{9\sqrt{3}EI}$ für $x=l(1-1/\sqrt{3})$	$x=0$: $Ml/3EI$ $x=l$: $-Ml/6EI$
P, $l/2$, l	$x\leqq l/2$: $\frac{P}{48EI}x(3l^2-4x^2)$	$x=l/2$: $w=\frac{Pl^3}{48EI}$	$x=0$: $\frac{Pl^2}{16EI}$
P, a, b, l	$x\leqq a$: $\frac{Pb}{6EIl}x(l^2-b^2-x^2)$ $x\geqq a$: $\frac{Pa}{6EIl}(l-x)[-a^2+x(2l-x)]$	$x=a$: $w=\frac{Pa^2b^2}{3EIl}$ wenn $a>b$: $w_{\max}=\frac{Pb}{9\sqrt{3}EIl}(l^2-b^2)^{3/2}$ für $x=\sqrt{(l^2-b^2)/3}$	$x=0$: $\frac{Pab}{6EIl}(l+b)$ $x=l$: $-\frac{Pab}{6EIl}(l+a)$
p, l	$\frac{p}{24EI}x(l-x)(l^2+lx-x^2)$	$x=l/2$: $w=\frac{5pl^4}{384EI}$	$x=0$: $\frac{pl^3}{24EI}$

Tabelle 4. (Fortsetzung)

Lastfall	w	Einzelwerte w	dw/dx
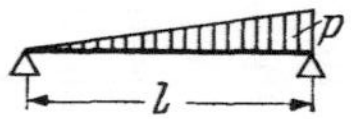	$\frac{p}{360\,EI\,l}\,x(l^2 - x^2)\,(7\,l^2 - 3\,x^2)$	$w_{\max} = 0{,}00652\,\frac{p\,l^4}{EI}$ für $x = 0{,}519\,l$	$x = 0$: $\frac{7\,p\,l^3}{360\,EI}$ $x = l$: $-\frac{p\,l^3}{45\,EI}$
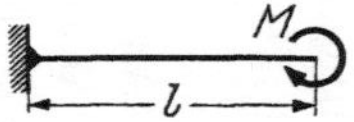	$\frac{M}{2\,EI}\,x^2$	$x = l$: $\frac{M\,l^2}{2\,EI}$	$x = l$: $\frac{M\,l}{EI}$
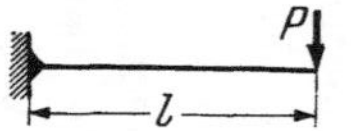	$\frac{P}{6\,EI}\,x^2(3\,l - x)$	$x = l$: $\frac{P\,l^3}{3\,EI}$	$x = l$: $\frac{P\,l^2}{2\,EI}$
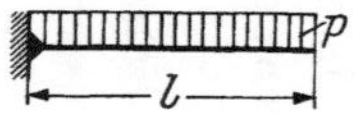	$\frac{p}{24\,EI}\,x^2(6\,l^2 - 4\,l\,x + x^2)$	$x = l$: $\frac{p\,l^4}{8\,EI}$	$x = l$: $\frac{p\,l^3}{6\,EI}$
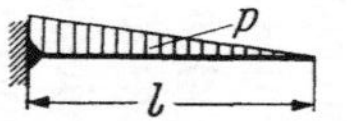	$\frac{p}{120\,EI\,l}\,x^2[4\,l\,x^2 + (l - x)\,(10\,l^2 - x^2)]$	$x = l$: $\frac{p\,l^4}{30\,EI}$	$x = l$: $\frac{p\,l^3}{24\,EI}$

und die Addition dieser Beiträge läuft auf eine Integration über die Koordinate ξ des Lastpunktes hinaus. Für $x < \frac{1}{4}l$ erhalten wir so

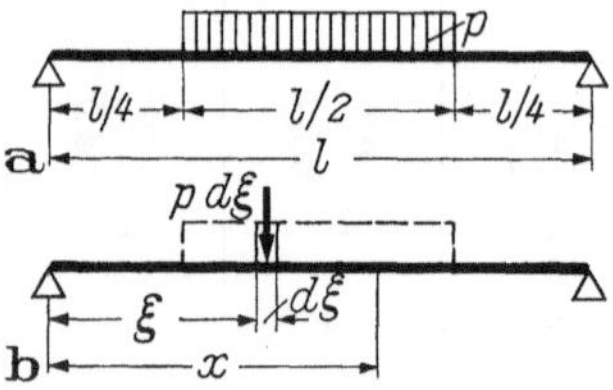

Abb. 144. Zerlegung einer Last in Elementarlasten.

$$w = \int_{l/4}^{3l/4} \frac{p\,d\xi \cdot (l-\xi)}{6EIl}\, x[l^2 - (l-\xi)^2 - x^2]$$

$$= \frac{px}{6EIl} \int_{l/4}^{3l/4} (l-\xi)\,[l^2 - (l-\xi)^2 - x^2]\,d\xi$$

$$= \frac{pl}{384EI}\, x(11l^2 - 16x^2), \qquad x \leqq l/4.$$

Für größere Werte von x, d. h. für $\frac{1}{4}l \leqq x \leqq \frac{3}{4}l$, müssen wir den Integrationsbereich unterteilen. Lasten $p\,d\xi$ mit $\xi < x$ stehen links des „Beobachtungspunktes“ x, für den wir die Durchbiegung berechnen wollen. Ihr Einfluß wird durch die zweite Formel des zuständigen Lastfalles in Tab. 4 dargestellt, während wir für Lasten mit $\xi > x$ die erste der beiden Formeln benutzen müssen. Wir erhalten daher

$$w = \int_{l/4}^{x} \frac{p\,d\xi\,\xi}{6EIl}(l-x)\,[-\xi^2 + x(2l-x)] +$$

$$+ \int_{x}^{3l/4} \frac{p\,d\xi\,(l-\xi)}{6EIl}\, x[l^2 - (l-\xi)^2 - x^2],$$

und nach Ausführung der Integrationen ergibt das

$$w = \frac{p}{6144EI}(l^4 + 160l^3x + 96l^2x^2 - 512lx^3 + 256x^4), \quad \frac{1}{4}l \leqq x \leqq \frac{3}{4}l.$$

Dieses Beispiel zeigt, daß die Ergebnisse solcher Rechnungen recht unerfreulich aussehen können. Es ist deshalb nützlich, ihre Richtigkeit zu prüfen. Eine vollständige Prüfung besteht aus drei Teilen:

1. *Erfüllung der Endbedingungen.* Die für den Auflagerpunkt zuständige Formel muß die Bedingungen am Auflager erfüllen. In unserem Falle heißt das, daß die erste Formel $w = 0$ und $M = 0$, also $w'' = 0$ ergeben muß, wenn man darin $x = 0$ setzt. Den Auflagerbedingungen verwandt ist die Symmetriebedingung, daß sich die für den mittleren Teil des Balkens gültige Formel nicht ändert, wenn man darin x durch $(l - x)$ ersetzt.

2. *Kontinuitätsbedingungen.* An jeder Übergangsstelle zwischen zwei Bereichen müssen die beiden dort anwendbaren Formeln übereinstimmende Werte von w, w' und w'' liefern, während w''' nach Gl. (105b')

nur dann stetig ist, wenn die Querkraft keinen Sprung hat, wenn also im Übergangspunkt keine Einzelkraft angreift. Andernfalls muß die Differenz der beiden w'''-Werte der Größe der Last entsprechen.

3. *Differentialgleichung.* Die leicht zu bildende vierte Ableitung der Durchbiegung w muß nach Gl. (104') der örtlichen Last entsprechen.

Wenn die Lösung allen diesen Proben genügt, ist sie mit Bestimmtheit fehlerfrei, vorausgesetzt natürlich, daß in den Proben kein Fehler unterlaufen ist.

Abb. 145a zeigt einen Balken mit zwei gleichen, aber entgegengesetzt gerichteten Einzellasten P. Wir können die zu diesem Lastfall gehörende Durchbiegung w berechnen, indem wir den dritten Lastfall der Tab. 4 zweimal anwenden, wobei wir einmal P durch $-P$ ersetzen müssen und einmal a durch $a + \Delta a$. Wenn man das im einzelnen ausführt, zeigt sich, daß ein Faktor Δa herausgezogen werden kann, und wenn man $\Delta a = 0$ setzt, hebt sich die Wirkung der beiden in demselben Punkt angreifenden Lasten auf und $w = 0$. Wir können aber, wenn wir $\Delta a \to 0$ gehen lassen, gleichzeitig die Kräfte P so anwachsen lassen, daß das Moment $M = P \cdot \Delta a$ konstant bleibt. Dann muß sich im Grenzfalle die zu einer Belastung nach Abb. 145b gehörende Durchbiegung ergeben.

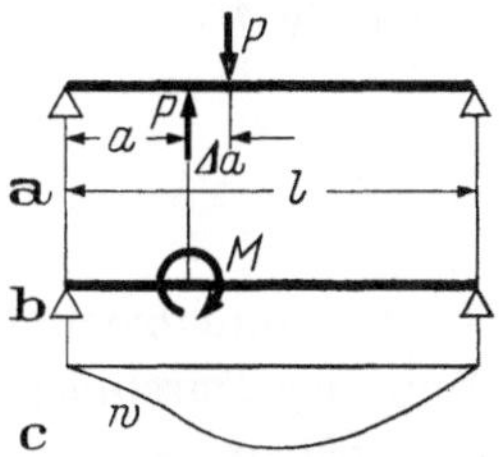

Abb. 145. Momentenlast.

Anstatt nun diesen Grenzübergang im einzelnen auszuführen, können wir auch in folgender Weise vorgehen: Wir bezeichnen die aus Tab. 4 zu entnehmende Durchbiegung des Balkens unter einer Einzellast P mit $P w_P(x, a)$, so daß w_P die Durchbiegung je Lasteinheit darstellt, die natürlich von der Koordinate x des Beobachtungspunktes und von der Lastabszisse abhängt. Wie Tab. 4 zeigt, wird w_P in den beiden Bereichen $x < a$ und $x > a$ durch zwei verschiedene analytische Ausdrücke dargestellt, die zusammen, jeder in seinem Gültigkeitsbereich, die Funktion $w_P(x, a)$ bilden. Mit dieser Definition ist die von der linken, aufwärts wirkenden Last erzeugte Durchbiegung an der Stelle x

$$w_1 = -P w_P(x, a),$$

während die rechte Last die Durchbiegung

$$w_2 = +P w_P(x, a + \Delta a)$$

erzeugt. Wenn der Abstand zwischen den beiden Lasten nicht zu groß ist, kann man diese Funktion von a für konstantes x in eine Taylor-Reihe entwickeln:

$$w_2 = P w_P(x, a) + P \frac{\partial w_P(x,a)}{\partial a} \Delta a + \frac{1}{2} P \frac{\partial^2 w_P(x,a)}{\partial a^2} (\Delta a)^2 + \cdots.$$

Wenn man nun die von beiden Lasten erzeugten Durchbiegungen linear superponiert, heben sich zwei Glieder heraus, und aus dem Rest kann man einen Faktor $P \Delta a$ herausziehen:

$$w = w_1 + w_2 = P \Delta a \left[\frac{\partial w_P(x,a)}{\partial a} + \frac{1}{2} \Delta a \frac{\partial^2 w_P(x, a)}{\partial a^2} + \cdots \right],$$

und die durch Punkte angedeuteten Terme enthalten Potenzen von Δa. In dieser Formel können wir den Grenzübergang $\Delta a \to 0$ vornehmen und dabei die Lasten P so anwachsen lassen, daß das Moment $M = P \Delta a$ des von ihnen gebildeten Kräftepaares konstant bleibt. In der Klammer streben alle Glieder mit Ausnahme des ersten nach Null, und es ergibt sich

$$w = M \frac{\partial w_P}{\partial a}, \tag{110}$$

d. h. die Durchbiegung je Einheit eines äußeren Momentes ist die Ableitung der Durchbiegung für eine Einheitskraft nach der Abszisse des Lastangriffspunktes.

Wenn man diese Differentiation an den für die beiden Bereiche $x \leqq a$ und $x \geqq a$ geltenden Formeln der Tab. 4 ausführt, erhält man für $x \leqq a$:

$$w = -\frac{Mx}{6EIl} (l^2 - 3b^2 - x^2)$$

und für $x \geqq a$:

$$w = -\frac{M(l-x)}{6EIl} (3a^2 - 2lx + x^2).$$

Das Ergebnis ist in Abb. 145c für $a = 0{,}3\,l$ dargestellt.

Aufgaben

40. Benutze die Formeln in Tab. 4 zur Bestimmung des Punktes größter Durchbiegung für die in der Abbildung dargestellte Trapezlast und berechne diese Durchbiegung!

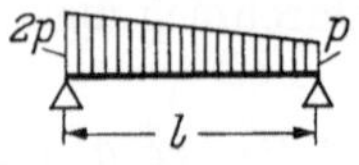

2p p l

Abb. A 40.

41. Tab. 4 gibt die Biegelinie für einen Kragträger mit einer Last P am freien Ende. Gewinne daraus die Formeln für die Biegelinie eines Kragträgers mit einer

Einzellast P an beliebiger Stelle! Benutze dieses Ergebnis, um daraus durch Integration die Formel für einen Kragträger unter gleichförmig verteilter Vollbelastung p herzuleiten!

42. Um wieviel drehen sich die Enden und der Querschnitt über der rechten Stütze in dem in der Abbildung dargestellten Träger? Maße in m, $E = 2{,}1 \cdot 10^6$ kg/cm², $I = 7740$ cm⁴.

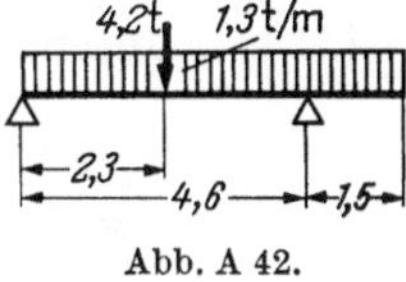

Abb. A 42.

f) Formänderungsenergie

Wenn sich der Angriffspunkt einer Kraft in Kraftrichtung verschiebt, leistet die Kraft eine Arbeit. Diese grundlegende Vorstellung der Mechanik läßt sich auch auf die Formänderungen elastischer Körper anwenden. Wir wollen das hier an einem einfachen Beispiel (Abb. 146) studieren und die Ergebnisse allgemein auf Balken anwenden.

Abb. 146. Balken mit Einzellast.

Wenn wir eine Last P auf den Balken bringen, verschiebt sich ihr Angriffspunkt um die Durchbiegung w_C nach unten. Dabei leistet die Kraft P eine Arbeit. Diese Arbeit ist aber nicht einfach gleich $P \cdot w_C$, sondern nur halb so groß. Um das einzusehen, bringen wir zunächst nur eine kleine Last $dP = P\,d\lambda$ auf, die wegen der Linearität von Gl. (103) die Durchbiegung $dw_C = w_C\,d\lambda$ erzeugt. Die auf diesem Wege geleistete Arbeit $dP \cdot dw_C = P w_C\,d\lambda^2$ ist klein von zweiter Ordnung und ohne Interesse. Wenn wir aber die Last langsam steigern, etwa von einem Zwischenwert $P\lambda$ mit $0 < \lambda < 1$ auf $P(\lambda + d\lambda)$, dann wächst die Durchbiegung von $w_C\lambda$ auf $w_C(\lambda + d\lambda)$, und auf dem Wege $w_C\,d\lambda$ leistet die Kraft $P\lambda$ die Arbeit

$$P\lambda \cdot w_C\,d\lambda,$$

die nur von erster Ordnung klein ist. Wenn wir λ die Werte von 0 bis 1 durchlaufen lassen, wächst die Last von 0 auf ihren Endwert P an, und die insgesamt dabei geleistete Arbeit ist

$$\int_0^1 P\lambda w_C\,d\lambda = P w_C \int_0^1 \lambda\,d\lambda = \tfrac{1}{2} P w_C. \tag{111}$$

Wir können uns diesen Belastungsvorgang und die dabei geleistete Arbeit in einem Kraft-Weg-Diagramm veranschaulichen. In Abb. 147 ist der Zusammenhang zwischen der Last P und der Durchbiegung w_C

des Lastpunktes entsprechend Gl. (103) durch eine schräge Gerade dargestellt. P und w_C sind die Koordinaten des Endpunktes, während $P\lambda$ und $w_C\lambda$ zu einem Zwischenpunkt gehören. Der lotrechte Streifen hat den Inhalt $w_C\,d\lambda \cdot P\lambda$ und stellt die anläßlich des Lastzuwachses $P\,d\lambda$ geleistete Arbeit dar. Das ganze Arbeitsintegral ist offenbar der Inhalt des durch Randschraffur bezeichneten Dreiecks und daher gleich $\frac{1}{2}\,P w_C$. Die Herkunft des Faktors $\frac{1}{2}$ wird hier anschaulich klar: Er rührt daher,

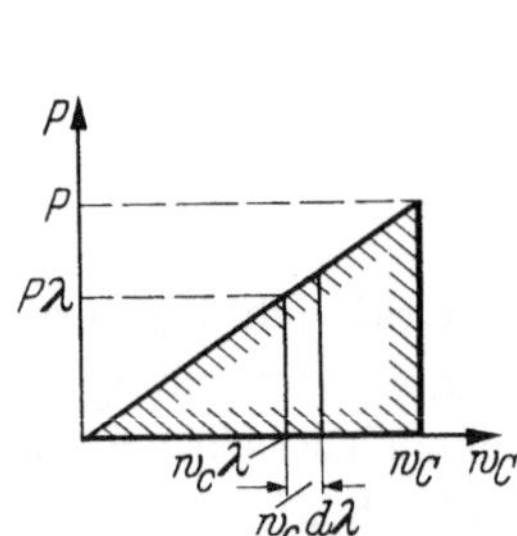

Abb. 147. Arbeit der Last P während der Formänderung eines Balkens.

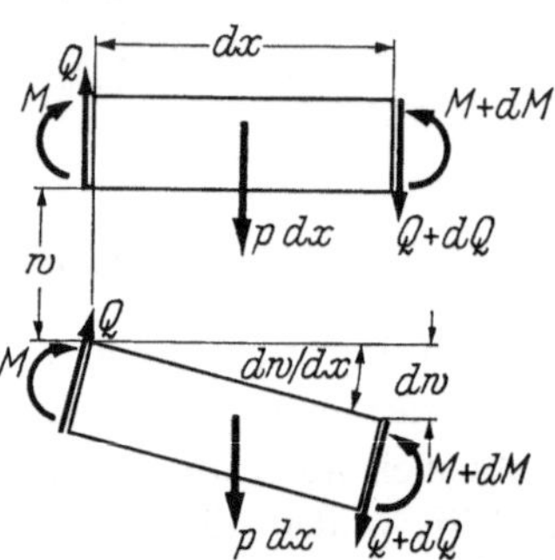

Abb. 148. Arbeit der inneren Kräfte am Balkenelement.

daß nicht die volle Last P auf dem ganzen Wege Arbeit leistet, sondern eine stetig von Null auf den Endwert P anwachsende Last, deren Mittelwert $\frac{1}{2}\,P$ ist.

Wenn wir die Last schrittweise verkleinern, vermindert sich die Durchbiegung, und der Balken leistet gegen die äußere Kraft eine Arbeit, die genau der während der Belastung aufgewendeten Arbeit gleich ist. Die Arbeit (111) geht also nicht verloren, sondern ist in dem Balken in wiedergewinnbarer Form gespeichert, genauso wie die potentielle Energie eines gehobenen Gewichts. Wir haben es hier mit einer besonderen Form von potentieller Energie zu tun, die Formänderungsenergie genannt wird. Beim Aufziehen einer Uhrfeder wird von dieser Art der Energiespeicherung Gebrauch gemacht. Die Feder ist zwar kein Balken auf zwei Stützen, aber doch ein ähnliches elastisches Gebilde. Während des Aufziehens leistet ein auf die Federwelle wirkendes äußeres Moment die Arbeit, die dann unter Entspannung der Feder langsam an das Uhrwerk abgegeben wird.

Wenn die Formänderungsenergie im verbogenen Balken gespeichert ist, muß es möglich sein, sie in den einzelnen Balkenelementen zu lokalisieren. Dazu betrachten wir nun ein solches Element der Länge dx (Abb. 148). Wenn es in der gezeichneten Weise als starrer Körper verschoben wird, ist die Arbeit der lotrechten Kräfte

$$-Q w + (Q + dQ)\,(w + dw) + p\,dx \cdot w\,.$$

Unter Vernachlässigung des von höherer Ordnung kleinen Gliedes $dQ\,dw$ ist das

$$(dQ + p\,dx)w,$$

und das ist wegen Gl. (32a) gleich Null. Ebenso ist wegen Gl. (32b) auch die Arbeit der Momente gleich Null. Dies alles ist nichts anderes als eine spezielle Form des Prinzips der virtuellen Verrückungen.

Bei der Biegung eines Balkens werden die Elemente nicht nur verschoben, sondern auch verbogen. In Abb. 149 ist die Verbiegung dargestellt. Die gezeichneten Momente sind positiv; die zugehörige Krümmung entspricht einem negativen Werte der zweiten Ableitung von w. Die Arbeit, die das rechte Moment beim Entstehen dieser Formänderung leistet, ist

$$dA = \frac{1}{2}\,M\left(-\frac{dw^2}{dx^2}\,dx\right), \qquad (112\,\mathrm{a})$$

wobei sich der Faktor $\frac{1}{2}$ in derselben Weise begründen läßt, wie wir es bei der Arbeit der Last P gesehen haben; denn auch hier wächst das Moment stetig von 0 bis zu seinem Endwert M an, während es die Krümmung $-d^2w/dx^2$ erzeugt.

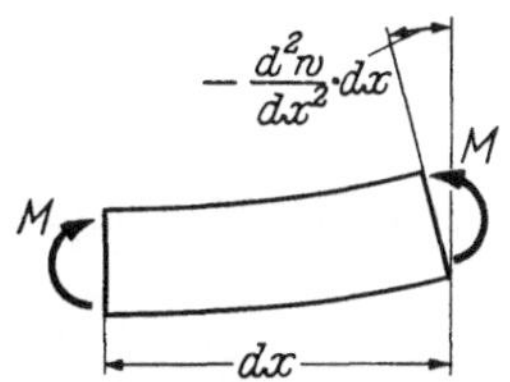

Abb. 149. Arbeit der Biegemomente während der Verbiegung eines Balkenelements.

Das Moment und die Krümmung sind durch Gl. (101) miteinander verknüpft. Wenn wir diese Gleichung benutzen, um eine der Größen durch die andere auszudrücken, erhalten wir

$$dA = \frac{1}{2}\,\frac{M^2}{EI}\,dx = \frac{1}{2}\,EI\left(\frac{d^2w}{dx^2}\right)^2 dx. \qquad (112\,\mathrm{b,\,c})$$

Diese von den Biegemomenten am Element geleistete Arbeit ist die in dem Element gespeicherte potentielle Energie, die durch Verminderung des Moments und der zugehörigen Formänderung wieder freigesetzt werden kann, d. h. es ist der in dem Element gespeicherte Teil der Formänderungsenergie des Balkens. Die Formänderungsenergie des ganzen Balkens der Länge l ist das Integral dieses Ausdrucks über die Länge l:

$$A = \frac{1}{2}\int_0^l \frac{M^2}{EI}\,dx. \qquad (113)$$

Wenn die Steifigkeit EI von x unabhängig ist, kann sie vor das Integral gezogen werden, andernfalls nicht.

Nach dem Energieerhaltungssatz muß die von den äußeren Kräften geleistete Arbeit (111) gleich der in den Elementen gespeicherten Energie A sein. Durch partielle Integration kann man zeigen, daß dieser Zusammenhang in der Tat besteht. Wir gehen von Gl. (112a) aus, die durch Integration über die Balkenachse

$$A = -\frac{1}{2}\int_0^l M\frac{d^2w}{dx^2}\,dx \tag{114}$$

ergibt. Wir integrieren nun zweimal partiell und erhalten

$$A = -\frac{1}{2}\left[M\frac{dw}{dx}\right]_0^l + \frac{1}{2}\int_0^l \frac{dM}{dx}\frac{dw}{dx}\,dx$$

$$= -\frac{1}{2}\left[M\frac{dw}{dx}\right]_0^l + \frac{1}{2}\left[\frac{dM}{dx}w\right]_0^l - \frac{1}{2}\int_0^l \frac{d^2M}{dx^2}w\,dx.$$

Wegen Gl. (32) können wir das auch in der folgenden Form schreiben:

$$A = -\frac{1}{2}\left[M\frac{dw}{dx}\right]_0^l + \frac{1}{2}\left[Qw\right]_0^l + \frac{1}{2}\int_0^l pw\,dx. \tag{115}$$

Das Integral ist offenbar eine Verallgemeinerung der rechten Seite von Gl. (111). Das erste Glied heißt ausgeschrieben

$$-\frac{1}{2}\left(M\frac{dw}{dx}\right)_{x=l} + \frac{1}{2}\left(M\frac{dw}{dx}\right)_{x=0}$$

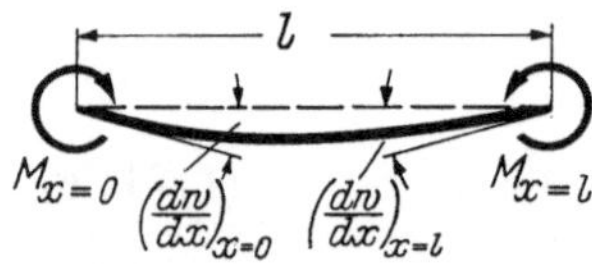

Abb. 150. Arbeit der äußeren Momente an den Enden eines Balkens.

und stellt nach Abb. 150 die Summe der Arbeiten der an den Stabenden angreifenden äußeren Momente dar. Das zweite Glied kann in derselben Weise als die Arbeit der Endquerkräfte gedeutet werden. Das letzte Glied beschreibt die Arbeit einer verteilten Last und enthält die rechte Seite von Gl. (111) als Sonderfall.

g) Mohrsches Arbeitsintegral

Wir wollen nun den Begriff der Formänderungsenergie und die damit verbundenen Beziehungen zur Berechnung der Durchbiegung von Balken benutzen.

Abb. 151 zeigt ein Beispiel eines Balkens. Die in der ersten Teilfigur gezeichnete Belastung $P_1, \ldots, p(x)$ sei die gegebene Belastung, und das darunter gezeichnete Diagramm stelle die Verteilung der zugehörigen Biegemomente M dar. Abb. 151c zeigt denselben Balken mit einer lotrechten Einzellast P' im Punkte C und Abb. 151d die zugehörigen Biegemomente M'.

Wir bringen zunächst die gegebene Belastung auf den Balken und schreiben die Formänderungsenergie in den beiden durch die Gln. (113) und (115) gegebenen Formen:

$$\frac{1}{2}\sum P_n w_n + \frac{1}{2}\int p w\,dx = \frac{1}{2}\int \frac{M^2}{EI}\,dx. \tag{116a}$$

Die Summen und Integrale sind der Einfachheit halber ohne Angabe der Grenzen geschrieben. Es sei verabredet, daß sie über alles Summierbare oder Integrierbare zu erstrecken sind. Da an den Enden des Balkens $Q = 0$ und $M = 0$ ist, fallen in Gl. (115) die ersten beiden Summanden fort.

Wenn wir statt der ersten die zweite Belastung aufbringen, erhalten wir entsprechend

$$\frac{1}{2}P'w'_C = \frac{1}{2}\int \frac{M'^2}{EI}\,dx. \tag{116b}$$

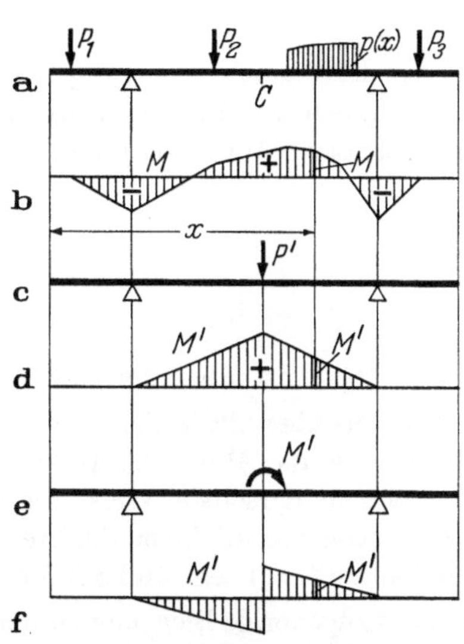

Abb. 151. Zum Mohrschen Arbeitsintegral.

Wir bringen nun zuerst die Einzellast P' auf den Balken und danach die gegebenen Lasten nach Abb. 151a. Für den ersten Teil dieses Belastungsvorgangs gibt Gl. (116b) die von der Last geleistete Arbeit und die im Balken gespeicherte Energie. Während des zweiten Teils leisten nicht nur die neuen Lasten die auf der linken Seite von Gl. (116a) stehende Arbeit, sondern die Last P' leistet auch einen Beitrag, nämlich das Produkt der in voller Größe anwesenden Kraft P' mit der durch die neu hinzugekommenen Lasten erzeugten Verschiebung w_C des Punktes C. Die von den äußeren Kräften geleistete Arbeit ist also insgesamt

$$\frac{1}{2}P'w'_C + \frac{1}{2}\sum P_n w_n + \frac{1}{2}\int p w\,dx + P'w_C. \tag{117a}$$

Nachdem alle Lasten aufgebracht sind, ist das Biegemoment $M + M'$, die Formänderungsenergie also

$$\frac{1}{2}\int \frac{(M+M')^2}{EI}\,dx = \frac{1}{2}\int \frac{M^2}{EI}\,dx + \int \frac{MM'}{EI}\,dx + \frac{1}{2}\int \frac{M'^2}{EI}\,dx. \tag{117b}$$

Die äußere Arbeit (117a) und die Formänderungsenergie (117b) müssen einander gleich sein. Wenn wir diese Gleichung aufschreiben, finden wir auf ihrer linken Seite die linken Seiten der Gln. (116a, b) und auf ihrer rechten Seite die rechten Seiten dieser beiden Gleichungen. Wenn wir diese Beiträge abziehen, verbleibt

$$P' w_C = \int \frac{M M'}{EI} \, dx .$$

Wir dividieren beide Seiten dieser Beziehung durch P' und definieren

$$\frac{M'}{P'} = \overline{M}$$

als das Biegemoment je Einheit einer im Punkte C angebrachten Last. Dann haben wir für die Durchbiegung dieses Punktes unter der gegebenen Last (Abb. 151a) die Beziehung

$$w_C = \int_0^l \frac{M \overline{M}}{EI} \, dx . \tag{118}$$

Das Integral ist über die ganze Balkenlänge zu erstrecken oder doch wenigstens über alle Teile, in denen M und $\overline{M}$ von Null verschieden sind. Gl. (118) ist das Mohrsche Arbeitsintegral.

Ganz in derselben Weise kann man auch die Verdrehung ψ_C der Balkentangente in einem Punkte C finden. Man muß dann nur anstelle der Last $P' = 1$ ein äußeres Moment $M' = 1$ anbringen (Abb. 151e) und das zugehörige Biegemomentendiagramm $\overline{M}$ aufzeichnen (Abb. 151f). Die Verdrehung ist dann

$$\psi_C = \int \frac{M \overline{M}}{EI} \, dx . \tag{119}$$

Eine bedeutsame Anwendung der Gln. (118), (119) ergibt sich, wenn wir die von einer Einzelkraft oder einem Einzelmoment erzeugte Durchbiegung untersuchen. Abb. 152 zeigt einen Balken mit zwei Lasten P_1, P_2. Die darunter aufgetragenen Momentendiagramme sind die Biegemomente M_1 für $P_1 = 1$ und M_2 für $P_2 = 1$. Wir wollen zunächst annehmen, daß P_1 die wirkliche Last sei und daß wir die Durchbiegung im Punkt 2 berechnen wollen. Wir müssen dann im Punkt 2 eine Einheitslast P_2 anbringen und finden nach Gl. (118):

$$w_{21} = \int \frac{M_1 M_2}{EI} \, dx .$$

Wir haben hier ein System doppelter Indizierung eingeführt, das wir später bei der Untersuchung statisch unbestimmter Systeme wiederfinden werden: Der erste Index bezeichnet den Punkt, dessen Durchbiegung wir berechnen, und der zweite weist auf die Ursache der Durchbiegung hin, nämlich eine Last im Punkt 1.

Wir wollen nun den Balken mit der Last $P_2 = 1$ belasten und die Durchbiegung des Punktes 1 berechnen. Gl. (118) liefert

$$w_{12} = \int \frac{M_2 M_1}{EI}\, dx,$$

also genau denselben Wert, $w_{12} = w_{21}$, in Worten: Die Durchbiegung des Punktes 1 je Einheit einer im Punkt 2 wirkenden Last ist gleich der Durchbiegung des Punktes 2 je Einheit einer im Punkte 1 angebrachten Last. Dieses Gesetz wird als das Reziprozitätsgesetz von MAXWELL bezeichnet.

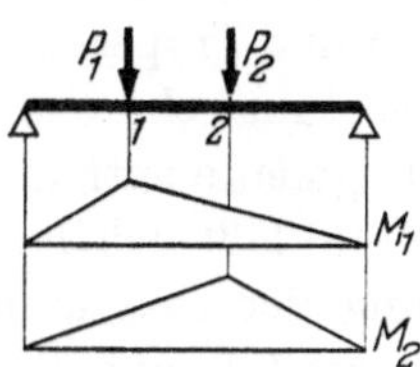

Abb. 152. Zum MAXWELLschen Reziprozitätsgesetz.

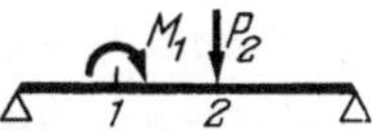

Abb. 153. Zur Reziprozität zwischen einer Durchbiegung und einer Tangentendrehung.

Es sei dem Leser überlassen, nachzuweisen, daß auch die Tangentendrehung im Punkt 1 je Einheit der Last P_2 (Abb. 153) gleich der Durchbiegung im Punkt 2 je Einheit eines äußeren Momentes M_1 ist und daß eine ähnliche Beziehung besteht zwischen zwei Tangentendrehungen unter der Wirkung zweier äußerer Momente.

In den Abb. 152 und 153 haben wir zur Veranschaulichung einen einfachen Balken auf zwei Stützen benutzt. Man überzeugt sich jedoch leicht, daß die Reziprozität der Formänderung auch für jedes andere System zutrifft, auch für ein statisch unbestimmtes, da sich die allgemeinen Gln. (118), (119) auf alle diese Systeme anwenden lassen.

Es ist nützlich, sich die Dimensionsrichtigkeit der Gln. (118) und (119) klarzumachen. In Gl. (118) ist $\overline{M}$ ein Biegemoment je Lasteinheit, hat also die Dimension $KL/K = L$, wenn wir die Dimensionen von Kraft und Länge mit K und L bezeichnen. M ist ein regelrechtes Moment, und EI hat die Dimension $KL^{-2} \cdot L^4 = KL^2$. Die rechte Seite der Gleichung hat also insgesamt die Dimension

$$\frac{KL \cdot L}{KL^2}\, L = L,$$

d. h. sie ist, wie es sein muß, eine Länge. In Gl. (119) dagegen ist $\overline{M}$ ein Biegemoment je Einheit eines äußeren Momentes, ist also dimensionslos, und die rechte Seite dieser Gleichung hat die Dimension

$$\frac{KL\cdot 1}{KL^2}\,L = 1\,,$$

ist also dimensionslos, wie wir es für einen Drehwinkel erwarten müssen.

Die praktische Bedeutung der Gl. (118) liegt darin, daß sie eine sehr einfache Berechnung der Durchbiegung eines Balkens ermöglicht. Man braucht nur in dem Punkt, dessen Durchbiegung berechnet werden soll, eine „Prüflast" $P' = 1$ anzubringen und die zugehörige Momentenlinie $\overline{M}$ zu zeichnen. Dann liefert eine einfache Quadratur die Durchbiegung. In allen praktischen Anwendungen besteht die $\overline{M}$-Linie aus Geradenstücken, die Diagrammfläche also aus Dreiecken, Rechtecken und Trapezen, während das zur gegebenen Belastung gehörende M-Diagramm auch Parabelsegmente enthalten kann. Das Integral der Gl. (118) läßt sich daher durch zweckmäßige Zerlegung der Diagrammflächen auf eine ziemlich begrenzte Zahl einfacher Grundfälle zurückführen, für die das Ergebnis in einer Tabelle bereitgehalten werden kann. Eine solche Tabelle findet der Leser auf S. 161. Mit ihrer Hilfe wollen wir jetzt einige Aufgaben lösen.

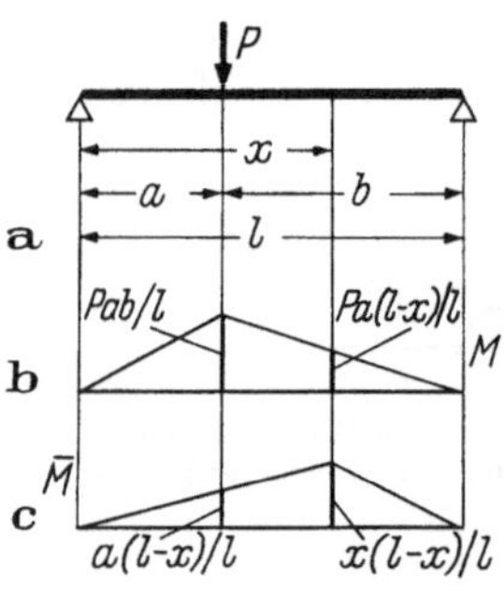

Abb. 154. Berechnung einer Durchbiegung mit Hilfe des MOHRschen Arbeitsintegrals.

Wir beginnen mit einem Balken mit einer Einzellast (Abb. 154) und fragen nach der Durchbiegung im Abstande x vom linken Auflager. Wir wollen voraussetzen, daß $x > a$ ist. Abb. 154b zeigt das M-Diagramm, Abb. 154c das $\overline{M}$-Diagramm für eine Einheitslast im Punkte x. Um die Tab. 5 anzuwenden, müssen wir beide Diagramme in Teile zerlegen. Das kann in verschiedener Weise geschehen. In Abb. 154b, c ist eine mögliche Zerlegung angedeutet. Das Arbeitsintegral besteht aus dem Produkt zweier Dreiecke der Länge a, zweier Trapeze der Länge $(x-a)$ und zweier Dreiecke der Länge $(l-x)$:

$$EIw = \int_0^l M\overline{M}\,dx = \frac{1}{3}\,a\,\frac{Pab}{l}\,\frac{a(l-x)}{l} +$$

$$+\frac{1}{6}\,(x-a)\left[\frac{Pab}{l}\left(2\,\frac{a(l-x)}{l} + \frac{x(l-x)}{l}\right) +\right.$$

$$\left. + \frac{Pa(l-x)}{l}\left(\frac{a(l-x)}{l} + 2\,\frac{x(l-x)}{l}\right)\right] + \frac{1}{3}\,(l-x)\,\frac{Pa(l-x)}{l}\,\frac{x(l-x)}{l}\,.$$

Tabelle 5. *Mohrsches Arbeitsintegral*

Alle Diagramme haben die Länge l. Die Formeln geben $\int_0^l M\bar{M}\,dx$ für das Produkt eines M-Diagramms mit dem darüberstehenden (schraffierten) $\bar{M}$-Diagramm. Für die Anwendung der Formeln ist es gleichgültig, welches der Diagramme M und welches $\bar{M}$ ist. Alle Kurven sind quadratische Parabeln, die an einem Ende oder in der Mitte eine waagerechte Tangente haben.

$\bar{M}_2$		$\bar{M}_1$ $\bar{M}_2$	
M_2	$\frac{1}{3}\,l\bar{M}_2M_2$	M_1	$\frac{1}{2}\,l(\bar{M}_1+\bar{M}_2)\,M_1$
M_1	$\frac{1}{6}\,l\bar{M}_2M_1$	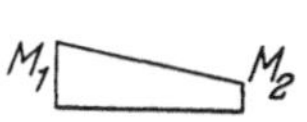 M_1 M_2	$\frac{1}{6}\,l[\bar{M}_1(2M_1+M_2)+$ $+\bar{M}_2(M_1+2M_2)]$
M_3 a b	$\frac{1}{6}\,l\bar{M}_2M_3\left(1+\frac{a}{l}\right)$	M_1 M_2	wenn $M=\bar{M}$:
M_1 M_2	$\frac{1}{6}\,l\bar{M}_2(M_1+2M_2)$		$\frac{1}{3}\,l(M_1^2+M_1M_2+M_2^2)$
M_1	$\frac{1}{2}\,l\bar{M}_2M_1$	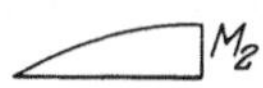 M_2	$\frac{1}{12}\,l(3\bar{M}_1+5\bar{M}_2)\,M_2$
 M_2	$\frac{5}{12}\,l\bar{M}_2M_2$	M_2	$\frac{1}{12}\,l(\bar{M}_1+3\bar{M}_2)\,M_2$
M_1	$\frac{1}{4}\,l\bar{M}_2M_1$	 M_3	$\frac{1}{3}\,l(\bar{M}_1+\bar{M}_2)\,M_3$
M_2	$\frac{1}{4}\,l\bar{M}_2M_2$	M_3 a b	$\frac{1}{6}\,l\left[\bar{M}_1\left(1+\frac{b}{l}\right)+\right.$
M_1	$\frac{1}{12}\,l\bar{M}_2M_1$		$\left.+\bar{M}_2\left(1+\frac{a}{l}\right)\right]M_3$
M_3	$\frac{1}{3}\,l\bar{M}_2M_3$		

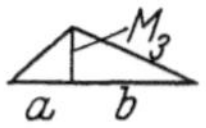

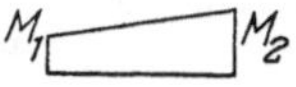

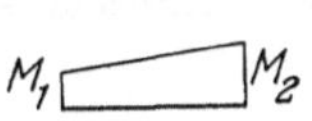

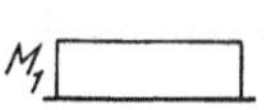

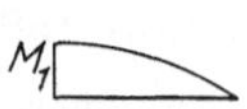

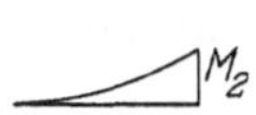

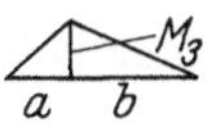

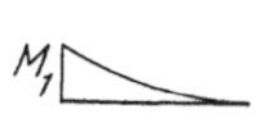

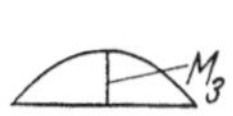

Wenn man das zusammenrechnet, erhält man

$$EIw = \frac{Pa(l-x)}{6l}\,[-a^2 + 2lx - x^2]. \qquad (120\,a)$$

Für festes a und veränderliches x ist dies die Gleichung des rechten Teiles der Biegelinie, die wir schon früher (S. 135) auf andere Weise erhalten haben.

Wir können aus Gl. (120a) ohne weitere Rechnung die Gleichung für den linken Teil der Biegelinie gewinnen. Der Balken in Abb. 155 ist ein Spiegelbild des in Abb. 154 dargestellten, aber die Bezeichnungen sind abgeändert. Was früher a hieß, heißt jetzt b, und umgekehrt, und aus x ist $(l-x)$ geworden. Wenn wir die entsprechenden Änderungen in Gl. (120a) vornehmen, erhalten wir die Durchbiegung für einen links der Last liegenden Balkenpunkt:

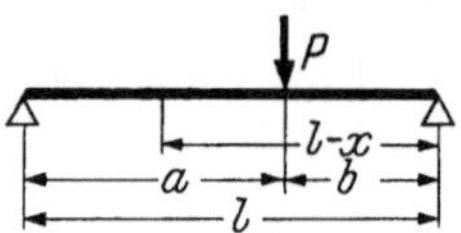

Abb. 155. Spiegelbildliches Gegenstück zu dem Balken der Abb. 154.

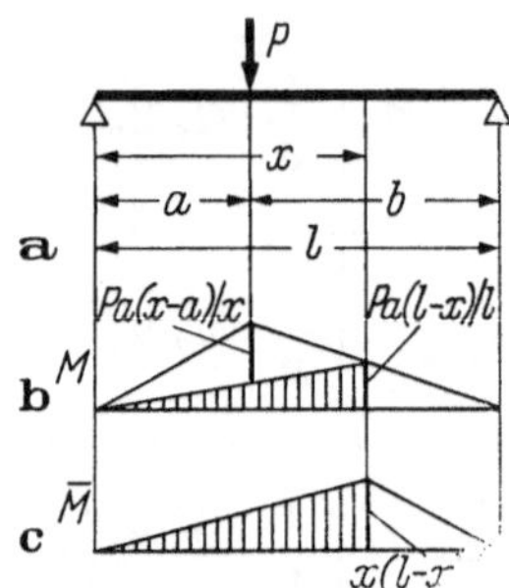

Abb. 156. Zerlegung der Momentendiagramme zur Anwendung des MOHRschen Arbeitsintegrals.

$$EIw = \frac{Pbx}{6l}\,[-b^2 + 2l(l-x) - (l-x)^2], \qquad (120\,b)$$

und das läßt sich leicht in die auf S. 135 angegebene Form bringen.

Zur Gewinnung der Gl. (120a) können wir auch in der folgenden Weise vorgehen. Wir zerlegen das M-Diagramm in drei Teile nach Abb. 156, und das $\overline{M}$-Diagramm in zwei, und berechnen die in der Figur eingetragenen Ordinaten. Das Mohrsche Arbeitsintegral hat dann wieder drei Summanden: Jedes der beiden M-Dreiecke der Länge x muß mit dem darunter stehenden $\overline{M}$-Dreieck multipliziert werden, und der dritte Summand ist das Produkt der beiden Dreiecke der Länge $(l-x)$. Man erhält so

$$EIw = \frac{1}{6}\,x\,\frac{Pa(x-a)}{x}\,\frac{x(l-x)}{l}\left(1+\frac{a}{x}\right) + \frac{1}{3}\,x\,\frac{Pa(l-x)}{l}\,\frac{x(l-x)}{l} +$$

$$+\frac{1}{3}\,(l-x)\,\frac{Pa(l-x)}{l}\,\frac{x(l-x)}{l}.$$

Wenn man das zusammenrechnet, kommt man auf dieselbe Formel wie zuvor.

Als zweites Beispiel berechnen wir die Durchbiegung in der Mitte eines gleichmäßig belasteten Balkens. Abb. 157 zeigt den Balken, das M-Diagramm und das $\overline{M}$-Diagramm für eine in der Mitte angreifende Einheitslast. Die Kombination dieser beiden Momentendiagramme ist

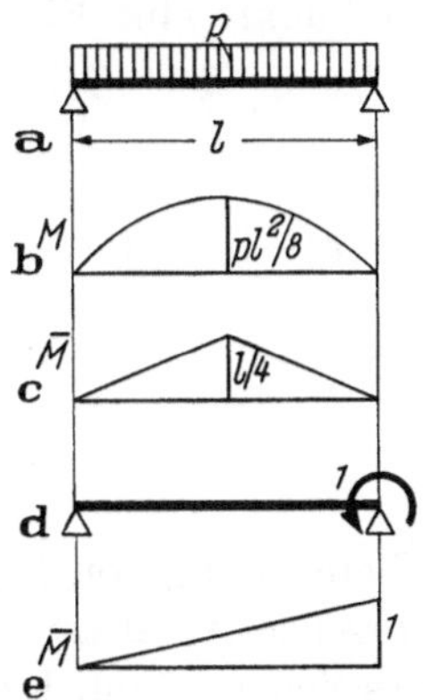

Abb. 157. Balken mit gleichförmiger Last.

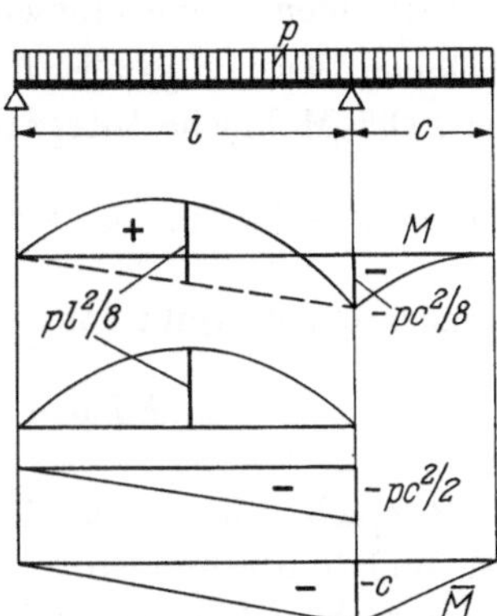

Abb. 158. Balken mit Kragarm.

in der Tabelle nicht enthalten, wohl aber die der linken Hälften. Die rechten Hälften liefern noch einmal denselben Beitrag, und wir erhalten insgesamt

$$EIw = 2 \cdot \frac{5}{12} \cdot \frac{l}{2} \cdot \frac{pl^2}{8} \cdot \frac{l}{4} = \frac{5pl^4}{384}.$$

Wenn wir die Neigung der rechten Auflagertangente berechnen wollen, müssen wir als Prüflast ein Einheitsmoment am Balkenende anbringen (Abb. 157d). Wir wählen den Sinn des Momentes in der Richtung der erwarteten Tangentendrehung. Das zugehörige $\overline{M}$-Diagramm ist in Abb. 157 dargestellt, und seine Kombination mit dem M-Diagramm der Abb. 157b liefert

$$EI\psi = \tfrac{1}{3}l \cdot 1 \cdot \tfrac{1}{8}pl^2 = \tfrac{1}{24}pl^3.$$

Schließlich zeigen wir noch ein etwas schwierigeres Beispiel für die Zerlegung der M-Fläche, Abb. 158. Der rechte Teil ist ein Parabelsegment, wie es in Tab. 5 mehrfach vorkommt. Zur zweckmäßigen Zerlegung des linken Teils ziehen wir die gestrichelte Gerade und betrachten die wirkliche Momentenfläche als die Differenz der beiden darunter gezeichneten. Das Parabelsegment stellt die Momentenverteilung dar, die sich einstellen würde, wenn der Kragarm unbelastet wäre, und das

Dreieck gibt die Biegemomente, die durch eben diese Kragarmlast im linken Balkenteil erzeugt werden. Wenn wir uns das Momentendiagramm so zerlegen, ersparen wir uns die Mühe, den Momentennullpunkt und das Größtmoment im Felde zu berechnen und ersparen uns auch die mühsame Zerlegung des negativen Abschnitts in Teilfiguren, die in der Tabelle enthalten sind.

Wir stellen uns nun die Aufgabe, die Durchbiegung des freien Balkenendes zu berechnen. Dazu müssen wir in diesem Punkte eine Einheitslast anbringen. Das zugehörige $\overline{M}$-Diagramm ist in der Figur aufgezeichnet. Das Mohrsche Integral liefert

$$EIw = \tfrac{1}{3}l(-\tfrac{1}{2}pc^2)(-c) + \tfrac{1}{3}l(\tfrac{1}{8}pl^2)(-c) + \tfrac{1}{4}c(-\tfrac{1}{2}pc^2)(-c).$$

Zusammengerechnet ergibt das

$$EIw = \tfrac{1}{8}pc(l^3 + c^3).$$

Diese Beispiele zeigen, wie einfach sich die Berechnung von Durchbiegungen und Verdrehungen mit Hilfe des Mohrschen Arbeitsintegrals gestaltet. In technischen Anwendungen handelt es sich gewöhnlich nicht darum, Formeln zu finden, wie wir es hier getan haben, sondern Zahlenwerte, und dann ist die Rechnung noch einfacher. Das erste Beispiel zeigt aber, daß es auch recht einfach sein kann, Formeln für veränderliches x aufzustellen, viel einfacher als mit Hilfe der in Abschnitt b behandelten Integration. Die Einfachheit geht allerdings zum guten Teil verloren, wenn EI nicht konstant ist, da man dann nicht auf fertige Integralformeln zurückgreifen kann, sondern auch die in den Gln. (118), (119) geforderten Integrationen in allen Einzelheiten selbst ausführen muß.

Aufgabe

43. Berechne mit Hilfe der Tab. 5 die Tangentenneigung w' in Punkten A, B und die Durchbiegung w in Punkten E, F. Werkstoff: Stahl, $E = 2{,}1 \cdot 10^6$ kg/cm², Trägheitsmomente wie angegeben, Maße in m.

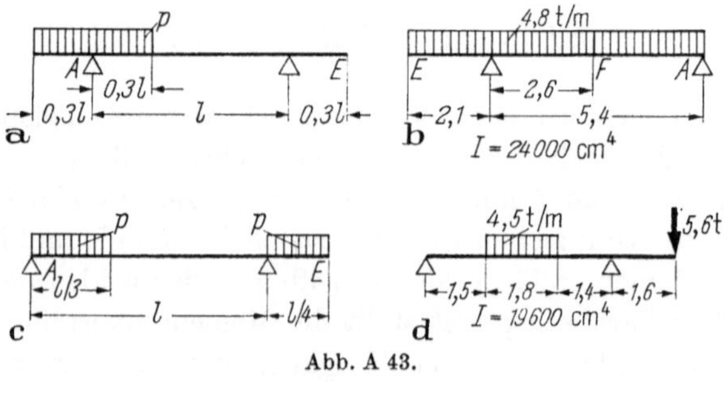

Abb. A 43.

6. Statisch unbestimmte Systeme

a) Der Zweifeldträger

Auf S. 51 haben wir gesehen, daß die Stützkräfte eines Balkens auf zwei Stützen aus Gleichgewichtsbedingungen berechnet werden können. Wenn wir dem Balken eine dritte Stütze geben (Abb. 159), haben wir einschließlich der irgendwo nötigen horizontalen Stützkraft vier Unbekannte, und die drei Gleichgewichtsbedingungen eines ebenen Kräftesystems reichen zu ihrer Berechnung nicht aus. Wir nennen daher einen solchen Balken *statisch unbestimmt*. Wir können für die Stützkraft B einen beliebigen, positiven oder negativen Wert annehmen und stets die drei anderen Stützkräfte H, A, C so bestimmen, daß allen drei Gleichgewichtsbedingungen genügt wird.

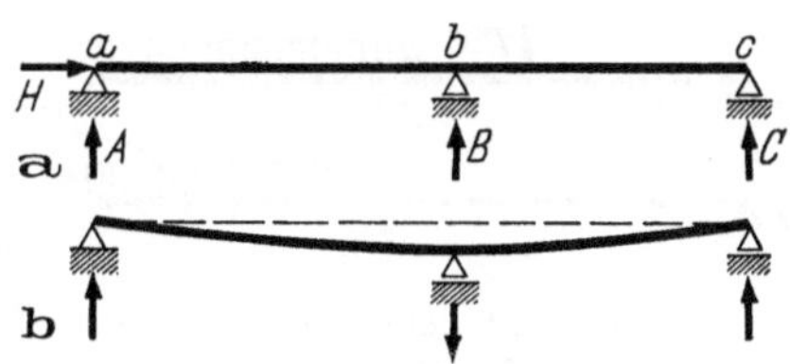

Abb. 159. Zweifeldträger.

Dieser statischen Unbestimmtheit des Balkens steht eine geometrische Überbestimmtheit gegenüber. Zur Festlegung der Lage des unbelasteten und unverformten Balkens genügt es offenbar, wenn wir beide Koordinaten des linken Endpunktes a und die lotrechte Koordinate des rechten Endpunktes c vorschreiben. Abgesehen davon, daß die Höhendifferenz der beiden Enden nicht größer als die Balkenlänge sein darf, können wir die drei Koordinaten ganz beliebig wählen. Damit ist dann aber die Lage jedes anderen Balkenpunktes eindeutig festgelegt. Wenn wir zusätzlich die lotrechte Koordinate des Punktes b so vorschreiben, wie sie sich ohnehin ergibt, so tun wir etwas Überflüssiges, und wenn wir sie anders vorschreiben, so verlangen wir etwas Unmögliches, es sei denn, daß wir eine Verbiegung des Balkens erlauben wollen. Wenn wir z. B. verlangen, daß b tiefer liegt, als es sich aus der Lage von a und c ergibt, müssen wir im Stützpunkt b eine abwärts gerichtete Stützkraft B anbringen, die den Balken verbiegt und die mit eindeutig bestimmbaren Stützkräften A und C im Gleichgewicht ist. Diese geometrische Überbestimmtheit und das damit mögliche Auftreten von Stützkräften und Spannungen ohne Lasten sind untrennbar mit der statischen Unbestimmtheit des Balkens verbunden.

Wenn wir den Balken wirklich bauen, und wenn es uns gelingt, ihn spannungsfrei auf seine drei Auflager zu legen, werden sich unter jeder Belastung bestimmte Stützkräfte einstellen. Wir fragen uns, von welchen Umständen ihre Werte abhängen und wie wir sie berechnen können.

Wir können die statische Unbestimmtheit beseitigen, indem wir die überzählige Mittelstütze entfernen. Das auf diese Weise aus dem gegebenen System Abb. 160a, entstehende statisch bestimmte System, Abb. 160b, bezeichnen wir als *Hauptsystem*. Wenn wir im Hauptsystem den Spannungszustand erzeugen wollen, der im statisch unbestimmten System besteht, müssen wir außer den Lasten die Stützkraft B als äußere Kraft anbringen. Diese zunächst unbekannte Kraft wird *überzählige Größe* oder *Überzählige* genannt, und wir bezeichnen sie von jetzt an mit X_1.

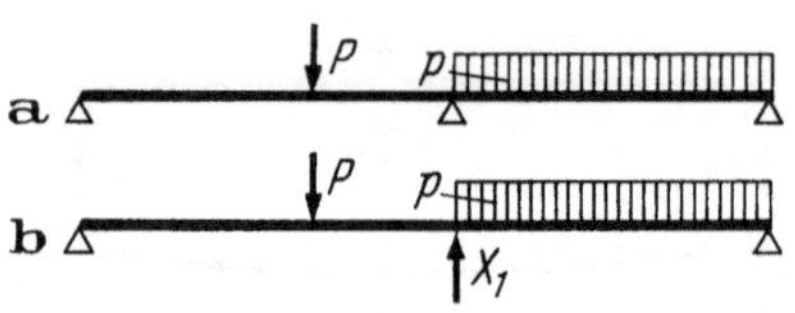

Abb. 160. (a) Statisch unbestimmter Balken, (b) Hauptsystem.

Während im gegebenen System die Durchbiegung im Punkte b Null sein muß, kann sie im Hauptsystem jeden Wert annehmen, je nachdem welchen Wert wir der Überzähligen X_1 beilegen. Wir müssen diesen Wert offenbar so wählen, daß die Durchbiegung Null wird, und diese Forderung liefert uns die fehlende Gleichung zur Berechnung der Überzähligen X_1.

Zur rechnerischen Durchführung dieses Gedankenganges untersuchen wir die Formänderung des Hauptsystems getrennt für zwei Belastungen: die gegebenen Lasten P, p und eine Belastung mit der unbekannten Kraft X_1. Offenbar haben die Durchbiegungen infolge dieser beiden Lastsysteme verschiedene Richtung, und wir müssen der einen ein positives, der anderen ein negatives Vorzeichen beilegen. Während wir bisher Durchbiegungen positiv rechneten, wenn sie nach unten gerichtet waren, wollen wir hier festlegen, daß die Verschiebung des Angriffspunktes einer überzähligen Kraft immer dann als positiv gelten soll, wenn sie im positiven Sinne dieser Kraft vor sich geht. In unserem Falle ist dann die von den Lasten P, p erzeugte Durchbiegung $\delta_{10} < 0$.

Die Durchbiegung infolge der Kraft X_1 ist positiv und der Größe dieser Kraft proportional. Wir können sie daher mit $\delta_{11} X_1$ bezeichnen, und δ_{11} stellt dann die Durchbiegung je Einheit der Kraft X_1 dar. Auch diese Größe läßt sich nach verschiedenen, früher erklärten Verfahren berechnen.

Die Gesamtdurchbiegung des Punktes b des Hauptsystems ist

$$\delta_1 = \delta_{10} + \delta_{11} X_1,$$

und da diese Durchbiegung im gegebenen System gleich Null ist, muß offenbar

$$X_1 = -\frac{\delta_{10}}{\delta_{11}} \tag{121}$$

sein. Damit haben wir die Bestimmung der überzähligen Stützkraft auf die Berechnung zweier Durchbiegungen zurückgeführt.

Wir wollen uns die Einzelheiten der Rechnung an einem Beispiel vor Augen führen und wählen den in Abb. 161a dargestellten Balken. Abb. 161b zeigt das Hauptsystem mit den daran angreifenden Kräften.

Die Durchbiegung δ_{10} kann aus Tab. 4 entnommen werden, wenn man dort a durch $l/2$ und l durch $2l$ ersetzt. Da sie nach unten geht, also der positiven Richtung von X_1 zuwider läuft, zählen wir sie hier als negativ und haben

$$\delta_{10} = -\frac{11 P l^3}{96 EI}. \qquad \text{(a)}$$

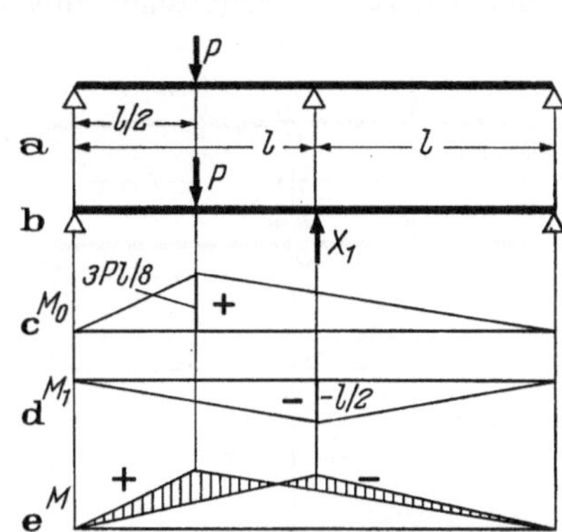

Abb. 161. Durchgehender Träger, Stützkraft als Überzählige.

Die Durchbiegung δ_{11} für eine Einheit der Kraft X_1 kann ebenfalls aus Tab. 4 entnommen werden und ist

$$\delta_{11} = +\frac{l^3}{6 EI}. \qquad \text{(b)}$$

Die Überzählige X_1 ergibt sich damit zu

$$X_1 = -\frac{\delta_{10}}{\delta_{11}} = \frac{11 P l^3}{96 EI} \cdot \frac{6 EI}{l^3} = \frac{11}{16} P.$$

Es ist nützlich, sich die Dimensionsrichtigkeit der hier benutzten Gleichungen klarzumachen. Die Größe δ_{10} stellt eine Durchbiegung dar und hat daher die Dimension einer Länge. Man prüft leicht nach, daß die rechte Seite der Gl. (a) tatsächlich diese Dimension hat. Die Größe δ_{11} ist die Durchbiegung je Einheit der Kraft X_1 und hat daher die Dimension einer Länge je Krafteinheit. Dies kommt klar in Gl. (b) zum Ausdruck. Der Zähler ist die dritte Potenz einer Länge (L^3), und der Nenner EI hat die Dimension $K \cdot L^2$, der Quotient also die Dimension $L \cdot K^{-1}$. Folgerichtig ergibt sich die Überzählige X_1 als eine Kraft.

Nachdem wir X_1 berechnet haben, können wir die Biegemomente im Balken durch Superposition finden. Abb. 161c ist die Momentenlinie für die Last P im Hauptsystem, Abb. 161d die Momentenlinie für die Last $X_1 = 1$. Das Gesamtmoment ist

$$M = M_0 + X_1 M_1, \qquad (122)$$

und Abb. 161e zeigt, wie sich das M-Diagramm durch Abziehen der X_1-fachen M_1-Ordinaten von den M_0-Ordinaten erhalten läßt.

In Abb. 161e erkennt man die Spuren einer wesentlichen rechnerischen Schwierigkeit. Die endgültigen Werte M ergeben sich als verhältnismäßig kleine Differenzen größerer Zahlen. Das fällt kaum ins Gewicht in einem so einfachen Falle wie dem hier vorliegenden, in dem sich alle Rechnungen leicht mit aller erwünschten Schärfe ausführen lassen. In praktischen Balkenaufgaben hat man es aber recht oft mit komplizierteren Lastfällen zu tun, und dann treten an Stelle der Formeln (a) und (b) Zahlenrechnungen mit Rechenschiebergenauigkeit, und die spätere Subtraktion von Werten dieser Genauigkeit führt zu unerwünscht ungenauen Endergebnissen.

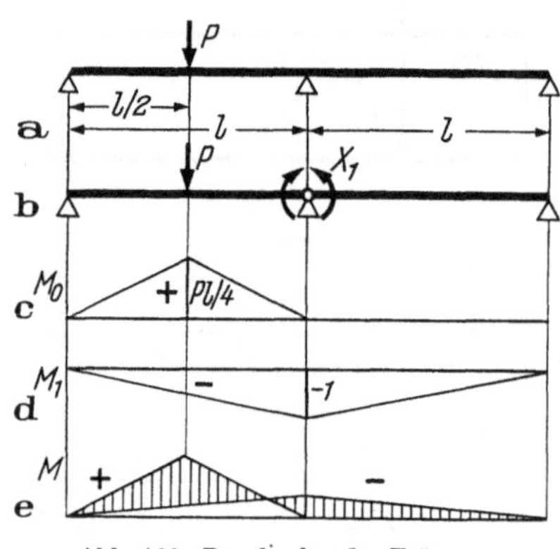

Abb. 162. Durchgehender Träger, Stützmoment als Überzählige.

Dieser Nachteil läßt sich durch eine bessere Wahl des statisch bestimmten Hauptsystems vermeiden. Abb. 162a zeigt denselben Balken wie Abb. 161a, aber das Hauptsystem in Abb. 162b ist von dem vorher benutzten wesentlich verschieden. Anstatt die Mittelstütze zn entfernen, haben wir hier ein Gelenk in den Balken eingefügt und damit den durchgehenden Träger in zwei einfache Träger verwandelt. Man findet nun aus Gleichgewichtsbedingungen, daß $A = B = P/2$ und $C = 0$ ist, und das Biegemoment M_0 für die am Hauptsystem wirkenden Lasten hat den in Abb. 162c dargestellten Verlauf.

Nachdem wir die Kontinuität des Trägers durch Einfügung des Gelenks unterbrochen haben, müssen wir das urspünglich an dieser Stelle wirkende Biegemoment als äußeres Moment an jedem der beiden Teilbalken anbringen. Wir wollen diese äußeren Momente mit X_1 bezeichnen und sie als positiv ansehen, wenn sie den in Abb. 162b eingetragenen Drehsinn haben. Ihr gemeinsamer Wert X_1 ist die überzählige Größe unserer Rechnung. Abb. 162d zeigt die Verteilung des Biegemomentes M_1, das durch seine Einheit der Last X_1 erzeugt wird.

Unter dem Einfluß der Last X_1 verbiegen sich die beiden Balken, so daß sich ihre im Punkte b zusammenstoßenden Enden gegeneinander verdrehen. Die relative Verdrehung, positiv im Sinne der beiden Momente X_1, ist die Summe der Verdrehungen des rechten Endes des Balkens ab und des linken Endes des Balkens bc. Aus Tab. 4 lesen wir ab, daß die Summe $\delta_{11} X_1$ dieser beiden Drehwinkel den Wert

$$\delta_{11} X_1 = \frac{X_1 l}{3EI} + \frac{X_1 l}{3EI} = X_1 \frac{2l}{3EI}$$

hat. Unter der Belastung P ist der rechte Balken spannungslos und erleidet daher keine Formänderung. Das rechte Ende des Balkens ab verdreht sich, und zwar in negativem Sinne, und diese Verdrehung stellt die Relativdrehung δ_{10} der beiden in b zusammenstoßenden Stabenden dar. Nach Tab. 4 hat sie die Größe

$$\delta_{10} = -\frac{Pl^2}{16EI}.$$

Wir schließen nun wie zuvor, daß die gesamte Relativdrehung δ_1 der beiden Stabenden die Summe der Einflüsse von X_1 und P ist:

$$\delta_1 = \delta_{11} X_1 + \delta_{10},$$

und da diese Relativdrehung im durchgehenden Träger der Abb. 162a unmöglich ist, muß X_1 so gewählt werden, daß sich $\delta_1 = 0$ ergibt. Wir erhalten also wiederum

$$X_1 = -\frac{\delta_{10}}{\delta_{11}},$$

aber mit den neuen Werten für δ_{10} und δ_{11} ergibt sich für die Überzählige

$$X_1 = \frac{Pl^2}{16EI}\frac{3EI}{2l} = \frac{3}{32}Pl.$$

Wenn wir äußere Momente dieser Größe zugleich mit der Last P am statisch bestimmten Hauptsystem anbringen, hat die Biegelinie im Punkt b eine eindeutige Tangente, d. h. keinen Knick. Wenn wir dann die beiden Balkenenden miteinander verlaschen, können wir die äußeren Momente X_1 entfernen, ohne am Spannungs- und Formänderungszustand etwas zu ändern, und wir haben dann den statisch unbestimmten Träger der Abb. 162a vor uns.

Das Biegemoment M im statisch unbestimmten System besteht aus den Beiträgen, die die Last P und die Überzählige X_1 im Hauptsystem erzeugen:

$$M = M_0 + X_1 M_1.$$

Der Verlauf von M_0 und M_1 ist in Abb. 162c, d dargestellt, und Abb. 162e zeigt die Superposition. Die Ordinaten dieses Diagrammes sind natürlich mit denen der Abb. 161e identisch, aber der Vergleich beider läßt erkennen, daß das zuletzt benutzte Hauptsystem günstiger ist, da die Bildung kleiner Differenzen großer Zahlen vermieden ist.

In den beiden hier vorgeführten Lösungen derselben statisch unbestimmten Balkenaufgabe treten zunächst Formänderungen δ auf, die von der Biegesteifigkeit des Balkens abhängen, aber am Ende der Rechnung hebt sich der Faktor EI heraus, und die Überzählige X_1 ist von der Biegesteifigkeit EI unabhängig. Diese Erscheinung wiederholt sich in allen genügend einfachen Aufgaben dieser Art, nämlich immer dann, wenn der Balken auf seiner ganzen Länge dasselbe Trägheitsmoment hat. Es ist dann nicht nötig, dieses Trägheitsmoment zu berechnen und den Elastizitätsmodul, d. h. den Werkstoff des Balkens zu kennen, um die Schnittkräfte im statisch unbestimmten System zu finden. Man muß dann natürlich darauf verzichten, Zahlenwerte für δ_{10} und δ_{11} zu berechnen und muß sich mit $EI\,\delta_{10}$ und $EI\,\delta_{11}$ begnügen. Das hat den

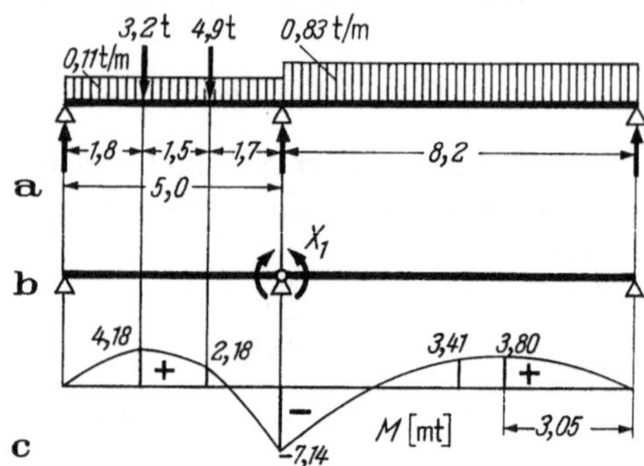

Abb. 163. Durchgehender Träger, Zahlenbeispiel.

zusätzlichen Vorteil, daß die EI-fachen Formänderungen von vernünftiger Größenordnung sind, während die Formänderungsgrößen selbst meist recht unhandliche Zahlenwerte haben.

In der Anwendung der Theorie auf praktische Aufgaben besteht die Belastung oft aus mehreren Einzellasten und verteilter Last. Es empfiehlt sich dann nicht, die Rechnung von Anfang zu Ende in allgemeinen Formelzeichen durchzuführen, sondern es ist besser, so früh wie möglich die gegebenen Zahlenwerte einzusetzen. Wie das am besten gemacht wird, möge das folgende Beispiel zeigen.

In Abb. 163a ist ein Träger mit seiner Belastung dargestellt, und in Abb. 163b das gewählte Hauptsystem mit der Überzähligen X_1. Wir berechnen die relative Verdrehung der über der Mittelstütze zusammenstoßenden Balkenenden für die Belastung $X_1 = 1$ unter Benutzung des ersten Lastfalles der Tab. 4:

$$EI\,\delta_{11} = \frac{5{,}00}{3} + \frac{8{,}20}{3} = 4{,}40\ \text{m}\,.$$

Zur Berechnung derselben relativen Verformung infolge der Lasten benutzen wir den dritten und vierten Lastfall derselben Tabelle und bedenken, daß alle Lasten negative Beiträge liefern:

$$EI\,\delta_{10} = -\frac{0{,}110 \cdot 5{,}00^3}{24} - \frac{0{,}830 \cdot 8{,}20^3}{24} - \frac{3{,}2 \cdot 1{,}8 \cdot 3{,}2 \cdot 6{,}8}{6 \cdot 5{,}00} - \frac{4{,}9 \cdot 3{,}3 \cdot 1{,}7 \cdot 8{,}3}{6 \cdot 5{,}00}$$

$$= -0{,}573 - 19{,}07 - 4{,}18 - 7{,}60 = -31{,}42\ \text{tm}^2.$$

Das überzählige Moment folgt daraus zu

$$X_1 = \frac{31{,}42}{4{,}40} = 7{,}14\ \text{mt}.$$

Man kann nun die Stützkräfte, Biegemomente und Querkräfte berechnen, indem man entweder das Hauptsystem mit den gegebenen Lasten und den beiden Momenten X_1 belastet, oder indem man die zuvor für die Lasten allein und für $X_1 = 1$ gefundenen Werte sinngemäß superponiert. In jedem Falle ergeben sich die Stützkräfte $A = 2{,}56$ t, $B = 10{,}36$ t, $C = 2{,}53$ t und die in Abb. 163c dargestellten Momente.

Aufgaben

44. Die Abbildungen zeigen einfach statisch unbestimmte Balken. Wähle ein Hauptsystem, berechne die Überzählige X_1 und zeichne das Momentendiagramm!

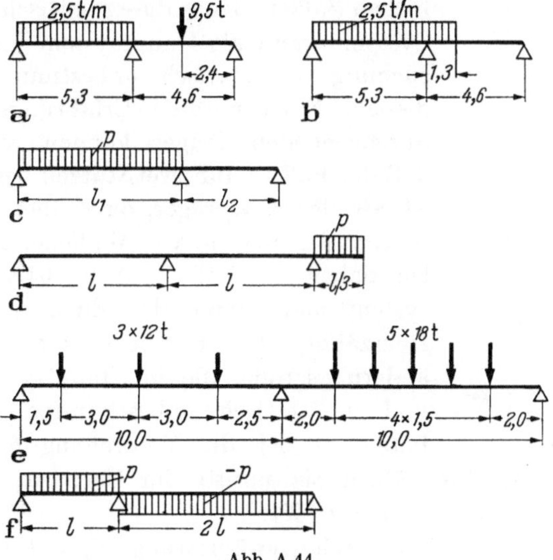

Abb. A 44.

Soweit als möglich, sollte Tab. 4 benutzt werden. Wo sie nicht ausreicht, ist das Mohrsche Arbeitsintegral heranzuziehen. Alle Balken haben konstanten Querschnitt. Maße in m.

45. Wähle als Überzählige das Biegemoment über der Mittelstütze und berechne diese Überzählige und die Biegemomente! Nimm in den Ergebnissen den Grenzübergang $l_2 \to 0$ vor und versuche, das Ergebnis auszudeuten! Man erhält offenbar nicht einen einfachen Balken auf zwei Stützen.

46. Berechne das Biegemoment über der Mittelstütze und trage es als Funktion von x auf! Wie sieht das Ergebnis aus, wenn $x > l$? Ein Diagramm dieser Art, das den Einfluß einer wandernden Last auf ein Biegemoment (oder irgendeine andere Größe) an einer bestimmten, festgehaltenen Stelle darstellt, wird eine *Einflußlinie* genannt. Zeichne die Einflußlinie für das Biegemoment in der Mitte des linken Feldes!

Abb. A 45. Abb. A 46.

b) Eingespannte Träger

Der einseitig eingespannte Träger (Abb. 164a) ist statisch unbestimmt, denn wir können ihn durch Beseitigung einer Stützkraft oder des Einspannmomentes in einen statisch bestimmten Träger überführen. Wenn wir die rechte Stütze entfernen, haben wir einen Kragträger, und wenn wir statt dessen die Einspannung des linken Endes durch eine gelenkige Lagerung ersetzen, haben wir einen einfachen Balken. Jedes dieser statisch bestimmten Systeme kann als Hauptsystem für die Untersuchung des statisch unbestimmten Systems dienen. Nach unseren Erfahrungen mit dem durchgehenden Träger können wir erwarten, daß der Balken auf zwei Stützen besser geeignet ist als der Kragträger, da er dem statisch unbestimmten System viel ähnlicher ist. Wir wählen daher den Balken, Abb. 164b, als Hauptsystem und führen das Einspannmoment als Überzählige X_1 ein. Die entsprechende Formänderungsgröße, die im Hauptsystem möglich und im statisch unbestimmten System verboten ist, ist die Verdrehung δ_1 des linken Endquerschnittes. Wir zählen sie positiv im Gegenzeigersinn, d. h. im Sinne des positiven Momentes X_1.

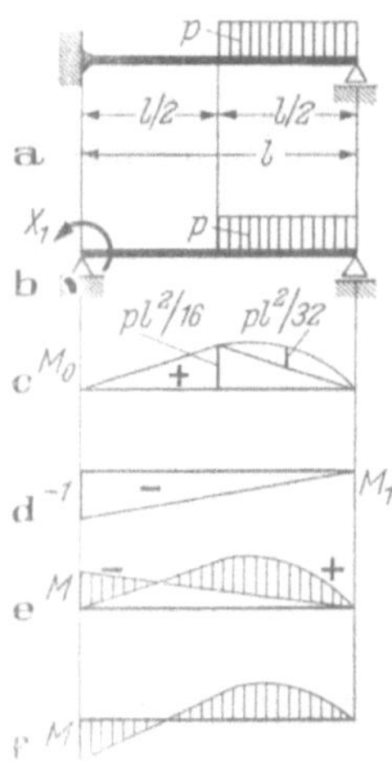

Abb. 164. Einseitig eingespannter Träger.

Die Verdrehung δ_{11}, die durch eine Belastung $X_1 = 1$ erzeugt wird, können wir aus Tab. 4 ablesen:

$$EI\,\delta_{11} = \frac{l}{3},$$

aber zur Berechnung der von der Belastung p erzeugten Formänderung gibt uns die Tabelle keine Hilfe. Wir wenden daher das Mohrsche Arbeitsintegral an. Das von der Last im Hauptsystem erzeugte Biegemoment M_0 ist in Abb. 164c aufgetragen. Die Prüflast ist identisch mit der Belastung $X_1 = 1$, und das Moment $\overline{M}$ ist daher das Biegemoment M_1, das von der Einheit der Überzähligen erzeugt wird (Abb. 164d). Das Mohrsche Arbeitsintegral liefert mit der in Abb. 164c angedeuteten Zerlegung der M_0-Fläche:

$$EI\,\delta_{10} = \int_0^l M_1 M_0\,dx = \frac{1}{6}\cdot l(-1)\cdot\frac{pl^2}{16}\left(1+\frac{1}{2}\right) + $$

$$+\frac{1}{3}\cdot\frac{l}{2}\cdot\left(-\frac{1}{2}\right)\cdot\frac{pl^2}{32} = -\frac{7pl^3}{384}.$$

Die Überzählige ergibt sich damit zu

$$X_1 = -\frac{\delta_{10}}{\delta_{11}} = \frac{7pl^2}{128}.$$

Die Biegemomente, Querkräfte, Stützkräfte des statisch unbestimmten Systems können nun durch Superposition gefunden werden. Abb. 164e zeigt den Verlauf des Biegemoments als Differenz des M_0-Diagramms und des mit X_1 multiplizierten M_1-Diagramms, und in Abb. 164f sind dieselben Ordinaten von einer waagerechten Grundlinie aus aufgetragen. Welche der beiden Auftragungen man für die Darstellung des Ergebnisses bevorzugt, ist Geschmackssache. Abb. 164e läßt das Wechselspiel zwischen den Lasten und der Überzähligen erkennen, während Abb. 164f das Ergebnis in der einfachsten Form zum Ausdruck bringt.

Wenn man einen Balken an beiden Enden einspannt, entsteht ein neues Problem. Wir haben jetzt zwei überzählige Bindungen, nämlich die beiden Einspannmomente links und rechts, und wir müssen sie so wählen, daß die Biegelinie des Balkens an beiden Enden waagerechte Tangenten hat. Das Hauptsystem ist ein an beiden Enden gelenkig gelagerter Balken, an dem die gegebenen Lasten und die überzähligen Endmomente X_1 und X_2 angreifen (Abb. 165b). Die in diesem Hauptsystem mögliche Drehung der linken Endtangente (oder des linken Endquerschnitts) bezeichnen wir mit δ_1 und setzen sie aus drei Anteilen zusammen: der von den gegebenen Lasten erzeugten Drehung δ_{10}, der von der Überzähligen X_1 erzeugten Drehung, die X_1 proportional ist und daher als $\delta_{11}X_1$ geschrieben werden kann, und der von X_2 erzeugten Drehung $\delta_{12}X_2$. Die Summe dieser drei Beiträge muß Null sein, und das liefert uns eine erste Gleichung für die Unbekannten X_1 und X_2:

$$\delta_{10} + \delta_{11} X_1 + \delta_{12} X_2 = 0 .$$

Die Drehung des rechten Balkenendes wird sinngemäß mit δ_2 bezeichnet, und sie besteht aus entsprechenden Anteilen δ_{20} infolge der Lasten, $\delta_{21} X_1$ infolge X_1 und $\delta_{22} X_2$ infolge X_2. Auch diese Drehung muß verschwinden:

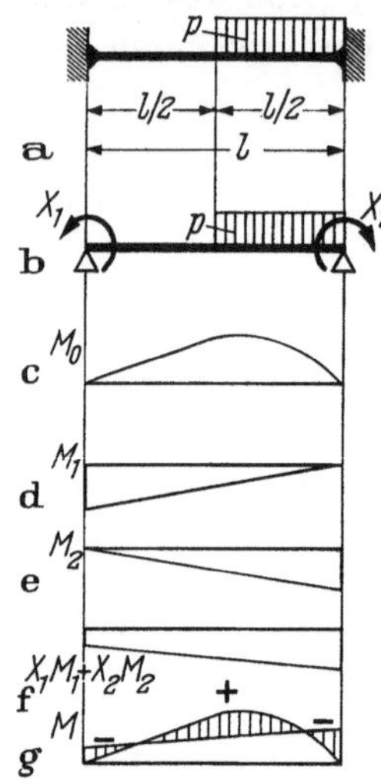

Abb. 165. Beiderseits eingespannter Träger.

$$\delta_{20} + \delta_{21} X_1 + \delta_{22} X_2 = 0 .$$

Damit haben wir zwei Gleichungen für die beiden Unbekannten X_1 und X_2 gewonnen. Wir schreiben sie in der Form

$$\begin{aligned} \delta_{11} X_1 + \delta_{12} X_2 &= -\delta_{10}, \\ \delta_{21} X_1 + \delta_{22} X_2 &= -\delta_{20}. \end{aligned} \qquad (123)$$

Mit der Lösung dieses Gleichungspaares ist das statisch unbestimmte Problem gelöst, d. h. auf ein statisch bestimmtes zurückgeführt.

Die Doppelindizes in den Koeffizienten δ_{ik} sind so gewählt, daß der erste die Stelle bezeichnet, an der die Formänderung auftritt 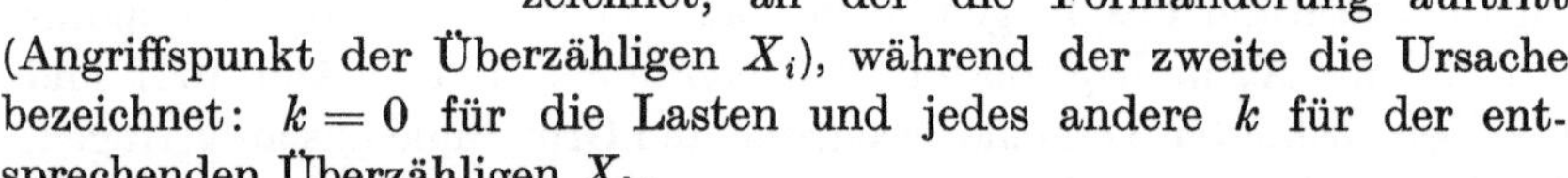(Angriffspunkt der Überzähligen X_i), während der zweite die Ursache bezeichnet: $k = 0$ für die Lasten und jedes andere k für der entsprechenden Überzähligen X_k.

Da die Koeffizienten auf der linken Seite der Gleichungen Formänderungen infolge der überzähligen Momente (oder Kräfte) darstellen, sind sie von der Belastung unabhängig. Für einen gegebenen Balken können sie ein für allemal aufgestellt werden. Die Absolutglieder auf der rechten Seite der Gleichungen hängen dagegen von den Lasten ab und müssen für jede auf den Balken wirkende Belastung getrennt berechnet werden. Sie werden daher gewöhnlich als die Belastungsglieder des Gleichungssystems bezeichnet.

Die vorstehenden Ausführungen gelten ganz allgemein für jedes Tragwerk, das zwei überzählige Größen enthält. Für den beiderseits eingespannten Träger mit der in Abb. 165a dargestellten Belastung können wir den Koeffizienten δ_{11} und das Belastungsglied δ_{10} aus der Untersuchung des einseitig eingespannten Trägers übernehmen. Für die anderen drei Koeffizienten findet man aus Tab. 4:

$$EI\,\delta_{12} = \frac{l}{6}, \qquad EI\,\delta_{21} = \frac{l}{6}, \qquad EI\,\delta_{22} = \frac{l}{3}.$$

Es zeigt sich, daß $\delta_{11} = \delta_{22}$ und $\delta_{12} = \delta_{21}$ ist. Die erste dieser beiden Beziehungen ist zufällig und rührt von der symmetrischen Anordnung der Überzähligen X_1 und X_2 her, während die zweite das Maxwellsche Reziprozitätsgesetz (S. 159) darstellt und sich in allen statisch unbestimmten Systemen wiederfindet.

Zur Berechnung des Lastgliedes müssen wir wieder auf das Mohrsche Arbeitsintegral zurückgreifen und finden mit Hilfe der Diagramme für M_0 und M_2 in Abb. 165c, e:

$$EI\,\delta_{20} = \int_0^l M_2 M_0\, dx = \frac{1}{6}\, l(-1)\frac{pl^2}{16}\left(1 + \frac{1}{2}\right) + $$

$$+ \frac{1}{3}\,\frac{l}{2}\left(-\frac{1}{2} - 1\right)\frac{pl^2}{32} = -\frac{3pl^3}{128}.$$

Es sei darauf hingewiesen, daß die Benutzung der Tab. 4 nur sehr beschränkte Vorteile bietet. In Tabellen dieser Art sind immer nur verhältnismäßig einfache Lastfälle enthalten, und in diesen Fällen ist das Aufstellen und Ausrechnen des Mohrschen Arbeitsintegrals mit Hilfe der Tab. 5 in der Regel ebenso einfach oder einfacher als die Benutzung der Formeln der Tabelle.

Mit den speziellen Werten für die Koeffizienten und Belastungsglieder nimmt das Gleichungspaar (123) im vorliegenden Falle die folgende Form an:

$$\frac{l}{3} X_1 + \frac{l}{6} X_2 = + \frac{7pl^3}{384},$$

$$\frac{l}{6} X_1 + \frac{l}{3} X_2 = + \frac{3pl^3}{128}.$$

Seine Lösung ist

$$X_1 = \tfrac{5}{192}\, pl^2, \qquad X_2 = \tfrac{11}{192}\, pl^2.$$

Das Biegemoment M im Träger kann aus zwei Anteilen zusammengesetzt werden: dem Moment M_0 der Last im Hauptsystem und dem durch die gemeinsame Einwirkung der beiden Überzähligen X_1 und X_2 erzeugten Moment $X_1 M_1 + X_2 M_2$. Die entsprechenden Diagramme sind in Abb. 165c und f aufgetragen, und Abb. 165g zeigt ihre Überlagerung zum endgültigen Momentendiagramm

$$M = M_0 + X_1 M_1 + X_2 M_2.$$

Die Krümmung $\varkappa = -d^2w/dx^2$ der Biegelinie ist dem Biegemoment M proportional [s. Gl. (101), S. 132]. Das Integral über die Krümmung längs der Spannweite des Balkens ist der Unterschied der Neigungen dw/dx an den beiden Enden. In einem beiderseits eingespannten Balken ist jede dieser Neigungen Null, daher auch ihre Differenz und damit das Integral über das Biegemoment. Ein Blick auf Abb. 165g zeigt, daß tatsächlich die Summe der beiden negativen Diagrammflächen gleich der positiven Fläche ist, und eine rechnerische Nachprüfung bestätigt diesen anschaulichen Befund. Anschauliche Kontrollen solcher Art sind oft möglich, und der erfahrene Rechner bedient sich ihrer um Fehler zu entdecken und zu beseitigen.

Während der durchgehende Träger über zwei Feldern und der einseitig eingespannte Träger nur *eine* überzählige Größe aufweisen, hat der beiderseits eingespannte Träger deren zwei. Wir bezeichnen ihn deshalb als ein *zweifach statisch unbestimmtes System*. Ganz allgemein nennen wir ein Tragwerk n-fach statisch unbestimmt, wenn man es durch Lösung von n Bindungen in ein statisch bestimmtes System verwandeln kann. Hand in Hand damit geht die Anbringung äußerer Kräfte an n Stellen, wo ursprünglich innere Kräfte wirksam waren. Jede solche überzählige „Kraft“ kann eine wirkliche Kraft sein, wie z. B. die überzählige Stützkraft X_1 in Abb. 161, oder ein Moment wie das Einspannmoment X_1 in Abb. 164, oder eine Gruppe von zwei entgegengesetzt gleichen Momenten, wie die beiden Momente X_1 in Abb. 162. In anderen Fällen besteht die Überzählige aus zwei entgegengesetzt gleichen Kräften, und in hinreichend komplizierten Fällen kann es sich um eine Gruppe von Kräften handeln. Dieser letztere Fall liegt außerhalb des Rahmens dieses Buches.

c) Der durchgehende Träger über drei Feldern

Der Dreifeldträger, Abb. 166a, ist ein anderes Beispiel für ein zweifach statisch unbestimmtes System. Wir können ihn in verschiedener Weise auf ein statisch bestimmtes System zurückführen. Ein naheliegender Weg ist die Entfernung der beiden Mittelstützen (Abb. 166b). Wenn man versucht, die Rechnung auf dieses Hauptsystem aufzubauen, tritt die beim Zweifeldträger erwähnte rechnerische Schwierigkeit in voller Stärke in Erscheinung: Das endgültige Biegemoment ergibt sich als eine sehr kleine Differenz zwischen dem Moment M_0 der Lasten im Hauptsystem und den Beiträgen der beiden Überzähligen. Das hat seinen Grund darin, daß die Biegemomente in einem Träger mit der zweiten Potenz der Stützweite anwachsen [s. z. B. Gl. (31), S. 59]. Die Biegemomente der Lasten im Hauptsystem sind daher etwa 10mal so groß als die Momente in einem einfachen Träger der Stützweite l_1 oder l_2 oder l_3 und etwa 15- bis 20mal so groß als die endgültigen Momente M im statisch unbestimmten Balken. Diese erscheinen daher als Differenzen der Ordnung $20 - 19 = 1$.

Wegen dieses Genauigkeitsverlustes müssen wir das Hauptsystem Abb. 166b als ungeeignet verwerfen und uns nach etwas besserem umsehen.

Wir finden ein brauchbares Hauptsystem, wenn wir den in Abb. 162b verkörperten Gedanken auf den Dreifeldträger übertragen und über den beiden Zwischenstützen Gelenke einfügen (Abb. 166c). Der durchgehende

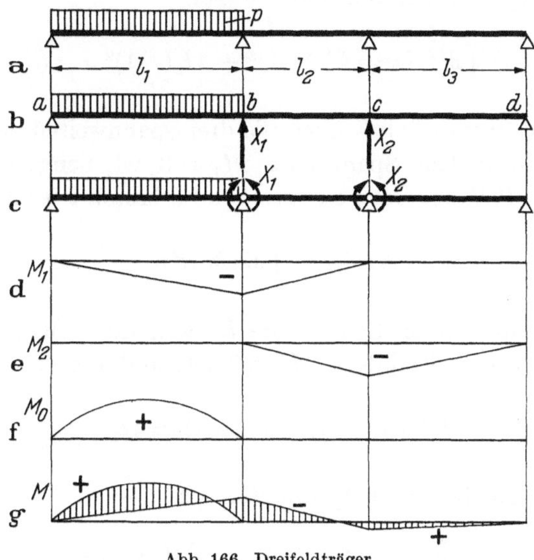

Abb. 166. Dreifeldträger.

Träger zerfällt damit in drei einfache Träger, und deren Biegemomente und Formänderungen sind von derselben Größenordnung wie die des statisch unbestimmten Balkens.

Wir wollen die Rechnung hier für die in Abb. 166a angegebene Belastung des ersten Feldes durchführen und uns dabei zur Bestimmung der Formänderungen ausschließlich des Mohrschen Arbeitsintegrals bedienen.

Mit den beiden Kontinuitätsgleichungen müssen wir aussagen, daß die Gelenke b und c des Hauptsystems nicht wirksam sind, d. h. daß sich die dort zusammenstoßenden Trägerenden nicht gegeneinander verdrehen. Wir bezeichnen die Relativdrehung an der Stütze b (genauer: die Verkleinerung des *über* der Balkenachse liegenden gestreckten Winkels) mit δ_1 und setzen sie aus den Beiträger der beiden Überzähligen und dem der Belastung zusammen:

$$\delta_1 = \delta_{11} X_1 + \delta_{12} X_2 + \delta_{10}.$$

Entsprechend schreiben wir für die Relativdrehung an der Stütze c:

$$\delta_2 = \delta_{21} X_1 + \delta_{22} X_2 + \delta_{20}.$$

Die Überzähligen X_1, X_2 müssen wiederum so gewählt werden, daß diese beiden Formänderungsgrößen verschwinden.

In Abb. 166d, e sind die beiden Momentenlinien M_1, M_2 aufgetragen, die zu den Belastungen $X_1 = 1$ und $X_2 = 1$ des Hauptsystems gehören. Sie stellen gleichzeitig die Momentenlinien $\overline{M}$ dar, die zur Berechnung der Relativdrehungen δ_1, δ_2 mit Hilfe des Mohrschen Arbeitsintegrals benötigt werden. Wir finden daher

$$EI\,\delta_{11} = \int M_1^2\,dx = \tfrac{1}{3} l_1 (-1)^2 + \tfrac{1}{3} l_2 (-1)^2 = \tfrac{1}{3}(l_1 + l_2)\,.$$

Das Integral ist grundsätzlich über alle drei Spannweiten zu erstrecken. Da jedoch in der dritten Spannweite $M_1 \equiv 0$ ist, liefert diese zu dem Integral keinen Beitrag. Ganz entsprechend erhalten wir zu

$$EI\,\delta_{12} = \int M_1 M_2\,dx$$

keinen Beitrag der ersten Spannweite l_1, weil dort $M_2 \equiv 0$ ist, und keinen Beitrag von l_3, weil dort $M_1 \equiv 0$ ist, so daß sich

$$EI\,\delta_{12} = \tfrac{1}{6} l_2 (-1)\,(-1) = \tfrac{1}{6} l_2$$

ergibt. Für den Koeffizienten δ_{21} erhalten wir

$$EI\,\delta_{21} = \int M_2 M_1\,dx = \int M_1 M_2\,dx,$$

d. h. denselben Wert wie für δ_{12}, entsprechend dem Maxwellschen Reziprozitätssatz. Schließlich finden wir

$$EI\,\delta_{22} = \int M_2^2\,dx = \tfrac{1}{3}\,(l_2 + l_3)\,.$$

Zum Lastglied δ_{10} liefert nur die erste Spannweite einen Beitrag, da in den beiden andern $M_0 \equiv 0$ ist:

$$EI\,\delta_{10} = \int M_1 M_0\,dx = \frac{1}{3}\,l_1 \cdot \frac{p l_1^2}{8} \cdot (-1) = -\frac{p l_1^3}{24}\,.$$

Schließlich ergibt sich $\delta_{20} = 0$, weil es in dem ganzen Balken keine Punkte gibt, in denen gleichzeitig M_2 und M_0 von Null verschieden sind.

Die beiden Kontinuitätsgleichungen schreiben sich daher als

$$\frac{1}{3}\,(l_1 + l_2)\,X_1 + \frac{1}{6}\,l_2\,X_2 = \frac{p l_1^3}{24}\,,$$

$$\tfrac{1}{6} l_2\,X_1 + \tfrac{1}{3}\,(l_2 + l_3)\,X_2 = 0\,.$$

Wir könnten diese Gleichungen leicht nach X_1 und X_2 auflösen und damit Formeln für die Überzähligen in dem vorliegenden Falle gewinnen. Wenn man oft mit Aufgaben derselben Art zu tun hat, empfiehlt es sich, solche Formeln aufzustellen und zum Gebrauch bereit zu halten. Andernfalls ist es vorzuziehen, sofort Zahlenwerte für die Koeffizienten und Lastglieder $EI\,\delta_{ik}$ zu berechnen und die Gleichungen mit diesen aufzustellen und zu lösen.

Für die hier vorliegende Belastung ergibt sich, wie man aus der zweiten Gleichung sofort ablesen kann, daß die beiden Überzähligen verschiedene Vorzeichen haben. X_1 ist positiv und wesentlich größer als $|X_2|$. Das endgültige Momentendiagramm hat die in Abb. 166g dargestellte Form.

d) Rahmen

Als letztes Beispiel eines statisch unbestimmten Systems wollen wir den in Abb. 167a dargestellten einfachen Rahmen untersuchen und werden dabei sehen, daß diese Aufgabe nicht schwieriger ist als die Berechnung eines durchgehenden Trägers. Die beiden (lotrechten)

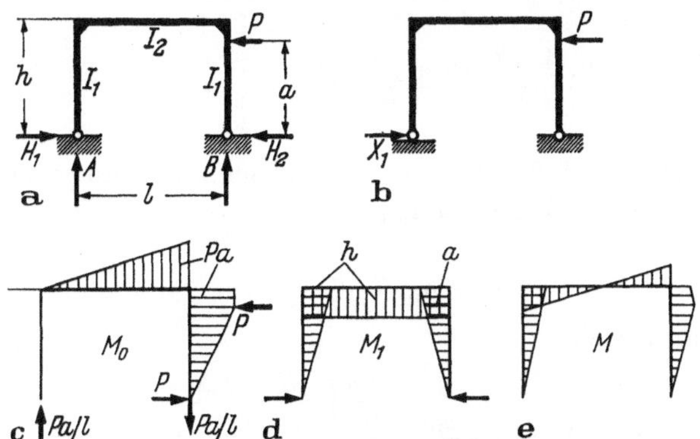

Abb. 167. Zweigelenkrahmen, (a) Rahmen und Last, (b) Hauptsystem, (c), (d) Biegemomente im Hauptsystem, (e) endgültige Biegemomente.

Pfosten und der (waagerechte) Riegel sind in den Ecken steif miteinander verbunden. In den beiden Fußpunkten ist der Rahmen gelenkig gestützt, hat also insgesamt vier Stützkraftkomponenten A, B, H_1, H_2, zu deren Berechnung drei Gleichgewichtsbedingungen zur Verfügung stehen. Der Rahmen ist daher einfach statisch unbestimmt.

Wir verwandeln ihn in ein statisch bestimmtes Hauptsystem, indem wir im linken Fußpunkt die waagerechte Stützung entfernen und statt der Stützkraft H_1 eine Überzählige X_1 einführen (Abb. 167b). Die Abb. 167c, d zeigen die zu der gegebenen Last P und zu $X_1 = 1$ gehörenden Momentendiagramme des Hauptsystems. Wir vermeiden in solchen Fällen die (umständliche) Festlegung von Vorzeichenregeln für die Biegemomente in den Pfosten, indem wir die Regel aufstellen, daß alle Biegemomente längs der Stäbe an der Seite der gedrückten Faser aufgetragen werden. Biegemomente, die auf verschiedenen Seiten eines Stabes aufgetragen sind, haben dann entgegengesetztes Vorzeichen, und ihr Produkt im Mohrschen Arbeitsintegral ist negativ, gleichgültig, welches der beiden Biegemomente negativ ist.

Nach der an anderen Systemen entwickelten Regel bezeichnen wir die waagerechte Verschiebung des linken Stützpunktes mit δ_1, positiv im Sinne einer positiven Überzähligen X_1. Zur Berechnung der Verschiebungen δ_{10}, δ_{11} benutzen wir wiederum das Mohrsche Arbeitsintegral, wobei wir über alle waagerechten und lotrechten Stäbe integrieren müssen, in denen wir Biegemomente vorfinden. Es ergibt sich:

$$\delta_{10} = \int \frac{M_0 M_1}{EI} ds = -\frac{1}{2}\frac{l}{EI_2} Pah - \frac{1}{2}\frac{h-a}{EI_1} Pa(h+a) - \frac{1}{3}\frac{a}{EI_1} Pa\cdot a$$

$$= -\frac{Plah}{2EI_2} - \frac{Pa}{6EI_1}(3h^2 - a^2),$$

$$\delta_{11} = \int \frac{M_1^2}{EI} ds = 2\cdot\frac{1}{3}\frac{h}{EI_1}h^2 + \frac{l}{EI_2}h^2.$$

Aus der Forderung, daß unter der gemeinsamen Wirkung von P und X_1 am Hauptsystem die Verschiebung

$$\delta_1 = \delta_{10} + X_1\delta_{11} = 0$$

sein muß, ergibt sich

$$X_1 = -\frac{\delta_{10}}{\delta_{11}} = \frac{\frac{Pa}{6}\left(\frac{3lh}{I_2} + \frac{3h^2 - a^2}{I_1}\right)}{\frac{h^2}{3}\left(\frac{2h}{I_1} + \frac{3l}{I_2}\right)}.$$

Man sieht in diesem Falle, in dem das Trägheitsmoment I nicht für alle Querschnitte dasselbe ist, daß die Überzählige von den Trägheitsmomenten oder, genauer, von ihrem Verhältnis abhängt:

$$X_1 = \frac{Pa}{2h^2}\,\frac{3lh + (3h^2 - a^2)\,I_2/I_1}{3l + 2hI_2/I_1}.$$

In Abb. 167e ist der Verlauf des Biegemoments $M = M_0 + M_1 X_1$ für $I_1 = I_2$ dargestellt.

Aufgabe

47. Für jedes der in den Abbildungen dargestellten Tragwerke wähle ein Hauptsystem und die positive Richtung der Überzähligen! Stelle die Gleichungen für ihre Berechnung auf und löse sie! Zeichne das Momentendiagramm! Für die beiden Rahmen (f, h) wählte $I_1/I_2 = 1$ oder $= 1{,}6$ oder $= 0{,}8$. Alle Maße in m.

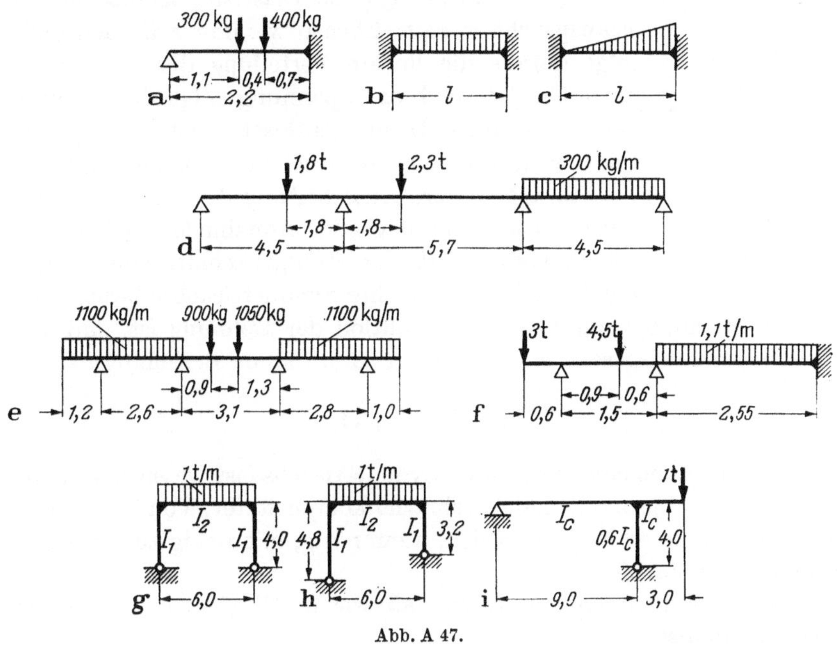

Abb. A 47.

7. Plastische Biegung

a) Spannungsverteilung

Wenn das Biegemoment in einem Balken hinreichend gesteigert wird, erreichen die Spannungen in den äußersten Fasern die Fließgrenze. Die Tragfähigkeit des Balkens ist damit nicht erschöpft, aber es stellen sich die ersten bleibenden Formänderungen ein. In vielen Fällen hat man guten Grund, einen solchen Spannungszustand zu vermeiden und den Querschnitt so zu bemessen, daß die Spannungen im elastischen Bereich bleiben. Es gibt jedoch viele Fälle, in denen bleibende Formänderungen beschränkten Ausmaßes unschädlich sind und in denen man die Tragfähigkeit des Balkens jenseits der Elastizitätsgrenze ausnutzen möchte. Es erhebt sich dann die Frage, wie sich die Spannungen über den Querschnitt verteilen, wenn die positive oder negative Dehnung der äußersten

Fasern die Elastizitätsgrenze überschreitet und daher Teile des Querschnitts plastiziert sind.

Wir haben auf S. 80 gesehen, daß und warum in einem schlanken Balken unter konstantem Biegemoment die Querschnitte eben bleiben müssen, und die dort gegebene Begründung ist von dem elastischen oder unelastischen Verhalten des Werkstoffs unabhängig, besteht also zu recht, wenn Teile des Querschnitts über die Elastizitätsgrenze hinaus beansprucht werden. Ebenso wie im elastischen Falle folgt daraus die lineare Verteilung der Dehnungen nach Gl. (37), und die Spannung folgt daraus nach dem Spannungs-Dehnungs-Gesetz, ist also nicht linear in z, wenn das Hookesche Gesetz nicht gilt.

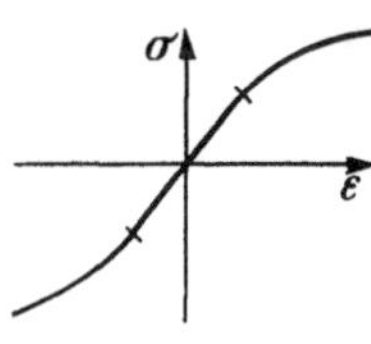

Abb. 168. Nichtlineares Spannungs-Dehnungs-Gesetz.

Für die weitere Ausarbeitung der Theorie wollen wir ein paar vereinfachende Annahmen machen. Wir setzen voraus, daß der Stabquerschnitt eine waagerechte und eine lotrechte Symmetrieachse besitzt und daß die Spannung eine ungerade Funktion der Dehnung ist, daß also für ein Spannungsgesetz $\sigma = f(\varepsilon)$ nach Abb. 168 die Beziehung

$$f(-\varepsilon) = -f(\varepsilon)$$

gilt. Die Annahme einer lotrechten Symmetrieachse ist wesentlich; ohne sie werden die Zusammenhänge sehr viel komplizierter. Von den beiden anderen Annahmen kann man sich, wenn nötig, mit wenig zusätzlichem Aufwand frei machen.

Aus unseren Annahmen folgt, daß wir in Gl. (37) $c = 0$ setzen müssen, daß also

$$\varepsilon = \varkappa z \tag{124}$$

ist, wenn wir den Querschnittsschwerpunkt zum Koordinatenursprung machen. Die Spannung ist dann

$$\sigma = f(\varepsilon) = f(\varkappa z),$$

und die über der z-Achse aufgetragene Spannungsverteilung ist ein affines Bild eines Teils der Spannungs-Dehnungs-Kurve. Die Druckspannungen in der oberen Hälfte des Querschnitts sind mit umgekehrtem Vorzeichen ein getreues Abbild der Zugspannungen in der unteren Hälfte, und die Resultierende aller Spannungen ist Null. Das Biegemoment folgt wie auf S. 84 durch Integration über die Beiträge aller Flächenelemente $dF = b(z) \cdot dz$ (Abb. 169):

$$M = \int_{-h/2}^{+h/2} \sigma z b \, dz = \int_{-h/2}^{+h/2} f(\varkappa z) z b \, dz = 2 \int_{0}^{h/2} f(\varkappa z) z b \, dz. \tag{125}$$

Wenn $f(\varepsilon)$, d. h. der Werkstoff, und $b(z)$, d. h. die Querschnittsform, bekannt sind, kann man dieses Integral für beliebig angenommene Werte

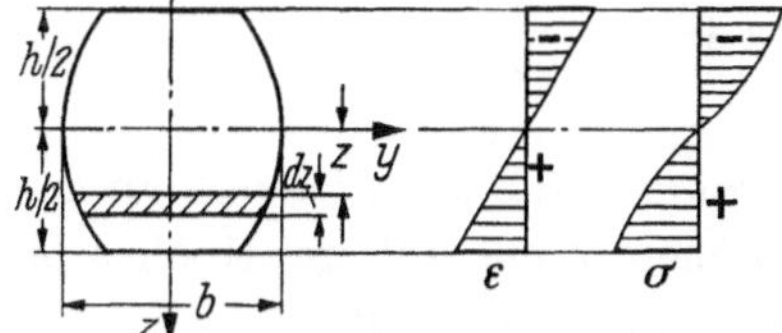

Abb. 169. Dehnung und Spannung im Bereich plastischer Biegung.

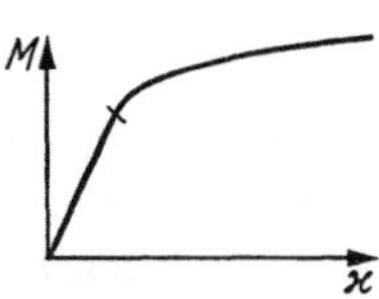

Abb. 170. Biegemoment als Funktion der Krümmung eines Balkenelements.

von $\varkappa$ numerisch auswerten und daher das Biegemoment M als Funktion der Krümmung $\varkappa$ auftragen (Abb. 170).

Mit Hilfe dieses Diagramms kann man dann zu gegebenem M die Krümmung $\varkappa$ finden und nach Gl. (124) mit $z = h/2$ die Randfaserdehnung

$$\varepsilon_{\max} = \tfrac{1}{2}\varkappa h.$$

Das Spannungs-Dehnungs-Diagramm, d. h. die Umkehrung der Funktion $f(\varepsilon)$, liefert dann die Randfaserspannung.

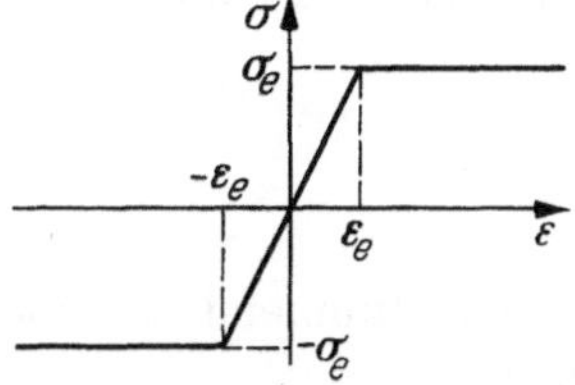

Abb. 171. Spannungs-Dehnungs-Kurve eines ideal-plastischen Werkstoffs.

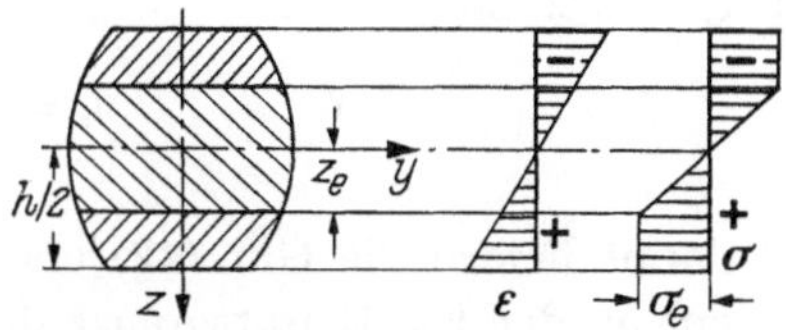

Abb. 172. Verteilung von Dehnung und Spannung im Querschnitt eines ideal-plastischen Balkens.

Im Falle eines ideal-plastischen Werkstoffs hat die Spannungs-Dehnungs-Kurve die in Abb. 171 dargestellte Gestalt, d. h. sie besteht aus drei geraden Linien. Die entsprechende Verteilung der Spannungen über die Querschnittshöhe ist in Abb. 172 dargestellt. Der Querschnitt zerfällt in drei Zonen, zwei plastische und eine elastische, die in der Abbildung durch verschiedene Schraffur unterschieden sind. Die Momentenformel (125) kann dann weiter ausgeführt werden:

$$M = 2E\varkappa\int_0^{z_e} z^2 b\,dz + 2\sigma_e\int_{z_e}^{h/2} z b\,dz. \tag{126}$$

Einschließlich des Faktors 2 ist das erste Integral das Trägheitsmoment der elastischen Zone und das zweite die Summe der Absolutwerte der statischen Momente der plastischen Zonen in bezug auf die Nullinie.

Wir wollen Gl. (126) für zwei Beispiele auswerten. Als erstes wählen wir ein Rechteck der Breite b und der Höhe h. Wir finden

$$M = 2E\varkappa b\frac{z_e^3}{3} + 2\sigma_e b\left(\frac{h^2}{8} - \frac{z_e^2}{2}\right).$$

Nun besteht zwischen $\varkappa$ und z_e eine Beziehung, die aussagt, daß an der Zonengrenze $z = z_e$ das in der elastischen Zone gültige Hookesche Gesetz die Spannung σ_e ergeben muß:

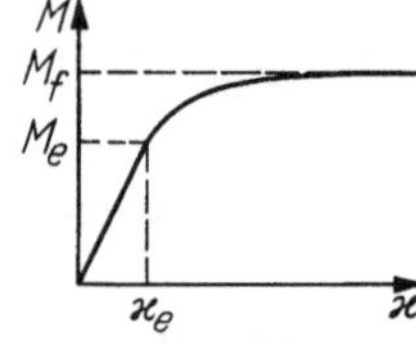

Abb. 173. Biegemoment als Funktion der Krümmung für einen ideal-plastischen Balken mit Rechteckquerschnitt.

$$E\varkappa z_e = \sigma_e. \tag{127}$$

Wir benutzen diese Beziehung, um aus der Momentenformel z_e zu eliminieren und erhalten

$$M = \frac{\sigma_e b h^2}{12}\left[3 - \left(\frac{2\sigma_e}{E\varkappa h}\right)^2\right]. \tag{128}$$

Diese Gleichung gilt natürlich nur, wenn es wirklich plastische Zonen gibt, d. h. wenn $z_e \leqq h/2$ ist; andernfalls gilt Gl. (42). Die sich danach ergebende Abhängigkeit des Biegemoments von der Krümmung ist in Abb. 173 dargestellt. Die Krümmung $\varkappa_e$ an der Grenze elastischen Verhaltens folgt aus Gl. (127) mit $z_e = h/2$ zu

$$\varkappa_e = \frac{2\sigma_e}{Eh},$$

und damit liefern die Gln. (42) und (128) übereinstimmend das Biegemoment an der Elastizitätsgrenze des Balkens als

$$M = M_e = \tfrac{1}{6}\sigma_e b h^2. \tag{129}$$

Wenn $\varkappa$ über diese Grenze hinaus wächst, treten plastische Formänderungen auf, und in Gl. (128) nimmt der negative Beitrag ab, d. h. das Biegemoment wächst und strebt für $\varkappa \to \infty$ nach einem Grenzwert

$$M = M_f = \tfrac{1}{4}\sigma_e b h^2 = 1{,}5\,M_e. \tag{130}$$

Da eine unendlich große Krümmung sinnlos ist, kann das Biegemoment M natürlich niemals den Grenzwert M_f erreichen; es kann ihm aber recht nahe kommen. Für $\varkappa = 5\varkappa_e$ ist z. B. $M = 1{,}48\,M_e$.

Als zweites Beispiel wählen wir einen Breitflanschträger. Unter Verzicht auf alle Ausrundungen wollen wir annehmen, daß sein Querschnitt aus drei Rechtecken besteht. Wenn wir Gl. (126) darauf anwenden, müssen wir zwei Fälle unterscheiden, je nachdem die Grenzen der elastischen Zone im Steg oder in den Flanschen liegen (Abb. 174a, b). In jedem Falle zerfällt eines der Integrale in zwei Teile, für den Steg und für den Flansch. Wir wollen es dem Leser überlassen die Berechnung im einzelnen auszuführen (s. Aufgabe 48, S. 194) und beschränken uns hier

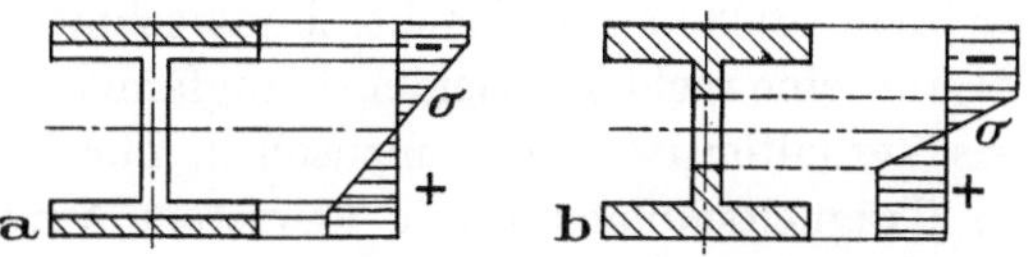

Abb. 174. Plastische Biegung eines Breitflanschträgers.

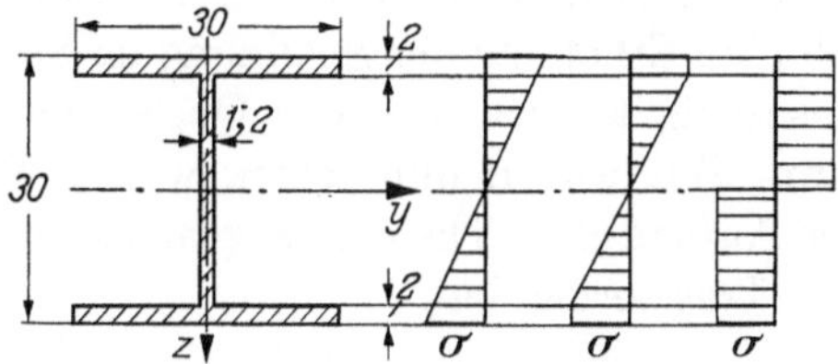

Abb. 175. Drei typische Spannungsverteilungen im Breitflanschprofil IPB 300: elastisch, Flansch plastisch, vollplastisch.

darauf, einige typische Zahlenwerte anzugeben. Wir wählen dafür den Breitflanschträger IPB300, Abb. 175.

Wenn die äußersten Fasern gerade die Fließgrenze erreichen, ist $z_e = 15{,}0$ cm und man findet aus (127) und (126)

$$\frac{E}{\sigma_e}\varkappa_e = 0{,}0667\ \text{cm}^{-1}, \qquad \frac{M_e}{\sigma_e} = 1690\ \text{cm}^3.$$

Wenn die plastischen Zonen gerade die beiden Flansche umfassen, ist $z_e = 13{,}0$ cm und man findet

$$\frac{E}{\sigma_e}\varkappa = 0{,}0769\ \text{cm}^{-1}, \qquad \frac{M}{\sigma_e} = 1815\ \text{cm}^3.$$

Wenn schließlich die beiden elastischen Zonen in der Mitte zusammenstoßen, ist $z_e = 0$ und

$$\frac{E}{\sigma_e}\varkappa = \infty, \qquad \frac{M_f}{\sigma_e} = 1882\ \text{cm}^3.$$

Aus diesen Zahlen erkennt man folgendes: Während sich die plastischen Zonen über die beiden Flansche ausbreiten, wächst das Biegemoment um 7,4% und die Krümmung um 15,3%. In der zweiten Phase, wenn nach und nach der gesamte Steg plastiziert wird und die Krümmung über alle

Grenzen wächst, wächst das Biegemoment um weitere 3,96% von M_e, insgesamt also um rund 11,4%. Kurz bevor M_f tatsächlich erreicht ist, wird die hier benutzte Theorie unbrauchbar, da in den äußersten Fasern Verfestigung eintritt. Wenn wir auf die Ausnutzung der im Verfestigungsbereich liegenden weiteren Reserve verzichten, hat der I-Träger, zum Unterschiede von dem Balken mit Rechteckquerschnitt, jenseits des Grenzmoments M_e nur eine recht bescheidene Tragfähigkeitsreserve. Die Ursache für dieses Verhalten ist leicht einzusehen. Zur Erzielung eines möglichst großen Trägheitsmoments mit kleinstem Aufwand ist der größte Teil des Werkstoffs in den Flanschen zusammengedrängt. Wenn dort die Plastizierung einmal angefangen hat, ergreift sie schnell das gesamte Flanschgebiet, und dann ist ein weiterer Zuwachs des Biegemoments nur durch eine Erhöhung der Spannung im Steg möglich, d. h. in einem verhältnismäßig kleinen Teil des Querschnitts und mit ungünstigem Hebelarm. Wir wollen nun sehen, welche Bedeutung diese Erscheinung für den Aufbau einer Theorie des plastischen Verhaltens von Balken und anderen Tragwerken hat.

b) Fließgelenk und Traglast

Für einen Balken aus ideal-plastischem Werkstoff haben wir zwei Grenzwerte des Biegemoments definiert, das Moment M_e, unter dem in den äußersten Fasern gerade die Fließgrenze erreicht wird und das daher das Ende elastischen Verhaltens darstellt, und das Moment M_f, dem sich das wirkliche Biegemoment nur asymptotisch nähert und das das größte Moment ist, das in einem Querschnitt übertragen werden kann. Wenn ein Querschnitt ein negatives Moment zu übertragen hat, ändern sich die Vorzeichen aller Spannungen, und es ergibt sich eine Elastizitätsgrenze $-M_e$ und ein plastisches Höchstmoment $-M_f$. Diesem Verhalten des Balkens entspricht die Kurve a in Abb. 176.

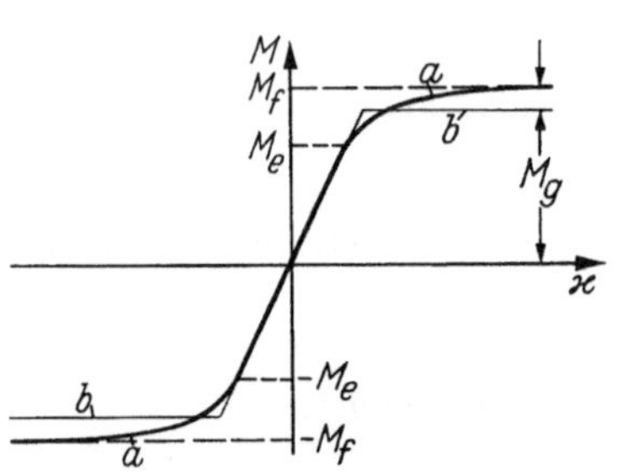

Abb. 176. Biegemoment als Funktion der Krümmung für einen Balken mit Rechteckquerschnitt, (a) ideal-plastischer Werkstoff, (b) idealisierte Kurve.

Für Balken mit I-Querschnitt ist die Spanne zwischen M_e und M_f recht gering, und die Teile des Balkens, in denen $M_e < M < M_f$ ist, sind nicht lang. Die plastische Formänderung ist ausschließlich in diesen Teilen konzentriert, und dort erreicht die Krümmung der Biegelinie hohe Werte. Dieser Sachverhalt legt es nahe, die Kurve a durch einen Geradenzug b mit einem zweckmäßig gewählten Wert M_g zu ersetzen. Ein idealisierter Balken, dessen Formänderungsverhalten durch diesen Geradenzug dargestellt wird, ist elastisch, solange $|M| < M_g$ ist, und seine plastische Verbiegung ist auf die wenigen Querschnitte beschränkt, in denen $M = \pm M_g$ ist. An diesen Stellen ist eine beliebige, selbst eine unendlich große, Krümmung möglich, und um das Verhalten des wirklichen, idealplastischen Balkens anzunähern, müssen wir sogar verlangen, daß an diesen Stellen die Krümmung unendlich ist, so daß die beiderseits liegenden Teile der Biegelinie dort in einer scharfen Ecke zusammenstoßen. Der Balken verhält sich dann so, als ob er an diesen Stellen Gelenke hätte, die allerdings nicht reibungsfrei sind, sondern sich nur bewegen können, wenn in ihnen ein Moment $\pm M_g$ übertragen wird. Diese (fiktiven) Gelenke werden *Fließgelenke* genannt, und in ihnen ist die gesamte plastische Formänderung konzentriert.

Wenn $M = +M_g$ ist, haben wir ein *positives Fließgelenk*, und in ihm kann eine Verdrehung der anschließenden Balkenteile nur in dem Sinne erfolgen, daß die entstehende Ecke konkav nach oben ist. In einem negativen Fließgelenk ist $M = -M_g$, und die gegenseitige Verdrehung der anschließenden Teile geht im umgekehrten Sinne vor sich. Wenn immer der Fall eintreten sollte (z. B. beim Entlasten), daß der Absolutwert des Momentes unter M_g sinkt, dann wird das Gelenk sofort steif. Ein Gelenkspiel im umgekehrten Sinne ist nur möglich, nachdem das Moment mit umgekehrtem Vorzeichen wieder auf den Absolutwert M_g angewachsen ist.

Wenn man zu einer gegebenen Krümmung das Moment sucht, stellt der Geradenzug b offenbar eine annehmbare Annäherung an die Kurve a dar. Wenn man aber umgekehrt zu gegebenem Moment M die Krümmung $\varkappa$ abzulesen versucht, erhält man völlig falsche Ergebnisse. Wir werden daher die Kurve b und den daraus abgeleiteten Begriff des Fließgelenks nicht dazu benutzen können, die Durchbiegung des Balkens für eine gegebene Verteilung der Biegemomente M zu berechnen. Der Nutzen der *Fließgelenktheorie* wird sich bei der Untersuchung statisch unbestimmter Systeme zeigen.

Abb. 177a zeigt einen einfachen, statisch unbestimmten Balken mit einer Einzellast P. Solange sich der ganze Balken elastisch verhält, ergibt eine statisch unbestimmte Rechnung (s. S. 172) die in Abb. 177b dargestellten Biegemomente. Das absolut größte Moment tritt im Einspannquerschnitt B auf. Unter der Last $P = P_e = 5{,}4\, M_e/l$ erreicht es den Wert M_e, und damit ist das Ende des elastischen Verhaltens des Balkens erreicht. Für Lasten $P > P_e$ tritt in der Umgebung der Einspannstelle plastische Verformung ein, und die negative Krümmung der Biegelinie in diesem Teil des Balkens wächst gemäß Kurve a schnell an, wenn die Biegemomente größer werden. Das hat zur Folge, daß der Bereich negativer Krümmung im Balken kleiner wird, daß also der Momentennullpunkt nach rechts rückt. Während unter anwachsender

Last das negative Einspannmoment langsam weiter wächst und sich asymptotisch dem Grenzwert M_f nähert, wachsen die positiven Feldmomente schneller, bis auch ihr Maximum M_C den Wert M_e erreicht (Abb. 177c). Dann bildet sich in der Biegelinie auch in der Umgebung des Punktes C eine Zone scharfer, plastischer Krümmung aus, und die Biegelinie nähert sich mehr und mehr der in Abb. 177d dargestellten Form, in der zwei fast gerade (nur elastisch verbogene) Stücke durch einen scharfen Übergangsbogen verbunden sind und in der am rechten Ende eine zweite scharfe Kurve in die horizontale Einspanntangente überleitet.

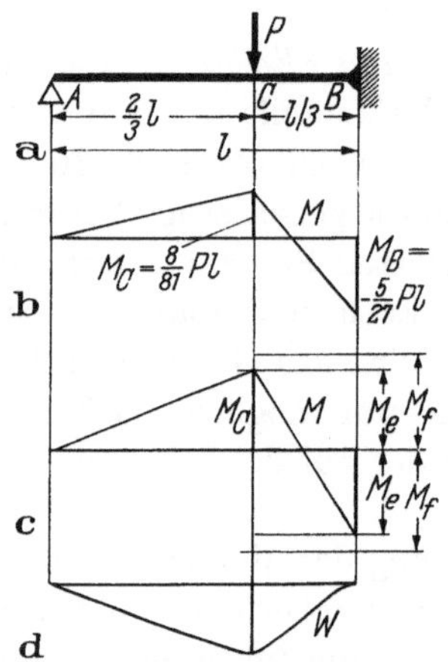

Abb. 177. Umlagerung der Biegemomente in einem statisch unbestimmten Balken nach Erreichen der Elastizitätsgrenze.

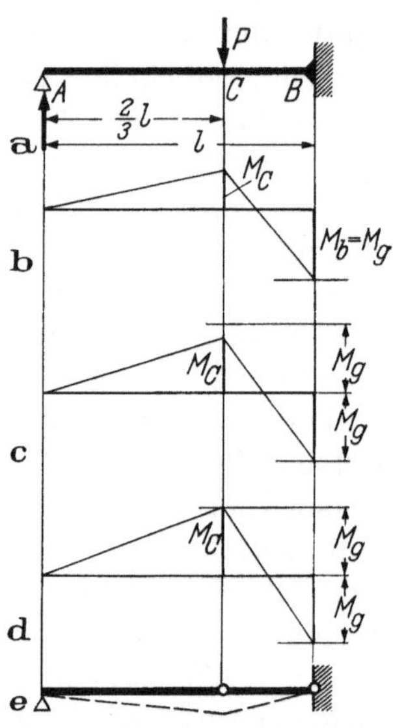

Abb. 178. Umlagerung der Biegemomente in einem Balken, dessen Verhalten der Kurve b in Abb. 176 entspricht.

Wenn wir nun in Abb. 176 Kurve a durch Kurve b ersetzen, also die Fließgelenkvorstellung einführen, ändert sich das Verhalten des Balkens, wie folgt: Solange $M_B < M_g$ ist, ist der ganze Balken elastisch. Die Grenze elastischen Verhaltens wird erreicht, wenn $P = P_e = 5{,}4\,M_g/l$ ist, und dieser Wert liegt etwas höher als der zuvor berechnete. Für Lasten $P > P_e$ bleibt $M_B = M_g$, und es bildet sich ein negatives Fließgelenk. Die Einspannbedingung ist aufgehoben, und die Endtangente des Balkens beginnt sich zu drehen. Die positiven Momente wachsen weiter an (Abb. 178c), bis $M_C = M_g$ ist (Abb. 178d). Dann bildet sich in C ein positives Fließgelenk, und der Balken ist entsprechend Abb. 178e in einen Gelenkmechanismus verwandelt, der unter konstanter Last seine Form in der durch eine gestrichelte Linie angedeuteten Art beliebig weiter ändern kann. Der zu diesem Zustand gehörende Grenzwert P_g der Last, die *Traglast* des Balkens, kann leicht aus dem Momentendiagramm berechnet werden.

Aus dem Momentengleichgewicht des Balkenstücks AC folgt die linke Stützkraft

$$A = \frac{3M_g}{2l},$$

und dann folgt aus einer Momentenbedingung des ganzen Balkens in bezug auf den Punkt B die Last

$$P = P_g = 7{,}5 M_g/l. \tag{131}$$

Eine Laststeigerung über diesen Wert hinaus ist nicht möglich, da sie Biegemomente $|M| > M_g$ erfordern würde.

Die Biegelinie des Balkens unter der Traglast hat ungefähr die Gestalt der gestrichelten Linie in Abb. 178e. Genau genommen besteht die Durchbiegung aus zwei Teilen, einer Starrkörperbewegung des Gelenksystems nach der in Abb. 178e angegebenen Art, und der elastischen Verbiegung der dort gerade erscheinenden Teile entsprechend den Biegemomenten der Abb. 178d. Dieser zweite Beitrag ist klein und von fester Größe, während die Bewegung des Gelenkmechanismus nur der leichten Beschränkung unterliegt, daß die Gesamtdurchbiegung klein genug bleiben muß, daß die Hebelarme der wirkenden Kräfte sich nicht wesentlich ändern. Die Starrkörperbewegung überwiegt daher, und wir werden in der Regel den elastischen Anteil der Verschiebungen ganz vernachlässigen, wenn wir von der Durchbiegung des Balkens unter der Traglast sprechen.

Ob wir nun ideal-plastisches Verhalten des Werkstoffs oder die Fließgelenktheorie zugrunde legen, in beiden Fällen finden wir, daß nach Überschreiten der Elastizitätsgrenze P_e eine Umlagerung der Biegemomente eintritt derart, daß die Feldmomente weiterwachsen, während das Einspannmoment mehr oder weniger konstant bleibt, und daß der Zusammenbruch des Balkens eintritt, wenn schließlich das Biegemoment in zwei Punkten Grenzwerte M_f oder M_g erreicht hat. Dieser Zusammenbruch tritt unter einer endlichen Last P_g ein, und diese „Traglast" kann nach der Fließgelenktheorie berechnet werden. Auf dieser Einsicht beruht die Benutzung dieser Theorie für die Berechnung des Tragverhaltens statisch unbestimmter Systeme.

Die Momentenumlagerung zwischen der Elastizitätsgrenze des Systems und seiner Traglast ist ein plastischer Spannungsausgleich von derselben Art wie der auf S. 22 besprochene. Es hängt natürlich von den Einzelheiten der Belastung ab (s. das Beispiel auf S. 191), ob das erste Fließgelenk im Einspannquerschnitt oder unter der Last auftritt, aber in jedem Falle ist eine Laststeigerung möglich, bis so viele Fließgelenke auftreten, daß der Balken ein bewegliches System mit mindestens einem Freiheitsgrad wird.

c) Beispiele

In dem eben betrachteten Beispiel braucht man zur Berechnung der Traglast nur das Momentendiagramm der Abb. 178d; d. h. man braucht nicht zu wissen, ob sich erst ein Fließgelenk in B ausbildet und dann ein zweites in C, oder ob das erste Gelenk in C auftritt. Man kann sich daher die Mühe einer statisch unbestimmten Rechnung ersparen, wenn man sicher ist, wie die Momentenverteilung im Augenblicke des plastischen Zusammenbruchs aussieht. Im Falle der Abb. 178a ist das leicht möglich. Das System ist einfach statisch unbestimmt. Das erste Fließgelenk hebt

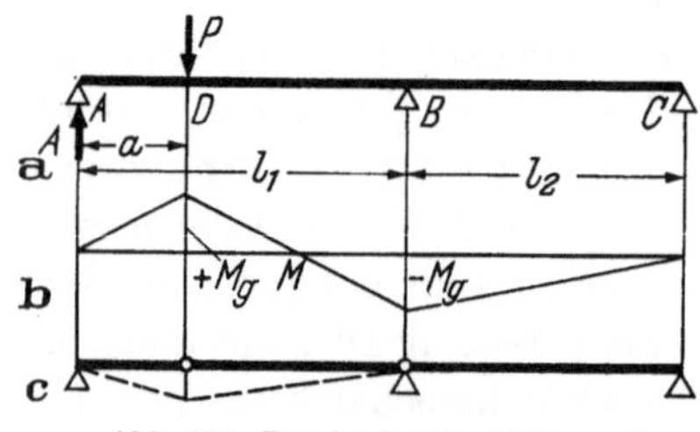

Abb. 179. Durchgehender Träger mit Einzellast, Traglastberechnung.

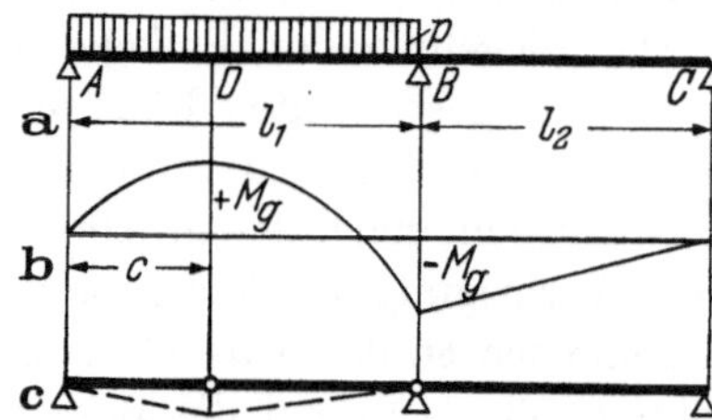

Abb. 180. Durchgehender Träger mit verteilter Last, Traglastberechnung.

die Unbestimmtheit auf, und ein zweites ist nötig um das System in einen Gelenkmechanismus zu verwandeln. Die zwei nötigen Fließgelenke können nur in Querschnitten auftreten, in denen das Biegemoment ein positives oder negatives Maximum hat, und deren gibt es im vorliegenden Falle nur zwei. Damit ist das Diagramm der Abb. 178d völlig festgelegt.

Wir wollen nun an einigen weiteren Beispielen lernen, wie man in anderen Fällen zu einer Lösung gelangt und wie diese Lösungen aussehen.

Abb. 179a zeigt einen durchgehenden Träger mit einer Einzellast. Er ist einfach statisch unbestimmt, und wir erwarten daher, daß zwei Fließgelenke notwendig sind, um ihn zum Zusammenbruch zu bringen. Das Biegemoment hat sicher ein positives Maximum unter der Last und ein negatives über der Stütze. Daraus ergibt sich das in Abb. 179b gezeichnete Diagramm. Wenn wir nun aus dem Balken den Teil AD herausschneiden und eine Momentengleichung für sein rechtes Ende aufstellen, finden wir die Stützkraft

$$A = M_g/a.$$

Wenn wir dann für die ganze Spannweite AB eine Momentengleichung für den Bezugspunkt B aufstellen, finden wir

$$A l_1 - P(l_1 - a) + M_g = 0$$

und daraus

$$P = P_g = \frac{M_g}{a}\,\frac{l_1 + a}{l_1 - a}. \tag{132}$$

Abb. 179c zeigt das Gelenksystem und das zugehörige Verschiebungsbild.

Überraschend an diesem Ergebnis ist, daß die Stützweite l_2 der rechten Öffnung die Traglast P_g nicht beeinflußt. Die Traglast ist daher dieselbe, auch wenn $l_2 \to 0$ geht. Zwei unendlich benachbarte Stützpunkte bedeuten aber nichts anderes, als daß die Biegelinie dort eine waagerechte Tangente hat, d. h. daß der Balken AB in B eingespannt ist. In der Tat können wir Gl. (131) aus Gl. (132) gewinnen, indem wir $l_1 = l$ und $a = \frac{2}{3}l$ setzen.

In Abb. 180a sehen wir denselben durchgehenden Träger, aber mit einer gleichförmig verteilten Last p. Das Momentendiagramm hat das in Abb. 180b dargestellte Aussehen, und wir erwarten wiederum zwei Fließgelenke, ein positives und ein negatives, aber der Abstand c des positiven Fließgelenks vom linken Ende ist zunächst noch unbekannt.

Wir beginnen die Lösung mit der Aufstellung einiger Gleichgewichtsbedingungen. Wo das Biegemoment ein Maximum hat, ist die Querkraft Null. Die auf dem Teil AD liegende Last muß daher gleich der Stützkraft A sein:

$$A = pc.$$

Ferner haben wir, wie bisher, Momentengleichungen für den rechten Endpunkt der Balkenteile AD und AB:

$$Ac - \tfrac{1}{2}pc^2 - M_g = 0,$$

$$Al_1 - \tfrac{1}{2}pl_1^2 + M_g = 0.$$

Wir benutzen die erste dieser drei Gleichungen, um aus den andern A zu eliminieren:

$$\tfrac{1}{2}pc^2 = M_g, \qquad \tfrac{1}{2}pl_1(l_1 - 2c) = M_g,$$

und durch Gleichsetzen der linken Seiten folgt eine quadratische Gleichung für c:

$$c^2 + 2l_1c - l_1^2 = 0.$$

Sie hat nur eine positive Wurzel

$$c = l_1\left(\sqrt{2} - 1\right) = 0{,}414\,l_1, \tag{133}$$

und damit finden wir

$$p = p_g = 2\left(\sqrt{2} + 1\right)^2 M_g/l_1^2 = 11{,}66\,M_g/l_1^2 \tag{134}$$

wiederum unabhängig von l_2. Abb. 180c zeigt den Fließgelenkmechanismus und das zugehörige Verschiebungsbild.

In diesem Beispiel wie in den vorhergehenden ist es nicht nötig, das elastische Verhalten des Systems zu kennen um die Traglast zu berechnen, aber man erhält dann natürlich nur die Traglast und keine Auskunft darüber, wann das System seine Elastizitätsgrenze erreicht und wie sich dann Schritt für Schritt der Zusammenbruch entwickelt.

Wenn man die elastische Untersuchung durchführt (s. Aufgabe 44c, S. 171), findet man für das Stützmoment

$$M_B = -\frac{p l_1^3}{8(l_1 + l_2)}.$$

Wenn man dann die Querkraftnullstelle in der linken Spannweite sucht und das dort auftretende Moment berechnet, findet man

$$c = \frac{l_1}{8} \frac{3l_1 + 4l_2}{l_1 + l_2}, \tag{135}$$

$$M_{\max} = \frac{p l_1^2}{128} \left(\frac{3l_1 + 4l_2}{l_1 + l_2}\right)^2.$$

Die Elastizitätsgrenze ist erreicht, wenn entweder $|M_B|$ oder $M_{\max} = M_g$ wird, und dann bildet sich entweder über der Mittelstütze oder im rechten Feld ein Fließgelenk aus. Welcher der beiden Fälle eintritt, hängt vom Verhältnis l_2/l_1 ab. Wenn das erste Fließgelenk über der Stütze auftritt, folgt aus $M_B = -M_g$ die Grenzlast zu

$$p_e = \frac{M_g}{l_1^2} \cdot 8\left(1 + \frac{l_2}{l_1}\right), \tag{136a}$$

und wenn das erste Fließgelenk im Felde auftritt, ist

$$p_e = \frac{M_g}{l_1^2} \cdot 128 \left(\frac{l_1 + l_2}{3l_1 + 4l_2}\right)^2. \tag{136b}$$

Diese beiden Kurven sind in Abb. 181 aufgetragen. Man sieht, daß für kleine Werte von l_2/l_1 Gl. (136a) den kleineren Wert p_e liefert, daß also das negative Fließgelenk in B zuerst auftritt. Die andere Kurve, die p_e nach (136b) darstellt, ist dann natürlich gegenstandslos, da nach Bildung eines Fließgelenks die ihr zugrunde liegende Voraussetzung elastischen Verhaltens des Balkens nicht mehr zutrifft. Für große Werte von l_2/l_1 gilt das Umgekehrte; das erste Fließgelenk tritt innerhalb der Spannweite l_1 auf. Wenn man die rechten Seiten von (136a, b) einander gleichsetzt und nach l_2/l_1 auflöst, erhält man die Abszisse des Schnittpunkts beider

Kurven. Für dieses Spannweitenverhältnis treten — zufällig — beide Fließgelenke gleichzeitig auf, und $p_e = p_g$, d. h. am Ende des elastischen Verhaltens steht sofort der Zusammenbruch. In allen anderen Fällen kann die Last über p_e hinaus gesteigert werden, bis der von l_2/l_1 unabhängige Wert p_g nach Gl. (134) erreicht ist. Dieser Lastbereich, in dem sich der Balken plastisch verhält, ist in Abb. 181 schraffiert. Die veränderliche Weite dieses Bereichs zeigt, daß Balken verschiedenen Spannweitenverhältnisses, die auf Grund ihrer Elastizitätsgrenze p_e bemessen sind, in Wirklichkeit sehr verschiedene Sicherheitsgrade haben können.

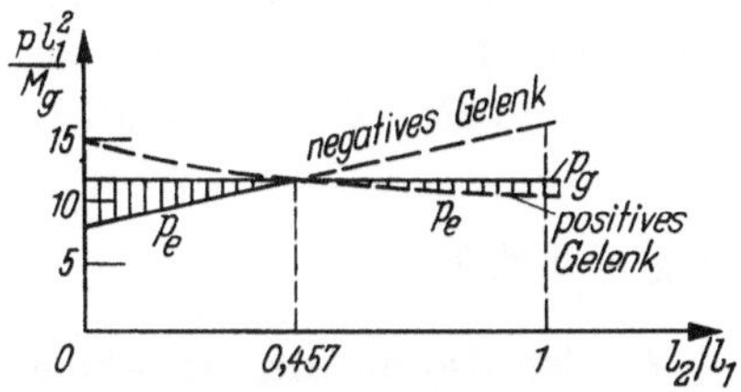

Abb. 181. Träger der Abb. 180, Abhängigkeit der Traglast und der Elastizitätsgrenze p_e vom Verhältnis der Spannweiten.

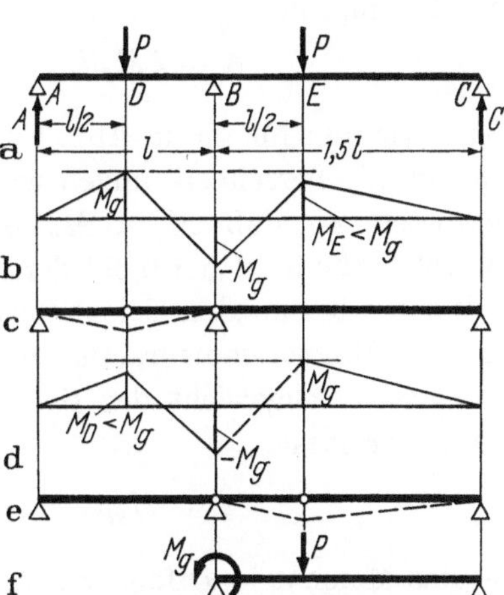

Abb. 182. Durchgehender Träger mit Einzellasten, Traglastberechnung.

Der Balken nach Abb. 180 zeigt eine bemerkenswerte Eigentümlichkeit, die sich in vielen anderen Fällen wiederfindet. Wenn das positive Fließgelenk zuerst auftritt, ist sein Abstand c von A durch Gl. (135) gegeben, und dieser von l_2/l_1 abhängige Wert stimmt nicht mit dem aus Gl. (133) folgenden überein. Wenn die Last p von p_e bis p_g anwächst, wandert daher das positive Fließgelenk von der einen Lage zu der andern und eine stetige Folge von Querschnitten wird, einer nach dem andern, vorübergehend zum Fließgelenk und kehrt zu elastischem Verhalten zurück, wenn sich das Momentenmaximum weiter nach links verschiebt.

Als letztes Beispiel wollen wir den in Abb. 182a dargestellten Träger untersuchen, der zwei gleiche Lasten P trägt. Das System ist einfach statisch unbestimmt. Das Biegemoment hat zwei scharfe Maxima unter den Lasten und ein negatives Maximum über der Mittelstütze. Jeder dieser drei Punkte kommt als mögliche Lage eines Fließgelenks in Betracht, während für den Zusammenbruch des Systems zwei Gelenke ausreichen. Es ergibt sich die Frage, in welchen Punkten die Gelenke liegen.

Wenn man Momentendiagramme aufzeichnet, sieht man, daß zwei Möglichkeiten ernstlich in Betracht kommen, die in Abb. 182 mit den zugehörigen Gelenkmechanismen dargestellt sind. Wenn Abb. 182c der richtige Mechanismus ist, muß $M_E < M_g$ sein, und wenn Abb. 182e den richtigen Mechanismus darstellt, muß $M_D < M_g$ sein.

Nehmen wir zunächst einmal an, daß die Fließgelenke in D und B liegen, wobei es wie bisher unwesentlich ist, welches von ihnen zuerst auftritt. Wir berechnen aus zwei Momentengleichungen die Stützkraft A und die Traglast:

$$A = 2M_g/l, \qquad P = P_{g1} = 6M_g/l.$$

Wenn wir nun für die in Abb. 182f dargestellte rechte Spannweite das Moment M_E berechnen, finden wir $M_E = \frac{4}{3}M_g$ in Widerspruch zu der Voraussetzung, daß $M_E < M_g$ ist. Der Zusammenbruchmechanismus der Abb. 182c ist daher nicht der richtige.

Wenn wir nun den Gelenkmechanismus der Abb. 182e und das zugehörige Momentendiagramm zugrunde legen, finden wir aus dem Momentengleichgewicht der Balkenteile EC und BC die Stützkraft C und die Traglast:

$$C = M_g/l, \qquad P = P_{g2} = 5M_g/l,$$

und das Moment in D folgt zu $M_D = \frac{3}{4}M_g$, ist also mit der Annahme $M_D < M_g$ in Einklang. Daraus folgt, daß P_{g2} die Traglast des Balkens ist.

Wir haben in all diesen Beispielen eine Abzählung der nötigen Fließgelenke benutzt, die davon ausgeht, daß ein n-fach statisch unbestimmtes System beweglich wird, wenn es $(n+1)$ Fließgelenke erhält. Dieses einleuchtende Argument ist jedoch nur beschränkt richtig. Man kann aus jedem der durchgehenden Träger Systeme höherer Unbestimmtheit gewinnen, indem man in den Abb. 179 und 180 auf der rechten Seite und in Abb. 182 auf der linken weitere Spannweiten anfügt, ohne daß sich an dem benutzten Gelenkmechanismus und der daraus abgeleiteten Traglast etwas ändert. Anderseits ist es auch möglich, daß die ersten auftretenden Fließgelenke keinen brauchbaren Mechanismus liefern, weil das Gelenkspiel immer nur in einem Sinne stattfinden kann, oder daß in einem symmetrischen System zwei Fließgelenke gleichzeitig auftreten und die Gelenkzahl von n auf $n+2$ bringen.

Aufgaben

48. Die Abbildungen zeigen einige symmetrische Balkenquerschnitte. Gegeben sei ein Balken aus ideal-plastischem Werkstoff mit einem dieser Querschnitte. Berechne das Biegemoment M als Funktion der Krümmung $\varkappa$ und zeichne eine Kurve nach Art der Abb. 173! Maße in mm.

49. Die Abbildungen zeigen Leichtmetall-Strangpreßprofile (Maße in mm). Berechne das Biegemoment M_f für den vollplastischen Zustand! Das ist auch für

Querschnitte mit einfacher Symmetrie leicht möglich. Beachte, daß die Spannungsverteilung die Bedingung $N = 0$ befriedigen muß, und daß ihre Nullinie nicht notwendigerweise durch den Schwerpunkt geht!

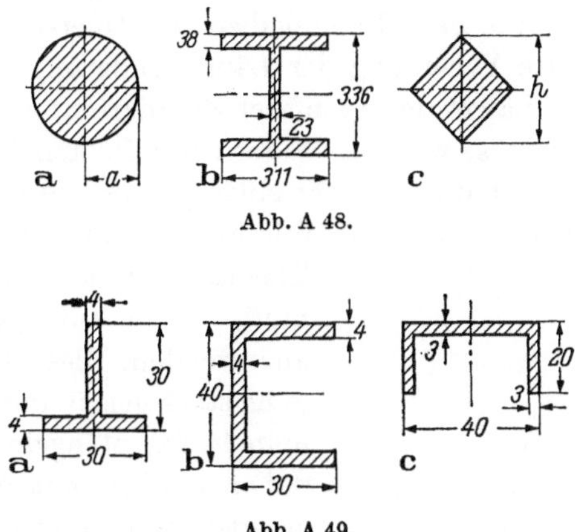

Abb. A 48.

Abb. A 49.

50. Die Abbildungen zeigen statisch unbestimmte Balken mit den auf sie wirkenden Lasten (Maße in m). Wie groß ist der Sicherheitsfaktor gegen plastischen Zusammenbruch, d. h. mit welchem gemeinsamen Faktor muß man alle gleichzeitig wirkenden Lasten multiplizieren um die Traglast zu erreichen? Um die Aufgabe zu lösen, mache zunächst eine vernünftig erscheinende Annahme über die Lage der Fließgelenke und bestimme die Traglast! Dann zeichne das gesamte Momentendiagramm und prüfe, ob die Ausgangsannahme richtig war! Wenn sich irgendwo $|M| > M_g$ ergibt, muß die Untersuchung mit einer anderen Annahme der Fließgelenke wiederholt werden, bis sich ein annehmbares Momentendiagramm ergibt. Die Lösung ist immer möglich und ist eindeutig.

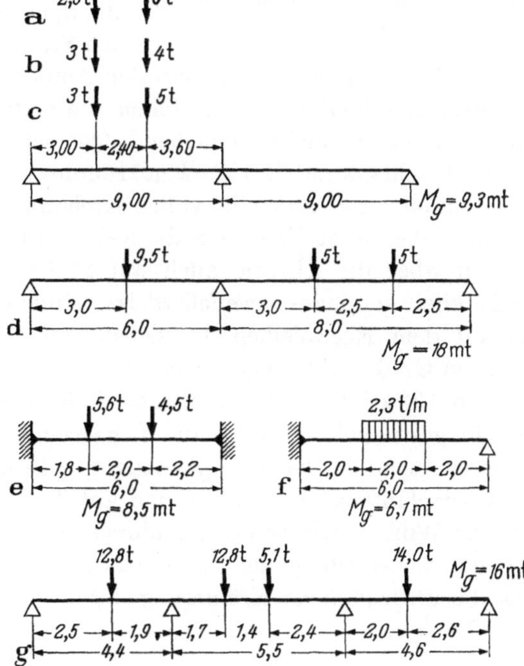

Abb. A 50.

8. Krumme Stäbe

Auf S. 80 haben wir gesehen, wie die Annahme ebenbleibender Querschnitte zu der linearen Verteilung der Dehnungen ε über die Querschnittshöhe führt. Aus dem Ebenbleiben der Querschnitte folgte unmittelbar eine lineare Verteilung der Längenänderung Δdx, und wenn wir diese durch die Länge der Stabfaser dividierten, erhielten wir eine lineare Verteilung von ε, weil alle Fasern des Balkenelements dieselbe Länge dx hatten. Das trifft zwar für einen geraden Stab zu, nicht aber für einen gekrümmten (Abb. 183). Wir wollen jetzt sehen, wie man die Theorie gerader Stäbe abändern muß, um sie auf gekrümmte Stäbe anzuwenden. Diese Theorie der Biegung stark gekrümmter Stäbe ist mit mancherlei Mängeln behaftet und daher weniger gut als die Theorie gerader Stäbe, aber sie stellt die einzige Möglichkeit dar, mit einfachen Mitteln über die Theorie gerader Stäbe hinauszugehen und zu sehen, wie weit diese auf leicht gekrümmte Stäbe anwendbar ist und in welcher Richtung und um wieviel etwa die Spannungen in stark gekrümmten Stäben abweichen.

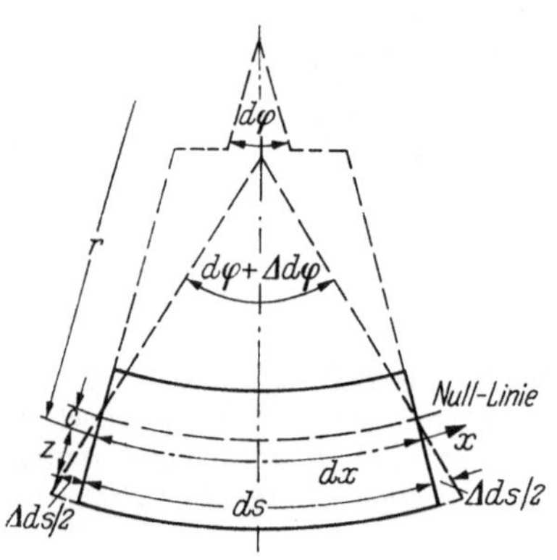

Abb. 183. Element eines krummen Stabes.

Wir beginnen wiederum mit der Annahme eben bleibender Querschnitte, und hier zeigt sich schon die erste Schwierigkeit. Auf S. 80 sahen wir, daß wir auf eben bleibende Querschnitte rechnen können, wenn der Stab schlank ist. Ein *stark* gekrümmter Stab kann aber nicht sehr lang sein ohne sich zu einem vollen Kreisring zusammenzuschließen und enthält daher keine Elemente, die weit von beiden Enden entfernt sind. Da wir aber die Theorie auch auf Stäbe angewendet haben, deren Schlankheit zumindest zweifelhaft ist, können wir auch hier hoffen, daß die auf dem Ebenbleiben der Querschnitte beruhende Theorie einen gewissen Grad praktischer Anwendbarkeit haben wird.

Abb. 183 zeigt in vollen Linien ein Balkenelement vor der Verformung und in gestrichelten Linien die Lage seiner Endquerschnitte im verformten Zustand. Die strichpunktierte, gekrümmte x-Achse geht durch die Querschnittsschwerpunkte, und auf ihr hat das Element die Länge dx. Der Winkel zwischen den Endquerschnitten ist vor der Verformung $d\varphi$ und wächst infolge der Formänderung um $\Delta d\varphi$. Dadurch vergrößert sich die ursprüngliche Krümmung $d\varphi/dx = 1/r$ um die *Verkrümmung* $\Delta d\varphi/dx = \varkappa$.

Eine im Abstand z unterhalb der Stabachse liegende Faser hat die Länge

$$ds = dx + z\,d\varphi = (r + z)\,d\varphi .$$

Wegen des Ebenbleibens der Querschnitte ist daher die Dehnung dieser Faser

$$\varepsilon = \frac{\Delta ds}{ds} = \frac{(c + z)\,\Delta d\varphi}{(r + z)\,d\varphi} = \frac{c + z}{r + z}\,r\varkappa .$$

Aus dem Hookeschen Gesetz (7) folgt die Spannung

$$\sigma = E\varepsilon = E\varkappa r\,\frac{c + z}{r + z}. \tag{137}$$

Wir wollen nun annehmen, daß das Stabelement ein reines Biegemoment M überträgt, daß also die Längskraft $N = 0$ ist. Dann haben wir

$$\int \sigma\,dF = E\varkappa r \int \frac{c + z}{r + z}\,dF = E\varkappa r\left(c\int \frac{dF}{r + z} + \int \frac{z\,dF}{r + z}\right) = 0 .$$

Anderseits ist

$$F = \int \frac{(r + z)\,dF}{r + z} = r\int \frac{dF}{r + z} + \int \frac{z\,dF}{r + z}.$$

Wenn man diese beiden Gleichungen nach den auf der rechten Seite stehenden Integralen auflöst, erhält man

$$\int \frac{dF}{r + z} = \frac{F}{r - c}, \qquad \int \frac{z\,dF}{r + z} = -\frac{cF}{r - c}.$$

Das im Querschnitt übertragene Biegemoment ist

$$M = \int \sigma z\,dF = E\varkappa r\left(c\int \frac{z\,dF}{r + z} + \int \frac{z^2\,dF}{r + z}\right). \tag{138}$$

Das letzte Integral in dieser Formel erinnert an das Trägheitsmoment $I = \int z^2\,dF$ des Querschnitts in bezug auf seine waagerechte Schwerachse. Wir setzen

$$\int \frac{z^2\,dF}{1 + z/r} = \alpha I = \alpha F i^2 \tag{139}$$

und definieren damit einen Korrekturfaktor α, der von der Krümmung des Stabes abhängt und dem Wert 1 zustrebt, wenn $r \to \infty$ geht.

In Abb. 183 haben wir angenommen, daß — selbst wenn keine Längskraft übertragen wird — die Nullinie nicht durch den Schwerpunkt geht. Wir können jetzt eine Beziehung zwischen dem Nullinienabstand c und dem Faktor α aufstellen. Da wir die Koordinate z vom Schwerpunkt ausmessen, ist

$$\int \frac{(r+z)^2\, dF}{r+z} = rF + \int z\, dF = rF.$$

Anderseits ist dasselbe Integral gleich

$$r^2 \int \frac{dF}{r+z} + 2r \int \frac{z\, dF}{r+z} + \int \frac{z^2\, dF}{r+z} = \frac{r^2 F}{r-c} - \frac{2rcF}{r-c} + \frac{\alpha i^2 F}{r}.$$

Wenn wir die rechten Seiten einander gleich setzen, erhalten wir eine lineare Gleichung für c mit der Lösung

$$c = \frac{\alpha i^2 r}{r^2 + \alpha i^2}. \tag{140}$$

Wir führen dieses Ergebnis und die Abkürzung (139) in Gl. (138) ein und erhalten nach einiger Rechnung für das Biegemoment

$$M = EI\varkappa \frac{\alpha}{1 + \alpha i^2/r^2}. \tag{141}$$

Wenn wir diese Gleichung nach $E\varkappa$ auflösen und das Ergebnis in (137) einsetzen, erhalten wir für die Spannung

$$\sigma = \frac{M}{I} \frac{1 + \alpha i^2/r^2}{\alpha} r \frac{c+z}{r+z}$$

und mit Gl. (140) schließlich

$$\sigma = \frac{M}{\alpha I} \left(\frac{\alpha i^2}{r} + \frac{rz}{r+z} \right). \tag{142}$$

Diese Spannungsverteilung ist nicht linear, geht aber in eine lineare über, wenn $r \to \infty$ geht. In einem Koordinatensystem z, σ ist (142) die Gleichung einer Hyperbel. Für den (natürlich außerhalb des Querschnitts liegenden) Punkt $z = -r$ erhält man $\sigma = -\infty$. Das Spannungsdiagramm hat deshalb eine scharfe Spitze auf der Innenseite des Stabes, und es empfiehlt sich den Querschnitt unsymmetrisch auszubilden derart, daß sein Schwerpunkt näher der inneren Randfaser liegt.

Als ein Beispiel wollen wir die Spannungen in dem in Abb. 184 dargestellten Querschnitt berechnen. Um aus Gl. (139) den Faktor α zu finden, muß man das Integral

$$\int \frac{z^2\,dz}{r+z}$$

auswerten. Das ist an sich keine schwierige Aufgabe; aber wenn man zum Rechenschieber greift, stellt sich heraus, daß das Ergebnis die Differenz zweier großer Zahlen und daher recht ungenau ist. Man kommt ziemlich

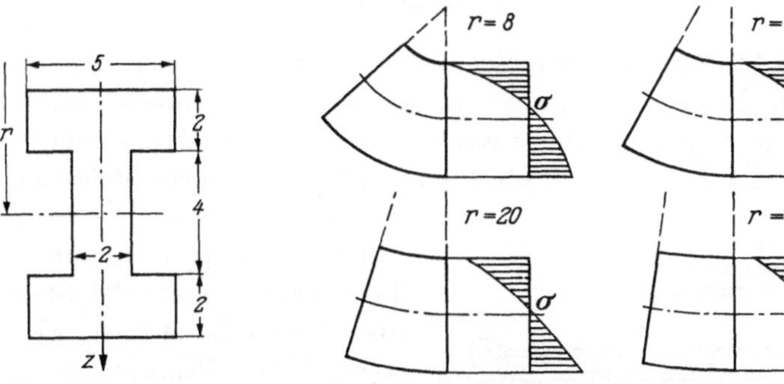

Abb. 184. I-Querschnitt.

Abb. 185. Verteilung der Biegespannungen in Stäben verschiedener Krümmung.

schnell zum Ziel, wenn man das Integral für gegebene Zahlenwerte mit Hilfe der Simpsonschen Regel berechnet. Auf diesem Wege wurden die folgenden α-Werte erhalten:

$r =$	8	12	20	40 cm
$\alpha =$	1,187	1,071	1,020	1,002

Nachdem man α gefunden hat, kann man aus Gl. (142) die Biegespannungen σ berechnen. Die Ergebnisse sind in Abb. 185 aufgetragen. Der erste der Stäbe ist so scharf gekrümmt, daß man ihn kaum noch als einen Stab bezeichnen kann. Der letzte der Stäbe mit $r/h = 5$ zeigt eine fast geradlinige Spannungsverteilung, und die Nullinie liegt nur wenig über der Schwerachse. Man schließt daraus, daß sich für Stäbe mit $r/h > 5$, d. h. für die meisten Ringe und Gewölbe, die Anwendung der Theorie stark gekrümmter Stäbe nicht lohnt.

Kapitel 3

Torsion

1. Allgemeines

Beim Studium der Stabbiegung gingen wir von dem in Abb. 80 dargestellten Belastungsfall aus: An den beiden Enden des Stabes greifen zwei entgegengesetzt gleiche Kräftepaare an, deren Achsen auf der Stabachse senkrecht stehen. Abb. 186a zeigt eine ähnliche Belastung, doch fällt hier die Drehachse der Momente mit der Stabachse zusammen. Diese Beanspruchungsart des Stabes wird als Torsion bezeichnet. Sie ist die wesentliche Beanspruchung aller Maschinenwellen, und auch in Flügeln und Rümpfen der Flugzeuge spielt die Torsion eine sehr wesentliche Rolle. Im Stahlbau und Stahlbetonbau dagegen wird die Torsionsbeanspruchung von Bauteilen nach Möglichkeit vermieden, da die üblichen Trägerquerschnitte zur Übertragung von Torsionsmomenten wenig geeignet sind.

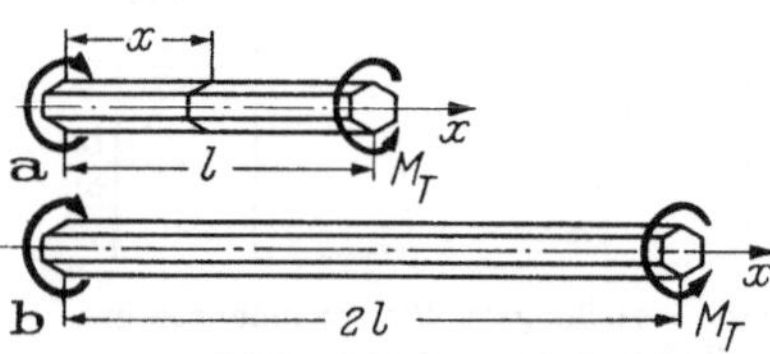

Abb. 186. Stab unter Torsionsbelastung.

Unsere Aufgabe besteht natürlich in der Berechnung der Spannungen und Formänderungen in einem auf Torsion belasteten Stabe. Für Stäbe von beliebigem Querschnitt ist diese Aufgabe bei weitem nicht so einfach wie die der Biegung. Sie macht die Anwendung von mathematischen Hilfsmitteln nötig, die aus dem für dieses Buch gewählten Rahmen herausfallen. Es gibt jedoch mehrere technisch wichtige Sonderfälle des Torsionsproblems, die sich mit elementaren Mitteln behandeln lassen und auf die wir hier ausführlich eingehen wollen: die Wellen, d. h. Stäbe mit Kreis- oder Kreisringquerschnitt, die dünnwandigen Rohre und die dünnwandigen Stäbe mit offenem Profil.

Unabhängig von der Querschnittsform sind allen Torsionsaufgaben einige Grundbegriffe gemeinsam, die wir zunächst erörtern wollen. Dabei wollen wir, wie beim Balken, von Stabfasern sprechen, auch wenn der Stab aus Stahl oder Glas besteht, also keine natürlichen Fasern hat, und wollen unter einer Faser den Teil des Stabes verstehen, der durch die gleichgelegenen Elemente dF aller Stabquerschnitte gebildet wird.

Wenn wir die beiden Torsionsmomente M_T an den Enden eines Stabes anbringen, drehen sich die Endquerschnitte relativ zueinander im Sinne dieser Momente. Die Stabachse bleibt dabei gerade, und alle Stabfasern winden sich in Form sehr steiler Schraubenlinien um diese Achse.

Um diese Formänderung quantitativ zu beschreiben, nehmen wir willkürlich an, daß das linke Stabende festgehalten sei. Dann dreht sich der rechte Endquerschnitt um einen bestimmten Winkel ψ in seiner Ebene. Die Größe dieses Verdrehungswinkels hängt von dem Moment M_T ab, und wir können erwarten, daß er ebenso wie die Verlängerung eines Zugstabes oder die Durchbiegung eines Balkens der Last, d. h. dem Moment M_T, proportional ist. Wir werden das später bestätigt finden.

Außer von der Last hängt der Verdrehungswinkel ψ natürlich vom Material und von den Abmessungen des Stabes ab, insbesondere von der Stablänge und von der Größe und Gestalt des Querschnitts. Einen dieser Einflüsse können wir sofort erschöpfend behandeln, den der Stablänge. Abb. 186 zeigt zwei Stäbe gleichen Querschnitts, aber verschiedener Länge. Wir nehmen an, daß das linke Ende beider Stäbe festgehalten sei und daß sich der rechte Endquerschnitt des kurzen Stabes um ψ verdrehe. Dann dreht sich der Mittelquerschnitt des langen Stabes um denselben Winkel, und sein rechter Endquerschnitt um 2ψ. Ganz allgemein ist offenbar der Drehwinkel irgendeines Querschnitts dem Abstand x vom festgehaltenen Ende proportional:

$$\psi = \vartheta x. \tag{143}$$

Die Größe ϑ bezeichnet die relative Verdrehung zweier Querschnitte, die um die Längeneinheit voneinander entfernt sind, und hat daher die Dimension eines Winkels je Längeneinheit. Sie wird als *Verwindung* bezeichnet und ist für die Torsion die charakteristische Formänderungsgröße.

2. Stäbe mit Kreis- und Kreisringquerschnitt (Wellen)

a) Vollstäbe

Ehe wir darangehen können, die bei der Torsion auftretenden Spannungen zu ermitteln, müssen wir noch zwei weitere geometrische Fragen beantworten: 1. Wo liegt der Punkt, um den sich ein gegebener Querschnitt dreht? 2. Bleibt der Querschnitt bei der Drehung eben? Die Antwort auf beide Fragen ist einfach, wenn der Querschnitt ein Kreis oder ein konzentrischer Kreisring ist, aber auch nur dann. Wegen der diesen beiden Querschnittsformen eigenen hohen Symmetrie ist es klar, daß als Drehpunkt nur der Kreismittelpunkt in Frage kommt. In Analogie mit der Stabbiegung könnte man versucht sein, die zweite Frage rundweg mit einem Ja zu beantworten. Bei genauem Zusehen stellt sich aber heraus, daß der auf S. 80 dargelegte Gedankengang hier nicht anwendbar ist, denn bei der Torsion ist die Ebene des mittleren Stabquerschnitts keine Symmetrieebene für die auftretenden Verschiebungen. Für Kreis- und Kreisringquerschnitt können wir jedoch in der folgenden Weise vorgehen: Alle auf einem Kreise vom Radius r liegenden Punkte sind gleichberechtigt (Abb. 187). Wenn sich einer von ihnen in positiver x-Richtung verschiebt, müssen es alle tun, und nicht nur in diesem einen Querschnitt, sondern in allen. In Abb. 188a sind entsprechende Verschiebungen für

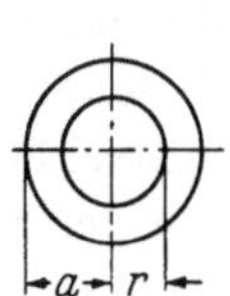

Abb. 187. Kreisquerschnitt.

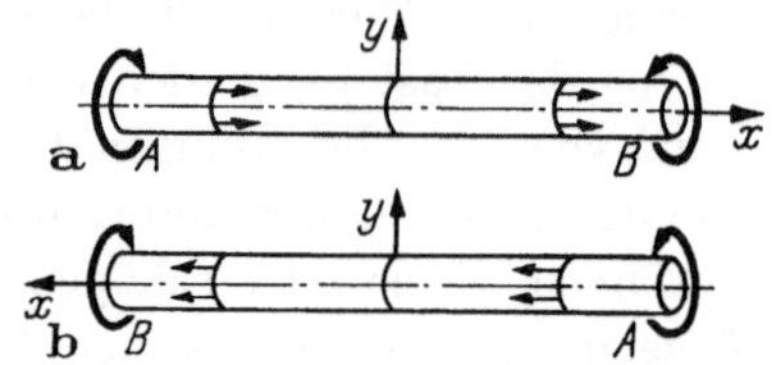

Abb. 188. Tordierter Stab vor und nach einer Drehung um die y-Achse.

vier Punkte eingezeichnet. Wenn wir den Stab um 180° um die y-Achse drehen, nimmt er die in Abb. 188b gezeichnete Lage ein, und dieselben Punkte verschieben sich nun in entgegengesetzter Richtung. Anderseits ist aber die Anordnung der äußeren Momente genau dieselbe wie vorher, und da die Verschiebung eines Punktes nicht gut davon abhängen kann, welches Ende des Stabes wir A und welches wir B nennen, müssen wir schließen, daß die Verschiebungen Null sind. Die Stabquerschnitte bleiben also eben.

Wenn der Querschnitt nicht kreisförmig ist, läßt sich die hier benutzte Schlußweise nur auf solche Punkte anwenden, die auf einer Symmetrieachse des Querschnitts liegen.

Abb. 189 zeigt ein Stabelement der Länge dx, aus dem zur besseren Sichtbarmachung der Formänderungen und der Spannungen ein Sektor herausgeschnitten ist. Wir nehmen an, daß sich der untere Querschnitt nicht bewegt, d. h. wir betrachten nur die relative Bewegung aller Punkte in bezug auf ihn. Der obere Querschnitt dreht sich um den Winkel $d\psi = \vartheta \cdot dx$, und seine Punkte verschieben sich längs konzentrischer Kreise. Die Verschiebung eines Punktes im Abstand r vom Mittelpunkt ist

$$dv = r \cdot d\psi = r\vartheta\, dx.$$

Die durch diesen Punkt gehende Stabfaser dreht sich dabei um den Winkel

$$\gamma = \frac{dv}{dx} = r\vartheta.$$

Da die Faser ursprünglich auf der Querschnittsebene senkrecht stand und jetzt um diesen Winkel gegen die Querschnittsnormale geneigt ist,

ist γ die Schubverzerrung (Gleitung), und nach dem Hookeschen Gesetz (21) sind mit ihr Schubspannungen

$$\tau = G\gamma$$

verbunden, die im Querschnitt und im Längsschnitt auftreten und in Abb. 189 eingetragen sind. Da andere Verzerrungen nicht auftreten, sind diese Schubspannungen die einzigen Spannungen im Stab. Insbesondere sind die in der Figur sichtbaren Zylinderflächen, einschließlich der Staboberfläche, frei von Spannungen.

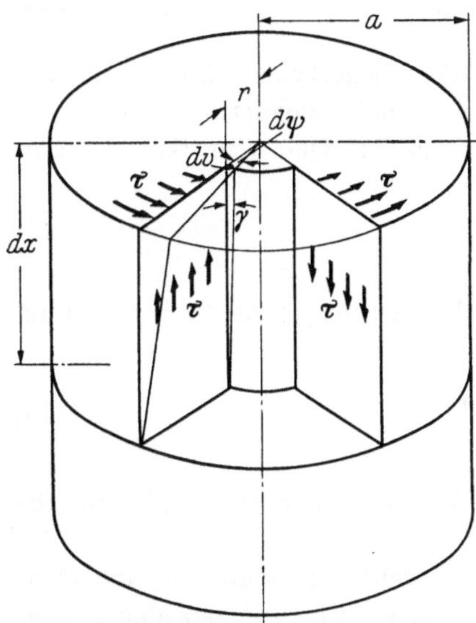

Abb. 189. Aufgeschnittenes Element eines tordierten Stabes mit Kreisquerschnitt.

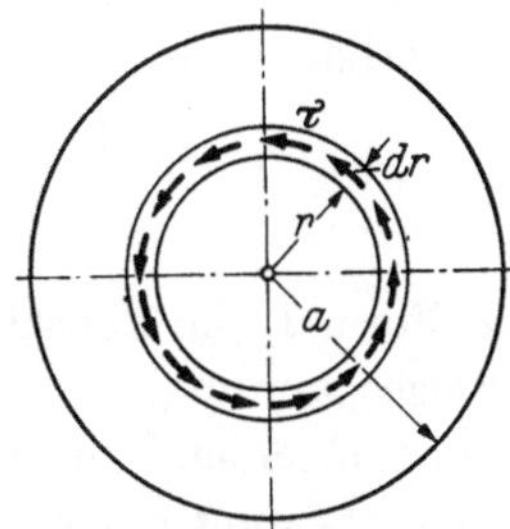

Abb. 190. Schubspannungen im Kreisquerschnitt.

Durch Zusammenfassung der beiden letzten Gleichungen ergibt sich, daß die Schubspannung dem Radius r proportional ist:

$$\tau = G\vartheta r. \tag{144}$$

Man kann nun sofort übersehen, daß dieser einfache Spannungszustand alle Bedingungen der Aufgabe erfüllt: Die Spannungen τ lassen sich zu einem Moment zusammenfassen, das um die Stabachse dreht, aber sie haben keine Resultierende und kein resultierendes Moment in bezug auf irgendeine im Querschnitt liegende Achse, und die zylindrische Staboberfläche ist spannungsfrei, d. h. unbelastet.

Das resultierende Moment der Schubspannungen ist das Torsionsmoment, und man findet seine Größe durch eine einfache Integration über den Stabquerschnitt (Abb. 190):

$$M_T = \int_0^a r \cdot \tau \cdot 2\pi r \cdot dr = 2\pi G\vartheta \int_0^a r^3\, dr.$$

Das Integral einschließlich des Faktors 2π ist das auf S. 87 eingeführte polare Trägheitsmoment des Querschnitts und hat den Wert

$$I_p = \tfrac{1}{2}\pi a^4.$$

Wenn wir diese Größe in die Formel einführen, haben wir

$$M_T = G I_p \vartheta. \tag{145}$$

Diese Formel entspricht der Gl. (42) der Biegetheorie. Die Größe GI_p wird dementsprechend als Torsionssteifigkeit bezeichnet.

Die größte Schubspannung tritt längs des Querschnittsrandes auf, also für $r = a$, und ist

$$\tau_{\max} = G a \vartheta.$$

Wenn man aus dieser und der vorhergehenden Beziehung die Verwindung eliminiert, erhält man

$$\tau_{\max} = \frac{M_T a}{I_p}, \tag{146}$$

also eine Formel, die denselben Bau hat wie die Formeln (44) für die größte Biegespannung.

Der hier in seinen Einzelheiten dargestellte Spannungszustand stellt eine strenge Lösung eines dreidimensionalen Elastizitätsproblems dar. Wenn man ihn verwirklichen will, muß man natürlich die Last so über die Endquerschnitte verteilen, wie es die Gleichungen erfordern, also als Schubspannungen, die dem Abstand vom Mittelpunkt proportional sind. Praktisch wird diese Bedingung kaum je erfüllt sein, und dann werden in der Nähe des Stabendes zusätzlich Spannungen auftreten, die sich nicht einfach erfassen lassen, insbesondere dann nicht, wenn man nicht einmal genau weiß, wie die Last eingeleitet wird.

b) Schraubenfedern

Eine Schraubenfeder ist ein Draht von kreisförmigem oder anderem Querschnitt, dessen Achse eine Schraubenlinie ist (Abb. 191). Die Enden sind zu Haken umgebogen oder in anderer Weise zur Einleitung einer in der Schraubenachse wirkenden Zugkraft (oder Druckkraft) P geeignet gemacht. Die Schraubenlinie habe den Radius r und der hier als Kreis angenommene Drahtquerschnitt den Durchmesser d.

Wenn man die Schraubenfeder an irgendeiner Stelle durchschneidet, sieht man, daß die Kraft P in bezug auf den Querschnittsmittelpunkt ein Moment $M = Pr$ ausübt. Es hat Komponenten in Richtung der

Tangente und der Binormalen der Schraubenlinie, die wir als ein Torsions- und ein Biegemoment ausdeuten. Wenn die Steigung der Schraube gering ist — und das trifft für die meisten Federn zu — dann ist das Biegemoment klein und das Torsionsmoment nahezu gleich Pr. Es erzeugt im

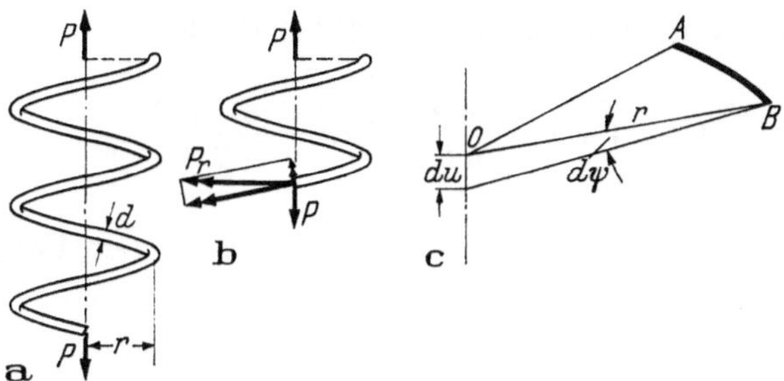

Abb. 191. Schraubenfeder, (a) die Feder, (b) Zerlegung des Momentes Pr in eine Torsions- und eine Biegungskomponente, (c) Stabelement.

Querschnitt Schubspannungen, deren Größtwert durch Gl. (146) gegeben ist, die wir mit den Bezeichnungen der Abb. 191a in der folgenden Form schreiben:

$$\tau_{\max} = \frac{P r d/2}{\pi d^4/32} = \frac{16 P r}{\pi d^3}. \tag{147}$$

Die Formel gibt um so bessere Werte, je flacher die Schraubenwindungen sind und je kleiner d im Verhältnis zu r ist. Wenn der Draht zu dick ist, muß man nicht nur die von der Kraft P als Querkraft erzeugte Schubspannung berücksichtigen, sondern auch der Tatsache Rechnung tragen, daß sich die Torsionsspannungen nicht, wie in einem geraden Stab, gleichmäßig über den Kreisumfang verteilen, sondern auf der Innenseite der Schraubenwindung größer sind als auf der Außenseite.

Unter dem Einfluß des Torsionsmoments M verdrehen sich Nachbarquerschnitte der Feder gegeneinander. Für die Endquerschnitte eines Linienelements $r\,d\alpha$, das in Abb. 191c als ein Stück eines Kreisrings dargestellt ist, ist die gegenseitige Verdrehung nach Gl. (145)

$$d\psi = \vartheta \cdot r\,d\alpha = \frac{P r}{G I_p}\, r\,d\alpha,$$

und die Enden der Radien OA und OB, die wir uns mit den Querschnitten fest verbunden denken, werden um den Beitrag

$$du = r\,d\psi = \frac{P r^3}{G I_p}\, d\alpha$$

auseinander gespreizt. Der Kreisbogen wird damit zu einem Stück einer flachen Schraube. In der wirklichen Schraubenfeder schneiden sich die beiden Radien nicht in einem Punkte O, sondern haben schon einen kleinen, von der Steigung der Schraube abhängenden Abstand, der durch die Formänderung um du vergrößert wird. Die Größe du stellt den Beitrag des Drahtelements vom Zentriwinkel $d\alpha$ zur Längenänderung der Feder dar. Für eine Feder mit n Windungen erhält man die Längenänderung, indem man einfach $d\alpha$ durch den Winkel $2\pi n$ ersetzt:

$$\Delta l = \int du = \frac{Pr^3}{GI_p} \cdot 2\pi n = \frac{64 n P r^3}{G d^4}. \tag{148}$$

Sie ist der Zugkraft P proportional, $\Delta l = kP$. Der Faktor k wird *Federsteifigkeit* genannt.

c) Rohre

Da in einem kreiszylindrischen Stab jede zur Oberfläche koaxiale Zylinderfläche spannungsfrei ist, kann man den Stab längs einer solchen Fläche in einen Kern und einen Mantel zerschneiden ohne an dem Spannungs- und Formänderungszustand etwas zu ändern. Wenn man den Kern entfernt, muß man natürlich auch den davon übertragenen Teil des Torsionsmoments entfernen und hat dann eine Hohlwelle mit dem in Abb. 192 dargestellten Querschnitt. Für die Spannung gilt nach wie vor Gl. (144), aber bei der Berechnung des von den Schubspannungen τ übertragenen Torsionsmoments müssen wir jetzt zwischen den Grenzen b und a integrieren:

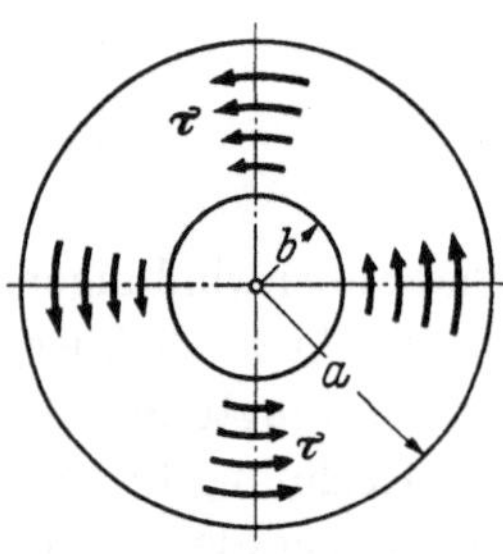

Abb. 192. Kreisringquerschnitt.

$$M_T = \int_b^a r \cdot \tau \cdot 2\pi r \cdot dr = G\vartheta \frac{\pi}{2} (a^4 - b^4). \tag{149}$$

Der Faktor von $G\vartheta$ ist auch hier das polare Trägheitsmoment

$$I_p = \tfrac{1}{2}\pi (a^4 - b^4), \tag{150}$$

so daß die Gln. (145), (146) auch in diesem Falle gelten. Die beiden hier behandelten Fälle, der Kreisquerschnitt und der Kreisringquerschnitt, sind aber auch die einzigen, für die sie gelten, und man hüte sich davor, sie zu verallgemeinern.

Im inneren Teil einer Massivwelle sind die Schubspannungen klein und haben außerdem nur kleine Hebelarme. Sie tragen daher zum gesamten Torsionsmoment nur wenig bei, und die Verwendung einer Hohlwelle bringt eine wesentliche Gewichtsersparnis. Wir wollen uns das in Formeln vor Augen führen.

Wenn wir $b/a = \frac{1}{2}$ wählen, verringern wir den Querschnitt um $\frac{1}{4}$ ($= b^2/a^2$), das polare Trägheitsmoment dagegen nur um $\frac{1}{16}$, und in diesem Verhältnis nimmt bei festgehaltener Randspannung das übertragene Torsionsmoment ab, d. h. $\frac{3}{4}$ des Querschnitts übertragen $\frac{15}{16}$ des Moments. Wenn wir uns die Aufgabe stellen, mit gegebener Randspannung $\tau_{\max}$ ein bestimmtes Moment M_T zu übertragen, finden wir das erforderliche Trägheitsmoment aus Gl. (146):

$$I_p = \frac{M_T a}{\tau_{\max}}.$$

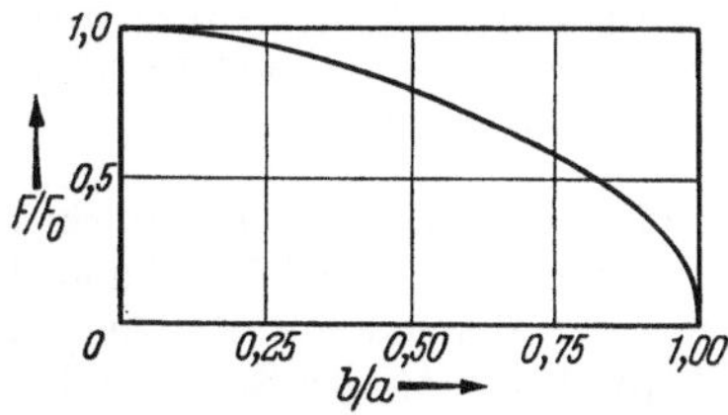

Abb. 193. Querschnittsfläche einer Hohlwelle für gegebenes Torsionsmoment in Abhängigkeit von b/a.

Zusammen mit Gl. (150) ergibt das

$$\frac{2M_T}{\pi \tau_{\max} a^3} = 1 - \frac{b^4}{a^4}$$

also

$$a^3 = \frac{2M_T}{\pi \tau_{\max}} \cdot \frac{1}{1 - b^4/a^4}.$$

Das Gewicht der Hohlwelle ist dem Querschnitt proportional, und dieser ist

$$F = \pi a^2 \left(1 - \frac{b^2}{a^2}\right).$$

Nach Einsetzen von a aus der vorhergehenden Gleichung ergibt sich schließlich F als Funktion von b/a:

$$F = \pi^{1/3} \left(\frac{2M_T}{\tau_{\max}}\right)^{2/3} \cdot \frac{1 - b^2/a^2}{(1 - b^4/a^4)^{2/3}}.$$

Für eine Vollwelle ($b/a = 0$) ist der letzte Faktor $= 1$ und er stellt daher das Verhältnis F/F_0 der Querschnitte einer Hohlwelle und der gleichwertigen Vollwelle dar. Er ist in Abb. 193 graphisch dargestellt, und man sieht, daß die durch Verwendung einer Hohlwelle erreichbare Gewichtsersparnis keine Schranke hat. Der Endwert $F/F_0 = 0$ der Kurve läßt sich natürlich technisch nicht verwirklichen, da er zu einer unendlich dünnen Rohrwandung und einem unendlich großen Durchmesser führt. Man kann ihm aber, je nach den Umständen, mehr oder weniger nahe kommen.

Wenn die Rohrwandung sehr dünn ist, schwankt r nur zwischen engen Grenzen, und Gl. (144) zeigt, daß dann die Schubspannung nahezu gleichmäßig über die Wanddicke verteilt ist. Man macht sich das in der Versuchstechnik zunutze, um mit einfachen Mitteln einen homogenen Schubspannungszustand zu erzeugen.

Aufgaben

51. Eine Welle überträgt ein Torsionsmoment von 80 mkg. Die zulässige Schubspannung ist $\tau_{zul} = 800\ \text{kg/cm}^2$. Berechne den notwendigen Durchmesser! Wieviel kann man an Gewicht sparen durch Verwendung einer Hohlwelle mit 65 mm äußerem Durchmesser?

52. An dem Zahnrad B wird ein äußeres Moment von 155 mkg eingeleitet, dem durch Momente von je 77,5 mkg in A und C Gleichgewicht gehalten wird. (a) Berechne den Durchmesser der Welle und runde ihn auf ganze Millimeter nach oben ab! (b) Berechne die Relativdrehung der beiden Räder A und C! Werkstoff: Stahl, $\tau_{zul} = 900\ \text{kg/cm}^2$, $G = 8 \cdot 10^5\ \text{kg/cm}^2$. Maße in m.

53. Die in der Abbildung im Längsschnitt dargestellte Torsionsfeder besteht aus zwei ineinander gesteckten Stahlrohren. Das Ende A ist festgehalten; B ist gelagert, und in C greift ein äußeres Moment $M = 50$ mkg an. (a) Berechne die Schubspannungen in beiden Rohren! Liegen sie unterhalb der zulässigen Spannung von $\tau_{zul} = 900\ \text{kg/cm}^2$? (b) Berechne die Verdrehung des Endquerschnitts C! Definiere in Analogie zu der im Anschluß an Gl. (148) gegebenen Definition eine Federsteifigkeit und berechne ihren Wert! Welche Dimension hat sie in diesem Falle? $G = 8 \cdot 10^5\ \text{kg/cm}^2$. Maße in mm.

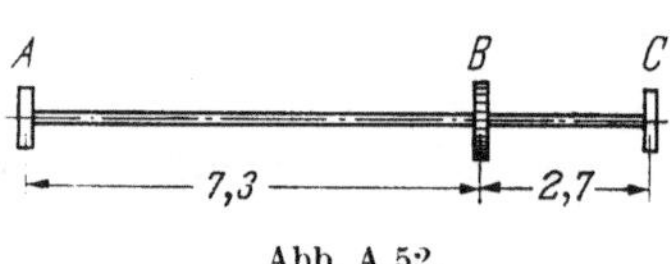

Abb. A 52.

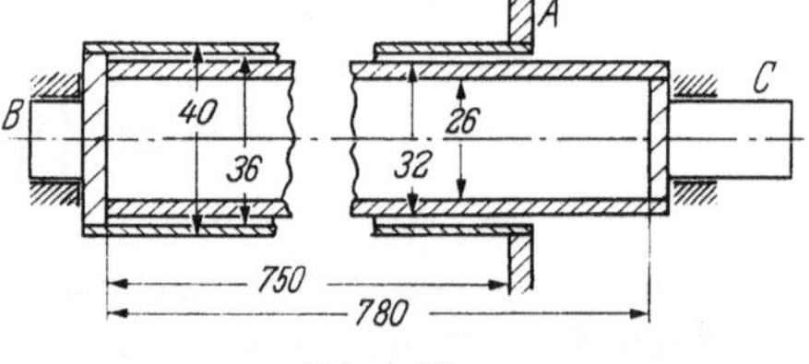

Abb. A 53.

54. In den hier dargestellten Beispielen ist ein Stab (eine Welle oder ein auf Torsion beanspruchter Träger) an beiden Enden unverdrehbar festgehalten. Da Festhaltung *eines* Endes zur Sicherung der Lage genügt, sind diese Systeme einfach statisch unbestimmt. Berechne die Verteilung des Torsionsmoments längs der Stabachse (Torsionsmomentendiagramm), die mit den Endbedingungen verträglich ist! Zeichne auch ein Diagramm, das die Verdrehung ψ jedes Querschnitts als Funktion einer Koordinate x darstellt!

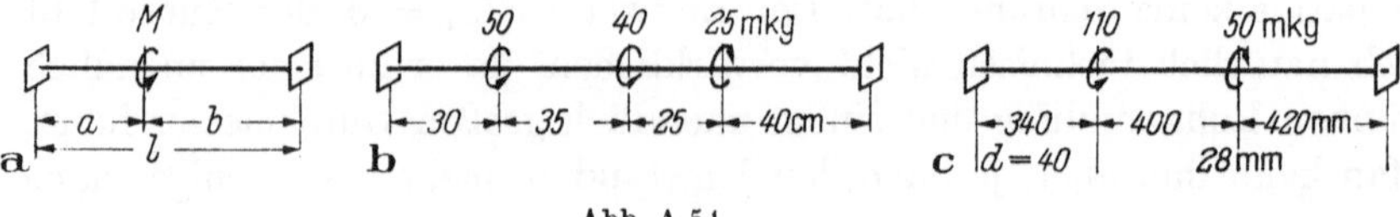

Abb. A 54.

3. Dünnwandige Hohlstäbe

a) Spannungen

In einem auf Biegung beanspruchten Stab (Balken) sind diejenigen Teile des Querschnitts am nützlichsten, die am weitesten von der Nulllinie entfernt sind, weil sie den größten Beitrag zum Trägheitsmoment liefern. Wir haben gesehen wie diese Überlegung dazu führt den Querschnitt so auszubilden, daß er möglichst nur aus solchen Teilen besteht. In einem auf Torsion beanspruchten Stab sind diejenigen Querschnittsteile am nützlichsten, die in irgendeiner Richtung weit weg vom Mittelpunkte liegen. Es liegt daher nahe, für ein überwiegend auf Torsion beanspruchtes Glied ein Rohr zu wählen (s. S. 206), aber es wird nicht immer möglich sein, den Querschnitt kreisförmig zu machen. Wir wollen uns daher jetzt der Theorie der Torsion dünnwandiger Rohre beliebigen Querschnitts zuwenden.

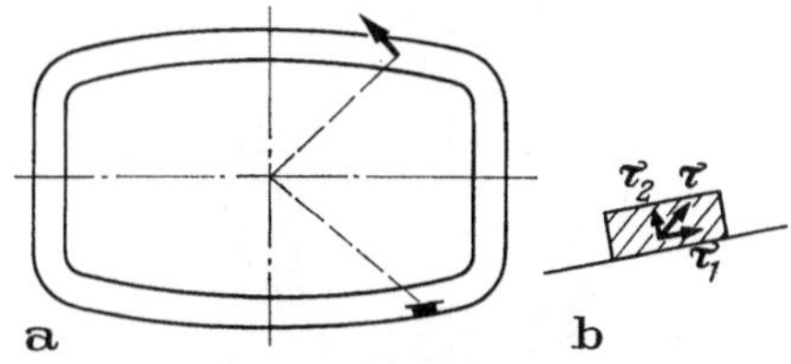

Abb. 194. Dünnwandiger Hohlstab, (a) Querschnitt, (b) Wandelement.

In Analogie zum Kreisringquerschnitt könnten wir erwarten, daß auch hier die Schubspannungen überall senkrecht zu den von einem gewissen Zentrum ausgehenden Radien stehen (Abb. 194a). Wir können jedoch leicht einsehen, daß diese Annahme falsch ist.

Im unteren Teil der Abb. 194a ist ein an der Staboberfläche liegendes Querschnittselement abgegrenzt, und in Abb. 194b ist dieses Element vergrößert dargestellt. Wir zerlegen die in ihm übertragene Schubspannung τ in Komponenten tangential und normal zum Umriß. Die diesen Komponenten zugeordneten Schubspannungen treten in Flächen auf, die auf der Querschnittsebene senkrecht stehen. Für die Tangentialkomponente τ_1 sind das zwei Stablängsschnitte ähnlich denen, die in Abb. 189 sichtbar sind, aber eine der zugeordneten Schubspannungen τ_2 tritt in der Staboberfläche auf. Da diese Fläche spannungsfrei sein soll, muß $\tau_2 = 0$ sein, d. h., am Querschnittsrand ist die Schubspannung immer tangential. Das trifft natürlich ebenso für den Innenrand des Rohrquerschnitts zu, und wenn die Wandung dünn ist, liegt es nahe, anzunehmen, daß die Schubspannung auch in Zwischenpunkten parallel zum Wandungsumriß oder zur Wandungsmittellinie ist. Dies ist also die richtige Verallgemeinerung des im Kreisringquerschnitt gefundenen Spannungszustandes.

Eine andere beim Kreisring gemachte Erfahrung läßt sich ohne Schwierigkeiten auf den allgemeinen Fall anwenden. Wie man aus

Gl. (144) erkennt, ist die Schubspannung am Innenrande etwas niedriger als am Außenrande, aber der Unterschied ist vernachlässigbar gering, wenn die Wand dünn ist. Wir wollen daher hier von vornherein annehmen, daß sich die Schubspannung gleichmäßig über die Wanddicke verteilt. Damit haben wir den Ausgangspunkt gewonnen für den Aufbau einer Torsionstheorie, die ebenso einfach ist wie die auf der Annahme ebenbleibender Querschnitte aufgebaute Biegetheorie. Wir wollen nun diese Theorie im einzelnen studieren.

Abb. 195 zeigt den Querschnitt eines Rohres. Die Wandung ist überall dünn, aber die Wanddicke t muß nicht überall dieselbe sein. Zur Orientierung benutzen wir neben den Koordinatenachsen y, z die Wandmittellinie (Skelettlinie) des Profils. Wir wählen auf ihr willkürlich einen Nullpunkt und messen von dort aus gegen den Uhrzeigersinn die Bogenlänge s. Den

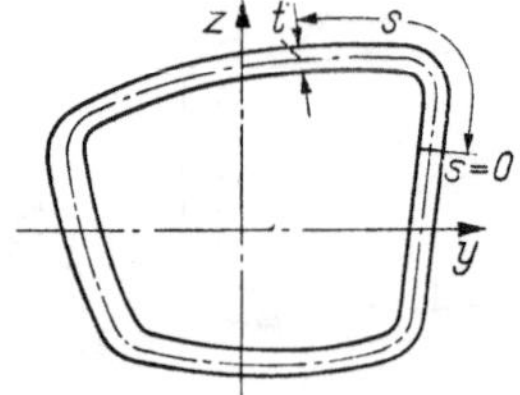

Abb. 195. Dünnwandiger Hohlquerschnitt.

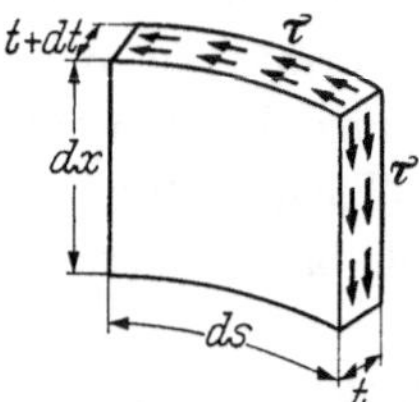

Abb. 196. Schubspannungen am Wandelement eines Hohlstabes.

Umfang der Skelettlinie bezeichnen wir mit c, so daß $s = 0$ und $s = c$ denselben Punkt bezeichnen. Wenn die Richtung der Skelettlinie und die Wanddicke t als Funktion von s gegeben sind, ist der Querschnitt vollständig beschrieben.

Wir betrachten nun ein Wandelement (Abb. 196). Die in der oberen Grenzfläche angreifenden Schubspannungen τ haben die Resultierende $\tau \cdot t\,ds$. Wenn das Torsionsmoment nicht von x abhängt, haben die Schubspannungen auf der Unterseite genau dieselbe Größe, und auch dort wirkt eine waagerechte Kraft $\tau \cdot t\,ds$, natürlich in entgegengesetzter Richtung. Die zugeordneten Schubspannungen in den lotrechten Schnittflächen $t\,dx$ müssen auch gleich τ sein, aber sie können sich um ein Differential $d\tau$ voneinander unterscheiden, wenn τ mit s veränderlich ist. Wir haben daher an der in der Figur sichtbaren Fläche die nach unten weisende Resultierende $\tau \cdot t\,dx$, und an der gegenüberliegenden Fläche die nach oben weisende Kraft

$$(\tau + d\tau)\,(t + dt)\,dx,$$

und das Gleichgewicht der lotrechten Kräfte erfordert, daß diese beiden Kräfte einander gleich sind:

$$\tau t = (\tau + d\tau)\,(t + dt).$$

Wenn wir rechts ausmultiplizieren und das Glied $d\tau\, dt$ als unendlich klein von höherer Ordnung vernachlässigen, erhalten wir das Ergebnis

$$\tau\, dt + t\, d\tau = d(\tau t) = 0, \tag{151}$$

d. h. das Produkt aus Schubspannung und Wanddicke ist konstant. Wenn die Wanddicke konstant ist, ist die Schubspannung konstant, und wenn die Wanddicke längs des Umfangs veränderlich ist, findet sich die größte Schubspannung an der dünnsten Stelle.

Die Beziehung (151) legt es nahe, den Querschnitt mit einem ringförmigen Kanal zu vergleichen, dessen Breite t ist und in dem Wasser mit der Geschwindigkeit τ strömt. Da die Durchflußmenge an allen Stellen des Kanals dieselbe sein muß, ist die Geschwindigkeit der Kanalbreite umgekehrt proportional. Die Durchflußmenge je Zeiteinheit,

$$T = \tau t, \tag{152}$$

ist überall dieselbe. Da sich dieses Gleichnis auch auf kompliziertere Fälle (Kanal mit Verzweigung, Rohrquerschnitt nach Art der Abb. 203, S. 220) ausdehnen läßt, ist es nützlich, der Größe T einen Namen zu geben und sie für die Darstellung der Torsionsspannungen nutzbar zu machen. Sie wird, eben wegen dieses Strömungsgleichnisses, Schubfluß genannt, und Gl. (151) sagt aus, daß der Schubfluß längs des Querschnittsumfangs konstant ist.

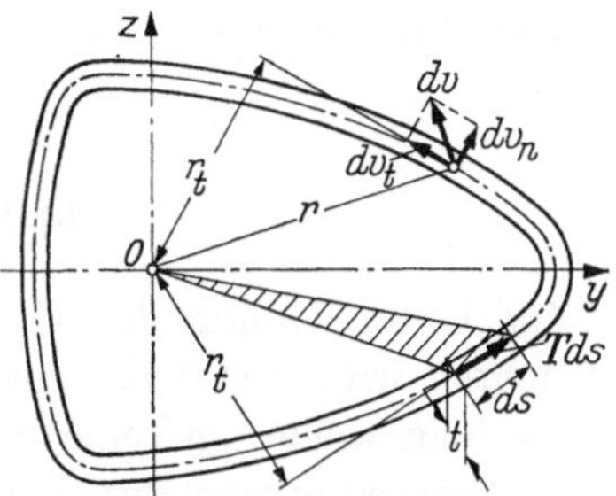

Abb. 197. Zur Berechnung der Formänderung eines dünnwandigen Hohlstabes.

Es ist nun ein Leichtes, die Größe des Schubflusses zu finden, wenn das Torsionsmoment M_T bekannt ist. In dem Querschnittselement $t \cdot ds$ (untere Hälfte der Abb. 197) wirkt die Kraft $T\, ds$. Ihr Hebelarm in bezug auf den Koordinatenursprung O ist r_t, ihr Moment also $r_t T\, ds$, und das Moment aller Schubspannungen des ganzen Querschnitts ergibt sich durch eine Integration über den Umfang c der Skelettlinie:

$$M_T = \int_0^c r_t\, T\, ds = T \int_0^c r_t\, ds.$$

Der Schubfluß kann vor das Integralzeichen gezogen werden, weil er von s nicht abhängt, und das verbleibende Integral hat nicht nur die Dimension einer Fläche, sondern läßt sich auch als solche deuten. Das in der Figur schraffierte Dreieck hat die Grundlinie ds und die Höhe r_t, also den Inhalt $\frac{1}{2} r_t\, ds$. Die gesamte von der Skelettlinie umschlossene Fläche ist daher

$$F_T = \tfrac{1}{2}\int_0^c r_t\, ds, \tag{153}$$

und die letzte Formel kann daher geschrieben werden

$$M_T = 2\,T F_T. \tag{154}$$

Diese Formel, die zu gegebenem Schubfluß das Torsionsmoment, zu gegebenem Torsionsmoment den Schubfluß liefert, heißt erste Bredtsche Formel. Es ist bemerkenswert, daß zu ihrer Ableitung nur Gleichgewichtsbedingungen benutzt worden sind, keine Formänderungsbeziehungen.

b) Formänderung

Zur Untersuchung der Formänderung eines tordierten Hohlstabes betrachten wir ein Stabelement dx ähnlich dem in Abb. 189 dargestellten. Wir wählen wiederum seine untere Begrenzungsebene als Bezugsebene für die Verschiebungen des oberen Endquerschnitts, die dann die Größenordnung von Differentialen haben. Der obere Endquerschnitt ist in Abb. 197 dargestellt.

Wenn sich dieser obere Querschnitt gegen den unteren um den Winkel $d\psi = \vartheta\, dx$ verdreht, erfährt ein Punkt A die Verschiebung

$$dv = r\, d\psi = r\vartheta\, dx,$$

die senkrecht zum Radius r gerichtet ist. Wir zerlegen diese Verschiebung in Komponenten normal und tangential zur Skelettlinie, dv_n und dv_t. Die Normalkomponente führt nur zu einer leichten Verbiegung eines in Faserrichtung aus der Wand herausgeschnittenen Streifens, die wegen der vorausgesetzten Kleinheit der Wanddicke ohne merkliche Spannungen möglich ist. Die Tangentialkomponente

$$dv_t = r_t \vartheta\, dx$$

dagegen erzeugt eine Schubverzerrung der Wandelemente, die man aus Abb. 198a ablesen kann. Diese Figur zeigt ein solches Wandelement (vom Stabinnern aus gesehen) und die durch die Tangentialverschiebung seines oberen Randes erzeugte Gleitung

$$\gamma_1 = \frac{dv_t}{dx} = r_t \vartheta.$$

Die wirkliche Schubverzerrung γ des Wandelements ist der Schubspannung $\tau = T/t$ proportional und hängt daher von der Wanddicke t ab, aber nicht von r_t. Da anderseits γ_1 von t unabhängig ist, aber von r_t abhängt, kann γ_1 nicht die wirkliche Schubverzerrung sein. Um den Widerspruch aufzulösen, müssen wir axiale Verschiebungen u der Querschnittspunkte zulassen. Es versteht sich von selbst, daß die Verschiebung u für gleichgelegene Punkte aller Querschnitte dieselbe sein muß, daß sie aber längs der Skelettlinie veränderlich ist, also von s abhängt. Die Verschiebung u führt zu einer Verbiegung des Querschnitts aus seiner Ebene heraus, die als Verwölbung bezeichnet wird. Es hat sich der Sprachgebrauch eingebürgert, auch die Verschiebung u selbst als Verwölbung zu bezeichnen.

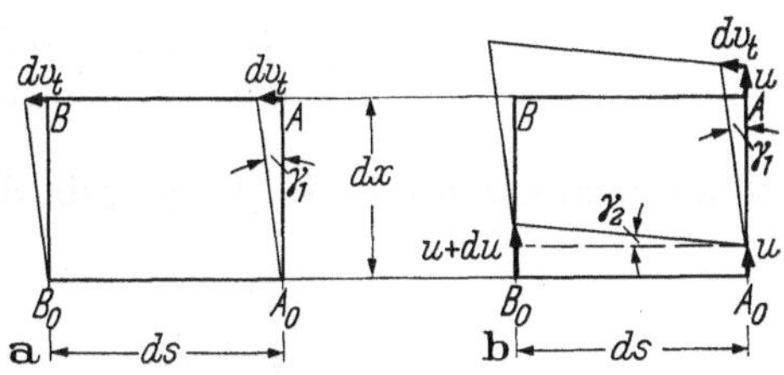

Abb. 198. Schubverzerrung eines Wandelements.

Das Auftreten der Verwölbung u nötigt uns, Abb. 198a durch Abb. 198b zu ersetzen. Aus dieser Figur lesen wir ab, daß die Gleitung

$$\gamma = \gamma_1 + \gamma_2 = \vartheta r_t + \frac{du}{ds}$$

ist. Aus dem Hookeschen Gesetz und der Definition (152) des Schubflusses folgt dann

$$T = \tau t = G\gamma t = Gt\left(\vartheta r_t + \frac{du}{ds}\right).$$

Wenn wir diese Gleichung nach du/ds auflösen und dann nach s integrieren, erhalten wir

$$\int\limits_0^s \frac{du}{ds}\, ds \equiv u - u_0 = \frac{1}{G}\int\limits_0^s \frac{T\, ds}{t} - \vartheta \int\limits_0^s r_t\, ds. \tag{155}$$

Diese Gleichung kann zur Berechnung der Verwölbung u in einem beliebigen Punkte der Skelettlinie benutzt werden, wenn die Verschiebung u_0 des Punktes $s = 0$ bekannt ist oder angenommen wird. Die Integrationskonstante u_0 ist offenbar ziemlich uninteressant, denn eine Änderung bedeutet nur die Addition einer Konstanten zu den Verschiebungen aller Punkte, also eine starre Verschiebung des Querschnittes in u-Richtung.

Wenn wir mit c den Umfang der Skelettlinie bezeichnen, bedeuten die Werte $s = 0$ und $s = c$ der Koordinate s denselben Querschnittspunkt, und Gl. (155) muß für beide dieselbe Verwölbung $u = u_0$ ergeben. Daraus folgt, daß

$$\frac{1}{G}\oint \frac{T\,ds}{t} = \vartheta \oint r_t\,ds$$

ist, und zusammen mit Gl. (153) ergibt das

$$\oint \frac{T\,ds}{t} = 2GF_T\vartheta. \tag{156}$$

Die Gln. (155) und (156) machen keinen Gebrauch von der früher festgestellten Tatsache, daß in einem einfachen Rohrquerschnitt längs des ganzen Umfangs $T = \text{const}$ ist, und wir werden daher später bei der Behandlung der Rohre mit Zwischenstegen auf sie zurückgreifen können.

Für das einfache Rohr fanden wir, daß T nicht von s abhängt, so daß es in Gl. (156) vor das Integralzeichen gezogen werden kann. Wenn wir dann noch die erste Bredtsche Formel (154) benutzen, um T durch das Torsionsmoment M_T auszudrücken, liefert uns Gl. (156) den Zusammenhang zwischen M_T und der Verwindung ϑ:

$$\vartheta = \frac{M_T}{4GF_T^2}\oint \frac{ds}{t}.$$

Diese Gleichung stimmt der Form nach mit Gl. (145) überein, und wir können sie schreiben

$$\vartheta = \frac{M_T}{GJ_T}, \tag{157}$$

aber J_T ist hier nicht das polare Trägheitsmoment des Querschnitts, sondern

$$J_T = \frac{4F_T^2}{\oint (ds/t)}. \tag{158}$$

Gl. (158) wird als zweite Bredtsche Formel bezeichnet, und die Größe J_T wird Torsionswiderstand genannt. Das Produkt GJ_T heißt Torsionssteifigkeit und ist ein Gegenstück zur Biegesteifigkeit EI. Beide sind Quotienten einer Schnittkraft und der zugehörigen Verzerrungsgröße.

Zur endgültigen Berechnung der Verwölbung greifen wir auf Gl. (155) zurück und drücken auch dort T durch M_T und dann M_T durch ϑ aus.

Wir erhalten

$$u = \vartheta \left[\frac{J_T}{2F_T} \int_0^s \frac{ds}{t} - \int_0^s r_t \, ds \right]. \tag{159}$$

In dieser Gleichung haben wir die ohnehin uninteressante Integrationskonstante u_0 der Einfachheit halber gleich Null gesetzt. Die eckige Klammer ist die Verwölbung je Einheit der Verwindung. Sie wird als Wölbfunktion $\varphi = u/\vartheta$ bezeichnet und ist nur von der Gestalt des Querschnitts und der Umfangskoordinate s abhängig, aber nicht von der Höhe der aufgebrachten Belastung M_T.

Bei der Herleitung der beiden Bredtschen Formeln (154) und (158) haben wir angenommen, daß der Koordinatenursprung mit dem Drehpunkt des Querschnitts zusammenfällt. Wir haben jedoch nirgends einen Anhaltspunkt dafür gefunden, wo dieser Drehpunkt liegt. Die beiden Bredtschen Formeln sind von seiner Lage unabhängig, und wir können daher die Spannungen und die Verwindung berechnen, ohne uns über die „Torsionsachse" des Stabes ins klare zu kommen. Nur zur Berechnung der Verwölbung u nach Gl. (159) ist die Kenntnis der richtigen Lage des Koordinatenursprungs notwendig, da der Radius r_t von diesem Punkte aus zu messen ist. Dieser eigentümliche Befund legt die Vermutung nahe, daß die Torsionsachse nicht so wesentlich ist, wie man zunächst anzunehmen geneigt ist. Wir wollen diesem Problem bei der Behandlung der offenen Profile auf den Grund gehen (s. S. 241), da sich dort praktisch wesentliche Folgerungen ergeben werden.

c) Beispiele

Wir wollen die Bredtschen Formeln benutzen, um zwei typische Beispiele zu studieren. Abb. 199 zeigt einen hohlen Rechteckquerschnitt. Wenn ein Rohr mit diesem Querschnitt einem Torsionsmoment M_T ausgesetzt wird, ergibt sich nach Gl. (154) der Schubfluß

$$T = \frac{M_T}{2F_T} = \frac{M_T}{2ah}$$

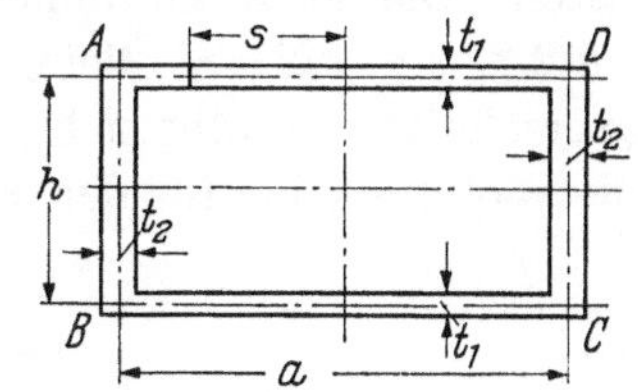

Abb. 199. Kastenquerschnitt.

und damit die Schubspannungen $\tau_1 = M_T/2aht_1$ in den Wänden der Breite a und $\tau_2 = M_T/2aht_2$ in den Wänden der Höhe h. Die Schubflüsse T in jeder der beiden waagerechten Wände haben die Resultierende $Ta = M_T/2h$, und diese beiden Kräfte bilden ein Kräftepaar mit dem Hebelarm h, also mit dem Moment $M_T/2$. Die Schubflüsse T in jeder der beiden lotrechten

Wände haben die Resultierende $Th = M_T/2a$, und da diese beiden Kräfte ein Kräftepaar mit dem Hebelarm a bilden, ist dessen Moment ebenfalls $M_T/2$. Das Torsionsmoment M_T wird also in einem Rechteckquerschnitt je zur Hälfte von jedem der beiden Seitenpaare übertragen, unabhängig vom Seitenverhältnis und von den Wanddicken.

Mit $F_T = ah$ und

$$\oint \frac{ds}{t} = 2\frac{a}{t_1} + 2\frac{h}{t_2}$$

ergibt sich der Torsionswiderstand

$$J_T = \frac{2a^2h^2}{\dfrac{a}{t_1} + \dfrac{h}{t_2}} = \frac{2a^2h^2t_1t_2}{at_2 + ht_1}.$$

Zur Berechnung der Verwindung ϑ berechnet man zweckmäßig den numerischen Wert von J_T und führt ihn in Gl. (157) ein.

Zur Berechnung der Verwölbung u oder der Wölbfunktion $\varphi = u/\vartheta$ nach (159) müssen wir uns über zwei Dinge schlüssig werden: über das Zentrum, von dem aus wir die Radien r_t zu messen haben, und über den Anfangspunkt $s = 0$ der Integrationen. Die Symmetrie des Querschnitts legt es nahe, r_t vom geometrischen Mittelpunkt aus zu messen und den Punkt $s = 0$ in einen der vier Seitenmittelpunkte zu legen. Wir wählen willkürlich die Mitte der oberen Langseite und zählen s wie in Abb. 199 angegeben. Wir finden dann für $0 \leqq s \leqq a/2$ mit $t = t_1$ und $r_t = h/2$:

$$\frac{u}{\vartheta} \equiv \varphi = \frac{aht_1t_2}{at_2 + ht_1} \cdot \frac{s}{t_1} - \frac{h}{2}s = \frac{at_2 - ht_1}{at_2 + ht_1} \cdot \frac{hs}{2}.$$

Es liegt kein Grund vor, warum wir für die obere Integrationsgrenze s nicht auch negative Werte einsetzen könnten, solange wir auf derselben Rechteckseite bleiben, d. h. solange wir das Recht haben, $r_t = h/2$ zu setzen. Die eben gewonnene Formel gilt daher im ganzen Bereich $-a/2 \leqq s \leqq a/2$. Sie liefert u als eine lineare Funktion von s, d. h. der Querschnitt verwölbt sich so, daß die Rechteckseite eine Gerade bleibt. Die Wölbfunktion für den Eckpunkt A ergibt sich mit $s = a/2$ zu

$$\varphi_A = \frac{at_2 - ht_1}{at_2 + ht_1} \cdot \frac{ah}{4},$$

und im Punkte D hat die Wölbfunktion dieselbe Größe, aber entgegengesetztes Vorzeichen.

Wenn wir die Wölbfunktion für Punkte der linken Seitenwand AB berechnen, müssen wir von dem Werte $\varphi = \varphi_A$ für $s = a/2$ ausgehen und die nötigen Integrationen von dort bis zum Punkte $s = s$ weiterführen, wobei nun $t = t_2$ und $r_t = a/2$ ist. Wir erhalten so für $\frac{a}{2} \leqq s \leqq \frac{a}{2} + h$:

$$\varphi = \frac{a t_2 - h t_1}{a t_2 + h t_1} \cdot \frac{a h}{4} + \frac{a h t_1 t_2}{a t_2 + h t_1} \frac{s - \frac{a}{2}}{t_2} - \frac{a}{2}\left(s - \frac{a}{2}\right)$$

$$= \frac{a t_2 - h t_1}{a t_2 + h t_1} \cdot \frac{a}{2}\left(\frac{a + h}{2} - s\right).$$

Dies ist wiederum eine lineare Funktion von s. Für $s = a/2$ ergibt sich natürlich $\varphi = \varphi_A$, und für $s = h + a/2$ findet man $\varphi = \varphi_B = -\varphi_A$.

Es ist kaum nötig, die Rechnung für die beiden anderen Rechteckseiten auszuführen, um das Gesamtbild der Verwölbung zu erhalten. In zwei diagonal gegenüberliegenden Ecken hat die Wölbfunktion den Wert φ_A und in den beiden anderen den Wert $-\varphi_A$. Jede der vier Rechteckseiten bleibt bei der Verwölbung gerade, und das Rechteck geht in ein windschiefes Viereck über. In allen vier Seitenmitten ist die Wölbfunktion und damit die Verwölbung $u = 0$. Es hängt vom Vorzeichen des Zählers in φ_A ab, ob die Verwölbung für A und C oder für B und D positiv ausfällt. Wenn $a t_2 = h t_1$ ist, verwölbt sich der Querschnitt überhaupt nicht.

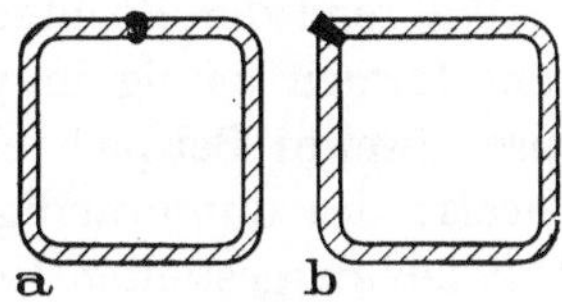

Abb. 200. Geschweißte Rohrquerschnitte.

Der Schubfluß T tritt, wie wir schon in Abb. 196 gesehen haben, nicht nur im Rohrquerschnitt auf, sondern auch in jedem Längsschnitt durch die Rohrwandung. Das ist von Bedeutung, wenn das Rohr Schweißnähte enthält. Abb. 200a zeigt ein dünnwandiges Rohr von quadratischem Querschnitt, das aus einem ebenen Blech hergestellt und längs der Mittellinie einer Seite stumpf verschweißt ist. In der Längsrichtung der Schweißnaht wird eine Schubspannung $\tau = T/t$ übertragen, wobei t die kleinste Dicke der Naht ist, also in einer gut ausgeführten Schweißung die Dicke der Rohrwandung. Wenn die Schweißnaht in einer Kante liegt (Abb. 200b), muß man mit einer erheblichen Spannungsspitze auf der Innenseite rechnen, da sich die Schubspannung τ in der Nähe einer Querschnittsecke ungleichmäßig über die Wanddicke verteilt. Die Höhe der Spannungsspitze hängt vom Ausrundungsradius auf der Innenseite ab, und da sich dieser wegen der Unzugänglichkeit des Rohrinneren schwer kontrollieren läßt, empfiehlt es sich dringend, eine Schweißnaht längs einer scharfen Kante zu vermeiden.

Abb. 201a zeigt eine andere Ausführungsform des Rechteckrohrs. Zwei U-Profile und zwei Gurtplatten sind durch vier Nietreihen miteinander verbunden. Die Skelettlinie hat genau genommen den in Abb. 201 b dargestellten Verlauf. Wir wollen hier auf diese Verfeinerung, die nicht viel einbringt, verzichten.

Jede der Nietreihen hat den in einem Längsschnitt wirkenden Schubfluß T zu übertragen. Wenn der Nietabstand e ist, entfällt auf jeden Niet

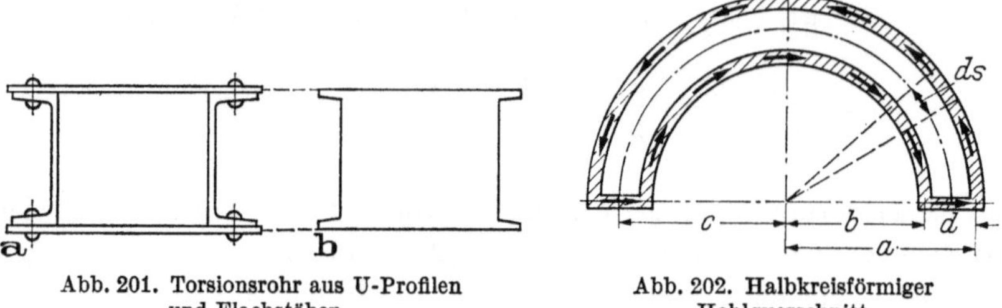

Abb. 201. Torsionsrohr aus U-Profilen und Flachstäben.

Abb. 202. Halbkreisförmiger Hohlquerschnitt.

die Kraft Te, und er ist für diese auf Abscheren und auf Lochwanddruck in der üblichen Weise (s. S. 32) zu berechnen.

Während der Rechteckquerschnitt in seinen verschiedenen Erscheinungsformen häufig in praktischen Ingenieuraufgaben vorkommt, ist unser zweites Beispiel rein theoretischer Art und soll dazu dienen, die Theorie des dünnwandigen offenen Profils vorzubereiten. Für den in Abb. 202 dargestellten Rohrquerschnitt ist

$$F_T = \tfrac{1}{2}\pi(a^2 - b^2) = \tfrac{1}{2}\pi(a + b)\,(a - b) = \pi c d.$$

Damit liefert Gl. (154) den Schubfluß für ein gegebenes Torsionsmoment

$$T = \frac{M_T}{2\pi c d}.$$

Wir wollen diese Formel auf zwei verschiedenen Wegen nachprüfen. Zunächst bilden wir einfach die Summe der Momente aller Kräfte $T\,ds$ in bezug auf den Kreismittelpunkt. Der äußere Halbkreis liefert den Beitrag $T \cdot \pi a \cdot a$ im Gegenzeigersinn, der innere Halbkreis den Beitrag $T \cdot \pi b \cdot b$ im Uhrzeigersinn, und die beiden kurzen Geraden liefern keine Beiträge, da die in ihnen wirkenden Schubkräfte keinen Hebelarm haben. Insgesamt haben wir also das Moment

$$T\pi(a^2 - b^2) = T\pi(a + b)\,(a - b) = T\pi \cdot 2c \cdot d,$$

und das ist genau das Torsionsmoment M_T.

Wir können auch in folgender Weise vorgehen: Wir tragen in den Querschnitt den strichpunktierten Halbkreis vom Radius c ein und grenzen auf ihm Linienelemente der Länge ds ab. Wir übersehen für einen Augenblick die Tatsache, daß entsprechende Linienelemente auf der äußeren Wandungsmittellinie etwas länger, auf der inneren etwas kürzer sind, entsprechend den verschiedenen Radien a und b. Wir können dann jedem Linienelement ds ein Kräftepaar $T\,ds \cdot d$ zuordnen, das von je einer Kraft $T\,ds$ auf den beiden halbkreisförmigen Rohrwänden gebildet wird. Die Summe dieser Kräftepaare ist $T \cdot \pi c \cdot d$, also genau die Hälfte des Torsionsmoments M_T. Die andere Hälfte muß durch die Vernachlässigung verlorengegangen sein, und das ist in der Tat der Fall. Zu jedem Element ds der strichpunktierten Linie gehört auf dem äußeren Halbkreis ein zusätzliches Bogenstück der Länge $\frac{a-c}{c}\,ds = \frac{1}{2}\frac{d}{c}\,ds$ und daher eine noch nicht berücksichtigte Schubkraft $T \cdot \frac{1}{2}\frac{d}{c}\,ds$ mit dem Hebelarm a. Dagegen haben wir auf dem kleineren Halbkreisbogen eine Schubkraft $T\,ds$ in Rechnung gestellt, während dort in Wirklichkeit nur die Kraft $T\frac{b}{c}\,ds$ vorhanden ist, also $T\frac{c-b}{c}\,ds = T\,\frac{1}{2}\frac{d}{c}\,ds$ weniger. Zur Korrektur des Fehlers müssen wir dort eine dem wirklichen Schubfluß entgegenlaufende Kraft dieser Größe anbringen, die den Hebelarm b hat. Insgesamt erhalten wir als Korrektur ein gegen den Uhrzeiger drehendes Moment

$$T \cdot \frac{1}{2}\frac{d}{c} \cdot \pi c \cdot a + T \cdot \frac{1}{2}\frac{d}{c} \cdot \pi c \cdot b = T\pi d\,\frac{a+b}{2} = T\pi\,d c,$$

und das ist genau die fehlende Hälfte des Torsionsmoments.

Es ist auf den ersten Anblick erstaunlich, daß eine so geringfügige Vernachlässigung, wie wir sie hier gemacht hatten, zu einem so großen Fehler führt. Der Befund wird verständlich, wenn man beachtet, daß der wesentliche Anteil $T\,ds$ der Schubkräfte den kleinen Hebelarm d hat, während die anfänglich vernachlässigten kleinen Zuschläge Hebelarme a oder b haben. Gedankengänge dieser Art werden wir später wiederfinden.

Wir verallgemeinern das hier gefundene Ergebnis in folgender Form: Wenn die geschlossene Kurve, längs deren die Schubkräfte $T\,ds$ angeordnet sind, im wesentlichen aus zwei in geringem Abstand voneinander verlaufenden Bogen besteht, lassen sich Schubkräfte in gegenüberliegenden Linienelementen der beiden Bogen zu Kräftepaaren zusammenfassen, und die Summe dieser Kräftepaare ist genau das halbe Torsionsmoment. Die andere Hälfte kommt von den Unterschieden in der Bogenlänge der beiden Parallelkurven und, möglicherweise, von den Beiträgen der kurzen Linienstücke, die die Enden der beiden Parallelkurven zu einer geschlossenen Kurve verbinden. Es sei dem Leser überlassen, die Allgemeingültigkeit dieses Satzes zu beweisen.

Der Torsionswiderstand J_T des Querschnitts läßt sich nach Gl. (158) leicht berechnen. Wir finden für konstante Wanddicke t:

$$J_T = \frac{4\,\pi^2 c^2 d^2 t}{\pi(a+b)+2d} = \frac{2\,\pi^2 c^2 d^2 t}{\pi c + d}.$$

Nach Gl. (157) ist damit die Verwindung ϑ bestimmt, aber wenn wir fragen, um welchen Punkt sich der Querschnitt dreht, müssen wir die Antwort schuldig bleiben. Der Querschnitt hat keinen ausgezeichneten Punkt, den wir sofort als Drehpunkt bezeichnen könnten, und wir haben bisher versäumt, uns über die Auffindung des Drehpunktes unsymmetrischer Querschnitte Gedanken zu machen.

d) Rohre mit Zwischenstegen

Im Flugzeugbau, aber auch in anderen Gebieten der Technik findet man Rohre, deren Innenraum durch einen oder mehrere Stege der Länge nach unterteilt ist. Wo diese Stege mit der Außenwand zusammen-

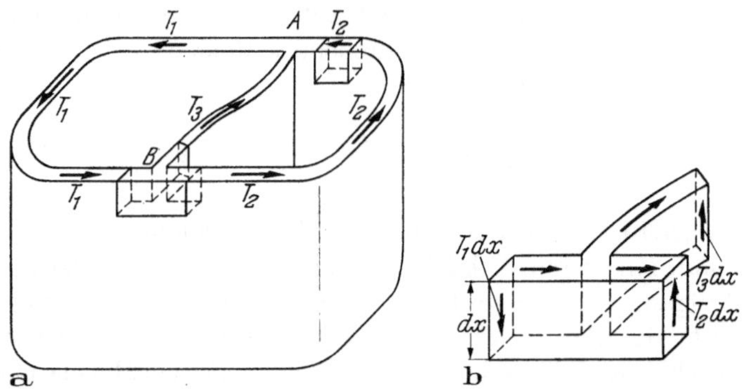

Abb. 203. Rohr mit Zwischensteg, (a) Rohrelement, (b) Verzweigungspunkt der Wand.

treffen, finden sich Gurte, die zusammen mit dem Stegblech eine Art I-Träger bilden, der dem Rohre die erwünschte Biegefestigkeit gibt. Zur Torsionsfestigkeit tragen die Stege wenig bei, aber ihre Anwesenheit führt zu einer Umlagerung der Torsionsspannungen, die wir kennen müssen, wenn wir die Festigkeit des rohrartigen Trägers beurteilen wollen.

Solange das Rohr einer reinen Torsionsbeanspruchung unterworfen ist, treten keine Längsspannungen σ_x auf, und wir können daher von der Anwesenheit der Gurte völlig absehen und unserer Spannungsuntersuchung das in Abb. 203a dargestellte Rohr zugrunde legen.

In der rechten oberen Hälfte der Rohrwand ist ein Wandelement abgegrenzt, das dem in Abb. 196 dargestellten ähnlich ist, und auch hier folgt aus dem Gleichgewicht der zur Rohrachse parallelen Kräfte, daß sich der Schubfluß T_2 längs des Querschnittsumfangs nicht ändert. Dieser Schluß kann aber hier nicht über den ganzen Querschnitt ausgedehnt werden, sondern nur bis zu den nächsten Verzweigungsstellen A und B. Wir erhalten daher je einen besonderen konstanten Schubfluß T_2 für den rechten Teil der Außenwand und T_1 für den linken und einen weiteren Schubfluß T_3 für den Steg. Eine Beziehung zwischen diesen Schubflüssen können wir aus dem Gleichgewicht des T-förmigen Wandelements an der Verzweigungsstelle B herleiten. An diesem Element, das in Abb. 203 b vergrößert dargestellt ist, greifen parallel zur Rohrachse die Kräfte $T_1\,dx$, $T_2\,dx$ und $T_3\,dx$ an, und ihr Gleichgewicht erfordert, daß

$$T_1 = T_2 + T_3 \qquad (160)$$

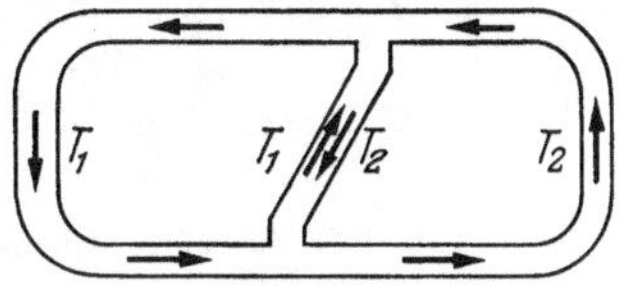

Abb. 204. Zellenschubflüsse.

ist. Auf die Schubflüsse *im* Querschnitt übertragen, heißt das, daß die Summe der im Verzweigungspunkt ankommenden Schubflüsse (hier T_1) gleich der Summe der dort abgehenden Schubflüsse (hier T_2 und T_3) ist. Das Gleichgewicht eines ähnlichen Wandelements an der Verzweigungsstelle A bestätigt dieses Ergebnis. Der Satz läßt sich offenbar auf kreuzförmige und andere mehrfache Verzweigungsstellen ausdehnen und paßt in das früher entworfene Bild, das den Schubfluß im Querschnitt mit der Wasserströmung in einem Kanal vergleicht.

Wir können Gl. (160) dazu benutzen, um die Schubflüsse in einer anderen und für unsere Zwecke besseren Weise darzustellen. Der Stegschubfluß T_3 ist offenbar die Differenz der beiden Schubflüsse T_1 und T_2 in der Außenwand, und wir können sagen, daß das Rohr aus zwei einfachen Rohren besteht, die einen Teil ihrer Wandung, nämlich den Steg, gemeinsam haben. Im linken Teil des Querschnitts, den wir als Zelle 1 bezeichnen, herrscht der Schubfluß T_1, der im Gegenzeigersinn umläuft, und im rechten Teil, d. h. in der Zelle 2, herrscht der Schubfluß T_2. In dem beiden Zellen gemeinsamen Wandstück überlagern sich beide Schubflüsse, und da sie entgegengesetzte Richtung haben, ist der resultierende Schubfluß gleich ihrer Differenz. Dieser Sachverhalt ist in Abb. 204 angedeutet. Die Benutzung der *Zellenschubflüsse* anstelle der Schubflüsse in den einzelnen Wandzweigen wird sich in der Folge als nützlich erweisen, da sie die Zahl der unbekannten Schubflüsse beträchtlich vermindert und Gleichungen der Art (160) gänzlich ausschaltet.

Für die Weiterführung der Untersuchung wollen wir unsere Aufgabe etwas weiter fassen und den in Abb. 205 dargestellten Querschnitt untersuchen. Er enthält $(n-1)$ Stege, von denen wir annehmen wollen, daß sie alle an der Außenwand beginnen und auf der Außenwand enden. Ein noch allgemeinerer Querschnitt mit Verzweigungsstellen im Rohrinneren hat technisch wenig Interesse, könnte aber im Anschluß an die hier gegebene Darstellung leicht behandelt werden, wenn je die Notwendigkeit eintreten sollte.

Wir benutzen als Unbekannte die Zellenschubflüsse $T_1, \ldots, T_k, \ldots, T_n$ und leiten daraus mit Hilfe der Gl. (160) die Stegschubflüsse ab. In jeder Zelle definieren wir eine besondere Umfangskoordinate s, die irgendwo ihren Nullpunkt hat und gegen den Uhrzeigersinn gemessen wird. Der Umfang der k-ten Zelle sei c_k.

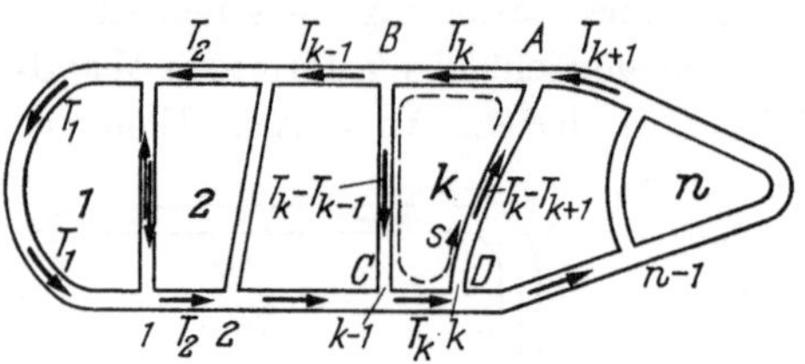

Abb. 205. Vielzelliger Querschnitt.

Wenn ein Torsionsmoment M_T auf das Rohr einwirkt, entsteht eine gewisse Verwindung ϑ, und jeder Punkt des Querschnitts erfährt eine zur Querschnittsebene senkrechte Verschiebung u. Die Eindeutigkeit von u erfordert, daß sich in der k-ten Zelle für $s = 0$ und für $s = c_k$ derselbe Wert ergibt. Wir haben früher gesehen, daß diese Eindeutigkeitsforderung zu der Gl. (156) führt, die wir nun für die k-te Zelle aufstellen wollen. Der Schubfluß T ist nicht längs des ganzen Zellenumfangs konstant, wohl aber in jedem der vier Teile AB, BC, CD, DA. Wir können ihn daher nur dann vor das Integral ziehen, wenn wir dieses zuvor in vier Teilintegrale für die vier Wandteile gespalten haben. Gl. (156) erscheint dann in der folgenden Form, in der F_k den Hohlquerschnittder k-ten Zelle bezeichnet:

$$T_k \int_A^B \frac{ds}{t} + (T_k - T_{k-1}) \int_B^C \frac{ds}{t} + T_k \int_C^D \frac{ds}{t} + (T_k - T_{k+1}) \int_D^A \frac{ds}{t} = 2GF_k\vartheta .$$

Wir schreiben die linke Seite um, indem wir die Glieder mit T_k zusammenfassen:

$$-T_{k-1} \int_{k-1} \frac{ds}{t} + T_k \oint_k \frac{ds}{t} - T_{k+1} \int_k \frac{ds}{t} = 2GF_k\vartheta . \qquad (161)$$

Die Bezeichnung der Integrale deutet an, daß der Koeffizient von T_k das über den Umfang der k-ten Zelle erstreckte Umfangsintegral ist und daß die Koeffizienten der beiden anderen Schubflüsse Kurvenintegrale über je eine Stegmittellinie sind. Dabei ist es offenbar gleichgültig, in welcher Richtung die Koordinate s in jedem dieser Integrale gezählt wird.

Um die Eindeutigkeit der Verwölbung u für den ganzen Querschnitt sicherzustellen, müssen wir eine Gl. (161) für jede der n Zellen aufstellen. Wenn die Verwindung ϑ gegeben ist, reichen diese n Gleichungen gerade zur Berechnung der n Schubflüsse T_k aus. In der Regel wird jedoch nicht die Verwindung gegeben sein, sondern das Torsionsmoment M_T. Dann ist ϑ die $(n+1)$-te Unbekannte, und wir brauchen eine weitere Gleichung zu ihrer Berechnung. Wir finden sie in der Forderung, daß die Summe der Momente aller Schubflüsse in bezug auf einen beliebigen Querschnittspunkt gleich M_T sein muß. Wir schreiben diese Gleichung unter Benutzung der Zellenschubflüsse. Der Beitrag der k-ten Zelle zum Torsionsmoment ist dann nach (154) gleich $2T_kF_k$, und das gesamte Torsionsmoment ist die Summe der Beiträge der Zellen:

$$M_T = 2\sum_{k=1}^{n} F_k T_k. \tag{162}$$

Für die numerische Behandlung der Torsionsaufgabe ist es vorteilhaft, die Gln. (161) und (162) nacheinander aufzulösen. Um das möglich zu machen, definieren wir die „reduzierten Schubflüsse"

$$\Phi_k = \frac{T_k}{G\vartheta} \tag{163}$$

und schreiben Gl. (161) als lineare Gleichung für die Φ_k:

$$-\Phi_{k-1}\int_{k-1}\frac{ds}{t} + \Phi_k\oint_k\frac{ds}{t} - \Phi_{k+1}\int_k\frac{ds}{t} = 2F_k. \tag{164}$$

Im allgemeinen wird man es mit zwei oder drei solchen Gleichungen zu tun haben, die leicht gelöst werden können, nachdem die Koeffizienten der Unbekannten und die rechten Seiten durch formale oder numerische Integration berechnet worden sind. Nachdem das geschehen ist, benutzt man die Momentengleichung (162) in der Form

$$M_T = GJ_T\vartheta \tag{165}$$

mit

$$J_T = 2\sum_{k=1}^{n} F_k\Phi_k, \tag{166}$$

oder man erspart sich die Berechnung von ϑ und berechnet die Schubflüsse, indem man $G\vartheta$ aus (165) in Gl. (163) einsetzt:

$$T_k = G\vartheta\Phi_k = \frac{M_T}{J_T}\Phi_k. \tag{167}$$

Damit ist die Torsionsaufgabe für das Rohr mit Zwischenstegen gelöst.

e) Beispiel

Der in Abb. 206 dargestellte Rechteckquerschnitt möge als ein Beispiel für die Anwendung der Theorie dienen und die Größenordnung der damit erzielten Ergebnisse illustrieren. Wir beginnen mit der Aufstellung der Gln. (164) für die reduzierten Schubflüsse Φ_1 und Φ_2. Da die Wanddicke überall dieselbe ist, können wir sie vor alle Integrale ziehen und finden z. B.

$$\oint_1 \frac{ds}{t} = \frac{1}{t}(a + h + a + h) = \frac{2(a+h)}{t}.$$

Wenn wir Gl. (164) für $k = 1$ aufstellen, erwarten wir, darin die Unbekannten Φ_0, Φ_1, Φ_2 zu finden. Da es aber keine Zelle $k = 0$ gibt, gibt es auch keinen Zellenschubfluß Φ_0, und die Gleichung enthält nur zwei Unbekannte:

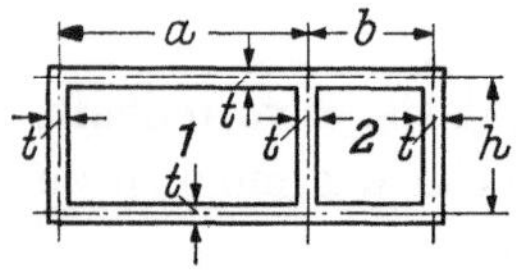

$$\Phi_1 \cdot \frac{2(a+h)}{t} - \Phi_2 \cdot \frac{h}{t} = 2ah.$$

Abb. 206. Hohler Rechteckquerschnitt mit Zwischensteg.

Ganz entsprechend gibt es in der Gleichung für $k = 2$ keine Unbekannte Φ_3:

$$-\Phi_1 \cdot \frac{h}{t} + \Phi_2 \cdot \frac{2(b+h)}{t} = 2bh.$$

Diese beiden linearen Gleichungen für Φ_1 und Φ_2 sind so einfach, daß sie in allgemeinen Zeichen gelöst werden können, am einfachsten unter Benutzung der Cramerschen Regel. Man findet

$$\Phi_1 = \frac{4(b+h)\,aht + 2bh^2t}{4(a+h)(b+h) - h^2} = \frac{2ht\,[2a(b+h) + bh]}{4ab + 4(a+b)\,h + 3h^2},$$

$$\Phi_2 = \frac{4(a+h)\,bht + 2ah^2t}{4(a+h)(b+h) - h^2} = \frac{2ht\,[2b(a+h) + ah]}{4ab + 4(a+b)\,h + 3h^2}.$$

Nachdem die Φ_k gefunden sind, liefert Gl. (166) den Torsionswiderstand. Man findet nach einfacher Zwischenrechnung

$$J_T = 2(F_1\Phi_1 + F_2\Phi_2) = \frac{8h^2t[ab(a+b+h) + (a^2+b^2)\,h]}{4ab + 4(a+b)\,h + 3h^2}.$$

Schließlich berechnen wir die Schubflüsse T_1 und T_2 durch zweimalige Benutzung der Gl. (167):

$$T_1 = \frac{2a(b+h) + bh}{4h[ab(a+b+h) + (a^2+b^2)h]}\,M_T,$$

$$T_2 = \frac{2b(a+h) + ah}{4h[ab(a+b+h) + (a^2+b^2)\,h]}\,M_T.$$

Mit der Herleitung dieser Formeln ist die Untersuchung des Rohres natürlich nicht beendet. Wir wollen verstehen, was die Formeln sagen, was der Zwischensteg für die Torsionsspannungen bedeuten kann.

Zunächst prüfen wir die Richtigkeit der Formeln. Wenn wir $a = b$ setzen, ist der Querschnitt symmetrisch, und der Steg liegt in der Symmetrieachse. Es ist einleuchtend, daß in diesem Falle der Stegschubfluß Null sein muß. Die Formeln müssen dann mit denen für einen Rechteckquerschnitt mit den Seiten $2a$ und h übereinstimmen. Die eben abgeleiteten Schubflußformeln ergeben mit $a = b$:

$$T_1 = T_2 = \frac{2a^2 + 3ah}{4h[2a^3 + 3a^2h]} M_T = \frac{M_T}{2 \cdot h \cdot 2a},$$

und das stimmt mit der auf S. 215 angegebenen Formel überein, wenn wir dort a durch $2a$ ersetzen.

Für den Torsionswiderstand erhalten wir mit $a = b$:

$$J_T = \frac{8h^2t[2a^3 + 3a^2h]}{4a^2 + 8ah + 3h^2} = \frac{8a^2h^2t}{2a + h},$$

und das stimmt mit der auf S. 216 angegebenen Formel überein, wenn wir dort $t_1 = t_2 = t$ setzen und $2a$ statt a schreiben. Für den Spannungszustand bedeutet dieses Ergebnis, daß ein in der Symmetrieachse liegender Steg einflußlos ist.

Wir wollen nun ein Zahlenbeispiel betrachten, in dem der Steg weit von der Querschnittsmitte entfernt ist. Wir wählen $a = 3b$, $h = b$ und finden

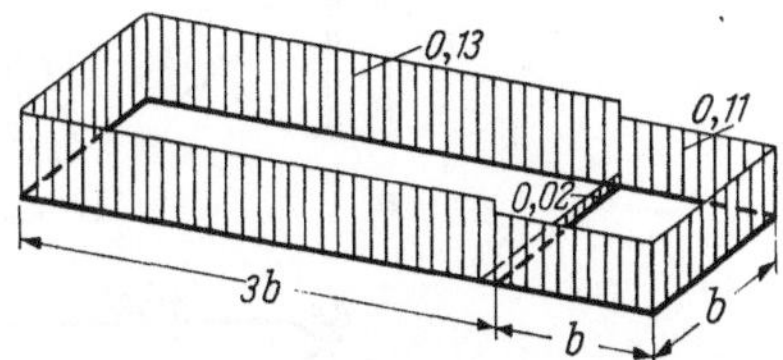

Abb. 207. Verteilung der Torsionsspannungen in einem Hohlquerschnitt nach Abb. 206.

$$T_1 = \frac{6 \cdot 2 + 1}{4[3 \cdot 5 + (9 + 1) \cdot 1]} \frac{M_T}{b^2} = 0{,}130 \frac{M_T}{b^2},$$

$$T_2 = \frac{2 \cdot 4 + 3}{4[3 \cdot 5 + (9 + 1) \cdot 1]} \frac{M_T}{b^2} = 0{,}110 \frac{M_T}{b^2}.$$

Das Ergebnis ist in Abb. 207 als Diagramm aufgetragen. Man sieht, daß selbst in diesem schon ziemlich extremen Falle der Schubfluß im wesentlichen in der äußeren Rohrwand umläuft und daß nur ein geringer Teil des in der größeren Zelle vorhandenen Schubflusses durch den Steg „kurzgeschlossen“ ist.

Wir wollen schließlich noch auf den Fall $b = 0$ einen Blick werfen. Der Steg fällt dann mit der rechten Seitenwand zusammen, die dadurch die Dicke $2t$ erhält. Unsere allgemeinen Formeln ergeben die Schubflüsse

$$T_1 = \frac{M_T}{2ah}, \qquad T_2 = \frac{M_T}{4ah},$$

d. h. der Schubfluß in der allein noch vorhandenen vorderen Zelle ist gleich dem aus der Bredtschen Formel (154) für ein einfaches Rohr berechneten. Der Schubfluß in der mit dem Steg vereinten rechten Seitenwand besteht aus dem Stegschubfluß $T_1 - T_2$ und dem Schubfluß T_2 der nicht mehr vorhandenen rechten Zelle, ist also insgesamt auch gleich T_1.

Aufgaben

55. Berechne für die gezeichneten dünnwandigen Rohrquerschnitte den durch ein Torsionsmoment $M_T = 1$ mkg erzeugten Schubfluß und den Torsionswiderstand J_T! Berechne die Verwölbung nach Gl. (159)! Als Punkt O wähle man (willkürlich) in (a) und (c) den Mittelpunkt des Halbkreises, in (b) den Dreiecksschwerpunkt, in (d) den Mittelpunkt. Den Nullpunkt der Bogenkoordinate s wähle man beliebig, aber vernünftig. Der Querschnitt (d) besteht aus drei Kreisstücken von je 60° Zentriwinkel. Er stellt einen Versuchskörper dar, der für Schubversuche an zylindrischen Blechtafeln (Teilschalen) nützlich ist. Maße in mm.

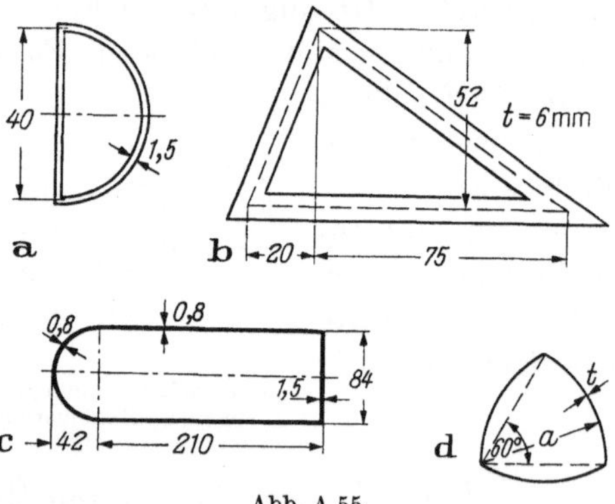

Abb. A 55.

56. Die Abbildungen zeigen Querschnitte von Rohren, die aus ebenen und gewölbten Leichtmetallblechen aufgebaut sind. Berechne die Nietteilung der Längsnähte! Zulässige Nietspannungen: Schub: $\tau_{zul} = 9$ kg/mm², Lochwanddruck $\sigma_{l\,zul} = 18$ kg/mm². Maße in mm. Querschnitt (a): Nietdurchmesser $d = 4$ mm, $M_T = 1{,}1$ mt; Querschnitt (b): $d = 6$ mm, $M_T = 0{,}95$ mt.

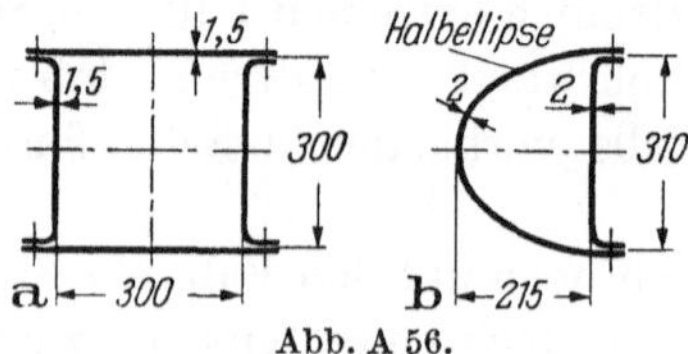

Abb. A 56.

57. Berechne die Schubflußverteilung für die Rohre mit Zwischenstegen. Fall (a): $t_2 = 2t_1$, Fall (b): $t_2 = 0{,}5\,t_1$. In den Fällen (c) und (d) haben alle Wände dieselbe Dicke.

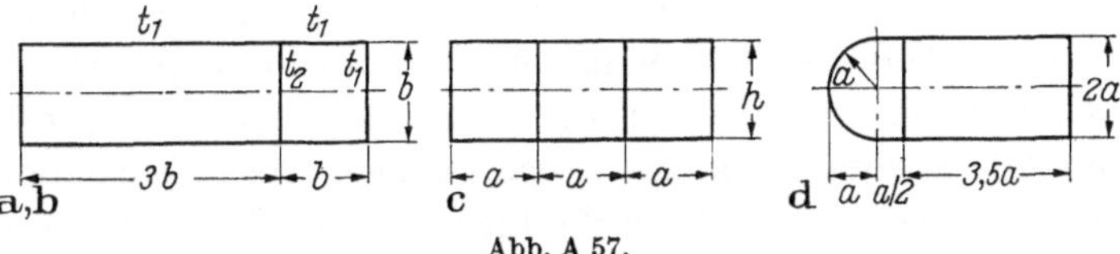

Abb. A 57.

4. Dünnwandige Stäbe mit offenem Profil

a) Der schmale Rechteckquerschnitt

Auf S. 206 haben wir die Torsionsspannungen in einem dünnwandigen Rohr mit Kreisquerschnitt berechnet. Diese Schubspannungen und der aus ihnen gebildete Schubfluß treten sowohl in Querschnitten als auch in Längsschnitten auf, wie das in Abb. 208 durch Wegschneiden eines Teils der Rohrwandung sichtbar gemacht ist. Wenn wir einen Längsschnitt nicht nur in Gedanken, sondern tatsächlich ausführen, erzeugen wir damit zwei sich berührende neue Oberflächen, in denen der Schubfluß T nicht mehr übertragen werden kann. Damit wird die Grundlage der Bredtschen Torsionstheorie hinfällig, und wir müssen erwarten, daß sich in einem geschlitzten Rohr ein ganz anderer Spannungszustand einstellt als im ungeschlitzten. Man könnte für einen Augenblick daran denken, einen längs des Umfangs veränderlichen Schubfluß zu erwarten, der an der Schlitzstelle Null ist; aber Abb. 196 und die daraus hergeleitete Beziehung $T =$ const sind auch hier anwendbar, und wenn der Schubfluß an der Schlitzstelle Null sein muß, dann muß er im ganzen Querschnitt verschwinden.

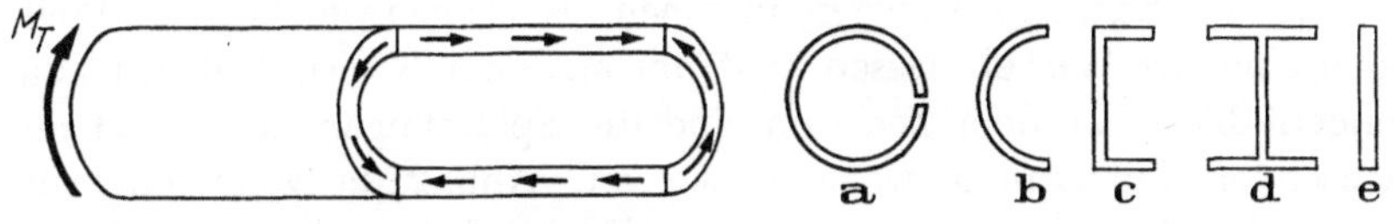

Abb. 208. Torsionsschubspannungen im Längsschnitt eines kreiszylindrischen Rohres.

Abb. 209. Offene Querschnitte.

Man bezeichnet einen Querschnitt, der keinen Hohlraum umschließt, als einen offenen Querschnitt, und der in Abb. 209a dargestellte Querschnitt des geschlitzten Rohres (das deshalb kein Rohr mehr ist) gehört in diese Klasse. Die Abb. 209b, c zeigen zwei weitere Beispiele, und auch der I-Querschnitt der Abb. 209d gehört hierher. Der einfachste offene Querschnitt ist das schmale Rechteck der Abb. 209e. Wir wollen jetzt daran gehen, eine Torsionstheorie für dünnwandige Stäbe mit offenem Profil aufzustellen und werden dabei zweckmäßig von dem schmalen Rechteck ausgehen.

Ein logisch zwingender Aufbau dieser Theorie ist nur möglich, wenn man zuvor das Torsionsproblem für einen kompakten Querschnitt beliebiger Gestalt (einen *Vollquerschnitt*) gelöst hat und dann durch Spezialisierung die Theorie für dünnwandige, offene Querschnitte daraus herleitet. Da die Torsionstheorie der Vollquerschnitte den Rahmen dieses Buches überschreitet, müssen wir auf eine solche Herleitung verzichten und uns damit begnügen, die Grundtatsachen plausibel zu machen. Das ist im Grunde nichts anderes, als was wir beim Aufbau der Biegetheorie getan haben. Wir konnten zwar das Ebenbleiben der Querschnitte für den Sonderfall der querkraftfreien Biegung beweisen, aber bei der Anwendung der Ergebnisse auf den allgemeinen Fall der Querkraftbiegung mußten wir uns mit der Feststellung zufrieden geben, daß sie durch nichtelementare Untersuchungen gerechtfertigt werden kann.

Ohne auf die mathematischen Einzelheiten des Torsionsproblems der Vollquerschnitte einzugehen, wollen wir uns aber doch mit ein paar grundlegenden Tatsachen vertraut machen. Abb. 192 zeigt die Anordnung der Schubspannungen in einem Kreisquerschnitt. Die Pfeile bilden eine Art Wirbel, dessen Zentrum mit dem Kreismittelpunkt zusammenfällt. Nahe dem Zentrum sind die Spannungen klein, und mit wachsender Entfernung wachsen sie an. Abb. 210a zeigt ein entsprechendes Bild für einen gedrungenen Rechteckquerschnitt. Auch hier bilden die Spannungspfeile einen Wirbel, und längs des Querschnittsumrisses sind sie diesem parallel. Den Grund dafür haben wir früher (S. 208) in anderem Zusammenhange kennengelernt. Der Gedanke liegt nahe, in diesen Querschnitt Kurven einzutragen, die überall die Richtung der Schubspannung zur Tangente haben (Abb. 210b). Diese *Spannungslinien* bestimmen Zylinderflächen, durch die wir den Stab in eine Anzahl konzentrischer Rohre zerlegen können, wie das in Abb. 210c angedeutet ist. In den Querschnitten dieser Rohre laufen die Schubspannungen parallel zu den Rändern, so daß in den äußeren und inneren Oberflächen der Rohre keine Spannungen auftreten, ganz wie wir das bei der Untersuchung der wirklichen Rohre gesehen haben. Jedes dieser Rohre hat einen bestimmten Schubfluß und liefert damit zum Torsionsmoment M_T einen Beitrag dM_T. Wir können die Rohre beliebig dünnwandig und entsprechend zahlreich machen und im Grenzfall an Rohre infinitesimaler Wanddicke denken.

Um zu einer Theorie dünnwandiger Stäbe zu kommen, ersetzen wir das gedrungene Rechteck der Abb. 210 durch ein langes schmales und bemühen uns, von seiner Schmalheit guten Gebrauch zu machen. Eben wegen der Schmalheit liegt es nahe, zu vermuten, daß die Spannungslinien etwa die in Abb. 211a dargestellte Form haben, d. h. daß sie im größten Teil des Querschnitts der y-Achse parallel sind und sich nur an den Querschnittsenden durch Kurvenbogen zu geschlossenen Linien zusammenschließen. Je schmaler das Rechteck ist, desto weniger Bedeutung wird man den Einzelheiten an den Enden beimessen, und wir können dann Abb. 211a durch Abb. 211b ersetzen und annehmen, daß

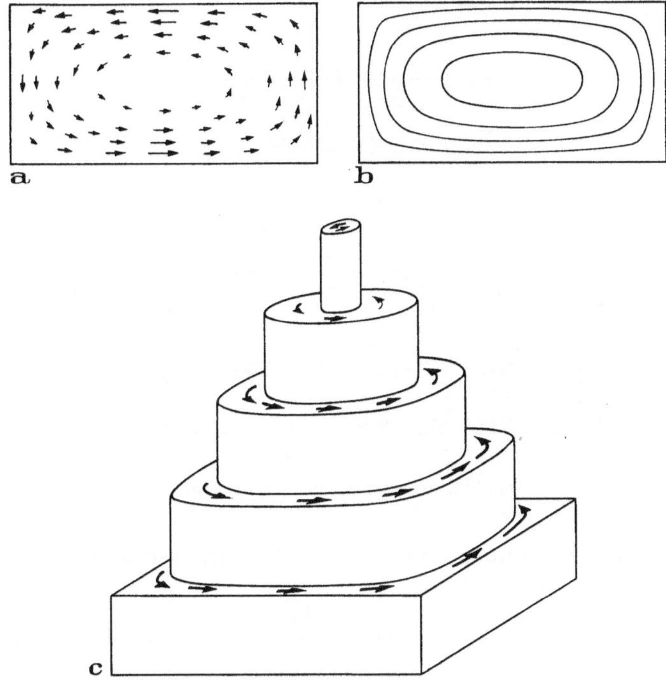

Abb. 210. Torsion eines Stabes mit Rechteckquerschnitt, (a) Schubspannungen, (b) Spannungslinien, (c) Aufteilung des Stabes in konzentrische Rohre, die sich gegenseitig nicht beeinflussen.

die Spannungslinien Rechtecke verschiedener Breite, aber derselben Länge c seien. Außerdem wollen wir annehmen, daß die Größe der Schubspannung τ längs des waagerechten Teils einer jeden Spannungslinie der Abstand z von der y-Achse proportional ist: $\tau = kz$. Auf diese Annahmen wollen wir die Theorie aufbauen und am Ende durch Vergleich mit exakten Zahlenwerten sehen, wie weit wir uns von der Wirklichkeit entfernt haben.

Auf jedes der Rechteckrohre, in die wir den Querschnitt zerlegen können (Abb. 211c), wenden wir die erste Bredtsche Formel (154) an. Die zur y-Achse parallelen Wände des Rohres haben die Dicke dz und den Abstand $2z$. Der Schubfluß in ihnen ist $T = \tau\, dz = kz\, dz$, und der Beitrag des Rohres zum Torsionsmoment ist nach Gl. (154) mit

$F_T = 2zc$:

$$dM_T = 2 \cdot kz\,dz \cdot 2zc = 4kcz^2\,dz.$$

Das gesamte Torsionsmoment ergibt sich daraus durch Integration:

$$M_T = 4kc \int_0^{t/2} z^2\,dz = k\,\frac{c\,t^3}{6}.$$

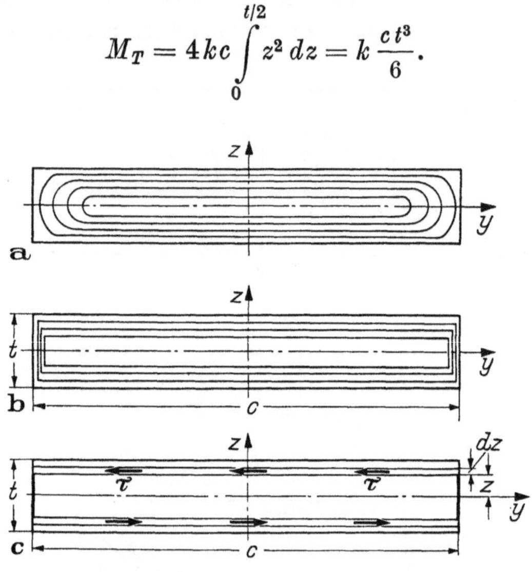

Abb. 211. Schmaler Rechteckquerschnitt.

Die größte Schubspannung wird für $z = t/2$ erhalten und ist

$$\tau_{\max} = \frac{k\,t}{2}.$$

Durch Elimination von k aus diesen beiden Gleichungen finden wir, daß

$$\tau_{\max} = \frac{3M_T}{c\,t^2} \tag{168}$$

ist. Diese Spannung findet sich längs des größten Teils der beiden Langseiten des Rechtecks.

In unserem vereinfachten Spannungsbild nach Abb. 211b, c drängen sich die Spannungslinien an den Querschnittsenden dicht zusammen, und konsequente Auswertung des vereinfachten Bildes liefert dort unendlich große Schubspannungen. In dem wirklichen Spannungszustand entsprechend Abb. 211a liegen jedoch die Spannungslinien an den Querschnittsenden besonders weit auseinander, und die zur z-Achse parallelen Schubspannungen in dieser Gegend sind wesentlich kleiner als der eben angegebene Wert $\tau_{\max}$.

In Anlehnung an die Gl. (44) der Biegetheorie können wir Gl. (168) in der Form

$$\tau_{\max} = \frac{M_T}{W_T} \tag{169}$$

schreiben und damit ein *Torsionswiderstandsmoment* W_T definieren. Für den schmalen Rechteckquerschnitt ist offenbar

$$W_T = \tfrac{1}{3} c t^2. \tag{170}$$

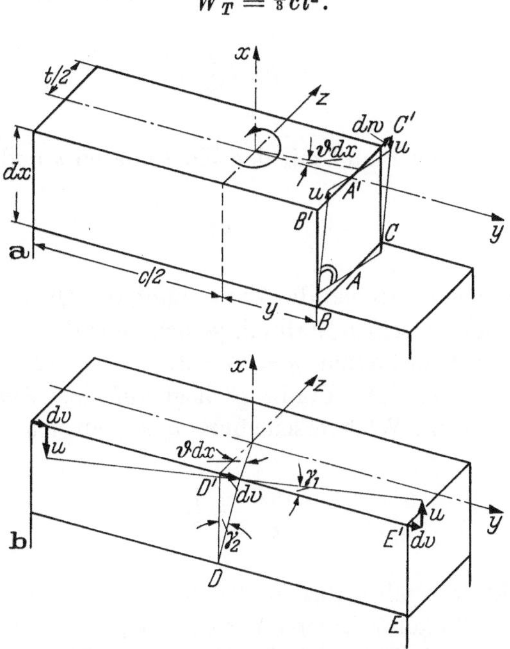

Abb. 212. Stück eines Torsionsstabes mit schmalem Rechteckquerschnitt.

Durch Gl. (168) ist der Spannungszustand im Rahmen der gewählten Näherungstheorie bestimmt. Die nächste Aufgabe ist die Berechnung der Formänderung, d. h. des Zusammenhanges zwischen dem Torsionsmoment M_T und der Verwindung ϑ.

Abb. 212a ist ein Gegenstück zu Abb. 189. Der Stab ist aufgeschnitten, um eine Innenfläche bloßzulegen. Wir wählen willkürlich die Ebene des unteren, nur teilweise sichtbaren Querschnitts als Bezugsebene für die Verschiebungen und bezeichnen seine Punkte mit A, B, C usw. Der obere Querschnitt dreht sich dann im Sinne des Kreispfeils um den Winkel $\vartheta\, dx$, und seine Punkte A', B', C' erfahren die gemeinsame Verschiebung $dw = \vartheta\, dx \cdot y$ in z-Richtung. Die Punkte B' und C' erfahren außerdem Verschiebungen $\pm \vartheta\, dx \cdot t/2$ in y-Richtung, die uns aber im Augenblick nicht interessieren und daher nicht in die Figur eingetragen sind.

Infolge der Verschiebung dw drehen sich die ursprünglich lotrechten Stabfasern AA', BB', CC' um den Winkel $dw/dx = \vartheta y$. Diese Drehung führt zu einer Schubverzerrung des Rechtecks $B'BCC'$. Da aber alle Schubspannungen im Querschnitt parallel zur y-Achse sind, ist eine solche Schubverzerrung unmöglich. Um sie zu vermeiden, müssen wir Verschiebungen u in der in Abb. 212a eingetragenen Richtung zulassen, und zwar von solcher Größe, daß sich auch die Linien BC und $B'C'$ um den Winkel ϑy drehen. Das liefert für den Punkt B' den Wert

$$u = \vartheta y \cdot \frac{t}{2}$$

und allgemein für einen Punkt mit den Koordinaten y und z

$$u = -\vartheta yz.$$

Diese Verschiebungen u stellen die Verwölbung des Querschnitts dar.

Abb. 212b zeigt denselben Stabteil, jedoch ohne den Ausschnitt. Der Punkt E' hat die Koordinaten $y = +c/2$, $z = -t/2$ und daher die Verwölbung $u = \frac{1}{4}\vartheta ct$. Der Punkt D' liegt auf einer Symmetrieachse und erfährt daher keine Wölbverschiebung u, so daß sich die Linie $D'E'$ um den Winkel

$$\gamma_1 = \frac{\frac{1}{4}\vartheta ct}{\frac{1}{2}c} = \frac{1}{2}\vartheta t$$

dreht. Der Punkt D' erfährt aber infolge der Drehung des ganzen Querschnitts um den Winkel $\vartheta\, dx$ eine Verschiebung $dv = \vartheta\, dx \cdot t/2$ in y-Richtung, und dadurch dreht sich die Stabfaser DD' um

$$\gamma_2 = \frac{dv}{dx} = \frac{1}{2}\vartheta t.$$

Die beiden Winkel γ_1 und γ_2 zusammen ergeben die Schubverzerrung $\gamma = \vartheta t$ eines Flächenelements auf der Vorderseite des Stabes. Die zugehörige Schubspannung ist die Spannung $\tau_{\max}$ der Gl. (168), und Anwendung des Hookeschen Gesetzes liefert

$$\tau_{\max} = G\gamma = G\vartheta t.$$

Durch Vergleich dieser Formel mit (168) entnimmt man, daß

$$\vartheta = \frac{3M_T}{Gct^3}$$

ist. Diese Beziehung hat die allgemeine Form (157), und wir schließen daraus, daß der Torsionswiderstand des schmalen Rechtecks im Rahmen unserer Näherungstheorie

$$J_T = \tfrac{1}{3} c t^3 \tag{171}$$

ist. Damit ist auch die Formänderungsaufgabe für das schmale Rechteck gelöst.

Das Torsionsproblem für Stäbe von rechteckigem Querschnitt ist einer strengen Lösung zugänglich, und wir können dieser Lösung genaue Werte für J_T und W_T entnehmen und mit unseren Näherungswerten nach den Gln. (171) und (170) vergleichen. Ein solcher Vergleich zeigt, welchen Grad der Annäherung an die Wirklichkeit wir mit unserer Theorie für dünnwandige Stäbe erreichen können oder wie weit wir uns von der Wirklichkeit entfernen.

Wir definieren zwei Korrekturkoeffizienten, indem wir für die genauen Werte

$$J_T = k_1 \cdot \tfrac{1}{3} c t^3, \qquad W_T = k_2 \cdot \tfrac{1}{3} c t^2$$

schreiben. Die Abweichung der Koeffizienten k_1 und k_2 von 1 gibt dann ein Maß für die Ungenauigkeit unserer Theorie. Die folgenden Werte mögen als Grundlage des Urteils dienen:

$c/t = 1$	1,25	1,50	1,75	2,0	2,5
$k_1 = 0{,}422$	0,515	0,587	0,643	0,686	0,748
$k_2 = 0{,}625$	0,664	0,693	0,717	0,738	0,773

$c/t = 3$	4	5	10	∞
$k_1 = 0{,}790$	0,842	0,874	0,937	1
$k_2 = 0{,}802$	0,845	0,875	0,937	1

b) Allgemeine Theorie für dünne offene Profile

Die in Abb. 211c dargestellten Schubspannungen

$$\tau = k z = \frac{6 M_T}{c t^3} z$$

bilden in jedem Längenelement dy des Querschnitts ein Kräftepaar (Abb. 213). Es hat die Größe

$$\int_{-t/2}^{+t/2} k z \cdot z \cdot dz\, dy = k\, dy \int_{-t/2}^{+t/2} z^2\, dz = k\, dy\, \frac{t^3}{12},$$

und wenn wir diese Kräftepaare über die Länge c des Querschnitts zusammenfassen und noch für k seinen Wert einsetzen, erhalten wir

$$k c \frac{t^3}{12} = \frac{6 M_T}{c t^3} c \frac{t^3}{12} = \frac{1}{2} M_T,$$

also genau die Hälfte des Torsionsmoments. Die andere Hälfte kommt von den Spannungen an den Querschnittsenden, die eine Komponente in z-Richtung haben. Diese Spannungen sind zwar klein, haben aber große Hebelarme und sind daher in der Lage, einen so wesentlichen Beitrag zu M_T zu liefern. Diese Aufteilung des Torsionsmoments in zwei gleiche Hälften ist dieselbe, die wir bei der Untersuchung des rechteckigen Rohrquerschnitts auf S. 216 gefunden haben.

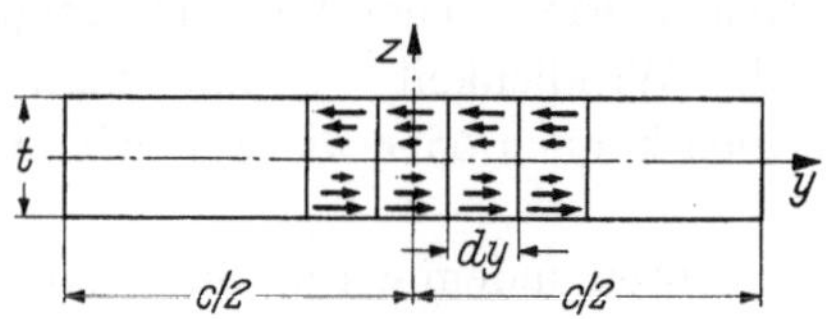

Abb. 213. Moment der Schubspannungen in einem schmalen Rechteckquerschnitt.

Wenn wir nun anstatt eines Rechtecks einen gekrümmten Querschnitt nach Art der Abb. 214a betrachten, erwarten wir, daß wiederum zur Profilmittellinie parallele Schubspannungen kleine Kräftepaare bilden, die einen Teil des Torsionsmoments übertragen. Wir werden auch erwarten, daß die Größe dieser Spannungen dem Abstand ζ des Querschnittspunktes von der Mittellinie proportional ist, $\tau = k\zeta$. Wenn alle Schubspannungen parallel zur Profilmittellinie sind, sind die früher definierten Spannungslinien Parallelkurven zu dieser Mittellinie und haben den in Abb. 214b dargestellten Verlauf. Je zwei dieser Spannungslinien sind durch kurze Geradenstücke an den Querschnittsenden zu einer geschlossenen Figur zusammengeschlossen, die wir als ein „verbogenes Rechteck“ bezeichnen können. Die gebogene Mittellinie jedes verbogenen Rechtecks ist die Profilmittellinie, deren Länge wir mit c be zeichnen wollen.

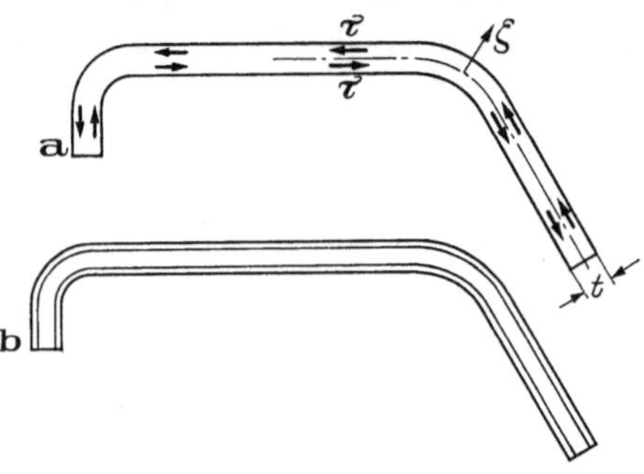

Abb. 214. Dünnwandiger Querschnitt mit gleichmäßiger Wanddicke.

Ebenso wie wir es beim schmalen Rechteckprofil taten, zerlegen wir den Torsionsstab in einen Satz ineinander gesteckter Rohre, deren jedes im Querschnitt durch zwei benachbarte Spannungslinien begrenzt wird. Die Breite eines solchen Rohrquerschnitts ist 2ζ, seine auf der Mittellinie gemessene Länge c und daher die umschlossene Hohlfläche $F_T = 2\zeta c$. Die Dicke der Längswände ist $d\zeta$, die Schubspannung $k\zeta$, der Schubfluß also $k\zeta\, d\zeta$, und nach (154) der Beitrag zum Torsionsmoment

$$d M_T = 2 \cdot k\zeta\, d\zeta \cdot 2\zeta c = 4 k c \zeta^2\, d\zeta .$$

Das gesamte Torsionsmoment ergibt sich durch Addition aller Beiträge als

$$M_T = \int_0^{t/2} 4 k c \zeta^2\, d\zeta = k\, \frac{c\, t^3}{6}.$$

Diese Formel stimmt genau mit der für das schmale Rechteckprofil gefundenen überein, und die dort daraus folgenden Gln. (169) und (170) für τ_{max} und W_T können auf das allgemeine Profil nach Abb. 214 unverändert übertragen werden.

Eine Nachprüfung nach Art der am Anfang dieses Abschnitts für das Rechteckprofil vorgeführten zeigt auch hier, daß genau die Hälfte des Torsionsmoments von den zur Wandmittellinie parallelen Schubspannungen herrührt. Wir haben auf S. 219 an Hand der Abb. 202 gesehen, aus welchen Quellen die andere Hälfte kommt.

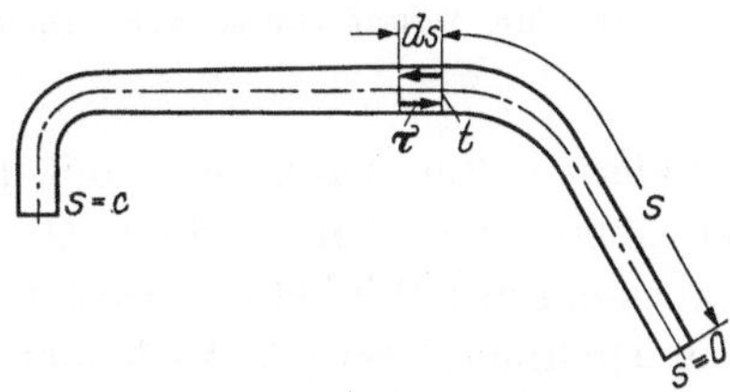

Abb. 215. Dünnwandiger Querschnitt mit veränderlicher Wanddicke.

Das Profil in Abb. 214 zeichnet sich dadurch aus, daß es konstante Dicke t hat. Wenn die Wanddicke t veränderlich, d. h. eine Funktion der längs der Profilmittellinie gemessenen Koordinate s ist (Abb. 215), liefert das Element der Länge ds ein Kräftepaar $k\, ds\, t^3/12$, und das Torsionsmoment ist das Doppelte des Integrals über diese Kräftepaare:

$$M_T = 2\, \frac{k}{12} \int_0^c t^3\, ds .$$

Die größte Schubspannung ist

$$\tau_{max} = \tfrac{1}{2} k\, t_{max},$$

und durch Elimination von k aus diesen beiden Formeln folgt

$$\tau_{max} = \frac{3 M_T\, t_{max}}{\int_0^c t^3\, ds}. \tag{172}$$

Das Torsionswiderstandsmoment ist also in diesem Falle

$$W_T = \frac{1}{3t_{\max}} \int_0^c t^3 \, ds. \tag{173}$$

Damit ist die Spannungsaufgabe für das allgemeine offene Profil gelöst, und wir wenden uns der Untersuchung der Formänderungen zu. Wie zuvor denken wir uns in dem Stab zwei Querschnitte im Abstand dx

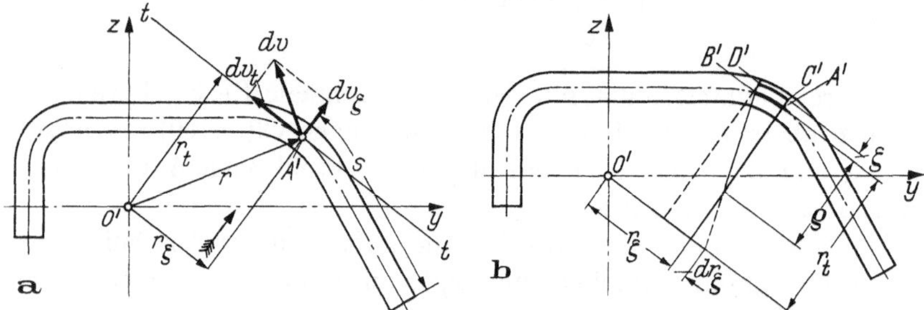

Abb. 216. Formänderungsbeziehungen im Querschnitt eines dünnwandigen Stabes.

markiert, halten den unteren mit den Punkten O, A usw. fest und lassen den oberen mit den Punkten O', A' usw. infolge der Verwindung des Stabes um den Winkel $\vartheta\, dx$ rotieren. Abb. 216 zeigt diesen Querschnitt. Sein Drehpunkt sei O'. Auch hier taucht wie auf S. 215 die Frage auf, wie man diesen Punkt finden kann. Für den Augenblick wollen wir sie auch hier zurückstellen und einfach voraussetzen, daß der Punkt O' bekannt sei; aber wir können hier die Frage nach dem wahren Drehpunkt nicht auf unbestimmt vertagen, sondern müssen und werden uns auf S. 241 ausführlich damit auseinandersetzen.

Wenn sich der Querschnitt um den Punkt O' dreht, erfährt der Punkt A' der Mittellinie die in die Figur eingetragene Verschiebung $dv = r\vartheta\, dx$. Wir zerlegen sie in zwei Komponenten parallel und senkrecht zur Tangente t—t der Profilmittellinie, $dv_t = r_t\, \vartheta\, dx$ und $dv_\zeta = r_\zeta \vartheta\, dx$.

Abb. 217a ist eine Seitenansicht der Umgebung des Punktes A', gesehen in Richtung des gefiederten Pfeiles in Abb. 216a. Die beiden waagerechten Linien stellen zwei Querschnitte dar, und die Linie AA' ist ein Element einer Stabfaser. Wenn sich der Punkt A' um dv_t nach links verschiebt, verkleinert sich der rechte Winkel BAA' um $\gamma_2 = dv_t/dx = r_t\vartheta$. Diese Winkeländerung bedeutet eine Schubverzerrung des Flächenelements $AA'B'B$. Dieses Flächenelement liegt aber in der Wandmittelfläche $\zeta = 0$, in der die Schubspannung $\tau = k\zeta = 0$ ist. Eine Schubverzerrung ist daher in diesem Element nicht möglich. Um sie zu vermeiden, müssen wir Verschiebungen u in x-Richtung zulassen, durch die sich der Querschnitt verwölbt. Da es im tordierten Stab keine Normalspannungen σ gibt, kann sich die Länge dx des Linienelements AA' nicht ändern, und seine Endpunkte erfahren dieselbe Verschiebung u. Die Punkte B und B' können und müssen dagegen eine andere Verschiebung $u+du$ erfahren. In der Figur ist nur der Unterschied du der

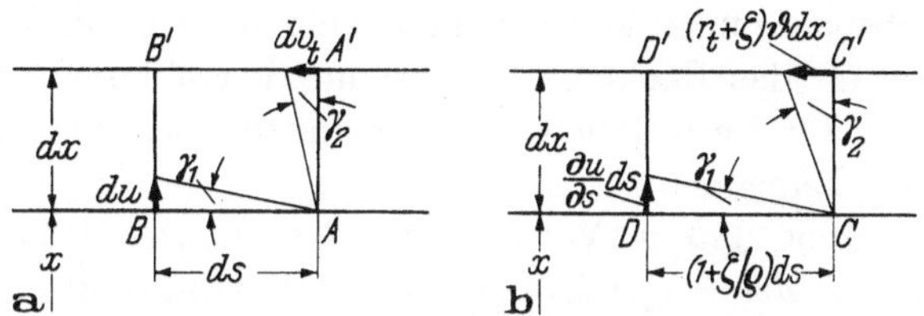

Abb. 217. Formänderung eines Wandelements.

Verschiebungen von B und A eingetragen. Er erzeugt einen weiteren Beitrag $\gamma_1 = du/ds$ zur Schubverzerrung $\gamma = \gamma_1 + \gamma_2$. Nullsetzen dieser Schubverzerrung liefert die Gleichung

$$\frac{du}{ds} + r_t \vartheta = 0.$$

Wenn wir sie nach du auflösen und integrieren, erhalten wir die Verwölbung

$$u = -\vartheta \int_0^s r_t \, ds + u_0, \tag{174a}$$

und damit die auf S. 215 eingeführte Wölbfunktion

$$\varphi = -\int_0^s r_t \, ds + \varphi_0. \tag{174b}$$

Wiederum ergibt sich, wie beim Rohr, die Frage, wie die Integrationskonstante u_0 oder φ_0 zu bestimmen ist. Wir sahen auf S. 213, daß eine Änderung von u_0 oder φ_0 eine starre Verschiebung des ganzen Querschnitts in x-Richtung bedeutet, und wir entschlossen uns daher, jede willkürliche Wahl gutzuheißen. In Rücksicht auf später wollen wir hier weniger großzügig sein und verabreden, daß u_0 immer so gewählt werden soll, daß

$$\int_0^c u t \, ds = 0 \tag{175}$$

ist, d. h. daß das gewogene arithmetische Mittel der Verwölbung verschwindet. Wir werden diese an sich willkürliche Regel in allen Beispielen der Berechnung der Verwölbung zugrunde legen.

Die Gln. (174) gelten nur für Punkte der Wandmittelfläche, da wir zu ihrer Herleitung ausdrücklich von der Tatsache Gebrauch gemacht haben, daß $\tau = 0$ ist. Für alle Punkte $\zeta \neq 0$ tritt zu der durch Gl. (174a) gegebenen Verwölbung noch ein weiterer, von ζ abhängiger Beitrag hinzu, den wir wie beim Rechteckprofil aus der Tatsache berechnen können, daß die Schubspannung τ keine Komponente normal zur Profilmittellinie hat. Was für das Rechteck die gesamte Verwölbung war, ist hier dieser Zuschlag zur Verwölbung der Profilmittellinie. Wir wollen jetzt diesen Zuschlag berechnen.

Wir sahen zuvor, daß die Verschiebung des Punktes A' in Abb. 216a eine Komponente $dv_\zeta = r_\zeta \vartheta\, dx$ normal zur Wandmittelfläche hat. Die Stabfasern in den Punkten A und C (Abb. 216b) drehen sich daher um den Winkel $dv_\zeta/dx = r_\zeta \vartheta$ in einer Ebene normal zur Wand. Da in dieser Ebene keine Schubspannung wirkt, schließen wir wie beim Rechteckprofil, daß sich die Wölbverschiebungen u der Punkte C und A um $\zeta r_\zeta \vartheta$ unterscheiden müssen, und zwar ist die Verwölbung in C um diesen Beitrag geringer als in A. Da die Verwölbung in A nach Gl. (174a) bekannt ist, finden wir für den Punkt C:

$$u = u_0 - \vartheta \int_0^s r_t\, ds - \zeta r_\zeta \vartheta. \tag{176}$$

Durch diese Gleichung ist die Verwölbung u in einem beliebigen Punkte des Querschnitts als eine Funktion der Verwindung ϑ dargestellt.

Unsere letzte Aufgabe besteht darin, eine Beziehung zwischen der Verwindung ϑ und dem Torsionsmoment M_T herzuleiten. Wir lösen sie, indem wir mit Hilfe des Hookeschen Gesetzes und der eben abgeleiteten Formänderungsbeziehungen die Schubspannung τ eines beliebigen Punktes als Funktion von ϑ darstellen und den so erhaltenen Ausdruck mit Gl. (172) vergleichen, die dasselbe τ als Funktion von M_T angibt.

Die Schubspannung τ in C' erzeugt eine Gleitung γ in einem Flächenelement, das in Abb. 216 b in die Linie $C'D'$ projiziert erscheint. Wenn ϱ den Krümmungsradius der Wandmittellinie bezeichnet, ist $\varrho + \zeta$ der Krümmungsradius des Linienelements $C'D'$, und wenn $A'B' = ds$ ist, ist $C'D' = ds(\varrho + \zeta)/\varrho$. Abb. 217b ist die Seitenansicht des durch $C'D'$ bestimmten Flächenelements $C'CDD'$. Da wir den unteren Querschnitt, d. h. die Linie CD festgehalten denken, verschiebt sich der Punkt C' um $(r_t + \zeta)\vartheta\, dx$ nach links und liefert damit den Beitrag $\gamma_2 = (r_t + \zeta)\vartheta$ zur Gleitung γ. Die Verwölbungen in C und D unterscheiden sich um

$\frac{\partial u}{\partial s}\,ds$, wobei die partielle Ableitung von u aus Gl. (176) zu berechnen ist:

$$\frac{\partial u}{\partial s} = -\vartheta r_t - \zeta \frac{d r_\zeta'}{ds}\,\vartheta .$$

An den punktierten Linien in Abb. 216b kann man ablesen, daß

$$\frac{d r_\zeta'}{ds}\,ds = -ds + \frac{ds}{\varrho}\,r_t$$

ist, und damit ergibt sich

$$\frac{\partial u}{\partial s} = -\vartheta r_t + \zeta\vartheta - \frac{\zeta r_t \vartheta}{\varrho}.$$

Der Unterschied der Verschiebungen von C und D liefert einen Beitrag zur Gleitung γ, nämlich

$$\gamma_1 = \frac{\frac{\partial u}{\partial s}\,ds}{ds\,\frac{\varrho+\zeta}{\varrho}} = \frac{\varrho}{\varrho+\zeta}\,\frac{\partial u}{\partial s} \approx \left(1-\frac{\zeta}{\varrho}\right)\frac{\partial u}{\partial s}.$$

Durch Addition der beiden Beiträge finden wir die Gleitung

$$\gamma = \gamma_1 + \gamma_2 = \left(1-\frac{\zeta}{\varrho}\right)\frac{\partial u}{\partial s} + (r_t+\zeta)\vartheta .$$

Einsetzen des zuvor gefundenen Ausdrucks für $\partial u/\partial s$ liefert

$$\gamma = \vartheta r_t\left[\left(1-\frac{\zeta}{\varrho}\right)\left(-1+\frac{\zeta}{r_t}-\frac{\zeta}{\varrho}\right)+1+\frac{\zeta}{r_t}\right] \approx \vartheta r_t\left[2\,\frac{\zeta}{r_t}-\frac{\zeta^2}{\varrho r_t}\right].$$

Der zweite Term in der eckigen Klammer ist für ein dünnes Profil klein gegenüber dem ersten und muß daher gestrichen werden. Damit folgt

$$\gamma = 2\vartheta\zeta, \quad \tau = 2G\vartheta\zeta, \quad \tau_{\max} = G\vartheta t_{\max}.$$

Durch Vergleich mit Gl. (172) ergibt sich der Torsionswiderstand

$$J_T = \tfrac{1}{3}\int_0^c t^3\,ds. \qquad (177)$$

Für Profile konstanter Wandstärke ist insbesondere

$$J_T = \tfrac{1}{3}t^3 c,$$

also dasselbe wie für ein Rechteck der Länge c und der Dicke t.

c) Beispiele

Wir wollen den Inhalt der Verwölbungsformeln an zwei Beispielen studieren, einem I-Profil und einem U-Profil.

Da das I-Profil (Abb. 218a) zwei Symmetrieachsen hat, wählen wir als Drehpunkt O seinen geometrischen Mittelpunkt. Dann ist für den Steg $r_t = 0$ und daher nach (174b) $\varphi = \varphi_0$. Wenn wir längs des oberen

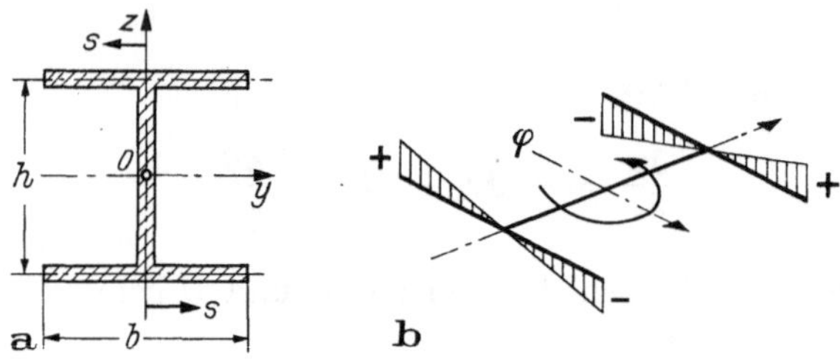

Abb. 218. Verwölbung eines I-Querschnitts.

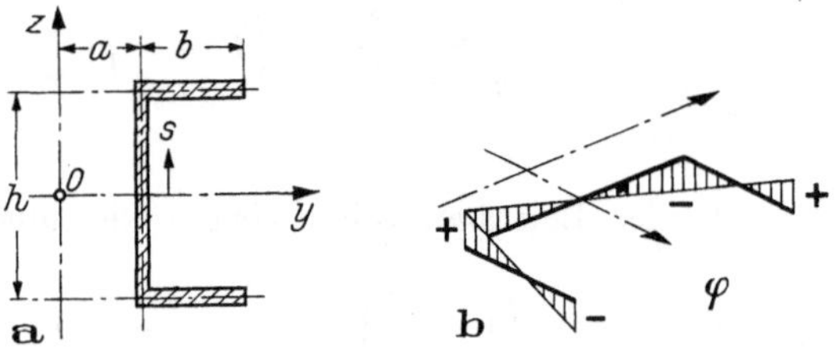

Abb. 219. Verwölbung eines U-Querschnitts.

Flansches eine Koordinate s einführen, beachten wir, daß Abb. 216a eine Vorzeichenfestsetzung enthält: Ein positiver Vektor ds dreht am Hebelarm r_t im Gegenzeigersinne. Indem wir den Nullpunkt willkürlich auf die z-Achse legen, haben wir $s = -y$ und nach Gl. (174b)

$$\varphi = -\tfrac{1}{2}h(-y) + \varphi_0 = \tfrac{1}{2}hy + \varphi_0 .$$

Im unteren Flansch ist nach derselben Regel $s = +y$ und daher

$$\varphi = -\tfrac{1}{2}hy + \varphi_0 .$$

Der Mittelwert der Verwölbung ist Null, wenn wir $\varphi_0 = 0$ wählen, und damit ergibt sich die in Abb. 218b dargestellte Verwölbung des Querschnitts. Sie gehört zu einer positiven Verwindung ϑ, für die sich der gezeichnete Querschnitt im Sinne des Kreispfeils gegen den darunter liegenden verdreht.

In dem in Abb. 219a dargestellten U-Querschnitt wählen wir den Drehpunkt O auf der Symmetrieachse und bezeichnen seinen Abstand vom Steg mit a. Über die Größe von a ist uns im Augenblick nichts bekannt. Wenn wir die Umfangskoordinate s wie in der Abbildung vom Symmetriepunkt aus nach oben messen, ist für den Steg $r_t = a$ und daher

$$\varphi = -as + \varphi_0, \qquad -\tfrac{1}{2}h \leqq s \leqq +\tfrac{1}{2}h.$$

Wenn wir die Koordinate s über den Eckpunkt hinaus in den Flansch messen, erfordert unsere Vorzeichenregel, daß wir dort r_t einen negativen Wert beilegen: $r_t = -h/2$. Wir erhalten dann für den oberen Flansch

$$\varphi = -(-\tfrac{1}{2}h)(s - \tfrac{1}{2}h) + \text{const},$$

und wir müssen die Konstante so wählen, daß sich im Eckpunkt $s = h/2$ derselbe Wert wie für den Steg ergibt. Das führt zu

$$\varphi = \tfrac{1}{2}hs - \tfrac{1}{2}h(a + \tfrac{1}{2}h) + \varphi_0, \qquad \tfrac{1}{2}h \leqq s \leqq \tfrac{1}{2}h + b.$$

Für den unteren Flansch ist wiederum $r_t = -h/2$, und die Bestimmung der Integrationskonstanten aus der Forderung der Kontinuität der Verwölbung in der unteren Ecke liefert das Ergebnis

$$\varphi = \tfrac{1}{2}hs + \tfrac{1}{2}h(a + \tfrac{1}{2}h) + \varphi_0, \qquad -\tfrac{1}{2}h \geqq s \geqq -(\tfrac{1}{2}h + b).$$

Man überzeugt sich leicht, daß auch hier der Mittelwert der Verwölbung Null ist, wenn $\varphi_0 = 0$ gewählt wird. Abb. 219b zeigt die Verteilung der Wölbfunktion für den speziellen Wert $a = b/2$.

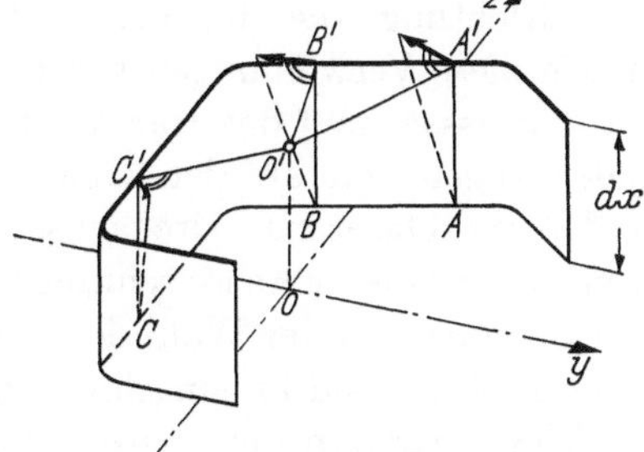

Abb. 220. Element eines Torsionsstabes mit offenem Profil.

d) Lage des Drehpunkts

Wir wollen jetzt die lange zurückgestellte Frage nach der wahren Torsionsachse des Stabes aufnehmen. Wir werden sie in zwei Stufen beantworten.

Zunächst beschränken wir uns auf ein Stabelement der Länge dx, Abb. 220. Wenn sich der obere Querschnitt gegenüber dem unteren um $\vartheta\, dx$ um die Achse OO' dreht, verschieben sich seine Punkte A', B', C' um die Beträge $r\vartheta\, dx$ normal zu den Radien $r = O'A'$ oder $O'B'$ oder $O'C'$. Die Stabfasern AA', BB', CC' usw. gehen dabei in ein Büschel windschiefer Geraden über. Eine dieser Geraden, nämlich OO', steht lotrecht, d. h. normal zur ursprünglichen Querschnittsebene, aber wir können sie durch eine kleine Starrkörperdrehung des Stabelements dieser Vorzugsstellung berauben und eine beliebige andere Stabfaser lotrecht machen, gleichgültig, ob es sich um eine Faser innerhalb des Stabes oder in dem Luftraum zwischen den Querschnittsebenen handelt. Es ist daher nicht möglich, eine der zur ursprünglichen Stabachse parallelen Geraden der Länge dx als die Drehachse zu erklären. Damit wird verständlich, daß wir die Torsionsspannungen berechnen konnten, ohne die Lage der Torsionsachse OO' (d. h. des Drehpunktes O) zu kennen; denn wir haben ja alle unsere Gleichungen an einem Stabelement nach Art der Abb. 220 abgeleitet.

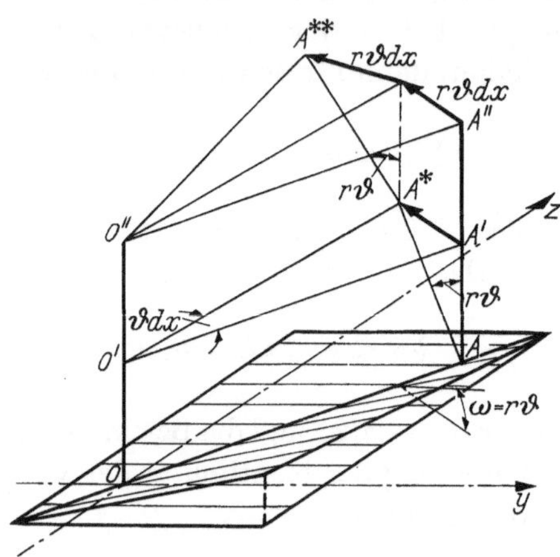

Abb. 221. Drehung der Faserelemente AA' und $A'A''$, wenn $OO'O''$ die Torsionsachse ist.

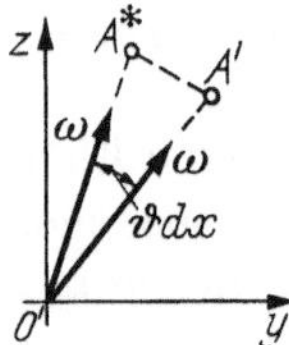

Abb. 222. Vektordarstellung der Drehung der Faserelemente AA' und $A'A''$.

Zusätzlich zu den in Abb. 220 dargestellten Verschiebungen parallel zur y-z-Ebene erfahren alle Punkte (auch der Punkt O', wenn er ein materieller Punkt des Stabes ist) Verschiebungen u verschiedener Größe in x-Richtung, die die Verwölbung des Querschnitts darstellen. Wir haben diese Verwölbungen von der „ursprünglichen" Querschnittsebene aus gemessen, und das war nichts anderes als eine Ebene, die durch O' (oder O) geht und auf der Drehachse OO' senkrecht steht. Wenn wir eine andere Stabfaser zur Drehachse machen, müssen wir die Verwölbung von einer zu dieser Achse senkrechten Ebene aus messen. Die Verwölbung hängt daher von der Wahl der Drehachse ab, und wir werden diese Abhängigkeit alsbald im einzelnen untersuchen.

Wenn wir nun den ganzen Torsionsstab der endlichen Länge l betrachten, so ist klar, daß sich seine ursprünglich geraden Fasern in schlanke Schraubenlinien verformen und daß diese Schrauben eine Achse haben müssen, um die sie sich winden, daß es also eine ausgezeichnete Faser gibt, die gerade bleibt. Diese Faser ist die Torsionsachse des Stabes. Überraschenderweise erweist sich dieses so überzeugende Argument bei näherer Betrachtung als nicht stichhaltig.

Abb. 221 zeigt wiederum Punkte des Torsionsstabes in zwei benachbarten Querschnittsebenen, die Punkte O und A in der unteren und die ihnen entsprechenden Punkte O' und A' in der oberen Ebene. Es sei OO' ein Stück der soeben definierten Torsionsachse. Wenn die untere Ebene festgehalten wird, verschiebt sich in der oberen der Punkt A' nach A^*, während O' seine Lage beibehält. Die Verschiebung $A'A^* = r\vartheta\,dx$ steht auf dem Radius $O'A' = r$ senkrecht, und das Linienelement AA' dreht sich um den Winkel $r\vartheta$ in einer Ebene, die auf OA senkrecht steht. Vor der Verformung waren die zu OO' und AA' normalen, durch O oder A gehenden Ebenen miteinander und mit einer Querschnittsebene des Stabes identisch. Nach der Formänderung schneiden sie sich in der Linie OA und schließen, wie ihre Normalen, den Winkel $r\vartheta$ ein. Wenn wir die Stabachse und damit die durch O gehende Ebene festhalten, dreht sich die zu AA' normale Ebene um diesen Winkel um die Achse OA. Diese Drehung ist in Abb. 222 durch einen Vektor ω vom Betrage $r\vartheta$ dargestellt.

Es sei darauf aufmerksam gemacht, daß wegen der Verwölbung keine der beiden zu OO' und AA' normalen Ebenen alle materiellen Punkte des Stabes enthält, die vor der Verformung in der y-z-Ebene lagen.

Wenn wir nun die Linienelemente OO' und AA' um je ein weiteres Stück der Länge dx nach oben verlängern, sehen wir, daß eine zu A^*A^{**} normale Ebene die ursprüngliche Querschnittsebene in $O'A^*$ schneidet und aus ihr durch eine Drehung ω um die Linie $O'A^*$ hervorgeht. Auch dieser Drehvektor ist in Abb. 222 dargestellt. Die Differenz der beiden Vektoren ω hat die Größe

$$\omega\vartheta\,dx = r\vartheta^2\,dx$$

und stellt die relative Drehung der beiden durch A und A' gehenden und zur Faser $AA'A''$ normalen Ebenen dar. Wenn wir sie durch den Abstand dx dieser Ebenen dividieren, erhalten wir die Krümmung $r\vartheta^2$ dieser Faser. Sie ist von zweiter Ordnung klein und daher im Rahmen einer linearen Theorie vernachlässigbar. Wenn wir dem Stab, zusätzlich zu der Verwindung ϑ, eine solche — vernachlässigbar kleine — Krümmung erteilen, können wir die Faser $AA'A''$ gerade machen, und die Faser $OO'O''$ wird dann eine Schraubenlinie, die sich gleich allen anderen um diese Gerade windet. Wir schließen daraus, daß es wohl eine Torsionsachse gibt, daß sie sich aber im Rahmen einer linearen Theorie, d. h. einer Theorie kleiner Formänderungen, nicht identifizieren läßt. Dem Punkt O oder O' kommt daher keine physikalische Bedeutung zu, und er ist nur ein willkürlicher Punkt, von dem wir in Abb. 216 den Radius r_t gemessen haben. Durch Gl. (174) beeinflußt seine Wahl die Größe der Verwölbung u und der Wölbfunktion φ, und wir müssen uns nun darüber Rechenschaft geben, wie sich u und φ ändern, wenn wir einen anderen Punkt zum „Drehpunkt" wählen.

e) Schubmittelpunkt

Wir wollen die soeben aufgeworfene Frage wie folgt präzisieren: Als Punkt O wählen wir den Querschnittsschwerpunkt und als Koordinatenachsen y, z die Trägheitshauptachsen. Wir nehmen an, daß für O als Drehpunkt die Verwölbung und die Wölbfunktion für alle Punkte P der Querschnittsmittellinie berechnet sind. Wir bezeichnen sie mit $u_0(s)$ und $\varphi_0(s)$ und setzen voraus, daß sie die Bedingung (175) erfüllen. Wir wollen die Wölbfunktion $\varphi_A(s)$ berechnen, die zu A als Drehpunkt gehört (Abb. 223). Der allgemeine Punkt P der Querschnittsmittellinie habe die Bogenlängenkoordinate s und die kartesischen Koordinaten y, z. Die Punkte O und A liegen im allgemeinen nicht auf der Querschnittsmittellinie und brauchen nicht einmal innerhalb des Querschnittsumrisses zu liegen.

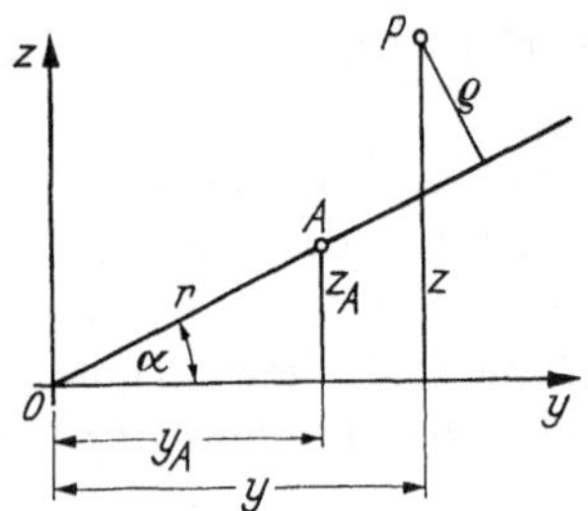

Abb. 223. Abhängigkeit der Wölbfunktion von der Lage des Drehpunkts.

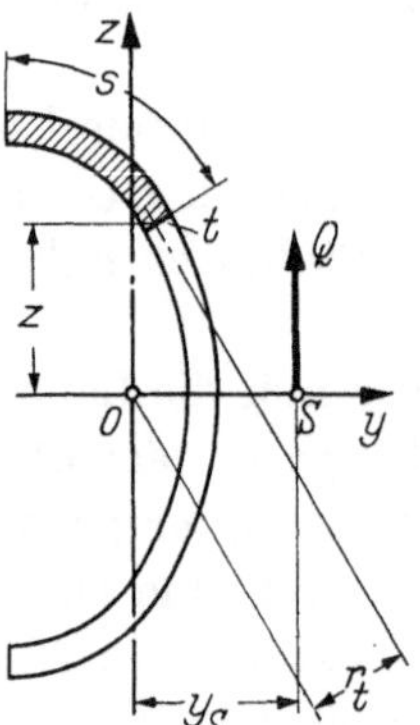

Abb. 224. Zur Berechnung der Lage des Schubmittelpunkts.

Wenn wir die Linie OO' (Abb. 221) zur Drehachse wählen, heißt das, daß wir diese Linie während der Formänderung festhalten und daß wir eine durch O gehende, zu OO' normale Ebene als die „ursprüngliche" Querschnittsebene ansehen, von der wir die Verschiebung u_0 des Punktes P messen. Bei dieser Formänderung dreht sich die Faser AA' um den Winkel $r\vartheta$, und außerdem verschieben sich die Punkte A und A' in x-Richtung um einen hier uninteressanten Betrag, nämlich die Verwölbung u_0 im Punkt A.

Wenn wir AA' zur Drehachse machen wollen, müssen wir das deformierte Stabelement als einen starren Körper um den Winkel $r\vartheta$ zurückdrehen. Dabei dreht sich der untere Querschnitt um die Achse OA, und seine Punkte verschieben sich um Beträge, die ihrem Abstand $\varrho = z\cos\alpha - y\sin\alpha$ von der Linie OA proportional sind. Die auf A als Querschnittsdrehpunkt bezogene Verwölbung ist daher

$$u_A(s) = u_0(s) + r\vartheta\varrho.$$

Wenn wir für ϱ seinen Wert einsetzen, durch ϑ dividieren und noch etwas umformen, erhalten wir für die Wölbfunktion die Beziehung

$$\varphi_A(s) = \varphi_o(s) + y_A z - z_A y. \tag{178}$$

Da wir vorausgesetzt haben, daß φ_o die Bedingung (175) erfüllt, ergibt sich für φ_A:

$$\int_0^c \varphi_A(s) t \, ds = y_A \int_0^c z t \, ds - z_A \int_0^c y t \, ds = 0, \tag{179}$$

da die beiden Integrale im mittleren Glied dieser Gleichung statische Momente des Querschnitts in bezug auf Schwerachsen darstellen, also verschwinden.

Wir wollen nun einen speziellen Drehpunkt $A = S$ ins Auge fassen, für den nicht nur das Integral über die Wölbfunktion verschwindet, sondern auch die statischen Momente in bezug auf die beiden Schwerachsen. Wir verlangen also, daß

$$\int_0^c \varphi_S(s) y t \, ds = \int_0^c \varphi_o y t \, ds + y_S \int_0^c z y t \, ds - z_S \int_0^c y^2 t \, ds = 0,$$

$$\int_0^c \varphi_S(s) z t \, ds = \int_0^c \varphi_o z t \, ds + y_S \int_0^c z^2 t \, ds - z_S \int_0^c y z t \, ds = 0.$$

Wie man leicht erkennt, stellen das dritte und vierte Integral in jeder dieser Gleichungen die Trägheits- und Zentrifugalmomente des Querschnitts dar. Da wir vorausgesetzt haben, daß y, z Trägheitshauptachsen sind, ist $I_{yz} = 0$, und wir finden

$$y_S = -\frac{1}{I_y} \int_0^c \varphi_o z t \, ds, \qquad z_S = \frac{1}{I_z} \int_0^c \varphi_o \, y t \, ds \tag{180a, b}$$

als Koordinaten des Punktes S. Wir nennen ihn den *Schubmittelpunkt* und zeigen, daß er für ein dünnwandiges Profil mit dem auf S. 126 definierten Schubmittelpunkt identisch ist.

Wir betrachten einen Stab mit dem in Abb. 224 dargestellten (nicht notwendig symmetrischen) Querschnitt und nehmen an, daß er sich in einer lotrechten Ebene verbiegt, daß also die Querkraft Q der Trägheitshauptachse z parallel ist. Um Gl. (88) auf S. 118 anzuwenden, brauchen wir für einen beliebigen Punkt P das statische Moment S des oberhalb P

gelegenen Querschnittsteils in bezug auf die y-Achse:

$$S = \int_0^s z' t' \, ds'.$$

In dieser Formel ist s' die Integrationsvariable und s die Bogenlängenkoordinate des Punktes P, und alle von s' abhängigen Größen sind mit einem Strich versehen. Gl. (88) liefert nun für den Schubfluß an der Stelle P

$$\tau t = \frac{QS}{I_y} = \frac{Q}{I_y} \int_0^s z' t' \, ds',$$

und das Moment aller im Querschnitt übertragenen Kräfte $\tau t \, ds$ in bezug auf den Schwerpunkt O ist

$$M = \int_0^c \tau t r_t \, ds = \frac{Q}{I_y} \int_0^c \left(\int_0^s z' t' \, ds' \right) r_t \, ds.$$

Durch partielle Integration folgt

$$M = \frac{Q}{I_y} \left[\int_0^s z' t' \, ds' \cdot \int_0^s r_t' \, ds' \right]_0^c - \frac{Q}{I_y} \int_0^c z t \int_0^s r_t' \, ds' \, ds.$$

In der eckigen Klammer sind offenbar beide Integrale gleich 0, wenn man die untere Grenze $s = 0$ einsetzt. Das erste der Integrale verschwindet aber auch an der oberen Grenze $s = c$, da es dann das statische Moment des ganzen Querschnitts in bezug auf eine Schwerachse darstellt. In dem zweiten Term der rechten Seite ist das innere Integral nach Gl. (174b) gleich $\varphi_0 - \varphi$ und daher[1]

$$M = -\frac{Q}{I_y} \varphi_0 \int_0^c z t \, ds + \frac{Q}{I_y} \int_0^c z t \varphi \, ds.$$

In dieser Formel ist das erste Integral wiederum gleich Null, und wenn wir nun fordern, daß M gleich dem Moment der durch den Schubmittel-

[1] Man beachte, daß φ_0 hier die Konstante in Gl. (174b) darstellt, nicht die auf O als Drehpunkt bezogene Wölbfunktion.

punkt S gehenden Querkraft Q ist, sehen wir, daß

$$Q y_S = \frac{Q}{I_y} \int_0^c z t \varphi \, ds$$

sein muß. Dieses Ergebnis stimmt, bis auf das Vorzeichen, mit Gl. (180a) überein. Die Abweichung im Vorzeichen rührt davon her, daß wir in den Abb. 216 und 224 die Koordinate s in entgegengesetzter Richtung gezählt haben.

Aufgaben

58. Berechne nach Gl. (172) die Torsionsschubspannungen in den gezeichneten Leichtmetall-Querschnitten! Beachte, daß diese Spannungen nicht notwendigerweise die größten vorkommenden sind, da sich an einspringenden Ecken höhere, von der örtlichen Ausrundung abhängende Spannungen einstellen können, die im Rahmen der hier dargestellten Theorie nicht zu erfassen sind! Maße in mm.

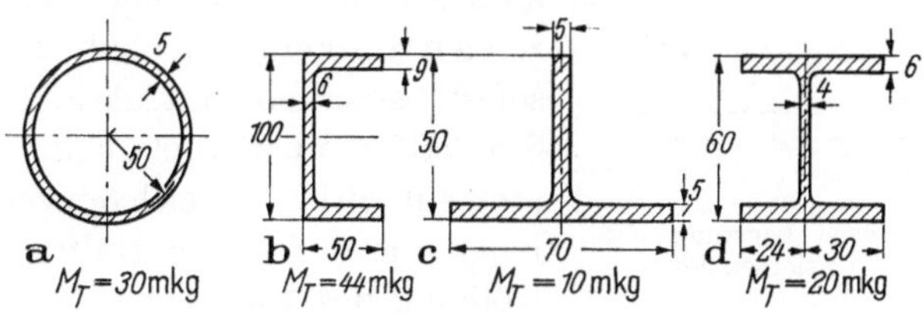

Abb. A 58.

59. Berechne für die in der vorangehenden Aufgabe untersuchten Querschnitte die Torsionssteifigkeit J_T!

60. Berechne die Verteilung der Wölbfunktion φ für die gezeichneten Leichtmetall-Querschnitte! Wähle den Drehpunkt O beliebig und bestimme die Konstante φ_0 so, daß Gl. (175) befriedigt ist! Maße in mm.

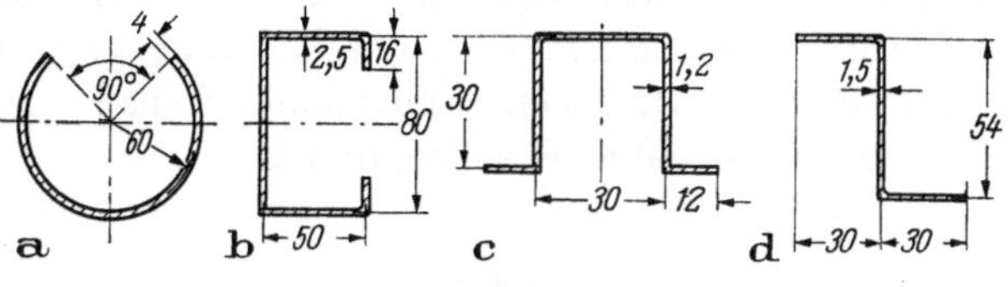

Abb. A 60.

61. Bestimme den Schubmittelpunkt für die Querschnitte (a), (b), (c) der Aufgabe 60 und für die Querschnitte (b) und (d) der Aufgabe 58!

f) Torsion mit Wölbbehinderung

Bisher haben wir immer vorausgesetzt (s. S. 200), daß der Torsionsstab durch zwei entgegengesetzt gleiche, an seinen Enden angreifende äußere Momente belastet ist. Das Torsionsmoment ist dann in allen Querschnitten dasselbe, und in allen bildet sich dieselbe, von der Theorie geforderte Verwölbung aus. Es gibt nun viele Fälle, in denen diese eindeutige Zuordnung von Torsionsmoment und Verwölbung nicht möglich ist. Abb. 225 zeigt einige Beispiele. In Abb. 225a ist die Verwölbung des Endquerschnittes A durch die Verbindung mit einem starren Körper verhindert. In Abb. 225b kann sich der Mittelquerschnitt B nicht verwölben, weil er in einer Symmetrieebene liegt. In Abb. 225c, d liegt der belastete Querschnitt B auf der Grenze zwischen zwei Stabteilen, die verschieden große Torsionsmomente haben. Seine Verwölbung muß daher ein Kompromiß zwischen den Forderungen der angrenzenden Stabteile sein. Abb. 225d ist insofern bemerkenswert, als in der rechten Stabhälfte überhaupt kein Torsionsmoment wirkt, obgleich der Zusammenhang mit der linken Hälfte eine Verwölbung des Querschnitts B verlangt.

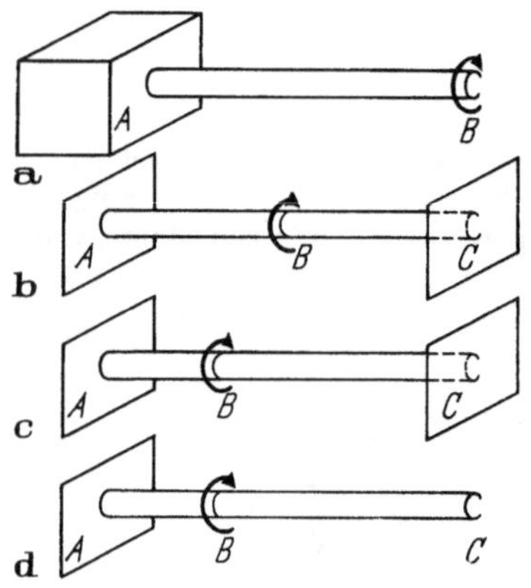

Abb. 225. Verschiedene Lagerungsmöglichkeiten eines Torsionsstabes.

In allen diesen Fällen haben wir es mit einer Torsion mit behinderter Verwölbung zu tun. In Stäben mit offenem Profil ist der Einfluß der Wölbbehinderung auf das gesamte Kräftebild besonders ausgeprägt und verhältnismäßig leicht der Rechnung zugänglich. Wir wollen diese Theorie der *Wölbkrafttorsion* jetzt kennenlernen.

Wenn wir, unabhängig von dem herrschenden Torsionsmoment, im Endquerschnitt eines Stabes eine bestimmte Verwölbung erzwingen wollen, müssen wir dort Zug- und Druckspannungen σ anbringen, die wir zusammenfassend als *Wölbkraftgruppe* bezeichnen. Wir nehmen an, daß die Spannungen σ gleichmäßig über die Wanddicke t verteilt sind und daß sie sich längs der Querschnittsmittellinie ebenso verteilen wie die Verwölbung, die sie beeinflussen sollen, daß also

$$\sigma = k\varphi \tag{181}$$

ist. Diese Annahme bedarf natürlich der Nachprüfung, und diese wird sich im Laufe der Untersuchung ergeben.

Gl. (181) hat nur dann einen eindeutigen Sinn, wenn wir angeben, für welchen Drehpunkt die Wölbfunktion $\varphi(s)$ berechnet werden soll. Die Entscheidung ist leicht zu fällen. Die Spannungen σ der Wölbkraftgruppe sind natürlich zusätzlich zu etwa vorhandenen Spannungen σ, die von einer Längskraft N oder einem Biegemoment M herrühren. Sie dürfen daher ihrerseits zu diesen Schnittkräften keine Beiträge liefern, d. h. in bezug auf ein Schwerachsensystem y, z muß

$$\int_F \sigma\, dF = 0, \qquad \int_F \sigma y\, dF = 0, \qquad \int_F \sigma z\, dF = 0$$

sein. Diese Bedingung wird von Wölbspannungen σ nach (181) nur dann erfüllt, wenn wir als Wölbfunktion φ die auf den Schubmittelpunkt be-

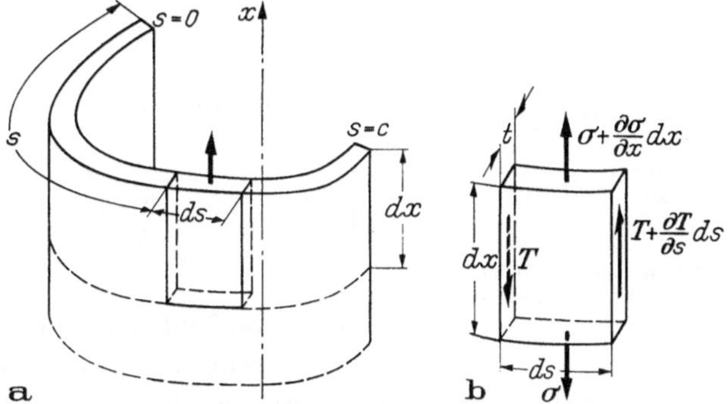

Abb. 226. Wölbkraftspannungen in einem Torsionsstab mit offenem Profil, (a) Stabelement, (b) Wandelement.

zogene Funktion φ_S benutzen. Da Wölbfunktionen für andere Drehpunkte nicht mehr auftreten werden, wollen wir von hier an auf die Mitführung des Index S verzichten.

Da jede Wölbkraftgruppe eine Gleichgewichtsgruppe ist, können wir eine solche Gruppe an einem Ende eines Stabes als eine äußere Last anbringen, während wir das andere Ende spannungsfrei halten. Die Größe der Wölbspannungen muß sich dann von einem Querschnitt zum anderen ändern, d. h. k muß eine Funktion von x sein:

$$\sigma = k(x) \cdot \varphi(s). \tag{182}$$

Abb. 226a zeigt ein Stück des Stabes mit einem Stabelement der Länge dx und einem darin enthaltenen Wandelement $dx \cdot ds$. Das Gleichgewicht dieses Wandelements in x-Richtung erfordert, daß daran außer den Spannungen σ auch Schubflüsse T angreifen müssen. Da sowohl T als σ mit s und mit x veränderlich sind, müssen wir die Unterschiede der Kräfte auf gegenüberliegenden Seiten des Elements durch partielle Ableitungen ausdrücken, wie das in Abb. 226b geschehen ist. Der Unterschied der auf das obere und untere Ende des Wandelements wirkenden Kräfte ist $\frac{\partial \sigma}{\partial x} dx \cdot t \cdot ds$ und der der beiden Schubkräfte $\frac{\partial T}{\partial s} ds \cdot dx$, und die Gleichgewichtsbedingung der lotrechten Kräfte heißt

$$\frac{\partial \sigma}{\partial x} dx \cdot t \cdot ds + \frac{\partial T}{\partial s} ds \cdot dx = 0.$$

Wenn wir diese Gleichung durch dx und ds dividieren und Gl. (182) heranziehen, erhalten wir

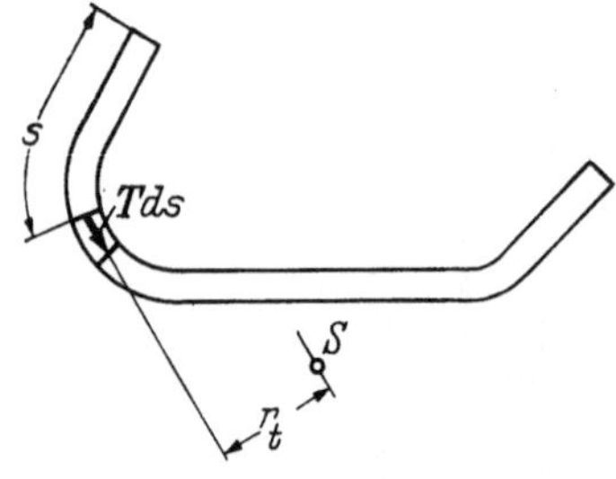

Abb. 227. Beitrag des zu der Wölbkraftgruppe gehörenden Schubflusses T zum Torsionsmoment.

$$\frac{\partial T}{\partial s} = -t \frac{\partial \sigma}{\partial x} = -t \frac{dk}{dx} \varphi$$

und nach Integration

$$T = \int_0^s \frac{\partial T}{\partial s} ds = -\frac{dk}{dx} \int_0^s \varphi' t' \, ds'. \tag{183}$$

An den beiden Enden des Profils, $s = 0$ und $s = c$, muß $T = 0$ sein, da an den Längskanten des Stabes kein äußerer Schubfluß angreift. Der nach (183) berechnete Schubfluß wird dieser Forderung gerecht, für $s = 0$, weil dann der Integrationsbereich zu einem Punkt zusammenschrumpft, und für $s = c$ nach Gl. (179), die auf die Wölbfunktion für jeden beliebigen Drehpunkt anwendbar ist.

Dem Schubfluß T in Längsschnitten des Stabes ist ein Schubfluß gleicher Größe im Querschnitt zugeordnet (Abb. 227). Da der Schubfluß so berechnet worden ist, daß jedes Wandelement nach Abb. 226b im Gleichgewicht ist, ist auch das aus solchen Elementen bestehende Stabelement der Länge dx im Gleichgewicht. Da die Biegemomente Null sind, folgt aus Gl. (32b), daß auch die Querkräfte Null sind, d. h. daß die Kräfte $T\,ds$ im Querschnitt keine Resultierende haben. Sie haben jedoch ein nicht verschwindendes resultierendes Moment um die Stabachse, daß einen Beitrag M_{T2} zum Torsionsmoment liefert, den wir für den Schubmittelpunkt als Bezugspunkt berechnen:

$$M_{T2} = \int_0^c T r_t \, ds = -\frac{dk}{dx} \int_0^c \left(\int_0^s \varphi' t' \, ds' \right) r_t \, ds.$$

Wir haben in dieser Formel unter dem inneren Integral wiederum die Integrationsveränderliche und alle von ihr abhängigen Größen durch einen Strich gekennzeichnet. Partielle Integration liefert

$$M_{T2} = -\frac{dk}{dx}\left\{\left[\int\limits_0^s \varphi' t'\, ds' \cdot \int\limits_0^s r_t'\, ds'\right]_0^c - \int\limits_0^c \varphi t\left(\int\limits_0^s r_t'\, ds'\right) ds\right\}.$$

In der eckigen Klammer ist das erste Integral an beiden Grenzen Null, und dann ist nach (174b):

$$M_{T2} = \frac{dk}{dx}\int\limits_0^c \varphi t(\varphi_0 - \varphi)\, ds = -\frac{dk}{dx}\int\limits_0^s \varphi^2 t\, ds = -\Gamma\frac{dk}{dx}, \qquad (184)$$

wo der Wölbwiderstand

$$\Gamma = \int\limits_0^c \varphi^2 t\, ds \qquad (185)$$

eine Querschnittskonstante ist. Da φ nach (174b) die Dimension L^2 hat, hat Γ die Dimension L^6.

Der Beitrag M_{T2} ist zusätzlich zu dem Moment der nach Abb. 214a ungleichmäßig über die Wanddicke verteilten Torsionsspannungen, das wir jetzt mit M_{T1} bezeichnen wollen und für das Gl. (157) gilt:

$$M_{T1} = GJ_T\vartheta \qquad (186)$$

mit J_T nach (177). Das im Querschnitt übertragene Torsionsmoment ist daher insgesamt

$$M_T = M_{T1} + M_{T2} = GJ_T\vartheta - \Gamma\frac{dk}{dx}.$$

Wenn die hier entwickelte Theorie von Interesse sein soll, müssen M_{T1} und M_{T2} von gleicher Größenordnung sein, d. h. keiner der beiden Beiträge sollte gegenüber dem anderen vernachlässigbar sein. Wenn wir nun die zugehörigen Schubspannungen mit τ_1 und τ_2 bezeichnen, sehen wir, daß die Spannungen τ_1 Kräftepaare mit dem Hebelarm $\frac{2}{3}t$ bilden, während die Schubspannungen τ_2 Hebelarme der Größenordnung c haben. Die Spannungen verhalten sich ungefähr umgekehrt wie diese Hebelarme,

$$\tau_1 : \tau_2 \approx c : t,$$

d. h. τ_1 ist viel größer als τ_2. Wir werden daher die von dem Moment M_{T1} erzeugte Verwindung ϑ als wesentlich ansehen, während wir die von τ_2, d. h. von dem Schubfluß T der Abb. 226b erzeugte Schubverzerrung vernachlässigen können. Damit entfällt die Notwendigkeit, nachzuprüfen, ob diese Schubverzerrung mit der zu den Wölbspannungen σ gehörenden Längsdehnung ε verträglich ist, und darauf beruht die Rechtfertigung der anfangs gemachten Annahme über die Verteilung dieser Spannungen im Querschnitt. Wir wenden uns nun der Untersuchung dieser Längsdehnung ε zu.

Wenn k mit x veränderlich ist, gilt dasselbe für M_{T2}, und dann muß auch M_{T1} und damit ϑ von x abhängen und daher auch die Verwölbung $u = \vartheta\varphi$. Wenn sich die beiden Endpunkte eines Stabfaserelements der Länge dx um u und $u + \frac{\partial u}{\partial x}\,dx$ verschieben, verlängert sich das Element um $(\partial u/\partial x)\,dx$, und wir erhalten seine Dehnung, wenn wir diese Verlängerung durch die ursprüngliche Länge dx dividieren:

$$\varepsilon = \frac{\partial u}{\partial x} = \varphi(s)\,\frac{d\vartheta}{dx}.$$

Nach dem Hookeschen Gesetz ist diese Dehnung der Spannung σ proportional:

$$\varepsilon = \frac{\sigma}{E} = \frac{k\varphi}{E},$$

und durch Vergleich beider Ausdrücke folgt, daß

$$k = E\,\frac{d\vartheta}{dx} \tag{187}$$

ist, also

$$M_{T2} = -E\Gamma\,\frac{d^2\vartheta}{dx^2}. \tag{188}$$

Damit erhalten wir für das gesamte Torsionsmoment die folgende Beziehung:

$$GJ_T\vartheta - E\Gamma\,\frac{d^2\vartheta}{dx^2} = M_T, \tag{189}$$

und das ist für gegebenes $M_T = M_T(x)$ eine Differentialgleichung für die Verwindung ϑ. Wenn man diese Gleichung gelöst hat, kann man nach (186) und (188) die beiden Teile des Torsionsmoments und damit alle Spannungen und Formänderungen berechnen.

Gl. (189) ist von zweiter Ordnung und verlangt daher die Aufstellung von zwei Endbedingungen, je einer an jedem Stabende. Die folgenden sind von allgemeiner Bedeutung:

a) Verwölbung unbehindert: Dann ist $\sigma = 0$, daher nach (182) und (187) auch $k = 0$ und $d\vartheta/dx = 0$.

b) Verwölbung völlig verhindert: Dann ist $u = \vartheta\varphi = 0$, also $\vartheta = 0$.

g) Beispiel zur Wölbkrafttorsion

Als ein Beispiel untersuchen wir den in Abb. 228 dargestellten, an beiden Enden festgehaltenen I-Träger, der in der Mitte durch ein äußeres Moment M belastet ist. Es handelt sich hier um ein statisch unbestimmtes System, denn wir können die Unterstützung des rechten Endes entfernen ohne das System beweglich zu machen. Die Unbestimmtheit tritt jedoch in der Rechnung nicht in Erscheinung, da man wegen der Symmetrie sofort sieht, daß sich die Last je zur Hälfte auf die beiden Stabhälften verteilt. In der rechten Hälfte ($x > 0$) ist $M_T = -\frac{1}{2} M$ und daher nach Gl. (189)

Abb. 228. I-Träger mit Torsionsbelastung.

$$E\Gamma \frac{d^2\vartheta}{dx^2} - GJ_T\vartheta = \frac{1}{2} M. \qquad (190)$$

Im Querschnitt $x = 0$ haben wir die Endbedingung (b), d. h. $\vartheta = 0$. Für das Stabende $x = l/2$ wollen wir annehmen, daß der Stab gegen Drehung gehalten ist, daß aber die Verwölbung unbehindert stattfinden kann. Dann haben wir dort die Endbedingung (a), d. h. $d\vartheta/dx = 0$.

Gl. (190) hat, wie man durch Einsetzen leicht nachprüft, die Lösung

$$\vartheta = -\frac{M}{2GJ_T} + A e^{\lambda x} + B e^{-\lambda x}$$

mit

$$\lambda^2 = GJ_T/E\Gamma.$$

A und B sind freie Konstante, die aus den Endbedingungen bestimmt werden.

Wenn wir die Lösung in die Endbedingungen einführen, erhalten wir zwei lineare Gleichungen:

für $x = 0$: $\qquad A + B = M/2GJ_T,$

für $x = l/2$: $\qquad A\lambda e^{\lambda l/2} - B\lambda e^{-\lambda l/2} = 0,$

aus denen

$$A = \frac{M}{2GJ_T(e^{\lambda l} + 1)}, \qquad B = \frac{M}{2GJ_T(1 + e^{-\lambda l})}$$

folgt. Einsetzen des Ergebnisses in (186) liefert

$$M_{T1} = -\frac{M}{2}\left(1 - \frac{e^{\lambda x}}{e^{\lambda l} + 1} - \frac{e^{-\lambda x}}{1 + e^{-\lambda l}}\right) = -M \frac{\sinh\frac{\lambda x}{2} \sinh\frac{\lambda (l - x)}{2}}{\cosh\frac{\lambda l}{2}}.$$

Wir wollen uns die Bedeutung dieses Ergebnisses zahlenmäßig vor Augen führen. Wir wählen als Stabquerschnitt ein breitflanschiges I-Profil IPB 160. Abb. 229a zeigt das Profil mit den Abmessungen der Mittellinie in cm. Wir berechnen die Wölbfunktion φ nach S. 240 und

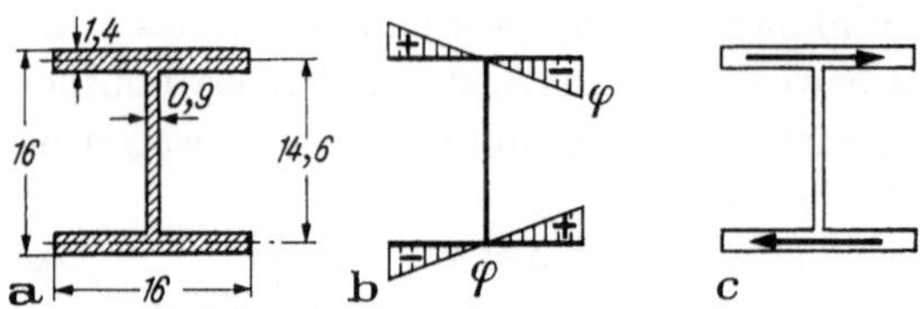

Abb. 229. Einzelheiten zu Abb. 228: (a) Querschnitt, (b) Verwölbung, (c) Beitrag der Flanschschubflüsse T zum Torsionsmoment.

finden für die Endpunkte der Flansche $\frac{1}{4}hb = 58{,}4\ \text{cm}^2$. Abb. 229b zeigt die Verteilung von φ. Zur Auswertung des Integrals in (185) kann Tab. 5 benutzt werden. Man erhält

$$\Gamma = 4 \cdot 1{,}4 \cdot \tfrac{1}{3} \cdot 58{,}4^2 \cdot 8{,}0 = 5{,}09 \cdot 10^4\ \text{cm}^6.$$

Der Torsionswiderstand J_I wird nach Gl. (177) berechnet:

$$J_I = \tfrac{1}{3}(2 \cdot 1{,}4^3 \cdot 16 + 0{,}9^3 \cdot 14{,}6) = 32{,}70\ \text{cm}^4,$$

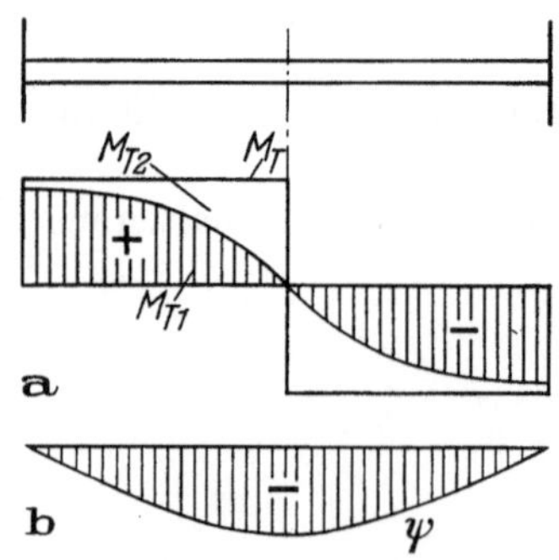

Abb. 230. Weitere Einzelheiten zu Abb. 228: (a) Aufteilung des Torsionsmoments in M_{T1} und M_{T2}, (b) Verdrehung der Querschnitte.

Für Stahl ist $E/G = 2{,}6$, entsprechend $\nu = 0{,}3$ (s. S. 307), und damit ergibt sich $\lambda = 1{,}572\ \text{m}^{-1}$.

Für die Berechnung der Momentenverteilung wählen wir $l = 4{,}00$ m und finden für das Stabende $x = 2{,}00$ m:

$$M_{T1} = -M\,\frac{2{,}304^2}{11{,}62} = -\,0{,}457M,$$

d. h. 91,4% des Torsionsmoments wird an dieser Stelle durch den St.-Venantschen Mechanismus übertragen und 8,6% durch Schubflüsse T, während in der Stabmitte mit $\vartheta = 0$ auch $M_{T1} = 0$ ist und das gesamte Torsionsmoment durch ein Schubflußsystem nach Art der Abb. 229c übertragen wird. Einzelheiten der Aufteilung des Torsionsmoments zwischen M_{T1} und M_{T2} längs des Stabes sind aus Abb. 230a zu ersehen. Abb. 230b zeigt den Verlauf der Drehung

$$\psi = \int_x^{l/2} \vartheta\, dx = -\frac{M}{2GJ_T}\left(\frac{l}{2} - x - \frac{\sinh\frac{\lambda(l-2x)}{2}}{\lambda\cosh\frac{\lambda l}{2}}\right)$$

der Querschnitte um die Stabachse.

Aufgaben

62. Berechne den Wölbwiderstand Γ für die Querschnitte der Aufgabe 60!

63. Die Abbildungen zeigen Torsionsstäbe, in denen sich die Verwölbung nicht frei ausbilden kann. Die Stäbe (a) und (c) sind an den unterstützten Enden gegen Drehung festgehalten, aber die Verwölbung der Endquerschnitte ist nicht behindert. Das linke Ende des Stabes (b) kann sich nicht verwölben. Löse die Differentialgleichung (189) für jeden Stababschnitt und bestimme die freien Konstanten aus den End- und Übergangsbedingungen! Zeichne ein Momentendiagramm nach Art der Abb. 230a! Stäbe (a) und (b): $J_T = 176\ \text{cm}^4$, $\Gamma = 1{,}76 \cdot 10^6\ \text{cm}^6$, Stab (c): $J_T = 35{,}4\ \text{cm}^4$, $\Gamma = 7{,}89 \cdot 10^4\ \text{cm}^6$. $E/G = 2{,}6$. Maße in m.

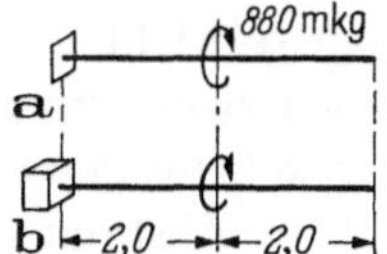

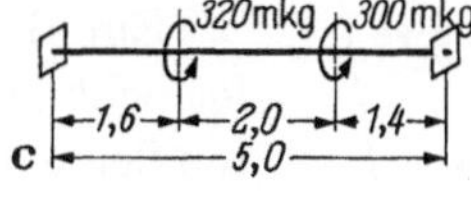

Abb. A 63.

Kapitel 4

Knicken

1. Stabilität eines starren Körpers auf elastischen Stützen

Der Inhalt der Kap. 1 bis 3 ist in verschiedenen Formen derselben Aufgabe gewidmet: Gegeben sind ein elastischer Körper (Stab, Balken) und die darauf einwirkenden Kräfte; welche Spannungen treten in ihm auf, und welchen Formänderungen ist er unterworfen? Im nächsten Kapitel werden wir auf andere Formen desselben Problems zurückkommen, aber in diesem Kapitel haben wir es mit einer völlig anderen Fragestellung zu tun, die jetzt an einem einfachen Beispiel eingeführt sei.

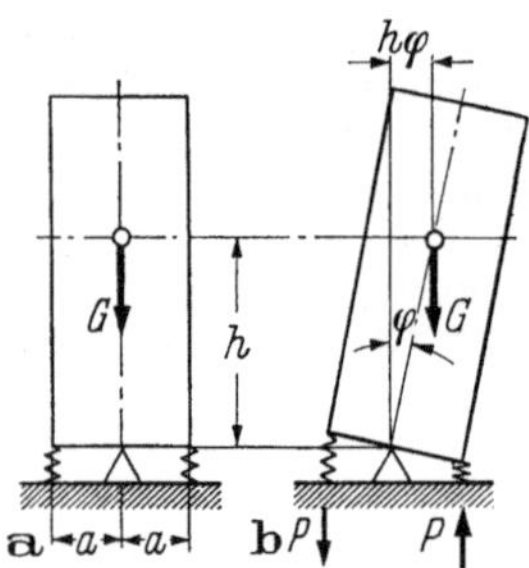

Abb. 231. Starrer Körper mit Schneidenlagerung und stabilisierenden Federn, (a) ungestörtes, (b) gestörtes Gleichgewicht.

Ein Block vom Gewicht G ruht auf einer lotrecht unter seinem Schwerpunkt angebrachten Schneide (umgekehrtes Pendel). Beiderseits der Schneide sind im Abstand a zwei gleiche Federn angebracht. Der Körper ist offenbar in der in Abb. 231a dargestellten aufrechten Stellung im Gleichgewicht, und wir wollen annehmen, daß die Federn in diesem Zustande kräftefrei sind. Die von der Schneide ausgeübte Stützkraft ist dann gleich dem Gewicht G.

Wenn wir die Federn entfernen würden, würde der Körper trotz des Gleichgewichts nicht in seiner Lage verharren, sondern nach links oder rechts umfallen, weil das Gleichgewicht nicht stabil ist. Wenn die Federn stark genug sind, werden sie das Umfallen verhindern; die Frage ist, wie stark wir sie machen müssen, damit das labile Gleichgewicht stabil wird?

Um über die Stabilität des Systems zu entscheiden, unterwerfen wir es einer kleinen Veränderung seiner Lage. Die einzige mögliche Änderung besteht in einer Drehung um die Schneidenkante (Abb. 213b). Das Gewicht bekommt dadurch ein Moment $G \cdot h\varphi$ in bezug auf die Drehachse, und dieses Moment verursacht das Umfallen des Blocks, wenn die Federn nicht da sind. Wie man aus der Figur sieht, werden bei der Drehung des Blocks die Federn deformiert. Die linke wird um $a\varphi$

gedehnt, die rechte um ebensoviel zusammengedrückt. Dadurch werden in ihnen Kräfte P geweckt, die der Längenänderung proportional sind, d. h. eine Zugkraft und eine Druckkraft $P = k \cdot a\varphi$. Die Größe k ist die Federsteifigkeit und hängt von den Abmessungen der Feder ab (Näheres darüber s. S. 206).

Die beiden Federkräfte bilden ein Kräftepaar vom Moment $P \cdot 2a = 2ka^2\varphi$, das dem umstürzenden Moment $Gh\varphi$ entgegenwirkt. Der Block ist in der gestörten Lage im Gleichgewicht, wenn

$$2ka^2\varphi = Gh\varphi \tag{191}$$

ist. Die Gleichung ist nur für kleine Winkel φ richtig, da wir bei der Herleitung $\sin\varphi$ durch φ ersetzt haben, aber wenn sie für irgendeinen Wert φ erfüllt ist, dann ist sie innerhalb ihres Gültigkeitsbereichs für alle φ erfüllt, da sich der Faktor φ herausheben läßt. Der Block wird dann nach einer Störung nicht in die ursprüngliche, aufrechte Stellung zurückkehren und auch nicht umfallen, sondern kann in jeder geneigten Stellung verharren. Ein solches Gleichgewicht wird als indifferent bezeichnet, und es stellt den Grenzfall dar zwischen einem stabilen Gleichgewicht, in das der Block nach jeder Störung von selbst zurückkehrt, und einem labilen Gleichgewicht, von dem sich der Block nach einer Störung weiter entfernt.

Gl. (191) kann nach der Federsteifigkeit aufgelöst werden und liefert den Wert

$$k = \frac{Gh}{2a^2},$$

für den das Gleichgewicht des Blocks indifferent ist. Wenn k größer ist, ist das rückführende (stabilisierende) Moment der Federn stärker als das umwerfende (labilisierende) Moment des Gewichts, und das Gleichgewicht ist stabil. Wenn umgekehrt k kleiner ist als der „kritische“ Grenzwert, so überwiegt das labilisierende Moment des Gewichts, und das Gleichgewicht ist labil.

Wir können Gl. (191) auch nach dem Gewicht G auflösen, für das das Gleichgewicht mit gegebenen Federn und gegebener Schwerpunktslage indifferent wird, oder nach der Schwerpunktshöhe, für die bei gegebenen Werten von G und k Indifferenz eintritt.

Dieses Beispiel zeigt die folgenden Einzelheiten, die wir beim Knickproblem wiederfinden werden: Solange der Block in seiner aufrechten Stellung nicht gestört ist, nehmen die Federn keine Kräfte auf, und die Last ruht ausschließlich auf der Schneide. Die Aufgabe der Federn besteht nicht im Tragen der Last, sondern in der Stabilisierung des Gleichgewichts. Wie hoch die in ihnen auftretenden Kräfte P sein können, hängt in erster Linie nicht von dem Gewicht G ab, sondern von der

Größe der möglichen Störungen. Die wesentliche Eigenschaft der Federn ist nicht ihre Festigkeit, sondern ihre Steifigkeit. Das indifferente Gleichgewicht stellt die Grenze zwischen dem ungefährlichen stabilen und dem gefährlichen labilen Gleichgewicht dar. Wir finden die Bedingungen, unter denen es eintritt, indem wir eine kleine Störung vornehmen und verlangen, daß auch der gestörte Zustand ein Gleichgewichtszustand sein soll, d. h. daß eine zur ungestörten benachbarte Gleichgewichtslage existiert.

Aufgaben

64. Ein schwerer Gegenstand (Gewicht 4,8 t) ist durch drei parallele Stahlträger unterstützt. Jeder Träger hat das Profil I 260 mit I = 5740 cm^4. Die äußeren Träger können ähnlich den Federn in Abb. 231 wirken, und wenn der Schwerpunkt der Last hoch genug liegt, ist das System in labilem Gleichgewicht. Für welchen Wert von h wird das Gleichgewicht indifferent?

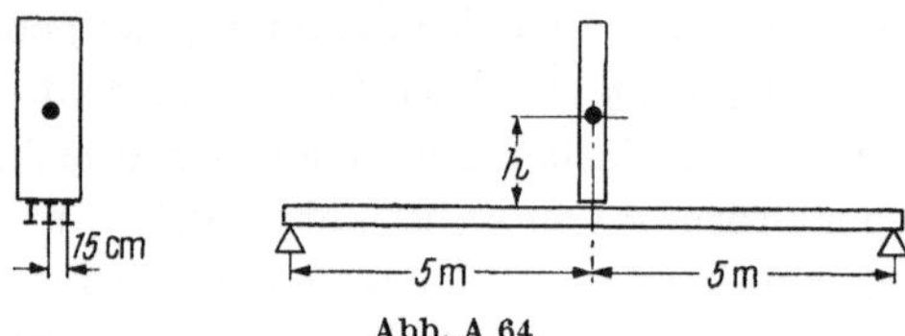

Abb. A 64.

65. Ein sehr steifes Gerüst ist mit dem Ende eines Balkens verbunden. An seinem oberen Ende trägt es eine Last P, der gegenüber sein Eigengewicht vernachlässigt werden möge. Wenn das System durch eine Störung in die gestrichelte Lage gebracht wird, übt die Last P ein umstürzendes Moment aus, und die Stabilität

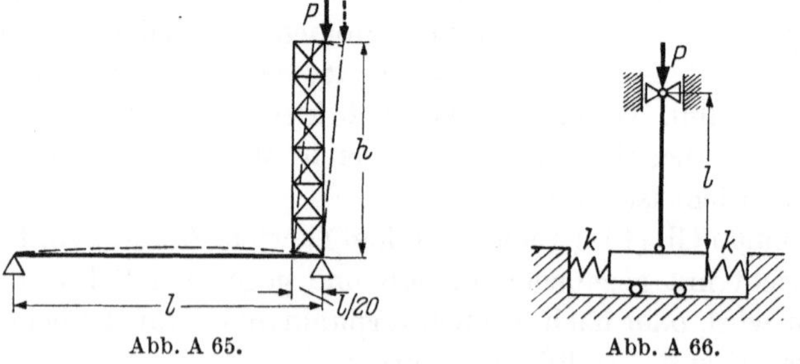

Abb. A 65. Abb. A 66.

der Anordnung hängt von der Biegesteifigkeit des Balkens ab. Wie groß muß dessen Biegesteifigkeit EI sein, um das System stabil zu machen? Was ändert sich, wenn das Gewicht des Gerüstes im Betrage von $0{,}1\,P$ in Rechnung gestellt wird?

66. Ein starrer Körper kann sich auf einer waagerechten Bahn reibungslos bewegen und wird durch zwei Federn mit der Federsteifigkeit k in einer Mittellage gehalten. Durch eine lotrechte Stange wird eine Kraft P ausgeübt. Diskutiere die Stabilität des Gleichgewichts!

2. Der einfache Euler-Stab

a) Die Differentialgleichung und ihre Lösung

Nach den vorbereitenden Erörterungen des vorangehenden Abschnitts können wir uns nun dem eigentlichen Problem zuwenden: der Knickung von Druckstäben. Ein gerader Stab der Länge l sei einer längs seiner Achse wirkenden Druckkraft P unterworfen (Abb. 232a). Diese Kraft erzeugt in ihm gleichmäßig über die Querschnittsfläche verteilte Druckspannungen $\sigma = P/F$. Die Erfahrung zeigt, daß die Tragfähigkeit solcher Druckstäbe im allgemeinen nicht durch die Druckfestigkeit des Werkstoffs bestimmt ist, sondern daß sie vor Erreichung der Quetschgrenze seitlich ausknicken, wie es in Abb. 232b dargestellt ist. Das plötzliche Auftreten dieser Ausbiegung unter langsam gesteigerter Last und die Unvorhersehbarkeit der Ausbiegungsrichtung (rechts oder links) kennzeichnen den Vorgang als Instabilwerden eines vorher stabilen Gleichgewichts. Die Tragfähigkeit des Stabes ist deshalb durch denjenigen Wert von P begrenzt, für den das Gleichgewicht indifferent wird, d. h. für den die ausgebogene Form des Stabes eine zur geraden Form benachbarte Gleichgewichtsfigur darstellt.

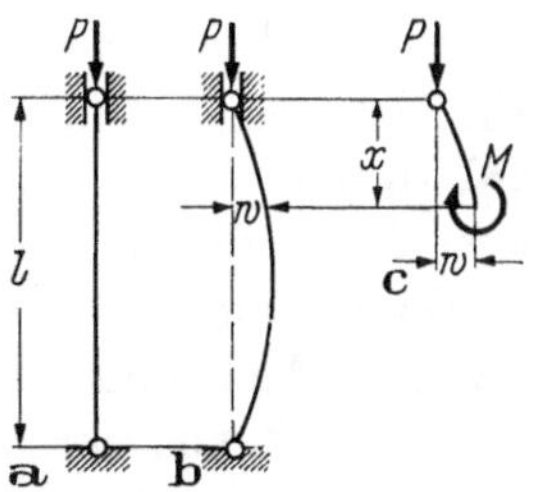

Abb. 232. Ausknicken eines Druckstabes.

Um die Last P zu bestimmen, für die diese Indifferenz eintritt, schneiden wir den Stab in zwei Teile. Das Momentengleichgewicht der oberen Stabhälfte lehrt, daß im Schnitt ein Biegemoment der Größe

$$M = Pw$$

übertragen werden muß. Dieses Biegemoment ist der Krümmung der verbogenen Stabachse proportional, und für kleine Ausbiegungen w haben wir nach Gl. (101):

$$M = -EI w''. \tag{192}$$

Aus diesen beiden Gleichungen eliminieren wir M und finden, daß

$$EI w'' + Pw = 0 \tag{193}$$

ist[1]. Diese Gleichung ist die Differentialgleichung für die Ausbiegung w

[1] Für das Folgende ist es wesentlich, daß die Vorzeichen in Gl. (193) richtig sind. Die Vorzeichen in den beiden vorangehenden Gleichungen hängen natürlich von den Vorzeichenfestsetzungen für die darin vorkommenden Größen ab. Man überzeuge sich, daß es durch keine Wahl dieser Festsetzungen möglich ist, die Vorzeichen in Gl. (193) zu ändern.

als Funktion der Koordinate x. Man bestätigt durch Einsetzen, daß

$$w = A \cos \alpha x + B \sin \alpha x \tag{194}$$

mit beliebigem A und B, aber mit

$$\alpha^2 = \frac{P}{EI} \tag{195}$$

eine Lösung ist. Die Theorie der Differentialgleichungen lehrt, daß diese Lösung mit zwei freien Konstanten A, B die allgemeinste Lösung der Gl. (193) ist; d. h. es gibt keine Funktion von x, die Gl. (193) befriedigt und die sich nicht in der Form (194) darstellen ließe.

In Abb. 232 haben wir angenommen, daß der Druckstab an seinem unteren Ende gelenkig gelagert ist, und daß sein oberes Ende in Richtung der Stabachse geführt ist. Der Stab hat also an beiden Enden $x = 0$ und $x = l$ die Ausbiegung $w = 0$. Diese beiden Forderungen sind die „Endbedingungen" der Differentialgleichung (193). Die Durchbiegung wird durch diejenige der möglichen Lösungen (194) dargestellt, die diesen Endbedingungen genügt.

Wenn wir in (194) $x = 0$ setzen, erhalten wir $w = A$, und das verschwindet dann und nur dann, wenn $A = 0$ ist. Damit haben wir die Konstante A aus der ersten Endbedingung bestimmt. Wir versuchen nun, B aus der anderen zu gewinnen. Wir erhalten für die Ausbiegung an der Stelle $x = l$:

$$w = A \cos \alpha l + B \sin \alpha l = B \sin \alpha l = 0 .$$

Diese Bedingung können wir in verschiedener Weise erfüllen, indem wir entweder $B = 0$ oder $\sin \alpha l = 0$ machen. Wenn außer A auch $B = 0$ ist, liefert Gl. (194) $w \equiv 0$, und es gibt keine Ausbiegung w, für die der Druckstab im Gleichgewicht ist. Seine gerade Form ist dann entweder stabil oder labil, aber sicher nicht indifferent. Indifferenz des elastischen Gleichgewichts ist daher nur möglich, wenn $\sin \alpha l = 0$ ist, d. h. wenn

$$\alpha l = n\pi \qquad \text{mit} \quad n = 1, 2, 3, \ldots$$

ist. Aus der Definition (195) von α folgt, daß dann $P = n^2 P_E$ sein muß mit

$$P_E = \frac{EI\pi^2}{l^2} . \tag{196}$$

Die hierdurch bestimmten Werte von P heißen *Knicklasten.* Wenn die Last einen dieser Werte hat, ist das Gleichgewicht der elastischen Kräfte indifferent, und der Stab kann sich seitlich ausbiegen. Die Form der

Ausbiegung ist durch Gl. (194) mit $A = 0$ und beliebigem B bestimmt und heißt *Knickfigur*. Mit $\alpha = n\pi/l$ erhalten wir

$$w = B \sin \frac{n\pi x}{l},$$

also eine Sinuslinie mit n halben Perioden (n Halbwellen) in der Stablänge l.

Unterhalb der kleinsten Knicklast

$$P = P_k = \frac{EI\pi^2}{l^2} \tag{197}$$

ist das Gleichgewicht stabil. Eine genauere Untersuchung zeigt, daß es oberhalb dieser Grenzlast labil wird. Für die technische Auswertung des Ergebnisses ist diese Tatsache jedoch unbedeutend. Es genügt zu wissen, daß das Gleichgewicht für $P = P_k$ indifferent wird, d. h., daß sich der Stab dann ohne sichtbaren Anlaß verbiegen kann. In diesem „weichen" Zustand ist er als Bauelement nicht mehr verwendbar, und jede ihm wirklich zugemutete Last muß sich in sicherem Abstand unterhalb dieser Knicklast halten.

Die Gl. (197) wird als die Eulersche Knickformel bezeichnet, die durch sie bestimmte Last $P_k = P_E$ als die Eulerlast des Stabes.

Wir wollen nun den physikalischen und mathematischen Sachverhalt mit dem des vorangehenden Abschnitts vergleichen. Solange der Stab gerade bleibt, treten in ihm nur gleichmäßig verteilte Druckspannungen σ, aber keine Biegespannungen auf. Die Aufgabe der Biegesteifigkeit besteht nicht im Übertragen der Last, sondern in der Stabilisierung des Gleichgewichts. Wir werden später (S. 289) sehen, daß die tatsächlich auftretenden Biegespannungen wesentlich von der Größe der wirklich auftretenden Störung abhängen. Unter der Last $P = P_k$ ist das Gleichgewicht indifferent, und diese Last stellt die Grenze zwischen stabilen und labilen Gleichgewichtszuständen dar. Zur Berechnung dieser Grenzlast benutzten wir die Tatsache, daß im Indifferenzfalle neben der geraden Form eine benachbarte Gleichgewichtsform des Stabes möglich sein muß. Alle diese Einzelheiten haben ihr Gegenstück in den am Ende des letzten Abschnitts aufgezählten Tatsachen. Der wesentliche Unterschied zwischen dem Knickproblem und dem Stabilitätsproblem des starren Körpers ist mathematischer Art: Der starre Körper läßt nur *eine* mögliche Störung zu, die Drehung um den Stützpunkt. Der Stab kann sich in verschiedener Weise verbiegen, und wir müssen herausfinden, wie die im Indifferenzfalle mögliche Biegelinie, die Knickfigur, aussieht. Wir werden daher auf eine Differentialgleichung geführt, deren Lösung die Funktion $w(x)$ ist.

Die Einzelheiten des hier vorliegenden mathematischen Problems sind von besonderer Art. Die Differentialgleichung (193) ist homogen, d. h. sie enthält keine Glieder, in denen die unbekannte Funktion w nicht vorkommt (keine „rechte Seite"). Auch die Randbedingungen sind homogen. Eine homogene Differentialgleichung mit homogenen Randbedingungen hat stets die Lösung $w(x) \equiv 0$. Wir sind an dieser trivialen Lösung nicht interessiert und fragen, ob es daneben nichttriviale Lösungen gibt, und wir finden, daß solche nur existieren, wenn der Koeffizient P gewisse, durch Gl. (196) bestimmte Werte hat. Diese Werte werden als die *Eigenwerte* des Problems bezeichnet. Wenn wir mit einem Eigenwertproblem zu tun haben, spielt die Auffindung der lösenden Funktion $w(x)$, der *Eigenfunktion*, nur eine nebensächliche Rolle; das eigentliche Interesse gilt nicht der Lösung der Differentialgleichung, sondern der Auffindung der Eigenwerte.

Die Gleichung $\sin \alpha l = 0$, aus der wir die Eigenwerte $P = n^2 P_E$ fanden, ist eine (sehr einfache) transzendente Gleichung und hat unendlich viele Lösungen α, zu denen ebenso viele Eigenwerte P gehören. Für die Beurteilung der Tragfähigkeit des Druckstabes kommt nur der kleinste von ihnen, die Knicklast P_k, in Betracht, weil es unmöglich ist, die Last über diesen Wert hinaus zu steigern. Wir werden dieselbe Sachlage in der Folge immer wieder antreffen und immer nach der kleinsten Lösung einer transzendenten Gleichung, der *Knicklast* fragen. Wir werden auf S. 294 sehen, daß den „höheren Knicklasten" eine mathematische Bedeutung zukommt, die es gelegentlich nötig macht, sie zu berechnen.

b) Die Euler-Hyperbel

Wir bringen Gl. (197) auf eine etwas andere Form, indem wir beide Seiten durch den Querschnitt F dividieren. Auf der linken Seite erhalten wir dann die gleichmäßig verteilte Druckspannung $\sigma_k = P_k/F$, unter der das Gleichgewicht der Kräfte indifferent wird, und auf der rechten Seite können wir mit $I/F = i^2$ den Trägheitsradius des Stabquerschnitts einführen. Wir erhalten dann

$$\sigma_k = \frac{E i^2 \pi^2}{l^2} = \frac{E\pi^2}{(l/i)^2} = \frac{E\pi^2}{\lambda^2}. \tag{198}$$

Das Verhältnis

$$\lambda = l/i$$

wird als die Schlankheit des Stabes bezeichnet.

In den Koordinaten λ und σ_k wird Gl. (198) durch eine kubische Hyperbel dargestellt, die Euler-Hyperbel (Abb. 233).

Bei der Herleitung der Gln. (197), (198) haben wir vorausgesetzt, daß der Stab dem Hookeschen Gesetz gehorcht. Die Gültigkeit der Ergebnisse ist daher daran gebunden, daß die vor dem Ausknicken im Stabe vorhandene Druckspannung σ_k innerhalb des elastischen Bereichs, genauer unterhalb der Proportionalitätsgrenze liegt. Man sieht in Abb. 233, daß das nur für relativ schlanke Stäbe der Fall ist. Die untere Grenze des Schlankheitsgrades, bis zu der man die Eulerformel (198) noch anwenden kann, hängt natürlich vom Werkstoff ab. Für einen Baustahl mit $\sigma_p = 2000$ kg/cm² findet man $(l/i)_{\min} = 102$. Die im Ingenieurbau vorkommenden Druckstäbe (Stützen, Fachwerkstäbe) sind größtenteils gedrungener. Ihre Knickspannung liegt in dem Bereich zwischen dem Ende elastischen Verhaltens und dem Beginn ausgesprochenen Fließens mit großer Formänderung. Das Hookesche Gesetz und damit die Eulersche Formel sind auf solche Knickvorgänge nicht anwendbar, und die Euler-Hyperbel muß in diesem Schlankheitsbereich durch eine andere Kurve ersetzt werden. Diese Kurve liegt unterhalb der Euler-Hyperbel und hat etwa die Gestalt der in Abb. 233 mit AB bezeichneten Linie. Für kleine Schlankheiten erreicht σ_k die Fließgrenze σ_f.

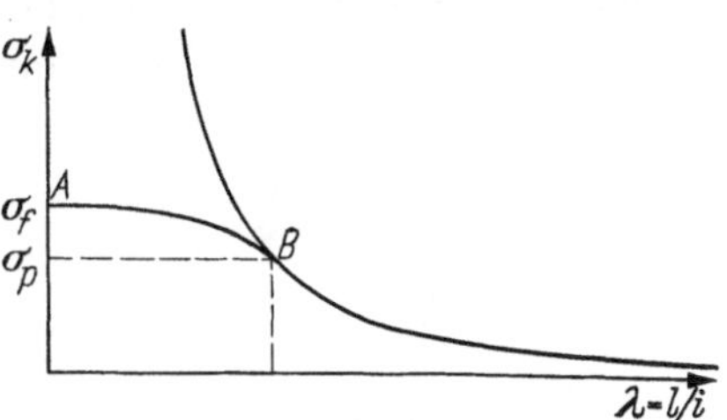

Abb. 233. Knickspannung σ_k als Funktion der Stabschlankheit.

Wenn die Spannungs-Dehnungs-Kurve des Werkstoffs genau bekannt ist, kann man die Form der Kurve AB berechnen. Diese Theorie des unelastischen Knickens hat viel zum Verständnis des Vorgangs beigetragen, aber ihre Ergebnisse haben nur indirekt Eingang in praktische Festigkeitsberechnungen gefunden, im wesentlichen deshalb, weil die Zusammenhänge mathematisch recht verwickelt sind und weil die σ-ε-Kurve so genau bekannt sein muß, daß sich in dem Übergangsgebiet zwischen elastischem Verhalten und freiem Fließen verläßliche Werte von $d\sigma/d\varepsilon$ angeben lassen. Für praktische Knickberechnungen werden deshalb empirische Formeln benutzt, die aus systematischen Knickversuchen abgeleitet worden sind.

3. Knickstäbe mit beliebigen Randbedingungen

a) Freie Knicklänge

Wir haben gesehen, daß der in Abb. 232 dargestellte Druckstab unter der Last P_k in Form einer Sinuslinie ausknicken kann. Wenn wir diese Sinuslinie über die Enden des Stabes hinaus um je eine Viertelperiode verlängern, erhalten wir Abb. 234b, die als die Knickfigur eines an beiden Enden eingespannten Stabes gedeutet werden kann (Abb. 234c). Wenn wir in der Eulerformel (197) die Länge l durch $l_f = l/2$ ersetzen, erhalten wir für den beiderseits eingespannten Stab der Länge l die Knicklast

$$P_k = \frac{4EI\pi^2}{l^2}, \tag{199}$$

also das Vierfache der gewöhnlichen Eulerlast.

In ganz ähnlicher Weise können wir aus der oberen Hälfte der Abb. 232b einen neuen Knickfall konstruieren (Abb. 235). Wir erhalten einen Stab, der am unteren Ende eingespannt und am oberen Ende völlig

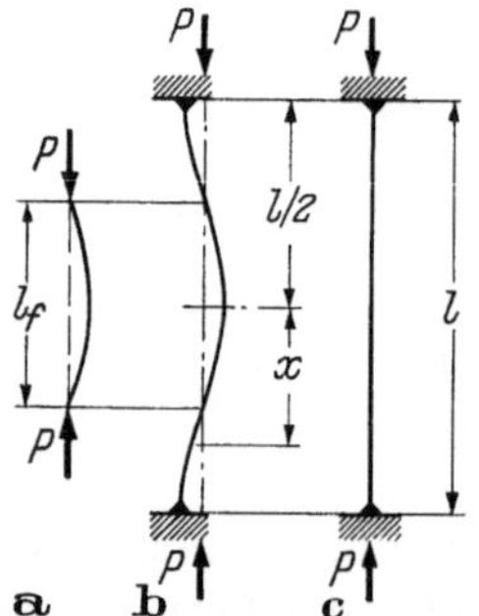

Abb. 234. Beiderseits eingespannter Druckstab.

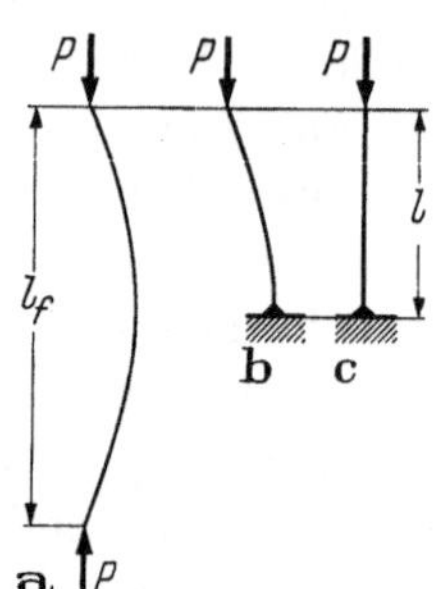

Abb. 235. Druckstab mit einem freien Ende.

frei ist. In diesem Falle müssen wir offenbar in Gl. (197) die Länge l durch $l_f = 2l$ ersetzen und erhalten für die Knicklast

$$P_k = \frac{EI\pi^2}{4l^2}. \tag{200}$$

Wir können diese Formeln in doppelter Weise ausdeuten. Entweder wir schreiben die Eulerformel als

$$P_k = c\,\frac{EI\pi^2}{l^2} \tag{201}$$

und sagen, daß der Lagerungskoeffizient c für die drei durch die Abb. 232, 234, 235 dargestellten Fälle die Werte 1, 4, 0,25 hat; oder wir schreiben die Eulerformel als

$$P_k = \frac{EI\pi^2}{l_f^2} \tag{202}$$

und sagen, daß Stäbe der Länge l nach den Abb. 232, 234, 235 die freie Knicklänge $l_f = l,\ 0{,}5l,\ 2l$ haben. Die freie Knicklänge ist der Abstand der Krümmungsnullpunkte der Knicklinie.

Diese zweite Ausdeutung ist auch im Gebiete der unelastischen Knickung anwendbar. Wenn die Spannung $\sigma = P/F$ die Proportionalitätsgrenze überschreitet, ist die Knicklast nicht mehr proportional l^2, aber die Knickfigur ist nach wie vor eine Sinuslinie, und die Lage ihrer Krümmungsnullpunkte ist dieselbe wie im Falle elastischer Knickung. Man kann daher alle empirischen Kurven nach Art der Abb. 233 und alle empirischen Formeln auf andere Lagerungsfälle übertragen, indem man die Schlankheit l/i nicht aus der wirklichen Stablänge l, sondern aus der freien Knicklänge l_f berechnet.

b) Allgemeine Differentialgleichung des Knickstabes

Bei der Herleitung der Differentialgleichung (193) benutzen wir die Tatsache, daß die Endpunkte $x = 0$, $x = l$ des Stabes gelenkig gelagert sind, d. h., daß es Punkte gibt, in denen w und M gleichzeitig verschwinden. In den beiden anderen Lagerungsfällen, Abb. 234 und 235, gibt es keine solchen Punkte, und wir konnten deshalb die entsprechenden Knickformeln nicht unmittelbar aus der Differentialgleichung herleiten, sondern mußten sie durch die in den Figuren dargestellten Kunstgriffe gewinnen. Diese Methode versagt natürlich, wenn die Lagerung komplizierter ist, und schon der in Abb. 236 dargestellte Knickfall läßt sich in dieser einfachen Form nicht behandeln. Wir wollen deshalb jetzt daran gehen, eine Differentialgleichung aufzustellen, die nicht auf einen bestimmten Lagerungsfall zugeschnitten ist, sondern das Knickproblem in allgemeiner Form darstellt.

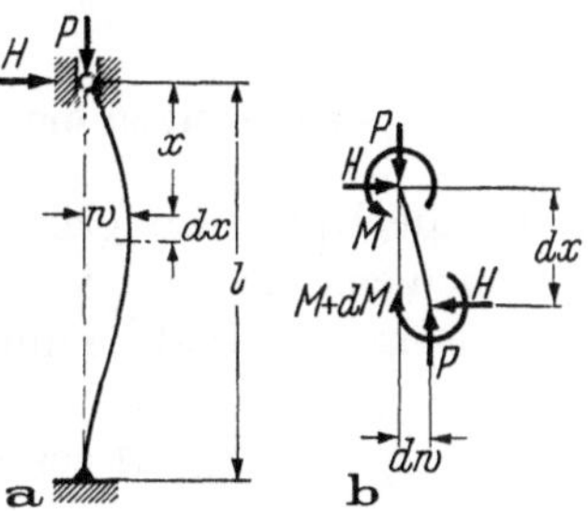

Abb. 236. Einseitig eingespannter Druckstab.

Abb. 236a zeigt einen Druckstab in seiner ausgebogenen Form. Um festzustellen, ob diese eine mögliche Gleichgewichtsform ist, schneiden wir ein Stabelement heraus (Abb. 236b) und formulieren dafür die Gleichgewichtsbedingungen und das Formänderungsgesetz. Unabhängig von dem speziellen Fall können wir feststellen, daß längs der Stabachse keine äußeren Kräfte angreifen, und daß daher die am oberen Ende wirkenden Kräfte P und H unverändert als Schnittkraftkomponenten an beiden Enden des Elements in Erscheinung treten müssen. Außerdem greift an jedem Ende des Stabelements ein Biegemoment an, M am oberen und $M + dM$ am unteren Ende.

Von den drei Gleichgewichtsbedingungen der Kräfte am Stabelement ist nur die Momentengleichung nicht trivial. Sie heißt

$$dM + H\,dx - P\,dw = 0.$$

Durch Division mit dx wird daraus

$$M' - Pw' + H = 0. \tag{203}$$

Wir beseitigen die unbekannte, aber von x unabhängige Horizontalkraft H, indem wir nach x differenzieren:

$$M'' - Pw'' = 0.$$

Die das elastische Verhalten des Stabes beschreibende Beziehung (192) ist nach wie vor gültig. Wenn wir sie hier einführen, erhalten wir

$$EIw^{\mathrm{IV}} + Pw'' = 0, \tag{204}$$

und diese Gleichung ist die gesuchte Differentialgleichung.

Wir können aus ihr die früher benutzte Differentialgleichung (193) herleiten, indem wir zweimal integrieren und die Integrationskonstanten fortlassen, aber dieses Fortlassen der Integrationskonstanten bedeutet natürlich einen Verlust an Allgemeinheit, und das ist der Grund für die Unzulänglichkeit der Gl. (193), sobald es sich um andere Lagerungsfälle als Abb. 232 handelt.

c) Lösungen der allgemeinen Differentialgleichung

Da die Differentialgleichung (204) von vierter Ordnung ist, enthält die allgemeine Lösung vier frei wählbare Konstante. Man bestätigt leicht durch Einsetzen, daß sie mit α nach Gl. (195) die folgende Form hat:

$$w = A\cos\alpha x + B\sin\alpha x + Cx + D. \tag{205}$$

Zur Bestimmung der vier Konstanten A, B, C, D brauchen wir vier Endbedingungen, und wir finden zwei an jedem Ende des Druckstabes. Wenn der Stab nach Abb. 232 an beiden Enden gelenkig gelagert ist, müssen wir fordern, daß dort $w = 0$ und $M = -EIw'' = 0$, ist. Diese beiden Bedingungen gelten für $x = 0$ und für $x = l$, und das sind insgesamt vier Gleichungen. Wenn wir die Lösung (205) in sie einsetzen, erhalten wir

$$\begin{aligned}
A \qquad\qquad\qquad\qquad\qquad\qquad &+ D = 0,\\
-A\alpha^2 \qquad\qquad\qquad\qquad\qquad\qquad &= 0,\\
A\cos\alpha l + B\sin\alpha l + Cl &+ D = 0,\\
-A\alpha^2\cos\alpha l - B\alpha^2\sin\alpha l \qquad &= 0.
\end{aligned}$$

Dies sind vier lineare Gleichungen für die vier Unbekannten A, B, C, D, und da alle rechten Seiten Null sind, wird dieses Gleichungssystem sicher befriedigt, wenn $A = B = C = D = 0$ ist. Nach Gl. (205) ist dann $w \equiv 0$, und der Stab ist daher in seiner geraden Form im Gleichgewicht. Ein Gleichgewicht des verbogenen Stabes ist nur möglich, wenn das Gleichungssystem eine Lösung zuläßt, für die mindestens eine der vier Konstanten von Null verschieden ist. Da sicher $\alpha^2 \neq 0$ ist, sehen wir aus der zweiten Gleichung, daß $A = 0$ sein muß. Die erste Gleichung liefert dann $D = 0$, und wenn wir die dritte mit α^2 multiplizieren und zur vierten addieren, sehen wir, daß auch $C = 0$ unvermeidlich ist. Die vierte Gleichung reduziert sich damit auf

$$B \sin \alpha l = 0,$$

und das ist genau die Gleichung, die wir auf S. 260 diskutiert haben, und aus der wir dort die Eulerformel gewonnen haben.

Der Wert der allgemeinen Differentialgleichung (204) besteht natürlich darin, daß sie nicht auf diesen einfachsten Fall beschränkt ist, und wir wollen sie jetzt dazu benutzen, die Knickfälle der Abb. 234 und 236 zu untersuchen.

Wir führen in Abb. 234 eine Koordinate x ein, die wir von der Stabmitte aus messen. Dann haben wir an jedem der Enden $x = \pm l/2$ die beiden Randbedingungen, daß $w = 0$ und $w' = 0$ sein müssen. Einführung der Lösung (205) in diese Bedingungen liefert wiederum vier lineare Gleichungen für die freien Konstanten, die wir in der folgenden Form zusammenfassen können

$$\begin{aligned} A \cos\frac{\alpha l}{2} \pm B \sin\frac{\alpha l}{2} \pm C\frac{l}{2} + D &= 0, \\ \mp A\alpha \sin\frac{\alpha l}{2} + B\alpha \cos\frac{\alpha l}{2} + C \qquad &= 0, \end{aligned}$$

in der wegen der Doppelvorzeichen jede Zeile zwei Gleichungen darstellt. Wenn man von jedem dieser Paare die Summe und die Differenz bildet, zerfällt das Gleichungssystem in zwei unabhängige Paare:

$$\begin{aligned} A \cos\frac{\alpha l}{2} + D &= 0, & \qquad B \sin\frac{\alpha l}{2} + C\frac{l}{2} &= 0, \\ A\alpha \sin\frac{\alpha l}{2} \qquad &= 0. & \qquad B\alpha \cos\frac{\alpha l}{2} + C &= 0. \end{aligned}$$

Das linke Gleichungssystem hat offenbar eine nicht-verschwindende Lösung, wenn $\sin \alpha l/2 = 0$ ist, also für $\alpha l = 2\pi, 4\pi, \ldots$. Dann kann man A beliebig wählen, und D folgt aus der ersten Gleichung. Das rechte

Gleichungssystem hat für diese Werte von αl nur die triviale Lösung $B = C = 0$. Wenn man das in (205) einsetzt, besteht w nur aus geraden Funktionen von x. Die Knickfigur ist daher zur Stabmitte symmetrisch, s. Abb. 237a, c.

Auch das rechte Gleichungssystem kann nicht-triviale Lösungen haben. Um sie zu finden, benutzen wir den Satz, daß ein homogenes, lineares Gleichungssystem dann und nur dann eine von Null verschiedene Lösung hat, wenn die aus seinen Koeffizienten gebildete Determinante Null ist, in unserem Falle also, wenn

$$\begin{vmatrix} \sin\frac{\alpha l}{2} & \frac{l}{2} \\ \alpha\cos\frac{\alpha l}{2} & 1 \end{vmatrix} = 0$$

ist. Wenn man die Determinante entwickelt, wird man auf die Gleichung

$$\tan\frac{\alpha l}{2} = \frac{\alpha l}{2} \tag{206}$$

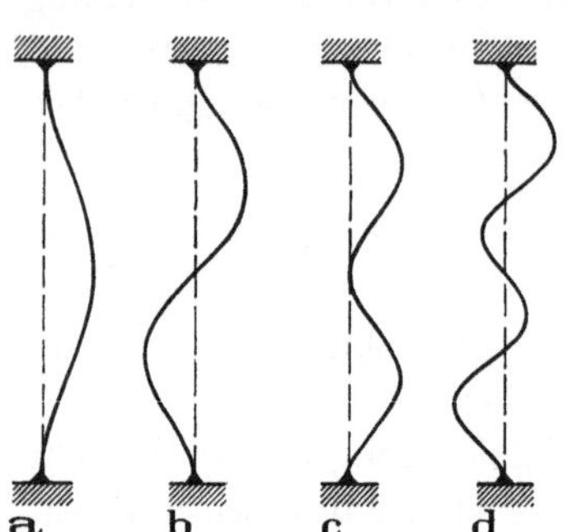

Abb. 237. Knickfiguren des beiderseits eingespannten Druckstabes.

geführt. Sie hat unendlich viele Lösungen, die durch Probieren gefunden werden können. Die kleinste unter ihnen ist $\alpha l = 8{,}99$. Wenn die Knickbedingung (206) befriedigt ist, sind B und $C \neq 0$, aber $A = D = 0$, und die Knickfigur ist zu Stabmitte antimetrisch, s. Abb. 237b, d. Jeder der aus beiden Gleichungssystemen abgeleiteten Werte αl entspricht einem indifferenten Gleichgewicht des Druckstabes. Der kleinste von ihnen, $\alpha l = 2\pi$, liefert die tatsächliche Knicklast (199), die wir schon früher mit einfacheren Mitteln gefunden haben.

Das hier vorgeführte Beispiel des an beiden Enden eingespannten Knickstabes ist kompliziert genug um die allgemeine Methode in Erscheinung treten zu lassen. Die Lösung (205) der allgemeinen Differentialgleichung der Stabknickung enthält vier freie Konstante, zu deren Bestimmung immer vier Endbedingungen zur Verfügung stehen. Diese Endbedingungen führen auf ein *homogenes* lineares Gleichungssystem für die Konstanten. Der Stab ist in indifferentem Gleichgewicht, wenn dieses Gleichungssystem eine nicht-triviale Lösung hat, und das ist dann und nur dann der Fall, wenn die aus den Gleichungskoeffizienten gebildete Determinante verschwindet. Diese Determinantengleichung ist die Knickbedingung, und unter ihren unendlich vielen Lösungen interessiert uns die kleinste, aus der wir die Knicklast P_k gewinnen.

Zurückblickend können wir feststellen, daß wir im Falle des gelenkig gelagerten Stabes erkannt haben, daß $A = C = D = 0$ ist, so daß das

Gleichungssystem auf eine einzige Gleichung für B zusammenschrumpfte, und daß wir für den eingespannten Stab durch geschickte Wahl des Koordinatennullpunkts die vierreihige Knickdeterminante in zwei zweireihige aufspalten konnten. Wir wenden uns nun Fällen zu, in denen alle Kunstgriffe versagen und in denen wir uns mit dem vollen Gleichungssystem befassen müssen, aber wir werden auch dort noch versuchen, ob wir nicht mit einfachen Mitteln die eine oder andere der Unbekannten eliminieren können, bevor wir die Determinante aufstellen.

Wenn wir in Abb. 236 die Koordinate x wieder vom oberen Ende aus messen, haben wir die folgenden Endbedingungen: Am oberen Stabende sind die Durchbiegung und das Biegemoment Null:

$$x = 0: \qquad w = 0, \qquad w'' = 0.$$

Am unteren Ende verschwinden die Durchbiegung und die Tangentendrehung:

$$x = l: \qquad w = 0, \qquad w' = 0.$$

Wenn wir die Lösung (205) in diese Bedingungen einsetzen, erhalten wir die folgenden Gleichungen:

$$\begin{aligned}
A \qquad\qquad\qquad\qquad\qquad\qquad & + D = 0, \\
-A\alpha^2 \qquad\qquad\qquad\qquad\qquad\qquad & = 0, \\
A\cos\alpha l \quad + B\sin\alpha l \quad + Cl & + D = 0, \\
-A\alpha\sin\alpha l + B\alpha\cos\alpha l + C \qquad & = 0.
\end{aligned}$$

Man sieht sofort, daß $A = D = 0$ ist, und die beiden letzten Gleichungen haben dann die Koeffizientendeterminante:

$$\begin{vmatrix} \sin\alpha l & l \\ \alpha\cos\alpha l & 1 \end{vmatrix} = \sin\alpha l - \alpha l\cos\alpha l.$$

Verschwinden dieser Determinante ist die Knickbedingung, die wir in der Form

$$\alpha l = \tan\alpha l$$

schreiben. Ihre kleinste Lösung ist

$$\alpha l = 1{,}430\,\pi.$$

Gl. (195) liefert damit die Knicklast

$$P_k = 2{,}043\,\frac{EI\pi^2}{l^2} \approx \frac{2EI\pi^2}{l^2}. \tag{207}$$

Die auf S. 264 eingeführte freie Knicklänge ist in diesem Falle

$$l_f = \frac{l}{\sqrt{2,043}} = 0,699\,l. \tag{208}$$

Die Knickbedingung dieses Lagerungsfalles ist dieselbe wie die eine der beiden Knickbedingungen für den beiderseits eingespannten Stab. In der Tat, in den antimetrischen Knickfiguren der Abb. 237b, d liegt in der Mitte des Stabes ein Punkt mit $w = w'' = 0$, und jede Hälfte der Knickfigur hat die Form der Abb. 236a.

Der letzte der einfachen Knickfälle, Abb. 235, hat eine etwas kompliziertere Randbedingung. Am unterem Ende $x = l$ ist wiederum $w = 0$ und $w' = 0$, aber für $x = 0$ ist $M = 0$ und $H = 0$, also $w'' = 0$ und nach Gl. (203)

$$-M' + Pw' = EIw''' + Pw' = EI(w''' + \alpha^2 w') = 0.$$

Es sei dem Leser überlassen, die Lösung (205) in diese vier Bedingungen einzusetzen und ein Gleichungssystem zu gewinnen, aus dem die Knickdeterminante gewonnen werden kann. Sie führt auf die transzendente Gleichung $\cos \alpha\, l = 0$, deren kleinste Lösung $\alpha l = \pi/2$ die Knicklast (200) liefert.

d) Elastisch eingespannter Druckstab

Der Grundfall der Abb. 232 bildet den Ausgangspunkt fast aller Knickberechnungen von Säulen und Fachwerkstäben des Bauwesens, auch wenn diese mit anderen Baugliedern mehr oder weniger steif verbunden sind und dadurch einen gewissen Grad der Einspannung erfahren. Im Flugzeugbau kann man sich diese Großzügigkeit nicht leisten und muß wissen, wie hoch die Knicklast eines in andere elastische Bauglieder eingespannten Druckstabes wirklich ist. Wenn anderseits die Lagerungsbedingungen so sind, daß, wie z. B. in Abb. 235, die Knicklast unterhalb der Eulerlast (196) liegt, ist natürlich auch im Bauwesen eine genauere Untersuchung angebracht.

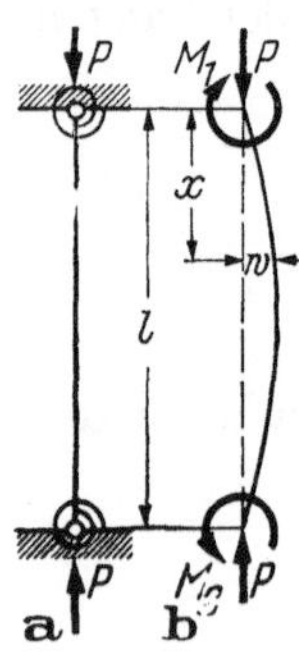

Abb. 238. Elastisch eingespannter Druckstab.

Wir wollen uns hier mit dem elastisch eingespannten Druckstab und einigen ähnlichen Fällen befassen und neben den Methoden zu ihrer Behandlung auch einige Zahlenergebnisse kennenlernen.

Wenn ein Druckstab mit anderen elastischen Stäben verbunden ist, wie z. B. in einem Fachwerk, dann setzen diese Nachbarstäbe der Verdrehung seiner Enden einen elastischen Widerstand entgegen, d. h. sie üben Einspannmomente aus, die der Drehung der Endquerschnitte proportional sind. Das ist in Abb. 238a dadurch angedeutet, daß jedes Gelenk mit einer Spiralfeder umgeben ist, die das Stabende mit einem Festpunkt verbindet. Wir beschreiben die Steifigkeit dieser Federn durch Federkonstanten k_1, k_2, die das Einspannmoment je Einheit des Drehwinkels bezeichnen, und haben dann die folgenden Endbedingungen:

$$\begin{aligned} &\text{für } x = 0: \qquad w = 0, \quad M_1 = k_1 w', \\ &\text{für } x = l: \qquad w = 0, \quad M_2 = -k_2 w'. \end{aligned} \tag{209a—d}$$

Die äußeren Momente M_1, M_2 entsprechen negativen Biegemomenten im Stabe. Die Endbedingungen (209b, d) heißen daher, wenn man die Momente nach (192) durch w'' ausdrückt,

$$\begin{aligned} x = 0: &\qquad EIw'' = k_1 w', \\ x = l: &\qquad EIw'' = -k_2 w'. \end{aligned} \tag{209b′, d′}$$

Einführung der allgemeinen Lösung (205) in die Endbedingungen (209a, b′, c, d′) liefert das folgende System linearer Gleichungen für die freien Konstanten:

$$\begin{aligned} &A && && + D = 0, \\ &A \cdot EI\alpha^2 && + B \cdot k_1\alpha && + C \cdot k_1 \quad = 0, \\ &A \cos \alpha l && + B \sin \alpha l && + Cl + D = 0, \end{aligned}$$

$$A(EI\alpha^2 \cos \alpha l + k_2\alpha \sin \alpha l) + B(EI\alpha^2 \sin \alpha l - k_2\alpha \cos \alpha l) - C \cdot k_2 = 0.$$

Wiederum haben wir ein homogenes Gleichungssystem vor uns, dessen triviale Lösung $A = B = C = D = 0$ das stabile oder labile Gleichgewicht des unverbogenen Stabes beschreibt, und wiederum können wir nicht-triviale Lösungen finden, wenn die Koeffizientendeterminante der Gleichungen Null ist. Wenn man die Determinante entwickelt, wird man auf die folgende Gleichung geführt:

$$\alpha^3 l^3 + \frac{(k_1 + k_2)\,l}{EI}\,\alpha l(1 - \alpha l \cot \alpha l) + \frac{k_1 l}{EI}\,\frac{k_2 l}{EI}\left(2 \tan \frac{\alpha l}{2} - \alpha l\right) = 0. \tag{210}$$

Wenn die Abmessungen des Systems bekannt sind, wenn man also EI, k_1 und k_2 kennt, ist (210) eine transzendente Gleichung für $\alpha l = \sqrt{Pl^2/EI}$. Wenn man sie gelöst hat, kann man für bekannte Stablänge die Last P

berechnen, unter der das elastische Gleichgewicht indifferent wird, d. h. die Knicklast des Stabes; oder man kann für gegebene Last P nach der zugehörigen Stablänge l fragen, für die P die Knicklast ist. Die erste Fragestellung ist natürlich die praktisch allgemein interessierende.

Wir wollen die Einzelheiten der Auflösung an einem Beispiel studieren. Wir betrachten einen Druckstab, der in zwei unbelastete Stäbe derselben Länge und desselben Querschnitts eingespannt ist. Abb. 239a zeigt in dicken Linien das System und in dünnen eine mögliche Knickform. In Abb. 239b ist einer der zur Einspannung dienenden Nachbarstäbe herausgezeichnet. Das auf ihn von dem ausknickenden Druckstab übertragene Moment M_1 entspricht der Last X_1 in Abb. 164b, und wir haben dort

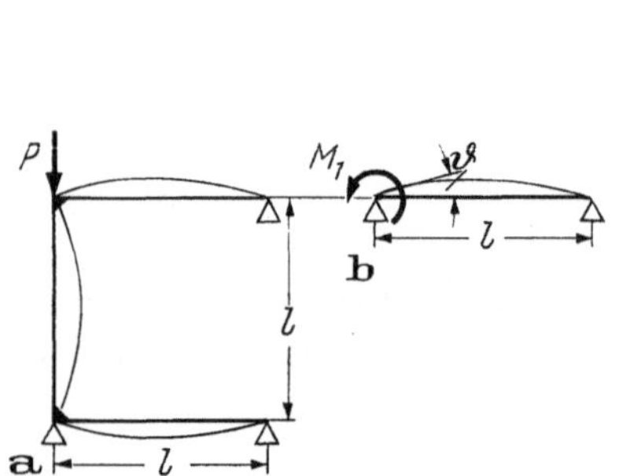

Abb. 239. Verbindung eines Druckstabes mit zwei unbelasteten Stäben.

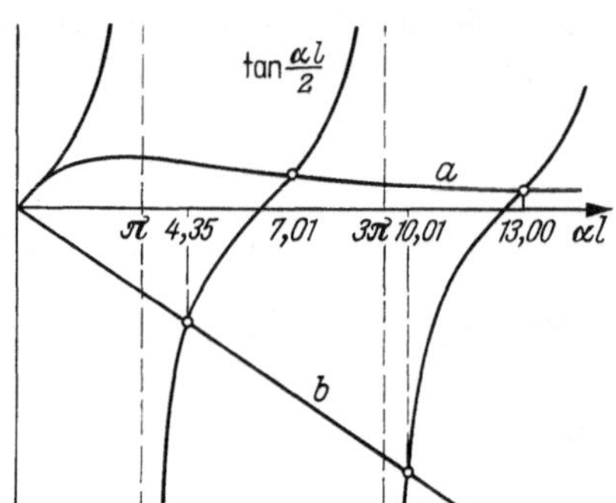

Abb. 240. Graphische Bestimmung der Knicklast des in Abb. 239 dargestellten Stabsystems.

gesehen, daß sich unter ihr das Stabende um den Winkel $\vartheta = X_1 l/3EI$ dreht. Die Federsteifigkeit k_1 ist das Moment je Einheit des Winkels ϑ, also $k_1 = 3EI/l$, und k_2 hat dieselbe Größe. Wenn wir das in Gl. (210) einsetzen, vereinfacht sie sich zu

$$\alpha^3 l^3 + 6\alpha l(1 - \alpha l \cot \alpha l) + 9\left(2 \tan\frac{\alpha l}{2} - \alpha l\right) = 0,$$

und daraus kann man eine quadratische Gleichung für $\cot\frac{\alpha l}{2}$ machen:

$$\cot^2\frac{\alpha l}{2} - \left(\frac{\alpha l}{3} - \frac{1}{\alpha l}\right)\cot\frac{\alpha l}{2} - \left(1 + \frac{6}{\alpha^2 l^2}\right) = 0. \tag{211}$$

Wenn man die Lösungsformel für quadratische Gleichungen anwendet, erhält man

$$\cot\frac{\alpha l}{2} = \frac{\alpha l}{6} - \frac{1}{2\alpha l} \pm \frac{1}{2}\left(\frac{\alpha l}{3} + \frac{5}{\alpha l}\right);$$

aber das ist natürlich noch nicht die Lösung. Wir haben vielmehr die ursprüngliche Gl. (211) durch zwei einfachere ersetzt, die wir nun zu lösen haben. Entsprechend dem doppelten Vorzeichen muß αl die eine oder die andere der beiden folgenden Gleichungen befriedigen:

$$\tan\frac{\alpha l}{2} = \frac{3\alpha l}{6+\alpha^2 l^2} \quad \text{oder} \quad \tan\frac{\alpha l}{2} = -\frac{\alpha l}{3}. \qquad (212\text{a, b})$$

Jede von ihnen ist, ebenso wie (211), eine transzendente Gleichung und hat unendliche viele Lösungen. Bevor wir darangehen, diese auszurechnen, versuchen wir uns ihre Verteilung und ungefähre Größe graphisch zu veranschaulichen.

In Abb. 240 sind $\tan(\frac{1}{2}\alpha l)$ und die rechten Seiten der Gleichungen (212a, b) als Funktionen von αl aufgetragen. Die Schnittpunkte der Tangens-Kurve mit den beiden anderen Kurven sind die Punkte, für die die eine oder andere der Gln. (212) erfüllt ist, und die zugehörigen Abszissen αl liefern die Lasten P, für die das Gleichgewicht indifferent ist. Die kleinste der Lösungen gehört offenbar zu (212b) und liegt zwischen π und 2π. Durch Probieren findet man leicht $\alpha l = 4{,}349$. Damit ergibt sich die Knicklast zu

$$P = P_k = 18{,}94\,EI/l^2.$$

Wenn P diesen Wert erreicht, geht das elastische Gleichgewicht vom stabilen in den labilen Zustand über, und die zu den größeren Lösungen von (212a, b) gehörenden höheren Knicklasten sind ohne praktische Bedeutung. Wenn wir unser Ergebnis mit Gl. (201) vergleichen, stellen wir fest, daß in diesem Falle der Lagerungskoeffizient den Wert

$$c = \frac{18{,}94}{\pi^2} = 1{,}918$$

hat. Wir sind also noch ziemlich weit von dem Wert $c = 4$ für starre Einspannung entfernt.

e) Druckstab mit Zwischenstütze

Man kann die Knicklast eines Stabes von gegebener Länge l dadurch vergrößern, daß man ihn in einem Zwischenpunkt gegen seitliche Aus-

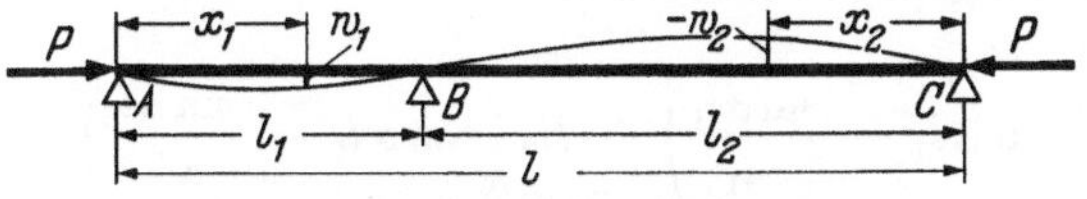

Abb. 241. Druckstab mit Zwischenstütze.

biegung stützt. Abb. 241 zeigt einen solchen Stab. Wir benutzen für jedes der beiden Stabfelder AB und BC eine besondere Koordinate, x_1 und x_2, und bezeichnen die seitliche Ausbiegung (positiv nach unten) entsprechend mit w_1 und w_2. Dann können wir auf jedes Feld die allgemeine Lösung (205) anwenden und haben

$$\text{für } 0 \leqq x_1 \leqq l_1{:} \quad w_1 = A_1 \cos\alpha x_1 + B_1 \sin\alpha x_1 + C_1 x_1 + D_1,$$

$$\text{für } 0 \leqq x_2 \leqq l_2{:} \quad w_2 = A_2 \cos\alpha x_2 + B_2 \sin\alpha x_2 + C_2 x_2 + D_2. \tag{213}$$

Im Endpunkt A haben wir die Endbedingungen gelenkiger Lagerung:

$$\text{für } x_1 = 0{:} \qquad w_1 = 0, \qquad d^2 w_1/dx_1^2 = 0,$$

und daraus folgt, daß $A_1 = D_1 = 0$ sein muß. Ebenso findet man, daß $A_2 = D_2 = 0$ ist. Für die verbleibenden vier Konstanten haben wir vier Übergangsbedingungen in B:

für $x_1 = l_1$ und $x_2 = l_2$:

$$w_1 = w_2 = 0,$$

$$\frac{dw_1}{dx_1} = -\frac{dw_2}{dx_2}, \qquad \frac{d^2 w_1}{dx_1^2} = \frac{d^2 w_2}{dx_2^2}.$$

Die dritte dieser Bedingungen fordert Stetigkeit der Tangentenrichtung. Das Minuszeichen rührt daher, daß die Koordinaten in beiden Feldern in entgegengesetzter Richtung wachsen; die in der Abbildung gezeichnete Neigung der Biegelinie entspricht einem negativen Wert von dw_1/dx_1, aber einem positiven von dw_2/dx_2. Die vierte Bedingung fordert Kontinuität des Biegemoments.

Wenn wir die Lösung (213) in die vier Übergangsbedingungen einsetzen, erhalten wir das folgende homogene Gleichungssystem:

$$\begin{aligned}
B_1 \sin\alpha l_1 + C_1 l_1 &= 0,\\
B_2 \sin\alpha l_2 + C_2 l_2 &= 0,\\
B_1 \alpha \cos\alpha l_1 + C_1 + B_2 \alpha \cos\alpha l_2 + C_2 &= 0,\\
B_1 \alpha^2 \sin\alpha l_1 - B_2 \alpha^2 \sin\alpha l_2 &= 0.
\end{aligned}$$

Man kann die beiden ersten Gleichungen benutzen um C_1 und C_2 aus den beiden anderen zu eliminieren, und damit schrumpft das System auf das folgende Gleichungspaar zusammen:

$$\begin{aligned}
B_1 \left(\cos\alpha l_1 - \frac{\sin\alpha l_1}{\alpha l_1}\right) + B_2 \left(\cos\alpha l_2 - \frac{\sin\alpha l_2}{\alpha l_2}\right) &= 0,\\
B_1 \sin\alpha l_1 - B_2 \sin\alpha l_2 &= 0.
\end{aligned}$$

Wiederum ist die Existenz einer nicht-trivialen Lösung an das Verschwinden der Koeffizientendeterminante gebunden. Das liefert die

Gleichung

$$\left(\cos\alpha l_1 - \frac{\sin\alpha l_1}{\alpha l_1}\right)\sin\alpha l_2 + \left(\cos\alpha l_2 - \frac{\sin\alpha l_2}{\alpha l_2}\right)\sin\alpha\, l_1 = 0,$$

die sich leicht auf die folgende, einfachere Form bringen läßt:

$$-[(\alpha\, l_1)^{-1} - \cot\alpha\, l_1] = (\alpha l_2)^{-1} - \cot\alpha\, l_2. \tag{214}$$

Damit haben wir wieder als Knickbedingung eine transzendente Gleichung für α gefunden.

Um die Lösungen dieser Gleichung zu finden, tragen wir die Funktion $y = x^{-1} - \cot x$ auf. Abb. 242 zeigt in vollen Linien die beiden ersten Äste dieser Kurve. Wir klappen den ersten Ast nach unten um und ziehen eine waagerechte Linie in beliebigem Abstand unterhalb der x-Achse. Dann bilden offenbar die Abszissen ihren Schnittpunkt R und S mit den beiden Kurvenästen ein Wertepaar αl_1, αl_2, das die Knickbedingung (214) befriedigt. Für jedes so erhaltene Wertepaar berechnen wir $\alpha l_1 + \alpha l_2 = \alpha l$ und das Verhältnis $\alpha l_1/\alpha l = l_1/l$, das die Lage des Zwischenstützpunktes B beschreibt. Die Knicklast des Stabes folgt dann aus der Definition (195) von α zu

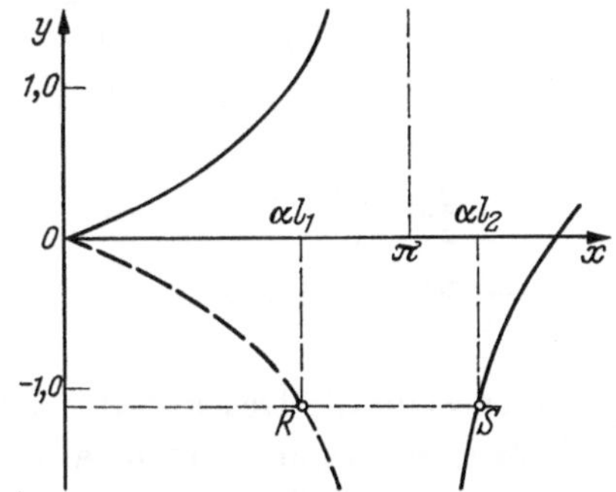

Abb. 242. Graphische Lösung der Knickbedingung des Druckstabes mit Zwischenstütze.

$$P_k = \frac{EI(\alpha l)^2}{l^2}.$$

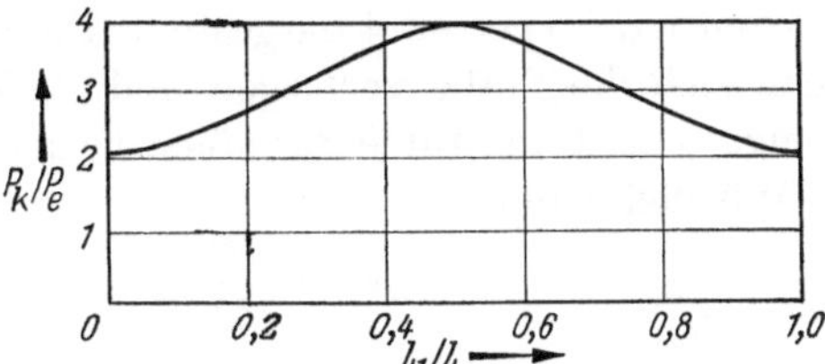

Abb. 243. Druckstab mit Zwischenstütze: Abhängigkeit der Knicklast von der Lage des Zwischenstützpunkts.

Das Ergebnis der Zahlenrechnung ist in Abb. 243 aufgetragen. Darin sind die Ordinaten mit Hilfe der Eulerlast $P_E = EI\pi^2/l^2$ des einfachen Stabes dimensionslos gemacht. Man sieht aus der Abbildung, daß die Zwischenstütze am wirksamsten ist, wenn sie in der Stabmitte liegt. Man erhält dann $P_k = 4P_E$, d. h. die Eulerlast eines Stabes der Länge $l/2$. Wie man leicht nachprüft, ist dann $C_1 = C_2 = 0$ und $B_2 = -B_1$, und die Knicklinie ist eine volle Periode einer Sinuskurve.

Wenn man die Zwischenstütze mit einer der Endstützen zusammenfallen läßt, d. h. wenn man den Grenzübergang $l_1 \to 0$ oder $l_1 \to l$ macht, ergibt sich nicht die Knicklast P_E des einfachen Eulerstabes, sondern $P_k = 2{,}043\,P_E$ wie in Gl. (207). Wenn man nämlich zwei Stützen sehr nahe zusammenrücken läßt, legen sie die Richtung der Tangente fest, wirken also wie eine Einspannung.

f) Gekoppelte Druckstäbe

Als ein letztes Beispiel komplizierter Knickaufgaben wollen wir das in Abb. 244a dargestellte System betrachten. Zwei gleiche Stäbe sind am Fußende eingespannt und tragen einen Träger, auf dem die Last P steht. Das Gewicht des Trägers sei in P enthalten. Wenn $a = b$ ist, trägt jede Stütze die Druckkraft $\frac{1}{2}P$, und beide werden nach Abb. 235 ausknicken, wenn $\frac{1}{2}P$ (statt P!) den durch Gl. (200) gegebenen kritischen Wert erreicht. Wenn $a < b$ ist, ist die linke Stütze höher belastet als die rechte; aber wenn die Druckkraft Pb/c in ihr den kritischen Wert nach Gl. (200) erreicht, kann sie nicht ausknicken, da die seitliche Verschiebung ihres oberen Endes durch die Verbindung mit der anderen Stütze behindert ist. Um die Indifferenzlast des ganzen Systems zu finden, müssen wir es als ein Ganzes untersuchen.

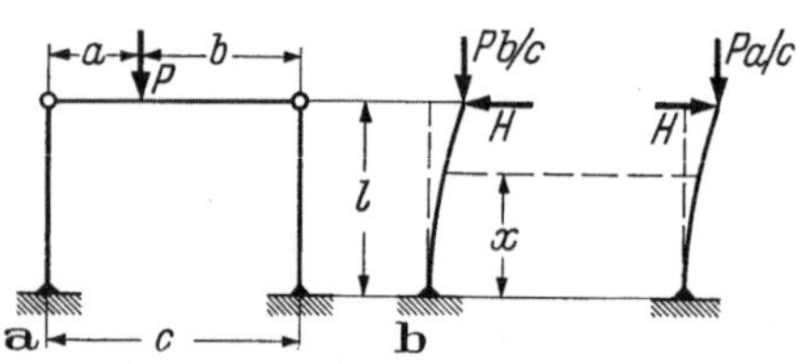

Abb. 244. Gekoppelte Druckstäbe.

In Abb. 244b sind die beiden Stützen mit den auf sie wirkenden äußeren Kräfte getrennt dargestellt. Die beiden Kräfte H treten nur auf, wenn sich die Stäbe verbiegen und stellen die Kraft dar, mit der die weniger belastete Stütze der höher belasteten „hilft".

Wir definieren

$$\alpha^2 = \frac{Pa}{EIc}, \qquad \beta^2 = \frac{Pb}{EIc}$$

und haben dann nach (205) für den linken Druckstab

$$w_1 = A_1 \cos\beta x + B_1 \sin\beta x + C_1 x + D_1$$

und für den rechten

$$w_2 = A_2 \cos\alpha x + B_2 \sin\alpha x + C_2 x + D_2 .$$

Aus den Endbedingungen für $x = 0$ findet man, daß

$$D_1 = -A_1, \quad C_1 = -B_1\beta, \quad D_2 = -A_2, \quad C_2 = -B_2\alpha \qquad (215\text{a})$$

ist. Am oberen Ende ist für jede Stütze $M = 0$, also

$$\begin{aligned} A_1 \cos \beta l + B_1 \sin \beta l &= 0, \\ A_2 \cos \alpha l + B_2 \sin \alpha l &= 0. \end{aligned} \tag{215b}$$

Ferner ist die seitliche Ausbiegung für beide Stützen dieselbe, also $w_1 = w_2$. Wenn man sofort von den Beziehungen (215a) Gebrauch macht, liefert das die Gleichung

$$A_1(\cos \beta l - 1) + B_1(\sin \beta l - \beta l) = A_2(\cos \alpha l - 1) + B_2(\sin \alpha l - \alpha l),$$

die sich mit Hilfe von (215b) vereinfachen läßt zu

$$A_1 + B_1 \beta l = A_2 + B_2 \alpha l. \tag{215c}$$

Schließlich haben wir die Bedingung, daß die beiden Kräfte H dieselben sein müssen. Nach (203) findet man für die linke Stütze

$$H = \frac{Pb}{c} w_1' + EI w_1''' = EI(\beta^2 w_1' + w_1''') = EI C_1 \beta^2 = -EI B_1 \beta^3$$

und für die rechte

$$H = -\frac{Pa}{c} w_2' - EI w_2''' = \cdots = EI B_2 \alpha^3$$

und hat daher die Bedingung

$$-B_1 \beta^3 = B_2 \alpha^3. \tag{215d}$$

Die Gln. (215 b, c, d) sind vier homogene Gleichungen für die Integrationskonstanten, und aus dem Verschwinden ihrer Koeffizientendeterminante gewinnt man leicht die Knickbedingung

$$\frac{\tan \alpha l - \alpha l}{\alpha^3 l^3} + \frac{\tan \beta l - \beta l}{\beta^3 l^3} = 0. \tag{216}$$

Es sei dem Leser überlassen, diese Gleichung numerisch auszuwerten. Wir wollen hier nur zwei Grenzfälle betrachten. Wenn die Last P in der Trägermitte steht, ist $a = b$, daher $\alpha l = \beta l$ und jede Stütze trägt die Last $P/2$. Beide knicken dann unabhängig voneinander (d. h. mit $H = 0$) gemäß Abb. 235 unter der Last

$$\frac{P}{2} = \frac{EI\pi^2}{4l^2},$$

und daraus folgt

$$\alpha l = \beta l = \sqrt{\frac{Pl^2}{2EI}} = \frac{\pi}{2},$$

was in der Tat Gl. (216) befriedigt, wenn man annimmt, daß $\lim \tan \alpha l = +\infty$, $\lim \tan \beta l = -\infty$ ist. Wenn anderseits die Last P über der linken Stütze steht, ist $\alpha l = 0$. Die Knickbedingung liefert dann $\beta l = 2{,}204$ und damit

$$P = \frac{EI(\beta l)^2}{l^2} = 0{,}492 \frac{EI\pi^2}{l^2},$$

d. h. nicht ganz das Doppelte der Knicklast, die die linke Säule allein ohne die Hilfe der unbelasteten rechten tragen könnte.

4. Integralgleichung der Stabknickung

Wir haben an verschiedenen Stellen (S. 62, 132, 252) gesehen, wie sich die Lösung des Spannungs- und Formänderungsproblems elastischer Systeme (Balken, Wellen usw.) auf eine Differentialgleichung zurückführen läßt. In der Regel beschreibt diese Differentialgleichung das Verhalten eines aus dem System herausgetrennten Elements, und ihre Integration ist ein mathematischer Prozeß, durch den man aus dem Verhalten der Elemente das Verhalten des aus ihnen gebildeten Systems ableitet. In den nächsten beiden Abschnitten werden wir eine völlig andere Methode anwenden: Wir werden Sätze aufstellen, die das Verhalten des Systems als Ganzes beschreiben, und aus ihnen, soweit nötig, Auskunft über das Verhalten seiner Teile gewinnen.

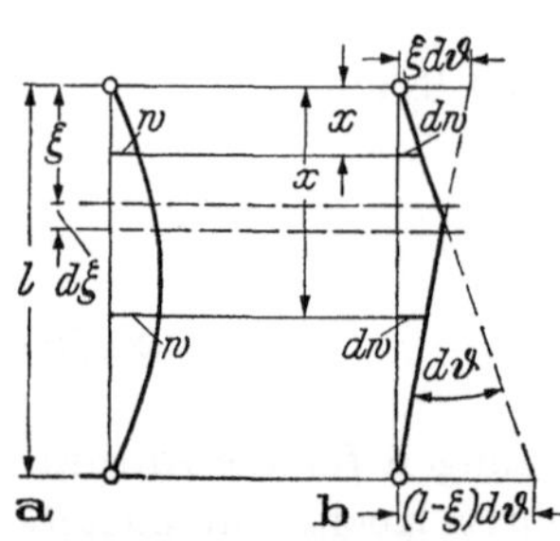

Abb. 245. Zur Integralgleichung der Stabknickung.

In der verbogenen Form des in Abb. 245a dargestellten Stabes hat jedes Stabelement $d\xi$ eine bestimmte Krümmung $w''(\xi)$. Wir können nun die Biegelinie in folgender Weise durch lineare Superposition aufbauen: Wir wählen ein bestimmtes Linienelement und erteilen ihm die ihm zukommende Krümmung, während wir alle anderen gerade lassen, Abb. 245b. Diese geraden Stabstücke bilden dann den Winkel $d\vartheta = -w''(\xi)\,d\xi$. Das Minuszeichen rührt daher, daß die in der Figur gezeigte Verformung einem negativen Wert von w'' entspricht. Die seitliche Verschiebung (Durchbiegung) eines beliebigen Stabpunktes x

ist dann

$$\text{für } x \leqq \xi: dw = \frac{(l-\xi)\,x}{l}\,d\vartheta = -\frac{(l-\xi)\,x}{l}\,w''(\xi)\,d\xi \tag{a}$$

$$\text{und für } x \geqq \xi: dw = \frac{\xi(l-x)}{l}\,d\vartheta = -\frac{\xi(l-x)}{l}\,w''(\xi)\,d\xi. \tag{b}$$

Wenn man einem anderen Stabelement eine Krümmung w'' erteilt, erhält man dieselben Formeln mit entsprechend abgeänderten Werten von ξ und w'', und wenn man beiden Elementen zugleich die entsprechenden Krümmungen erteilt, ist die Durchbiegung einfach die Summe der beiden Beiträge. Wenn alle Stabelemente die ihnen zukommende Krümmung $w''(\xi)$ erhalten, ist die Durchbiegung an der Stelle x die Summe über alle Beiträge, und dabei muß man teils Gl. (a) und teils Gl. (b) anwenden, erhält also

$$w(x) = -\int_0^x \frac{\xi(l-x)}{l}\,w''(\xi)\,d\xi - \int_x^l \frac{(l-\xi)x}{l}\,w''(\xi)\,d\xi.$$

Wir definieren nun eine Funktion $K(x, \xi)$ durch die Gleichungen

$$\begin{aligned} \xi \leqq x:&\quad K(x,\xi) = \frac{\xi(l-x)}{l},\\ \xi \geqq x:&\quad K(x,\xi) = \frac{(l-\xi)x}{l} \end{aligned} \tag{217}$$

und können damit die Beziehung für die Durchbiegung $w(x)$ in der folgenden gedrungenen Form schreiben:

$$w(x) = -\int_0^l K(x,\xi)\,w''(\xi)\,d\xi. \tag{218}$$

Die Funktion $K(x, \xi)$, der *Kern* der Gl. (218), ist in Abb. 246 dargestellt. Sie besteht, entsprechend den beiden Definitionsgleichungen (217), aus zwei Flächen zweiter Ordnung, die sich über der Diagonale $x = \xi$ in einer Parabel schneiden. Längs dieser Linie sind die Funktionswerte stetig, aber die Tangentenneigungen ändern sich sprunghaft.

Soweit waren unsere Überlegungen rein kinematischer Natur, d. h. wir haben Formänderungen untersucht ohne uns um die Kräfte zu kümmern, die sie erzeugen. Die Formeln gelten daher ebenso für Balken unter seitlicher Belastung wie für Knickstäbe und sind nicht an elastisches Verhalten des Werkstoffs gebunden. Wir wollen jetzt das Ergebnis auf elastische Knickstäbe anwenden. Für den an beiden Enden gelenkig gelagerten Stab gilt die Differentialgleichung (193). Wenn wir sie auf den Punkt ξ anwenden und nach $w''(\xi)$ auflösen, können wir das Ergebnis unter dem Integral in (218) einsetzen, und erhalten für konstantes Trägheitsmoment

$$w(x) = \frac{P}{EI} \int_0^l K(x, \xi)\, w(\xi)\, d\xi. \tag{219}$$

Diese Gleichung ist eine Integralgleichung für die Unbekannte w, genauer gesagt eine Fredholmsche Integralgleichung zweiter Art. Einzel-

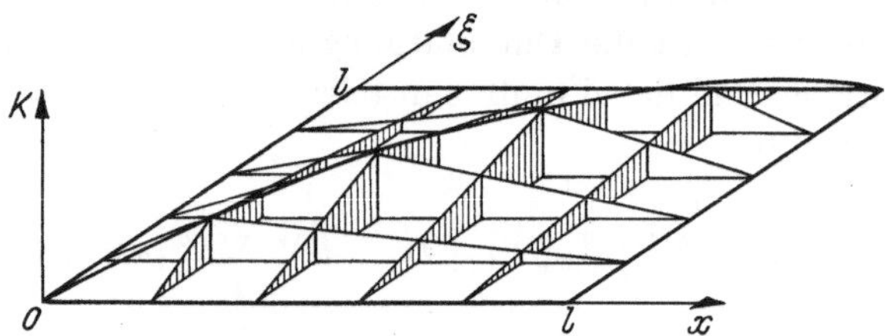

Abb. 246. Kern $K(x, \xi)$ der Integralgleichung.

heiten über solche Gleichungen möge man in der mathematischen Literatur nachlesen. Für unsere Zwecke genügt das Folgende.

Gl. (219) beschreibt die (unbekannte) Durchbiegung w an einer beliebigen Stelle x als ein gewogenes Mittel des gesamten Durchbiegungsverlaufs $w(\xi)$, $0 \leqq \xi \leqq l$. Die Gewichtsfunktion $K(x, \xi)$ heißt der *Kern* der Integralgleichung und ist bekannt. Die Gleichung ist homogen, da die unbekannte Funktion w sowohl auf der rechten als auf der linken Seite vorkommt. Wir fragen nach der Möglichkeit einer nicht-trivialen Lösung $w(x) \not\equiv 0$, insbesondere nach den Werten von P/EI, für die eine solche möglich ist. Diese Konstanten spielen daher dieselbe Rolle wie P/EI in Gl. (193), d. h. sie sind Eigenwerte der Integralgleichung (219).

Wir können leicht durch Einsetzen nachprüfen, daß w nach Gl. (194) die Integralgleichung befriedigt, wenn man $P/EI = \pi^2/l^2$ wählt. Die wesentliche Frage ist, wie wir dieses Ergebnis aus Gl. (219) gewinnen können, wenn wir es nicht schon kennen?

Eine numerische Lösung der Gl. (219) ist auf folgende Weise möglich: Wir wählen für w eine irgendwie geschätzte, vernünftige Näherungsfunktion $w_0(x)$, die die beiden Endbedingungen $w_0(0) = w_0(l) = 0$ erfüllt, und setzen sie auf der rechten Seite in Gl. (219) ein. Die Funktion kann durch einen analytischen Ausdruck dargestellt werden oder durch eine Wertetabelle, wie wir das alsbald an einem Beispiel sehen werden. Wir können dann die durch die Integralgleichung geforderte Integration ausführen und erhalten eine Funktion von x:

$$w_1(x) = \int\limits_0 K(x, \xi)\, w_0(\xi)\, d\xi\,,$$

die von selbst die beiden Endbedingungen der Aufgabe erfüllt. Wir setzen sie auf der rechten Seite ein, integrieren wieder und fahren so fort nach der Formel

$$w_n(x) = \int\limits_0^l K(x, \xi)\, w_{n-1}(\xi)\, d\xi\,, \tag{220}$$

In der Theorie der Fredholmschen Integralgleichungen wird gezeigt, daß dieser Iterationsprozeß eine Funktionenfolge $w_1, w_2, \ldots w_n, \ldots$ liefert, die nach einer Funktion $w(x)$ konvergiert in dem Sinne, daß sich das Verhältnis $w_{n-1}(x)/w_n(x)$ einer Konstanten nähert. Wenn es im Rahmen unserer Genauigkeitsansprüche konstant geworden ist, gilt offenbar die Beziehung

$$w_n(x) = \frac{w_{n-1}}{w_n} \int\limits_0^l K(x, \xi)\, w_n(\xi)\, d\xi\,,$$

und durch Vergleich mit Gl. (219) sehen wir, daß dann

$$\frac{P}{EI} = \frac{w_{n-1}}{w_n}$$

ist. Damit haben wir einen Eigenwert der Integralgleichung und die zugehörige Lösung (Eigenfunktion) $w(x)$ gefunden, und zwar erhält man auf diese Weise immer den kleinsten Wert P und damit die gesuchte Knicklast P_k.

Bei der Herleitung der Differentialgleichung (193) ist es offenbar unwesentlich, ob EI konstant oder von x abhängig ist. Wenn es von x abhängt, können wir es beim Einsetzen in Gl. (218) nicht vor das Integral ziehen und haben dann anstatt (219) die Integralgleichung

$$w(x) = \frac{P}{E} \int\limits_0^l K(x, \xi)\, \frac{w(\xi)}{I(\xi)}\, d\xi\,. \tag{221}$$

In dieser Form wollen wir die Gleichung benutzen, um die Knicklast eines Druckstabes von veränderlichem Querschnitt zu berechnen.

Wir wählen einen Stab mit rechteckigem Querschnitt nach Abb. 247. Wir können die an die Endquerschnitte geschriebenen Zahlen als Abmessungen in cm ausdeuten, werden uns aber so einrichten, daß das Endergebnis von dieser Ausdeutung unabhängig wird. Wir schreiben Gl. (221) in (nahezu) dimensionsloser Form als

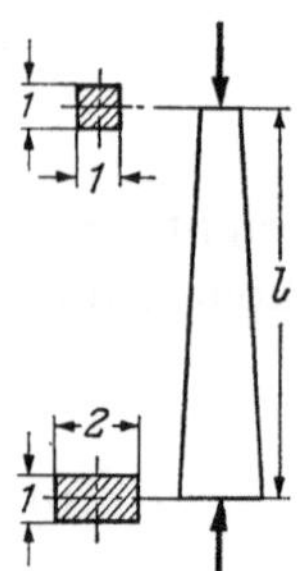

Abb. 247. Druckstab veränderlichen Querschnitts.

$$w(x) = \frac{Pl^2}{EI_m} \int_0^l \frac{K(x,\xi)}{l} \frac{I_m}{I(\xi)} w(\xi) \frac{d\xi}{l},$$

wobei I_m das Trägheitsmoment des in Stabmitte liegenden Querschnitts ist. Wir berechnen nun eine Tabelle des Kerns KI_m/lI für Werte von x/l und $\xi/l = 0, 0{,}1, 0{,}2, \ldots 1{,}0$. Eine Tabelle dieser Werte ist hier im Auszug wiedergegeben:

$x/l =$	0,1	0,2	0,3	…	0,9
$\xi/l =$ 0,0	0	0	0		0
0,1	0,1226	0,1090	0,0954		0,0136
0,2	0,1000	0,2000	0,1750		0,0250
0,3	0,0808	0,1615	0,2423		0,0346
.					
.					
.					
.					
0,9	0,0079	0,0158	0,0237		0,0710
1,0	0	0	0		0

Die Ausbiegung w wird von einer Sinuslinie in dem Sinne abweichen, daß sie in der oberen, dünneren Stabhälfte etwas größer, in der unteren etwas kleiner ist. Nach dieser Richtlinie sind die in der folgenden Tabelle angegebenen Werte w_0 ausgewählt. Daraus sind nach (221) Werte w_1 und aus diesen Werte w_2 berechnet worden, die ebenfalls in der Tabelle aufgeführt sind.

$x/l =$	0,1	0,2	0,3	0,4	0,5	0,6	0,7	0,8	0,9
$w_0 =$	0,308	0,645	0,867	0,987	1,000	0,917	0,753	0,531	0,274
$10\, w_1 =$	0,354	0,652	0,897	1,007	1,048	0,955	0,804	0,566	0,297
$100\, w_2 =$	0,373	0,681	0,936	1,051	1,095	0,999	0,842	0,593	0,312

Wenn man die Quotienten w_0/w_1 bildet, findet man, daß sie zwischen 9,22 und 9,89 liegen. Man kann sich damit begnügen, aus ihnen das arithmetische Mittel oder ein sinnvoll gewogenes Mittel zu bilden (die Werte an den Stabenden sind gewöhnlich weniger gut als die in der Mitte). Wenn man die Rechnung, wie hier geschehen, eine Stufe weiterführt und w_2 berechnet, findet man daß w_1/w_2 nur zwischen 9,50 und 9,59 schwankt mit einem Mittelwert

$$\frac{w_1}{w_2} = \frac{P_k l^2}{E I_m} = 9{,}56,$$

daß also

$$P_k = 0{,}968 \frac{E I_m \pi^2}{l^2},$$

ist, d. h. nur 3% weniger als die mit dem mittleren Trägheitsmoment I_m nach (197) berechnete Eulerlast. Man hüte sich davor, dieses Ergebnis ohne Nachprüfung zu verallgemeinern!

5. Energetische Berechnung der Knicklast

Auf S. 257 haben wir gesehen, wie sich ein stabiles von einem labilen Gleichgewicht unterscheidet: Ein System in stabilem Gleichgewicht ist störungsunempfindlich, d. h. es kehrt nach jeder kleinen Störung in seine Ausgangsform zurück, während sich ein labiles System immer weiter von seiner ursprünglichen Form entfernt. Zwischen diesen beiden Zuständen liegt der Fall der Indifferenz, in dem das System mehrere, unendlich benachbarte Gleichgewichtsformen besitzt und nach einer Störung in jeder von ihnen verharren kann, ohne nach der ursprünglichen zurückzukehren oder weiter von ihr wegzustreben.

Wir haben uns im wesentlichen mit diesem Indifferenzfall befaßt und die Differentialgleichung für die benachbarten (nicht-trivialen) Gleichgewichtsformen aufgestellt und gelöst. Wir wollen jetzt eine zweite, mit der ersten gleichwertige Definition der Stabilität aufstellen, die auf der potentiellen Energie des Systems beruht und aus der sich ein wertvolles Verfahren zur angenäherten Berechnung von Knicklasten gewinnen läßt.

Wenn ein elastisches System belastet wird, wird in ihm potentielle Energie gespeichert, die Formänderungsenergie, die den Gegenwert der während der Formänderung von den Lasten geleisteten Arbeit darstellt. Eine Verformung ist daher nur möglich, wenn Lasten wirken, die diese Arbeit leisten können.

In Druckstäben ist die Energiebilanz etwas komplizierter. Durch die Verbiegung des knickenden Stabes wird dessen potentielle Energie nach Gl. (112c) um den Betrag

$$U_b = \tfrac{1}{2} E I \int_0^l w''^2 \, dx$$

erhöht, aber infolge der Anwesenheit der Druckkraft P ist der Stab schon vor dem Ausknicken mit Energie geladen, die mehr oder weniger zur Bestreitung dieses Energiezuwachses zur Verfügung steht. Es kann daher der Fall eintreten, daß sich die Gesamtenergie des Systems während der seitlichen Ausbiegung nicht ändert oder daß sie sogar abnimmt. Im ersten Falle kann sich der Stab ohne äußere Energiezufuhr verbiegen, ist also in indifferentem Gleichgewicht, und im zweiten Falle wird bei einer Verbiegung Energie freigesetzt, die in kinetische übergeht und den Stab veranlaßt, sich weiter von der gestreckten Gleichgewichtsform zu entfernen.

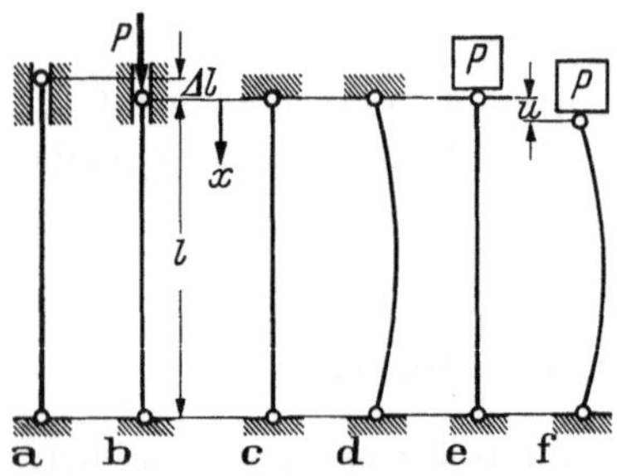

Abb. 248. Ausknicken unter verschiedenen Endbedingungen (c, d) konstante Sehnenlänge, (e, f) konstante Axialkraft.

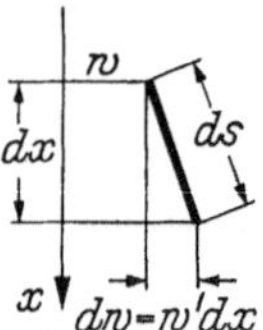

Abb. 249. Längenelement eines geknickten Druckstabes.

Wir wollen nun die Einzelheiten dieses Vorgangs studieren. Wenn man die Last P aufbringt, verkürzt sich der Stab um $\Delta l = Pl/EF$, und es wird in ihm die Formänderungsenergie

$$U_0 = \frac{P^2 l}{2EF}$$

gespeichert. Der Knickvorgang kann sich nun in verschiedenen Formen abspielen, von denen wir zwei typische herausgreifen wollen.

Es sei zunächst angenommen, daß nach Aufbringen der Last P die beiden Enden des Stabes im Abstande l voneinander festgehalten werden, wie das Abb. 248c für einen Stab mit gelenkigen Enden zeigt. Wenn der Stab ausknickt, verlängert sich seine Achse um einen Betrag u, und die Längskraft vermindert sich dementsprechend um $\Delta P = EFu/l$, wobei nach Abb. 249

$$ds = \sqrt{dx^2 + dw^2} = dx\sqrt{1 + w'^2} \approx dx(1 + \tfrac{1}{2}w'^2)$$

ist und daher

$$u = s - l = \int_0^l (1 + \tfrac{1}{2}w'^2)\,dx - l = \tfrac{1}{2}\int_0^l w'^2\,dx. \qquad (222)$$

Durch diese Entlastung des Stabes verringert sich die in ihm gespeicherte Energie U_0 um den Betrag

$$\Delta U_0 = \frac{dU_0}{dP} \cdot \Delta P = \frac{Pl}{EF} \frac{EFu}{l} = Pu.$$

Die potentielle Energie des Stabes wächst also insgesamt um $U_b - Pu$, und wenn dieser Zuwachs gleich Null ist, ist das elastische Gleichgewicht indifferent, also für

$$P = EI \int_0^l w''^2\, dx \Bigg/ \int_0^l w'^2\, dx. \tag{223}$$

Wenn die Last größer ist als dieser Wert, nimmt die potentielle Energie beim Ausknicken ab, und das Gleichgewicht ist labil.

Zum Vergleich wollen wir eine zweite Anordnung betrachten, die in Abb. 248e, f dargestellt ist. Die Last P wird durch ein Gewicht erzeugt, das auf dem oberen Ende des Druckstabes ruht. Wenn der Stab ausknickt, ändert sich seine Längskraft nicht, aber sein oberes Ende rückt um u nach unten, und das Gewicht verliert im Schwerefeld die potentielle Energie Pu. Die Verschiebung u ist der Unterschied zwischen der Bogenlänge und der Sehne der Biegelinie, also dieselbe Größe, die wir schon in Gl. (222) ausgerechnet haben. Indifferenz ist wiederum erreicht, wenn die Gesamtänderung der potentiellen Energie $U_b - Pu = 0$ ist, und das führt auf dieselbe Formel (223) für die Knicklast.

Diese „Energieformel" reicht für sich allein zur Berechnung der Knicklast nicht aus, da sie die Kenntnis der Durchbiegung $w(x)$ voraussetzt. Diesen Mangel können wir durch die folgende Schlußweise in einen Vorteil verwandeln:

Das Gleichgewicht ist nur dann stabil, wenn das System nach *jeder* Störung in seine Ausgangslage zurückkehren muß, d. h. wenn es keine Ausbiegungsverteilung $w(x)$ gibt, für die $U_b - Pu = 0$ ist. Wenn man die Last steigert, dann muß es für eine gewisse kritische Last P_k zum ersten Male eine Funktion $w(x)$ geben, für die gerade $U_b - Pu = 0$ wird. Diese Last ist die Indifferenzlast, und die zugehörige Funktion $w(x)$ ist die beim Knicken tatsächlich mögliche Form der Ausbiegung. Für Lasten jenseits P_k ergibt sich mit dieser Durchbiegung w eine Abnahme der potentiellen Energie, also labiles Verhalten, und man kann andere Funktionen $w(x)$ finden, für die nun $U_b - Pu = 0$ ist. Wenn wir daher eine beliebige Funktion $w(x)$ in Gl. (223) einsetzen, erhalten wir einen Wert $P > P_k$, der der Knicklast um so näher kommt, je näher die gewählte Durchbiegung der wirklichen kommt.

Wir wollen nun an einigen Beispielen sehen, wie man diese Methode anwendet und welcher Art die Ergebnisse sind, die man damit erhalten kann.

Wenn der Knickstab an beiden Enden gelenkig gelagert ist, kennen wir den Verlauf der Ausbiegung: $w = B \sin(\pi x/l)$. Wenn wir das in (223) einsetzen, erhalten wir in der Tat

$$P = EI \frac{B^2 (\pi/l)^4 \cdot l/2}{B^2 (\pi/l)^2 \cdot l/2} = \frac{EI\pi^2}{l^2},$$

d. h. die Knicklast P_k nach Gl. (197). Wenn man die richtige Ausbiegung $w(x)$ durch eine Annäherung ersetzt, muß Gl. (223) einen zu großen Wert ergeben. Die Parabel

$$w = Cx(l - x)$$

sieht im Bereich $0 \leqq x \leqq l$ einer Sinuslinie ziemlich ähnlich. Sie liefert

$$w' = C(l - 2x), \qquad w'' = -2C$$

und daher, wie man leicht nachprüft,

$$\int_0^l w'^2 \, dx = \tfrac{1}{3} C^2 l^3, \qquad \int_0^l w''^2 \, dx = 4C^2 l.$$

Damit ergibt Gl. (223) die Knicklast

$$P = EI \frac{12}{l^2} = 1{,}216 \frac{EI\pi^2}{l^2},$$

also einen um 21,6% zu hohen Wert. Da die Knicklast eine sehr ernste Gefahrengrenze darstellt, ist eine solche Überschätzung natürlich recht gefährlich, und in dieser Möglichkeit liegt der wesentliche Nachteil der „Energiemethode“. Ihr Vorteil besteht darin, daß man mit gesundem Ingenieurgefühl und recht wenig Mathematik Ergebnisse erhalten kann, wenn verläßlichere Methoden auf mathematische Schwierigkeiten stoßen. Es ergibt sich daher die Frage, wie man die Methode verbessern kann.

Eine genauere Untersuchung, die den Rahmen dieses Buches überschreiten würde, zeigt, daß es notwendig ist, daß die gewählte Näherungsfunktion $w(x)$ die kinematischen Endbedingungen der Aufgabe erfüllt, d. h. alle Bedingungen, denen w und w' unterworfen sind, und daß es vorteilhaft ist, wenn sie auch die statischen Bedingungen erfüllt, d. h. die Bedingungen, denen M und Q an den Stabenden unterworfen sind. Der für das erste Beispiel gewählte Parabelansatz erfüllt offenbar die statischen Bedingungen nicht, da w'' an den Enden nicht verschwindet.

Wir können leicht ein Polynom vierten Grades finden, das für beide Stabenden samt seiner zweiten Ableitung verschwindet:

$$w = C(l^3 x - 2lx^3 + x^4).$$

Wenn man die nötigen Differentiationen ausführt und die Ergebnisse in Gl. (223) einsetzt, erhält man

$$P = 9{,}882\,\frac{EI}{l^2} = 1{,}0013\,\frac{EI\pi^2}{l^2},$$

also nur 0,13% zuviel!

Als zweites Beispiel wollen wir die Knicklast für den in Abb. 250a dargestellten Stab berechnen und wählen $l_1 = l/3$. Die kinematischen Bedingungen verlangen, daß w in drei Punkten verschwindet und daß über der Zwischenstütze die Stabtangente stetig ist. In Übereinstimmung damit wählen wir

$$\text{für } 0 > x > -l/3: \qquad w = \sin(3\pi x/l),$$

$$\text{für } 0 < x < 2l/3: \qquad w = 2\sin(3\pi x/2l).$$

Ausrechnung der nötigen Integrale ergibt

$$\int_{-l/3}^{2l/3} w'^2\,dx = \left(\frac{3\pi}{l}\right)^2 \int_{-l/3}^{0} \cos^2\frac{3\pi x}{l}\,dx + \left(\frac{3\pi}{l}\right)^2 \int_{0}^{2l/3} \cos^2\frac{3\pi x}{2l}\,dx = \frac{9\pi^2}{2l},$$

$$\int_{-l/3}^{+2l/3} w''^2\,dx = \left(\frac{3\pi}{l}\right)^4 \int_{-l/3}^{0} \sin^2\frac{3\pi x}{l}\,dx + 4\left(\frac{3\pi}{2l}\right)^4 \int_{0}^{2l/3} \sin^2\frac{3\pi x}{2l}\,dx = \frac{81\pi^2}{4l^3}.$$

Gl. (223) liefert damit

$$P = 4{,}50\,\frac{EI\pi^2}{l^2} = 44{,}4\,\frac{EI}{l^2}.$$

Lösung der transzendenten Gl. (214) liefert $\alpha l = 5{,}78$ und damit den exakten Wert der Knicklast

$$P = 5{,}78^2\,\frac{EI}{l^2} = 33{,}40\,\frac{EI}{l^2}.$$

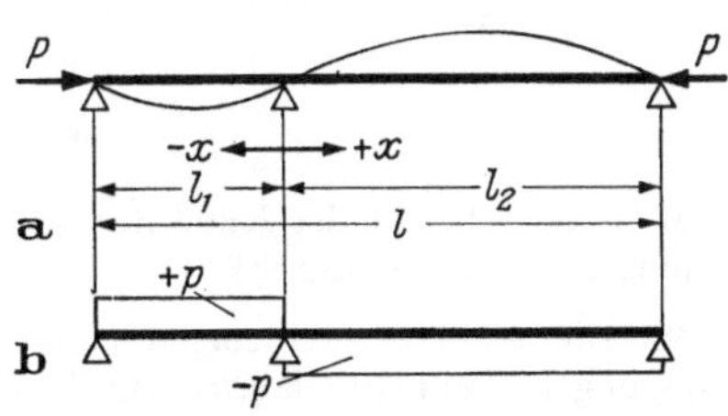

Abb. 250. Durchgehender Druckstab, (a) erwartete Ausbiegung, (b) Last zur Erzeugung einer Biegelinie zur Verwendung in der Energieformel.

Der Näherungswert ist 33% zu hoch.

Die gewählte Durchbiegung $w(x)$ erfüllt die statische Bedingung $M = 0$ an beiden Enden, aber sie ergibt nicht denselben Wert von w'', wenn man sich von links und rechts der Zwischenstütze nähert. Um eine Näherung $w(x)$ zu erhalten, die diese Ungereimtheit vermeidet und damit allen kinematischen und statischen Bedingungen gerecht wird, berechnen wir die Biegelinie für die in Abb. 250b dargestellte Last. Sie ist so gewählt, daß die entstehende Durchbiegung im linken Feld nach unten und im rechten nach oben geht, daß also die Biegelinie ungefähr so aussieht, wie die erwartete Knickfigur. Die Durchführung der statisch unbestimmten Rechnung (s. Aufgabe 44f., S. 171) liefert unter Fortlassung eines konstanten Faktors, der sich ohnehin herausheben würde:

$$\text{für } x < 0: \qquad w = \frac{1}{24}x^4 + \frac{5}{432}lx^3 - \frac{7}{432}l^2x^2 - \frac{5}{972}l^3x,$$

$$\text{für } x > 0: \quad w = -\frac{1}{24}x^4 + \frac{55}{864}lx^3 - \frac{7}{432}l^2x^2 - \frac{5}{972}l^3x.$$

Wenn man das in Gl. (223) einführt, erhält man

$$P = 34{,}13\,EI/l^2,$$

also etwa 2% zuviel.

Die Integrationen, die wir hier im einzelnen nicht vorgeführt haben, sind grundsätzlich einfach, aber mühsam und der Gefahr von Rechenfehlern unterworfen. Schon aus diesem Grunde sind die auf der Differential- oder Integralgleichung aufgebauten Verfahren vorzuziehen, wo sie anwendbar sind. Der Erfolg der Energiemethode hängt auch wesentlich davon ab, daß die gewählte Funktion $w(x)$ der wirklichen Lösung des Problems einigermaßen ähnlich sieht. Das bietet in den meisten Fällen keine Schwierigkeiten, da der Ingenieur gewöhnlich eine gute Vorstellung von der Gestalt der Knickfigur hat. Wenn die Anordnung kompliziert genug ist, kann jedoch eine ungeschickte Auswahl von $w(x)$ zu einem ziemlich falschen Ergebnis führen.

Aufgaben

67. Auf S. 270 ist der Knickstab der Abb. 235 kurz erörtert. Führe die Untersuchung im einzelnen durch!

68. Die Abbildungen zeigen einige Knickfälle mit ungewöhnlichen Lagerbedingungen. Benutze Gl. (204) zur Berechnung der Knicklast! Die Stäbe (a) und

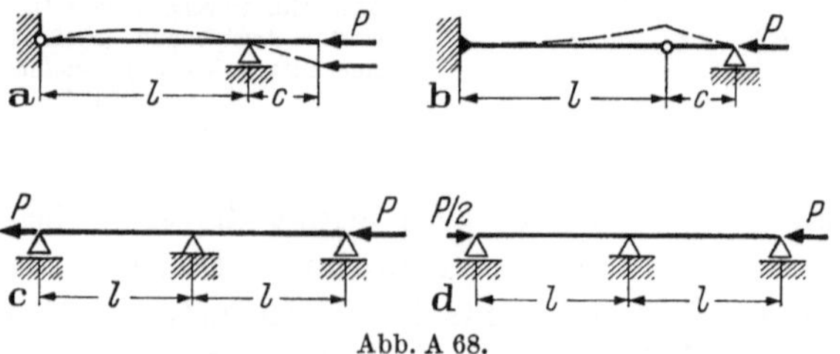

Abb. A 68.

(b) sind typisch für viele Gestänge, z. B. Steuergestänge in Flugzeugen. Im Fall (c) ist die linke Hälfte des Stabes auf Zug beansprucht. P ist dann eine negative Größe und α ist imaginär. Es empfiehlt sich, alle Formeln so umzuformen, daß anstelle von

Kreisfunktionen mit imaginärem Argument Hyperbelfunktionen mit reellem auftreten, s. S. 297.

69. Benutze die Integralgleichung (221) zur numerischen Berechnung der Knicklast von Stäben mit veränderlichem Trägheitsmoment! Alle Stäbe sind an beiden Enden gelenkig gelagert. Maße in mm, Werkstoff: Leichtmetall mit $E = 7000\ \text{kg/mm}^2$. Die Länge l ist unbestimmt, aber so groß, daß sich der Stab an der Knickgrenze noch elastisch verhält. Für den Stab (a) ist Knicken in der Zeichenebene und senkrecht dazu zu untersuchen. Die Umrißlinien der Stäbe (a) und (b) sind Parabeln. Stab (c) ist ein I-Profil, das im mittleren Teil der Stablänge durch zusätzliche Gurtplatten verstärkt ist. Steg und Flansche des Profils und die Gurtplatten sind 4 mm dick.

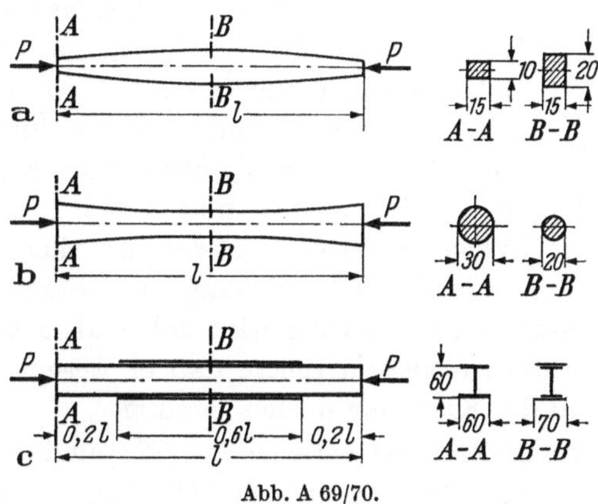

Abb. A 69/70.

70. Benutze die Energiemethode zur Lösung der Aufgabe 69!

Bemerkung zu den vorstehenden Aufgaben: Es wird vorgeschlagen, auf die Beispiele der beiden letzten Aufgaben zuerst die Energiemethode anzuwenden, dann die Integralgleichung, und dann zum zweiten Mal und mit besserer Einsicht in die tatsächliche Formänderung, die Energiemethode. Die Beispiele der Aufgabe 68 eignen sich auch für die Energiemethode.

6. Knickbiegung

a) Problemstellung

Was wir bisher über die Stabknickung gelernt haben, ist an die Voraussetzung gebunden, daß der Stab gerade und genau in seiner Achse belastet ist. Jeder wirkliche Stab wird etwas, wenn auch wenig, von der idealen Geradheit abweichen, und die Wirkungslinie der Druckkraft P wird daher nie genau mit der Stabachse zusammenfallen. Abb. 251 zeigt einen solchen, von der Idealform abweichenden Druckstab. Im Querschnitt x erzeugt die Druckkraft auch ohne jede Formänderung des Stabes ein Biegemoment der Größe $M = Pz$. Wenn z klein genug und P groß genug ist, ist es möglich, daß die durch das Biegemoment M erzeugte seitliche Ausbiegung w des Stabes von derselben Größenordnung wie z ist, und dann müssen wir das Biegemoment im belasteten Stabe als $M = P(z + w)$ ansetzen. Dieses Moment führen wir nun in Gl. (192) ein und erhalten damit die Differentialgleichung unseres Problems:

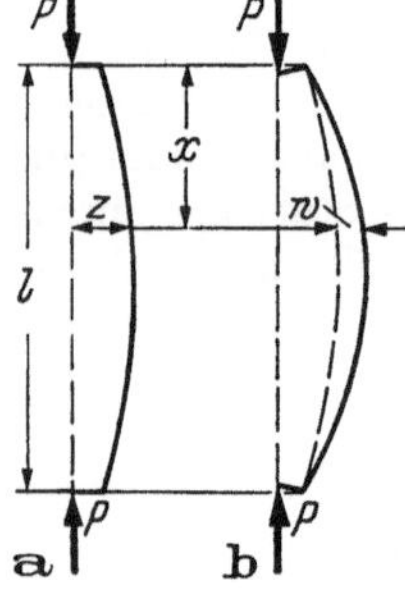

Abb. 251. Stab mit Formfehler, (a) unbelastet, (b) belastet und verformt

$$EIw'' + Pw = -Pz, \tag{224}$$

in der z, grundsätzlich wenigstens, eine bekannte Funktion von x ist. Wenn z groß genug ist, können wir Pw dagegen vernachlässigen, und dann haben wir einen Sonderfall der Gl. (101) der Balkenbiegung vor uns: w'' ist eine bekannte Funktion von x, und w kann durch zweimalige Integration unter Einführung der Endbedingungen $w = 0$ für $x = 0$ und $x = l$ gefunden werden. Wenn anderseits $z \equiv 0$ ist, kommen wir auf Gl. (193) zurück, also auf die Gleichung der Stabknickung. Der durch Gl. (224) beschriebene Vorgang wird daher als *Knickbiegung* bezeichnet, und wir werden alsbald sehen, daß er wesentliche Züge der Balkenbiegung und der Knickung in sich vereinigt.

Der wesentliche Unterschied zwischen Gl. (224) und der Differentialgleichung (193) des Knickproblems ist, daß Gl. (224) inhomogen ist. Sie hat daher eine nicht identisch verschwindende Lösung $w(x)$, und wir haben es, mathematisch gesprochen, mit einem Lösungsproblem zu tun, nicht mit einem Eigenwertproblem. Anderseits ist Gl. (224) zwar, wie in der Balkenbiegung, eine lineare Differentialgleichung für w, aber nur solange, als wir P ebenso wie EI als eine Systemkonstante betrachten, nicht als eine Last. Wenn man diesen Standpunkt einnimmt, dann sind w auf der linken und z auf der rechten Seite lineare Partner in dem Sinne, daß sich $w(x)$ verdoppelt, wenn man $z(x)$ verdoppelt, und daß die zu verschiedenen Stabordinaten $z_1(x)$, $z_2(x)$ berechneten Ausbiegungen w_1, w_2 linear superponiert werden können, um die zu $z = z_1 + z_2$ gehörende Ausbiegung zu erhalten. Wenn man dagegen P als eine Last im gewöhnlichen Sinne behandelt, dann ist der Term Pw in der Differentialgleichung nichtlinear, und man kann daher nicht erwarten, daß eine Verdoppelung von P einfach zu einer Verdoppelung von w führt. Es genügt daher nicht, daß die für die Gebrauchslast errechneten Spannungen unterhalb der zulässigen Werte bleiben, sondern man muß, wie in der Theorie der plastischen Biegung, die Gebrauchslast mit dem Sicherheitsfaktor multiplizieren und danach streben, die für diese *Traglast* errechneten Spannungen unterhalb des wirklich gefährlichen Wertes, d. h. unterhalb der Fließspannung zu halten.

b) Beispiele

Wir wollen an einigen Beispielen sehen, wie sich der eben beschriebene mathematische Sachverhalt mechanisch auswirkt. Wir beginnen mit einem Stab, der ursprünglich genau gerade, aber nicht in seiner Achse belastet ist, d. h. wir setzen $z = c$ (Abb. 252). Gl. (224) hat dann die allgemeine Lösung

$$w = -c + A \cos \alpha x + B \sin \alpha x$$

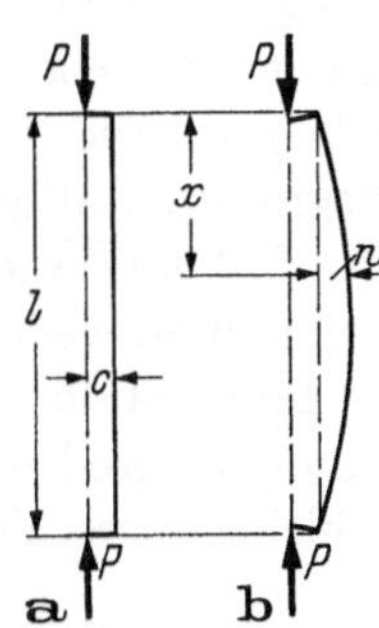

Abb. 252. Exzentrisch gedrückter Stab, (a) unbelastet, (b) belastet und verfomt.

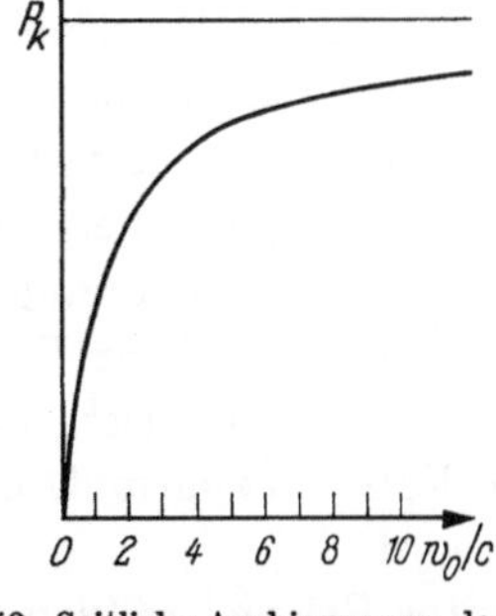

Abb. 253. Seitliche Ausbiegung w_0 des exzentrisch gedrückten Stabes als Funktion der Druckkraft P.

mit α nach Gl. (195). Die Bedingung $w = 0$ für $x = 0$ fordert, daß $A = c$ ist, und dann ergibt die zweite Endbedingung

$$-c + c \cos \alpha l + B \sin \alpha l = 0,$$

also

$$B = c \frac{1 - \cos \alpha l}{\sin \alpha l}.$$

Wenn man das in die Lösung einsetzt, erhält man nach einiger Umformung

$$w = c \left(\frac{\cos \alpha \left(\frac{l}{2} - x \right)}{\cos \frac{\alpha l}{2}} - 1 \right).$$

Für die Stabmitte $x = l/2$ folgt daraus

$$w_0 = c(\sec \alpha l/2 - 1),$$

und das ist in Abb. 253 als Funktion der mit α durch (195) verbundenen Druckkraft P aufgetragen. Aus diesem Diagramm erkennt man folgendes: Solange P klein genug ist, kann man die Kurve durch ihre Tangente ersetzen, und dann wächst die Durchbiegung proportional der Last. Wenn die Last weiter anwächst, biegt die Kurve mehr und mehr nach rechts ab, und die Durchbiegung wächst schneller als proportional. Wenn sich P der Knicklast P_k des idealen Stabes nähert, geht $w_0 \to \infty$. Dieses Ergebnis ist typisch für alle Knickbiegefälle. Der ideale Stab bleibt unterhalb seiner Stabilitätsgrenze gerade und knickt plötzlich aus, wenn diese Grenze erreicht ist. In dem nichtidealen Stab erzeugt jede Druckkraft eine seitliche Ausbiegung, aber diese wächst mit steigender Last stärker als linear an und strebt nach Unendlich, wenn sich die Last der Knicklast des idealen Stabes nähert. Ein Stab der endlichen Länge l kann sich natürlich nicht unendlich weit ausbiegen. Die Kurve in Abb. 253 hat daher nach rechts hin nur eine begrenzte Gültigkeit. In den meisten Fällen ist diese dadurch bestimmt, daß mit wachsender Ausbiegung die Biegespannungen so hoch werden, daß entweder plastisches Fließen oder spröder Bruch eintritt. Sehr dünne Stäbe (z. B. ein Stahldraht) bleiben elastisch, wenn die Durchbiegung so groß wird, daß die unseren Formeln zugrunde liegende Annahme kleiner Verschiebungen unzulässig wird.

Als zweites Beispiel wählen wir den Fall

$$z = c \sin \frac{\pi x}{l}, \tag{225}$$

d. h. einen ursprünglich leicht gekrümmten Stab, dessen Endquerschnitte zentrisch belastet sind. Die Differentialgleichung (224) heißt nun

$$EI w'' + P w = - P c \sin \frac{\pi x}{l}.$$

Mit P_k nach (197) kann ihre allgemeine Lösung in folgender Form geschrieben werden:

$$w = \frac{P c}{P_k - P} \sin \frac{\pi x}{l} + A \cos \alpha x + B \sin \alpha x.$$

Aus den beiden Endbedingungen, daß für $x = 0$ und $x = l$ die Ausbiegung verschwindet, findet man hier $A = B = 0$. In diesem Falle stellt daher w eine einfache Vergrößerung der ursprünglichen Ordinaten z dar. In der Stabmitte ist $w_0 = Pc/(P_k - P)$, und wenn man das als Funktion von P aufträgt, erhält man eine Kurve, die Abb. 253 sehr ähnlich sieht. Wiederum geht $w_0 \to \infty$, wenn $P \to P_k$, und der Stab zerbricht, verformt sich plastisch oder erfährt große Ausbiegungen, bevor die Last den Wert P_k erreicht.

Wenn man die beiden eben behandelten Fälle überlagert, also

$$z = c_1 + c_2 \sin \frac{\pi x}{l}$$

wählt, erhält man für die Durchbiegung der Stabmitte

$$w_0 = c_1\left(\sec\frac{\alpha l}{2} - 1\right) + \frac{P c_2}{P_k - P} = c_1\left(\sec\frac{\alpha l}{2} - 1\right) + c_2 \frac{\alpha^2 l^2}{\pi^2 - \alpha^2 l^2}$$

In Abb. 254 sind einige Kurven für verschiedene Werte des Verhältnisses c_1/c_2 aufgetragen. Die Kurven streben, je nach dem Werte dieses Parameters, nach $+\infty$ oder $-\infty$. Zwischen ihnen liegt die Kurve $0A$, die zu $c_1/c_2 = -\pi/4$ gehört. Für diesen Wert des Parameters nähert sich die Durchbiegung in Stabmitte dem endlichen Wert

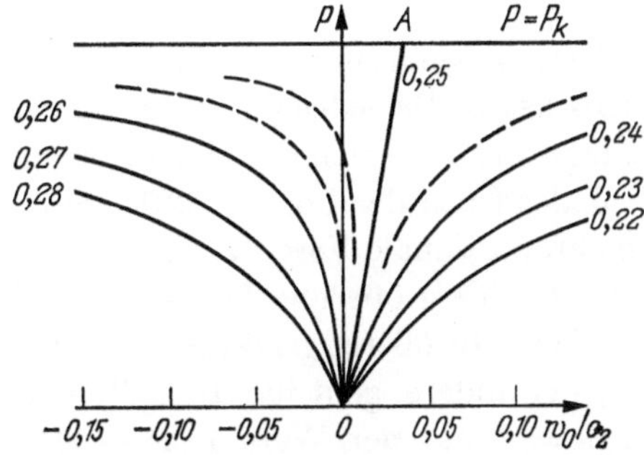

Abb. 254. Leicht vorgekrümmter und exzentrisch belasteter Stab. Die Zahlen an den Kurven sind Werte des Parameters $-c_1/c_2\pi$.

$$w_0 = \frac{\pi - 3}{4} c_2 = 0{,}03540 c_2,$$

wie man leicht nachprüft, indem man die Ausdrücke in der vorhergehenden Formel an der Stelle $\alpha l = \pi$ in Potenzreihen entwickelt. Sobald die Last den $\alpha l = \pi$ entsprechenden Wert, also P_k, erreicht hat, wird die Lösung (194) der homogenen Gl. (193) mit $A = 0$ und beliebigem B mit den Endbedingungen verträglich und kann zu der für alle Lasten geltenden Lösung addiert werden. Damit wird die Gerade $P = P_k$ ein Teil der Kurve $0A$, so daß der Stab, trotz der ursprünglichen Knickbiegung, ein echtes indifferentes Gleichgewicht erreicht.

Man macht sich diese Erscheinung in der Versuchstechnik zunutze. Wenn man einen „geraden“ Stab einem Knickversuch unterwerfen will, muß man damit rechnen, daß er eine schwache, aber nach Art und Ausmaß unbekannte Vorkrümmung besitzt. Man kann die Stablagerung so einrichten, daß sich der Angriffspunkt von P in den Endquerschnitten während des Versuchs um ein Geringes ändern läßt. Wenn man die Last langsam steigert und die Ausbiegung (oder die Ungleichförmigkeit der Spannungen) mißt, kann man beurteilen, in welchem Sinne man die Exzentrizität der Last ändern muß, um die Ausbiegung klein zu halten. Man entlastet, verschiebt den Lastangriff, belastet wieder und fährt so fort, bis man die Kurve $0A$ mehr oder weniger genau erreicht hat.

Wir wollen jetzt den Ansatz (225) dahin verallgemeinern, daß wir z als eine unendliche Summe von Sinuswellen verschiedener Länge schreiben:

$$z = \sum_{n=1}^{\infty} c_n \sin \frac{n\pi x}{l}. \tag{226}$$

Durch geeignete Wahl der Koeffizienten c_n kann man mit einer solchen *Fourier-Reihe* jede beliebige Funktion $z(x)$ darstellen, die an den Stabenden den Wert Null hat. Wenn man diesen Ausdruck für z in die Differentialgleichung (224) einsetzt, findet man, daß diese befriedigt wird durch

$$w = \sum_{n=1}^{\infty} c_n \frac{P}{n^2 P_k - P} \sin \frac{n\pi x}{l}. \tag{227}$$

In dieser Formel sind $n^2 P_k$ für $n > 1$ die auf S. 262 erwähnten höheren Knicklasten. Da jedes Glied der Fourier-Reihe die Endbedingungen befriedigt, erübrigt sich die Hinzufügung der homogenen Lösung (194).

Jedes Glied der Lösung (227) entspricht einem Glied von z und stellt eine proportionale Vergrößerung dieses Teils der Ungeradheit des Stabes dar. Der Vergrößerungsfaktor $P/(n^2 P_k - P)$ wächst mit der Last P, und der Vergrößerungsfaktor des ersten Summengliedes wächst schneller als jeder andere, geht für $P \to P_k$ nach Unendlich, während der Faktor für $n = 2$ nur den Wert $1/(2^2 - 1) = \frac{1}{3}$ erreicht. Der Stab bevorzugt also den Teil von z, der dieselbe Form hat wie die Knickfigur, und jeder leicht vorgekrümmte Stab nähert sich unter steigender Last mehr und mehr einer einfachen Sinus-Halbwelle.

c) Druckstab mit Querbelastung

Bisher haben wir nur solche Knickbiegefälle betrachtet, in denen die Druckkraft P die einzige auf den Stab wirkende Last war. Eine zweite Gruppe umfaßt Fälle, in denen der Stab neben der Axialkraft P eine seitliche Last zu tragen hat. Abb. 255 zeigt ein einfaches Beispiel, in dem p etwa das Eigengewicht des Stabes darstellen mag. Im unverformten System ist das Biegemoment (s. S. 59):

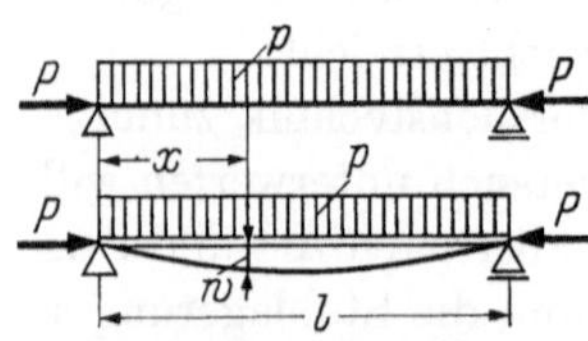

Abb. 255. Druckstab mit Querbelastung, (a) Anordnung, (b) belasteter und verbogener Stab.

$$M = M_b = \tfrac{1}{2} p x (l - x), \tag{228}$$

und infolge der Durchbiegung w kommt hierzu noch der Beitrag Pw. In Verbindung mit Gl. (192) führt das auf die Differentialgleichung

$$EIw'' + Pw = -\tfrac{1}{2} p x (l - x), \tag{229}$$

in der die rechte Seite, wie in Gl. (224), das für den unverformten Balken berechnete Biegemoment, das „Balkenmoment“ M_b, darstellt. Wenn das Glied Pw so klein ist, daß man es gegen M_b vernachlässigen kann, haben wir es wieder mit einem einfachen Balkenproblem zu tun, und Gl. (229) ist daher nur dann von Interesse, wenn P groß genug ist, um dem Glied Pw wesentliche Bedeutung zu geben. Anhand der Lösung des vorliegenden Problems werden wir sehen, wie man diese Feststellung schärfer formulieren kann.

Die allgemeine Lösung der Gl. (229) ist

$$w = -\frac{p}{P}\left[\frac{1}{2}x\,(l-x) + \frac{1}{\alpha^2}\right] + A\cos\alpha x + B\sin\alpha x,$$

und Berechnung von A und B aus den Endbedingungen führt auf

$$w = -\frac{p}{P\alpha^2}\left[\frac{1}{2}\alpha^2 x(l-x) + 1 - \cos\alpha x - \tan\frac{\alpha l}{2}\sin\alpha x\right]. \tag{230}$$

Wir berechnen das zugehörige Biegemoment nach (192):

$$M = \frac{p}{\alpha^2}\left(-1 + \cos\alpha x + \tan\frac{\alpha l}{2}\sin\alpha x\right). \tag{231}$$

Diese Formel hat nicht die geringste Ähnlichkeit mit der für den einfachen Balken geltenden Formel (s. S. 59). Wenn man jedoch den Grenzübergang $\alpha \to 0$ vornimmt, erhält man

$$\lim_{\alpha\to 0}\frac{1-\cos\alpha x}{\alpha^2} = \frac{x^2}{2}, \qquad \lim_{\alpha\to 0}\frac{1}{\alpha^2}\tan\frac{\alpha l}{2}\sin\alpha x = \frac{lx}{2}$$

und daher

$$\lim_{P\to 0} M = p\left(-\frac{x^2}{2} + \frac{lx}{2}\right).$$

Wir machen uns den Inhalt der Gl. (231) anschaulich klar, indem wir das Biegemoment in Balkenmitte

$$M_0 = \frac{p}{\alpha^2}\left(\sec\frac{\alpha l}{2} - 1\right)$$

als Funktion von $P = EI\alpha^2$ untersuchen. Offenbar geht $M_0 \to \infty$, wenn sich P dem Werte P_k nähert. Wenn anderseits αl klein genug ist, liefert eine Potenzreihenentwicklung

$$M_0 = \frac{p}{\alpha^2}\left[\frac{1}{2}\left(\frac{\alpha l}{2}\right)^2 + \frac{5}{24}\left(\frac{\alpha l}{2}\right)^4 + \cdots\right] = \frac{pl^2}{8}\left[1 + 1{,}028\,\frac{P}{P_k} + \cdots\right],$$

und wir können nun eine genauere Feststellung über die Bedeutung des Knickbiegeeinflusses machen: M_0 hat denselben Wert wie in einem Balken ohne Längskraft, wenn P klein ist im Vergleich mit der Knicklast P_k des Stabes.

Eine Auftragung vom M_0 als Funktion von P liefert ein Diagramm ähnlich Abb. 253.

Die Gln. (224) und (229) können zusammenfassend in der Form

$$EIw'' + Pw = -M_b \tag{232}$$

geschrieben werden, in der M_b das unter Vernachlässigung des Durchbiegungseinflusses berechnete „Balkenmoment“ ist. Es enthält den Einfluß aller Querlasten und den Einfluß der Druckkraft P am Hebelarm z, der die Gestalt des unverformten Stabes beschreibt.

Gl. (232) enthält, ebenso wie die Gln. (193), (224), (229) die Annahme, daß an beiden Enden $M = 0$ und daher $w'' = 0$ ist. Man kann sich von dieser Annahme freimachen, indem man (232) zweimal differenziert und erhält dann die allgemeine Differentialgleichung der Knickbiegung:

$$EIw^{IV} + Pw'' = -Pz'' + p. \tag{233}$$

Einige der folgenden Aufgaben, in denen der Stab nicht an beiden Enden gelenkig gelagert ist, erfordern die Benutzung dieser Differentialgleichung.

Wenn die Querbelastung nicht durch eine einzige, für den ganzen Stab gültige Formel $p = p(x)$ dargestellt werden kann, sondern aus Streckenlasten besteht oder Einzelkräfte enthält, muß die Lösung von (232) oder (233) stückweise formuliert werden, und in den Übergangspunkten müssen Übergangsbedingungen aufgestellt werden, wie das für den einfachen Balken auf den S. 134 bis 136 ausführlich beschrieben ist.

Gl. (233) hat dieselbe Bauart wie die speziellen Gleichungen, die wir im einzelnen studiert haben. Sie ist eine lineare Differentialgleichung für w, wenn man P als einen Gleichungskoeffizienten behandelt, und man kann auf die auf der rechten Seite stehenden Glieder, also die Lasten p und die Abweichungen z von der Geradheit, das Gesetz linearer Superposition anwenden. Das heißt hier, daß man die zur gleichzeitigen Wirkung von P und zwei Lasten $p_1(x)$ und $p_2(x)$ gehörende Durchbiegung w findet, indem man erst P und p_1 und dann P und p_2 wirken läßt und die Ergebnisse addiert. Die Druckkraft P tritt dabei zweimal in Erscheinung.

d) Zugstäbe

Wir können die Theorie der Knickbiegung auf leicht gekrümmte oder querbelastete Zugstäbe ausdehnen. Wenn wir nun eine axiale *Zug*kraft mit P bezeichnen wollen, müssen wir in allen Differentialgleichungen und ihren Lösungen P durch $-P$ ersetzen. Dementsprechend ist dann $\alpha = \sqrt{-P/EI}$ eine imaginäre Größe, und wenn wir an der früheren Definition (195) für α mit der neuen Bedeutung von P festhalten wollen, müssen wir in allen Formeln α durch $i\alpha$ ersetzen.

Für den Abb. 255 entsprechenden Lastfall heißt die Differentialgleichung

$$EIw'' - Pw = -\tfrac{1}{2}px(l-x)$$

und hat die allgemeine Lösung

$$w = \frac{p}{P}\left[\frac{1}{2}\,x(l-x) - \frac{1}{\alpha^2}\right] + A\cosh\alpha x + B\sinh\alpha x,$$

enthält also Hyperbelfunktionen anstelle der trigonometrischen. Nach Einführung der Endbedingung $w = 0$ für $x = 0$ und $x = l$ wird daraus

$$w = \frac{p}{P\alpha^2}\left[\frac{1}{2}\,\alpha^2 x(l-x) - 1 + \cosh\alpha x - \tanh\frac{\alpha l}{2}\sinh\alpha x\right],$$

und das Biegemoment ist

$$M = \frac{p}{\alpha^2}\left(1 - \cosh\alpha x + \tanh\frac{\alpha l}{2}\sinh\alpha x\right).$$

Für sehr kleine Werte von P führt das wieder auf die einfache Balkenformel. Für große Werte von αl werden die Formeln unhandlich, weil sie kleine Differenzen der großen Werte der beiden Hyperbelfunktionen enthalten. Es sei dem Leser überlassen, sich nach geeigneter Umformung der Formeln davon zu überzeugen, daß dann das Biegemoment im mittleren Teil des Balkens nahezu konstant ist und nahe den Enden schnell auf Null abnimmt.

Aufgabe

71. Löse die in den Abbildungen dargestellten Knickbiegeaufgaben! Das heißt: formuliere die Differentialgleichung, finde die Lösung, berechne das Biegemoment! Abmessungen in m, Werkstoff: Stahl mit $E = 2100\ \mathrm{t/cm^2}$.

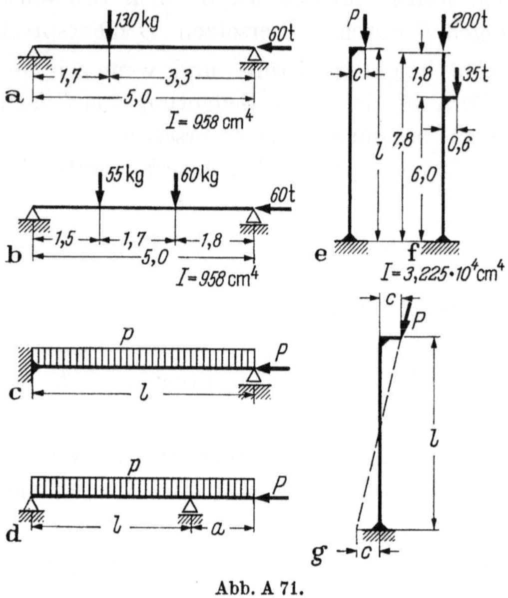

Abb. A 71.

Kapitel 5

Zweidimensionale Spannungszustände

1. Spannungen in verschiedenen Richtungen

Bisher haben wir uns auf recht einfache Spannungszustände beschränkt: Zug- und Druckspannungen in Stäben, Biegespannungen, d. h. ein System von Zug- und Druckspannungen, die nebeneinander in benachbarten Fasern eines Stabes bestehen, und einfache Verteilungen

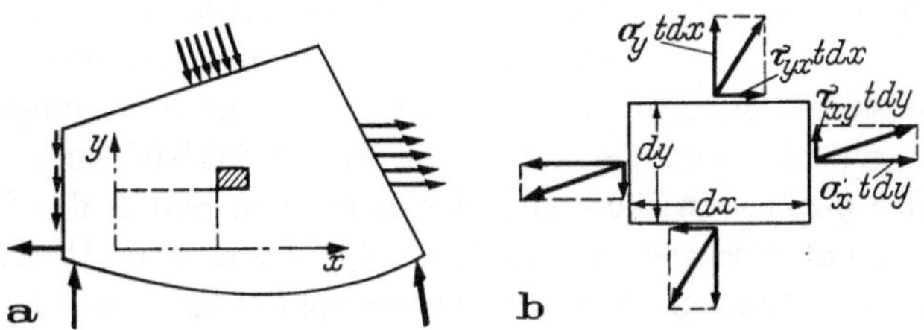

Abb. 256. Ebene Scheibe, (a) Lasten, Koordinatensystem, (b) Scheibenelement mit Spannungen.

von Schubspannungen. Auf S. 47 gab die Untersuchung der Spannungen eines Druckkessels Anlaß, einen komplizierteren Spannungszustand ins Auge zu fassen, in dem in einem Blech Spannungen in mehreren Richtungen wirken. Wir wollen jetzt diesen Gedanken aufnehmen und in größerer Allgemeinheit weiter verfolgen.

Wir gehen von einer ebenen Scheibe aus, auf die in ihrer Ebene irgendwelche Kräfte einwirken (Abb. 256a). Eine selbsttragende Wand, ein Knotenblech in einem Fachwerkträger, eine Sperrholzplatte, der Steg eines hohen I-Trägers mögen als Beispiele dienen. Wir legen in die Scheibenebene (genauer, in die Mittelebene, die die Scheibendicke t halbiert) ein Koordinatensystem x, y und fragen uns, wie wir die in der Scheibe wirkenden Spannungen beschreiben können. Wir beginnen damit, daß wir aus der Scheibe ein kleines Rechteck mit den Seiten dx und dy, ein sogenanntes *Scheibenelement*, herausschneiden. Es ist in Abb. 256a durch Schraffur angedeutet und in Abb. 256b vergrößert herausgezeichnet. Auf jede seiner Seiten wirkt eine Kraft, die in der Scheibenebene liegt und die wir sofort in eine waagerechte und eine lotrechte

Komponente zerlegen. Jede dieser Kräfte ist die Resultierende von Spannungen, und wenn das Element klein genug ist, sind diese Spannungen gleichmäßig über die Schnittfläche verteilt. Wir haben dann an den lotrechten Seiten dy Kräfte $\sigma_x t\, dy$ in x-Richtung und $\tau_{xy} t\, dy$ in y-Richtung und an den waagerechten Seiten dx Kräfte $\sigma_y t\, dx$ in y-Richtung und $\tau_{yx} t\, dx$ in x-Richtung. An gegenüberliegenden Seiten des Rechtecks sind die Spannungen, zumindest in erster Näherung, einander gleich.

Wir beginnen mit der Momentengleichung, die wir schon auf S. 38 aufgestellt haben. Sie wird durch die Anwesenheit der Normalspannungen σ_x und σ_y nicht beeinflußt, da diese keine Kräftepaare bilden. Gl. (20) gilt daher nach wie vor, und wir haben es nur mit drei voneinander unabhängigen Spannungen zu tun: σ_x, σ_y, τ_{xy}. Für diese machen wir die folgenden Vorzeichenfestsetzungen: Wir bezeichnen als positive Seiten des Scheibenelements die beiden Seiten, deren äußere Normalen in Richtung der positiven Koordinatenachsen weisen. Alle Spannungen sollen als positiv gelten, wenn sie auf diesen Seiten in Richtung der positiven x- oder y-Achse wirken. Auf den negativen Seiten des Elements wirken dann notwendigerweise positive Spannungen in Richtung abnehmender Koordinaten. Für die Normalspannungen ist diese Festsetzung gleichbedeutend mit der bisher benutzten, daß Zugspannungen positiv und Druckspannungen negativ sind. Für die Schubspannungen bedeutet sie, daß die in Abb. 256b gezeichneten Spannungen alle positiv sind. Die beiden möglichen Anordnungen von vier Schubspannungen am Scheibenelement, die mit Gl. (20) verträglich sind, sind in Abb. 257 dargestellt. Man beachte, daß sich die eingetragenen Vorzeichen umkehren, wenn man auf einer der Koordinatenachsen die positive Richtung umkehrt.

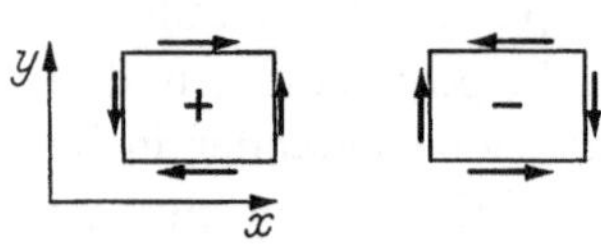

Abb. 257. Vorzeichenregel für die Schubspannungen.

Die Berechnung der Spannungen σ_x, σ_y, τ_{xy} für eine gegebene Form der Scheibe und für gegebene Lasten ist eine Aufgabe, die wir im Rahmen dieses Buches nur in einigen besonders einfachen Fällen in Angriff nehmen können. Die Frage, die uns hier zunächst beschäftigen soll, ist von anderer Art.

In Stäben haben wir Querschnitte immer normal zur Stabachse geführt, und wir werden uns auch hier darauf beschränken, die Scheibe normal zu ihrer Ebene, also in der Dickenrichtung durchzuschneiden, aber die Richtungen der Koordinatenachsen x, y waren ganz willkürlich gewählt, und es ist nicht einzusehen, warum wir nicht ebensogut ein Koordinatensystem ξ, η hätten wählen können, das mit x, y den Winkel α bildet (Abb. 258a). Dann würden wir ein Element $d\xi \cdot d\eta$ herausgeschnitten haben und hätten an seinen Seiten Spannungen σ_ξ, σ_η, $\tau_{\xi\eta} = \tau_{\eta\xi}$ gefunden. Wir fragen uns, ob diese Spannungen in einfacher Weise von σ_x, σ_y, τ_{xy} abhängen.

Zur Beantwortung dieser Frage benutzen wir das in Abb. 258b dargestellte dreieckige Scheibenelement, an dem alle Spannungen in positiver Richtung eingetragen sind. Diese Spannungen müssen den Gleich-

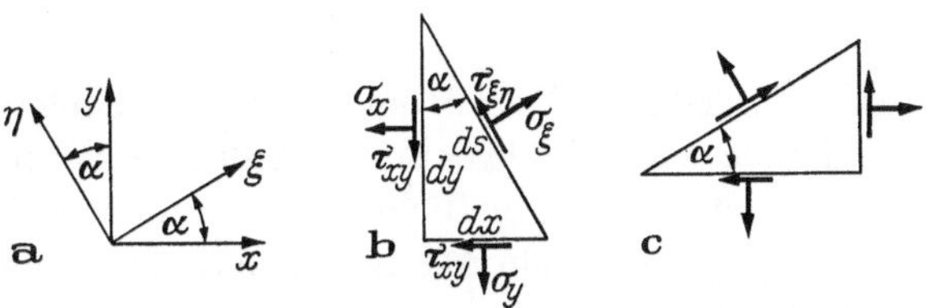

Abb. 258. Abhängigkeit der Spannungen von der Schnittrichtung.

gewichtsbedingungen eines ebenen Kräftesystems genügen, d. h. die Summe aller Kräfte in den Richtungen ξ und η muß Null sein:

$$\sigma_\xi t\, ds = \sigma_x t\, dy \cos\alpha + \sigma_y t\, dx \sin\alpha + \tau_{xy} t\, dy \sin\alpha + \tau_{xy} t\, dx \cos\alpha,$$

$$\tau_{\xi\eta} t\, ds = -\sigma_x t\, dy \sin\alpha + \sigma_y t\, dx \cos\alpha + \tau_{xy} t\, dy \cos\alpha - \tau_{xy} t\, dx \sin\alpha.$$

Wir dividieren durch $t\, ds$ und beachten, daß $dx/ds = \sin\alpha$, $dy/ds = \cos\alpha$ ist:

$$\begin{aligned} \sigma_\xi &= \sigma_x \cos^2\alpha + \sigma_y \sin^2\alpha + 2\tau_{xy}\cos\alpha\sin\alpha, \\ \tau_{\xi\eta} &= (\sigma_y - \sigma_x)\cos\alpha\sin\alpha + \tau_{xy}(\cos^2\alpha - \sin^2\alpha). \end{aligned} \qquad (234\text{a, b})$$

Wenn man Gleichgewichtsbedingungen derselben Art für das in Abb. 258c dargestellte Dreieck aufstellt, findet man (234b) bestätigt und erhält außerdem eine Gleichung für σ_η:

$$\sigma_\eta = \sigma_x \sin^2\alpha + \sigma_y \cos^2\alpha - 2\tau_{xy}\cos\alpha\sin\alpha. \qquad (234\text{c})$$

Damit haben wir drei Gleichungen gefunden, aus denen wir die Spannungen für ein beliebiges Koordinatensystem ξ, η berechnen können, wenn die Spannungen für das x-y-System bekannt sind.

Da wir α beliebig wählen können, erscheinen die Spannungen σ_ξ und $\tau_{\xi\eta}$ als Funktionen des Winkels, den der Schnitt $\xi = \text{const}$ mit dem Schnitt $x = \text{const}$ bildet. Es muß daher Werte $\alpha = \alpha_0$ geben, für die σ_ξ ein Maximum oder ein Minimum ist. Wir finden sie, indem wir Gl. (234a) nach α differenzieren und die Ableitung Null setzen:

$$\frac{d\sigma_\xi}{d\alpha} = 2[(-\sigma_x + \sigma_y)\cos\alpha_0\sin\alpha_0 + \tau_{xy}(\cos^2\alpha_0 - \sin^2\alpha_0)] = 0. \quad (\text{a})$$

Diese Gleichung kann auch in folgender Form geschrieben werden:

$$(\sigma_y - \sigma_x) \sin 2\alpha_0 + 2\tau_{xy} \cos 2\alpha_0 = 0.$$

Auflösung nach α_0 liefert die Formel

$$\tan 2\alpha_0 = \frac{2\tau_{xy}}{\sigma_x - \sigma_y}. \tag{235}$$

Sie bestimmt zwei Winkel $2\alpha_0$, die sich um 180° unterscheiden, und daher vier Winkel α_0, die ein rechtwinkliges Achsenkreuz beschreiben. Es gibt daher zwei aufeinander senkrechte Richtungen, zu denen Extremwerte der Normalspannung gehören, ein Maximum und ein Minimum. Diese Spannungen heißen die *Hauptspannungen*, und wir wollen sie mit σ_a und σ_b bezeichnen. Ein Vergleich der rechten Seiten der Gln. (a) und (234b) zeigt, daß für dasselbe Achsenkreuz die Schubspannung $\tau_{ab} = 0$ ist.

Die Gln. (234) und (235) haben dieselbe Form wie die Gln. (55) und (56) für die Trägheitsmomente eines Querschnitts. Sie gehen ineinander über, wenn man in den letzteren die Koordinaten $y, z; \eta, \zeta$ durch $x, y; \xi, \eta$ ersetzt und wenn man $\sigma_x, \sigma_y, \tau_{xy}$ anstelle von $I_y, I_z, -I_{yz}$ schreibt. Beziehungen ähnlicher Art kommen auch anderweit vor. Eine Gruppe von Größen, die diesen Formeln genügt, wird als ein *Tensor* bezeichnet, und man spricht von einem Spannungstensor oder einem Trägheitstensor. Es würde uns hier zu weit führen, auf die Bedeutung dieser Terminologie einzugehen. Der Leser sei auf Bücher über Tensorrechnung verwiesen.

Auf S. 99 haben wir aus Gl. (55) die Beziehung (57) abgeleitet, die es erlaubt, die Hauptträgheitsmomente zu berechnen, ohne erst die Richtung der Hauptträgheitsachsen zu finden. Eine entsprechende Formel läßt sich mit entsprechenden Mitteln auch hier gewinnen, und sie erlaubt σ_a und σ_b unter Umgehung von (235) unmittelbar zu finden:

$$\sigma_{a,b} = \tfrac{1}{2}\left[\sigma_x + \sigma_y \pm \sqrt{(\sigma_x - \sigma_y)^2 + 4\tau_{xy}^2}\right]. \tag{236}$$

2. Der Mohrsche Spannungskreis

In einer nun schon weit zurückliegenden Zeit machten Ingenieure viel Gebrauch von zeichnerischen Verfahren zur Zusammensetzung und Zerlegung von Kräften, zur Aufzeichnung von Momentendiagrammen und zu vielen anderen Zwecken. Die Entwicklung des Rechenschiebers, dann der elektrischen Rechenmaschine und schließlich der elektronischen Rechengeräte hat diese graphischen Verfahren heute nahezu völlig außer Gebrauch kommen lassen. Aber wenn das Parallelogramm der Kräfte auch nicht mehr zur zahlenmäßigen Auswertung von unbekannten Kräften benutzt wird, so hat es doch auch heute noch großen anschaulichen Wert und fehlt in keinem Statikbuch. Entsprechendes gilt für den Mohrschen Kreis, den wir jetzt kennenlernen wollen.

Wir beginnen mit den wohlbekannten trigonometrischen Formeln

$$2\cos\alpha\sin\alpha = \sin 2\alpha, \quad 2\cos^2\alpha = 1 + \cos 2\alpha, \quad 2\sin^2\alpha = 1 - \sin 2\alpha$$

und benutzen sie, um die Gln. (234a, b) wie folgt umzuschreiben:

$$\begin{aligned} \sigma_\xi &= \tfrac{1}{2}(\sigma_x + \sigma_y) + \tfrac{1}{2}(\sigma_x - \sigma_y)\cos 2\alpha + \tau_{xy}\sin 2\alpha, \\ \tau_{\xi\eta} &= \qquad\qquad\qquad - \tfrac{1}{2}(\sigma_x - \sigma_y)\sin 2\alpha + \tau_{xy}\cos 2\alpha. \end{aligned} \tag{237a, b}$$

Wir wählen nun ein Koordinatensystem σ, τ, in dem die τ-Achse nach unten weist (Abb. 259), und tragen in ihm σ_x und τ_{xy} als Koordinaten eines Punktes x auf und σ_y und $-\tau_{xy}$ als Koordinaten von y. Der Mittelpunkt m der Verbindungslinie xy liegt auf der σ-Achse, und um diesen Punkt beschreiben wir den Kreis, der durch x und y geht. Wir drehen nun das Dreieck mxx' gegen den Uhrzeiger um den Winkel 2α in die Lage $m\xi\xi'$. Die Abszisse des so gefundenen Punktes ξ setzt sich aus drei Teilen zusammen: aus der Strecke om, der Projektion von $m\xi' = \frac{1}{2}(\sigma_x - \sigma_y)$ und der Projektion von $\xi'\xi = \tau_{xy}$, und ein Blick auf Gl. (237a) zeigt, daß diese Abszisse gleich σ_ξ ist. In derselben Weise findet man, daß die Ordinate von ξ aus der Differenz der lotrechten Projektionen von $m\xi'$ und $\xi'\xi$ besteht und nach (237b) gleich $\tau_{\xi\eta}$ ist. Daraus folgt, daß jeder Punkt des Kreises durch seine Koordinaten die Spannungen für eine bestimmte Schnittrichtung darstellt. Wenn man α von 0° bis 180° wachsen läßt, durchläuft der Punkt ξ den Kreis, und der zugehörige Schnitt, d. h. die Seite ds in Abb. 258b, nimmt alle möglichen Richtungen an. Der Kreis der Abb. 259 wird *Mohrscher Spannungskreis* genannt.

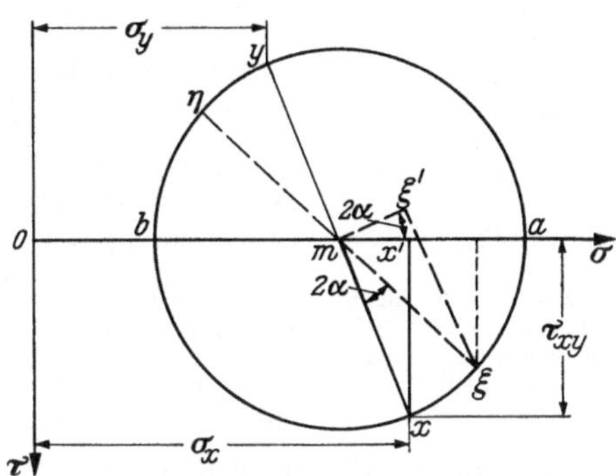

Abb. 259. Mohrscher Spannungskreis.

Wenn man, ausgehend von dem Punkt ξ, α um weitere 90° wachsen läßt, kommt man auf den Kreispunkt η, und dementsprechend geht Gl. (234a) in Gl. (234c) über, wenn man darin α durch $\alpha + 90°$ ersetzt. Die größtmögliche Normalspannung gehört offenbar zu dem Punkt a

und die kleinste zu b, und man kann an dem Spannungskreis die Formeln (235) und (236) ablesen. Diametral gegenüberliegende Punkte des Spannungskreises gehören zu Schnitten, die aufeinander senkrecht stehen, und man sieht, daß die Summe der Normalspannungen für alle Paare solcher Schnitte dieselbe ist, ein Ergebnis, das man auch durch Addieren der Gln. (234a, c) erhalten kann.

3. Physikalische Bedeutung der Hauptspannungen

Wenn man einen Werkstoff dem Zugversuch unterwirft, kann man eine Anzahl interessanter Spannungswerte messen: die Spannung, unter der das elastische Verhalten zum erstenmal merklich von der Linearität des Hookeschen Gesetzes abweicht, die Fließgrenze, die Bruchgrenze. Ähnliche Feststellungen kann man in einem Schubversuch machen, etwa mit einem Schubrahmen (S. 37) oder bei der Torsion eines dünnwandigen zylindrischen Rohres (S. 208), in dem sich ein reiner, leicht zu messender Schubspannungszustand einstellt. Es ergibt sich die Frage, wie man die Festigkeit desselben Werkstoffs beurteilen soll, wenn er gleichzeitig Zug- und Schubspannungen unterworfen ist oder wenn er in der x-Richtung gezogen und in der y-Richtung gedrückt wird. Die Antwort läuft offenbar darauf hinaus, alle Wertetripel σ_x, σ_y, τ_{xy} anzugeben, für die der Werkstoff sagen wir an der Fließgrenze ist. In einem Koordinatensystem mit diesen drei Spannungen als Koordinaten stellt jedes solche Tripel einen Punkt dar und ihre Gesamtheit eine Fläche, die Fließgrenze.

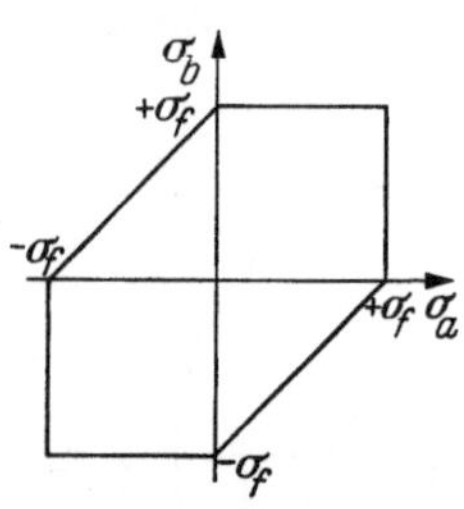

Abb. 260. Fließbedingung von TRESCA und MOHR für den ebenen Spannungszustand.

Viele Werkstoffe sind in ihrem Festigkeitsverhalten isotrop; d. h. sie haben keine im Werkstoffgefüge begründete, bevorzugte Richtung, und wenn der Werkstoff für ein bestimmtes Wertetripel σ_x, σ_y, τ_{xy} an der Fließgrenze (oder an der Bruchgrenze) ist, dann kommt es nicht darauf an, wie das x-y-System im Körper orientiert ist. In solchen Werkstoffen sind daher alle Spannungssysteme einander gleichwertig, die zu denselben Hauptspannungen führen, und man kann sich damit begnügen, Wertepaare σ_a, σ_b zu finden, für die z. B. die Fließgrenze erreicht ist. Abb. 260 zeigt ein Diagramm, das weitgehend in Gebrauch ist um die Fließgrenze von Metallen zu beschreiben, die Fließbedingung von TRESCA und MOHR. Wenn beide Hauptspannungen dasselbe Vorzeichen haben, ist einfach die größere von ihnen maßgebend. Wenn sie die im Zug- oder Druckversuch gemessene Fließgrenze erreicht, liegt auch der zweiachsige Spannungszustand an der Fließgrenze. Wenn jedoch die beiden Hauptspannungen entgegengesetztes Vorzeichen haben, ist die Summe ihrer Absolutwerte maßgebend.

Anstelle des Tresca-Mohr-Sechsecks ist auch die Mises-Ellipse in Gebrauch, eine Ellipse, die durch die Ecken des Sechsecks geht. Der zahlenmäßige Unterschied zwischen den beiden Grenzlinien ist nicht groß, und beide sind durch Versuche mit Metallen als hinreichend verläßlich erwiesen. Welche man wählt, hängt oft von mathematischen Vorteilen ab. Die Mises-Bedingung wird durch eine einzige Gleichung dargestellt, eben die Gleichung der Ellipse, aber diese Gleichung ist in den Spannungen von zweitem Grade. Die Mohrsche Fließbedingung ist stückweise linear, aber eben nur stückweise. Es ist hier nicht der Ort, auf den physikalischen Hintergrund der zweidimensionalen Fließgrenzen einzugehen oder auf ihre Ausdehnung auf drei Dimensionen.

4. Beispiel: Spannungen in einer Welle

Der eigentliche Zweck einer Maschinenwelle ist die Übertragung eines Torsionsmoments, und wir haben auf S. 201ff. gesehen, wie man die von ihm hervorgerufenen Schubspannungen τ berechnet. Jede Welle ist in Lagern unterstützt, und zwischen diesen greifen nicht nur Kräftepaare, sondern auch einzelne Kräfte an (z. B. das Gewicht der Räder), die in der Welle Biegespannungen erzeugen. Um die Festigkeit der Welle zu beurteilen, ist es daher nötig, aus Torsions- und Biegespannungen die Hauptspannungen zu berechnen und etwa mit dem Tresca-Mohr-Sechseck zu vergleichen.

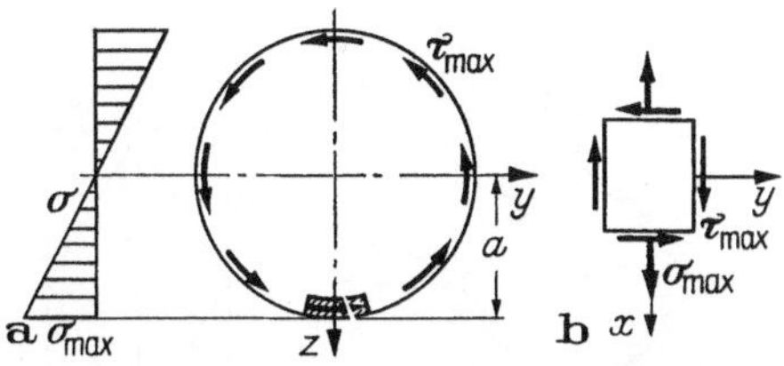

Abb. 261. Zusammenwirkung von Biegungs- und Torsionsspannungen in einer Welle, (a) Querschnitt mit Spannungen, (b) Raumelement an der höchstbeanspruchten Stelle.

Der Kreisquerschnitt der Abb. 261a sei einem Torsionsmoment M_T und einem Biegemoment M_y ausgesetzt. Dann haben wir in ihm nach Gl. (146) die Schubspannung

$$\tau_{\max} = 2\,M_T/\pi a^3,$$

die längs des ganzen Umfangs auftritt, und nach (43) die Biegespannung

$$\sigma_{\max} = 4\,M_y/\pi a^3,$$

die sich im Punkt $z = a$ findet. In der Umgebung dieses Punktes schneiden wir aus der Welle ein Raumelement heraus, das in Abb. 261b in Draufsicht gezeichnet ist. Auf dieses Element wenden wir Gl. (236) an und finden die Hauptspannungen

$$\sigma_{a,b} = \frac{1}{2}\left[\frac{4M_y}{\pi a^3} \pm \sqrt{\left(\frac{4M_y}{\pi a^3}\right)^2 + 4\left(\frac{2M_T}{\pi a^3}\right)^2}\right] = \frac{2}{\pi a^3}\left[M_y \pm \sqrt{M_y^2 + M_T^2}\right]. \tag{238}$$

Sie haben offenbar entgegengesetztes Vorzeichen, und wir sind daher an ihrer Differenz interessiert:

$$\sigma_a - \sigma_b = \frac{4}{\pi a^3}\sqrt{M_y^2 + M_T^2}.$$

Wenn diese Spannung die im Zugversuch gemessene Fließgrenze erreicht, dann befindet sich der zugehörige Punkt in Abb. 260 auf einer der Schrägseiten des Sechsecks, und der Werkstoff hat in dem zweiachsigen Spannungszustand die Fließgrenze erreicht.

5. Beziehung zwischen den elastischen Konstanten

Das Hookesche Gesetz in der Form (26) enthält zwei Werkstoffkonstanten E und ν, und Gl. (21) enthält eine weitere, den Schubmodul G, der die Schubverzerrung bestimmt. Wir wollen nun sehen, daß diese drei Konstanten nicht unabhängig voneinander sind.

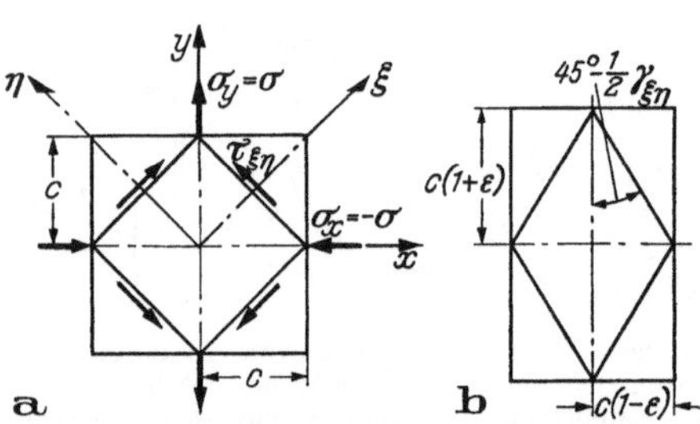

Abb. 262. Zwei an derselben Stelle aus einer Scheibe herausgeschnittene Elemente, (a) unverzerrt und mit den wirkenden Spannungen, (b) verzerrt.

Wir betrachten das in Abb. 262a dargestellte quadratische Scheibenelement, auf das die Spannungen $\sigma_x = -\sigma$ und $\sigma_y = +\sigma$ einwirken. Wir schneiden aus ihm ein kleineres Element heraus, dessen Seiten mit den Achsen x, y Winkel von 45° bilden. Nach Gl. (234) können wir die Spannungen berechnen, die auf seine Seite wirken, und finden

$$\sigma_\xi = \sigma_\eta = 0, \qquad \tau_{\xi\eta} = \sigma. \tag{a}$$

Abb. 262b zeigt die Formänderung des Elements. Gl. (26) liefert

$$\varepsilon = \varepsilon_y = -\varepsilon_x = \frac{1}{E}(1+\nu)\sigma. \tag{b}$$

Das nach dem ξ-η-System orientierte kleinere Element wird zu einem Rhombus verzerrt, dessen spitze Winkel $90° - \gamma_{\xi\eta}$ sind. Aus der Figur liest man ab:

$$\tan\left(45° - \frac{1}{2}\gamma_{\xi\eta}\right) = \frac{1-\varepsilon}{1+\varepsilon},$$

und anderseits ist

$$\tan\left(45° - \frac{1}{2}\gamma_{\xi\eta}\right) = \frac{1 - \tan(\gamma_{\xi\eta}/2)}{1 + \tan(\gamma_{\xi\eta}/2)} \approx \frac{1 - \gamma_{\xi\eta}/2}{1 + \gamma_{\xi\eta}/2}.$$

Durch Vergleich der rechten Seiten dieser beiden Gleichungen erkennen wir, daß $\gamma_{\xi\eta} = 2\varepsilon$ ist. Wenn wir hier auf der linken Seite das Hookesche Gesetz (21) benutzen, um die Schubspannung einzuführen und dann von Gl. (a) Gebrauch machen, und wenn wir auf der rechten Seite σ nach Gl. (b) einführen, erhalten wir die Beziehung

$$\frac{\sigma}{G} = \frac{2}{E}(1+\nu)\sigma,$$

aus der sich

$$G = \frac{E}{2(1+\nu)} \tag{239}$$

ergibt. Diese Formel zeigt, daß G etwas kleiner als $E/2$ ist, und da sich ν nur in engen Grenzen bewegt (s. S. 22), kann man aus ihr einen guten Anhalt für den Wert des Schubmoduls gewinnen, wenn für einen Werkstoff nur der Elastizitätsmodul aus Messungen oder aus der Literatur bekannt ist.

Die Formel (239) gilt zwar für die meisten technisch interessierenden Werkstoffe, doch ist sie nicht allgemeingültig. Man erkennt ihre Grenzen, wenn man sich die Herleitung etwas genauer ansieht. Wir haben nämlich Gl. (21) im ξ-η-System benutzt und Gl. (26) im x-y-System, und wir haben daher nur bewiesen, daß ein in dem einen System definierter Schubmodul mit den in dem anderen System definierten Konstanten E und ν durch Gl. (239) verbunden ist. Wenn wir von einem Schubmodul oder einem Elastizitätsmodul schlechthin sprechen, ohne sie auf ein bestimmtes Schnittsystem zu beziehen, setzen wir stillschweigend voraus, daß das elastische Verhalten des Werkstoffs für alle Schnittrichtungen dasselbe ist, d. h. daß er *isotrop* ist. Für Metalle, Beton und Glas trifft das zu, aber nicht für Holz und Kristalle, und deren elastisches Verhalten ist viel komplizierter als das durch die Gln. (21) und (26) dargestellte.

Aufgaben

72. Das Gleichgewicht der an dem dreieckigen Element der Abb. 258b angreifenden Kräfte führt zu den Gln. (234a, b). Zeige, daß die Kräfte auch im Momentengleichgewicht sind!

73. Führe den Beweis für Gl. (236) im einzelnen durch!

74. Ein kreiszylindrisches Rohr ist auf Biegung und Torsion beansprucht. Berechne für alle Punkte eines Rohrquerschnitts die Größe und Richtung der Hanptspannungen!

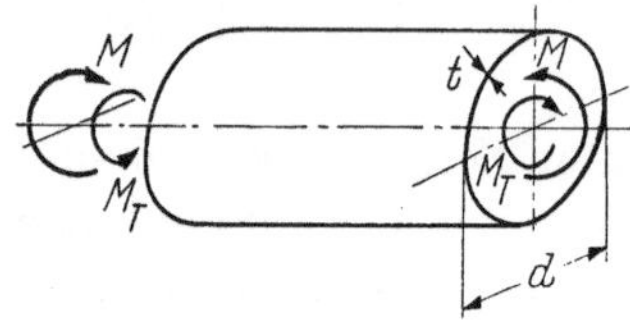

Abb. A 74.

75. Ein Kastenträger trägt in der Mitte seiner Spannweite eine Last, die in der Ebene des vorderen Steges liegt. Zerlege diese Last, wie in den Abbildungen angedeutet, in ein Paar gleichgerichteter Lasten, das den Träger auf Biegung be-

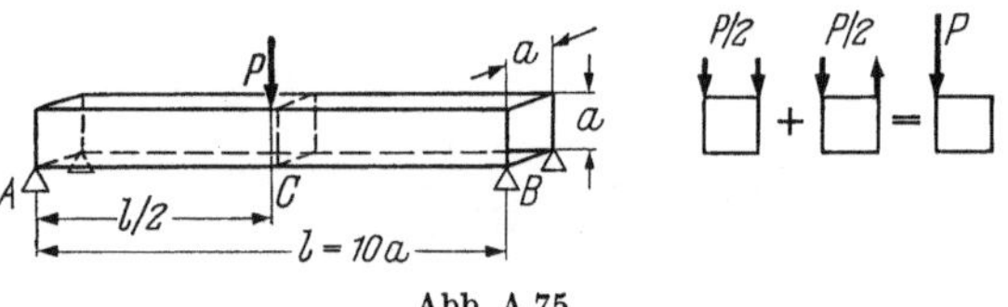

Abb. A 75.

ansprucht, und ein Paar entgegengesetzt gleicher Lasten, das eine Torsionsbelastung ist. Berechne für jede dieser Lastgruppen die im Querschnitt C übertragenen Spannungen und berechne aus ihnen die Hauptspannungen für verschiedene Punkte dieses Querschnitts. Stege und Flansche dieses Kastenträger haben alle dieselbe Dicke t.

6. Rotierende Scheibe

Das in diesem Abschnitt behandelte Beispiel eines ebenen Spannungszustandes ist geeignet, uns in die Denkweise der Elastizitätstheorie einzuführen. Wir betrachten eine kreisförmige Scheibe der Dicke t, die in ihrer Ebene um eine durch den Mittelpunkt gehende Achse mit der Winkelgeschwindigkeit ω rotiert. Auf ein Scheibenelement der Masse dm, das irgendwo im Abstand r vom Mittelpunkt liegt, wirkt die Fliehkraft $r\omega^2\, dm$. Solche auf alle Massenelemente der Scheibe wirkenden Kräfte stellen die Belastung dar. Wir fragen nach den Spannungen.

Wir benutzen das in Abb. 263a eingetragene Polarkoordinatensystem r, φ und schneiden aus der Scheibe ein Element heraus, das zwei gerade Seiten der Länge dr hat und zwei gekrümmte mit den Längen $r\,d\varphi$ und $(r+dr)\,d\varphi$. Die in diesen Seiten übertragenen Spannungen definieren wir wie folgt: In den gekrümmten Seiten werden Normalspannungen übertragen, die in Richtung der radialen Koordinate r weisen und daher als Radialspannungen σ_r bezeichnet werden. Da die Größe der Spannung mit r veränderlich ist, schreiben wir auf der Außenseite des Elements $\sigma_r + d\sigma_r$, s. Abb. 263b. Auf die geraden Seiten wirken Spannungen σ_φ,

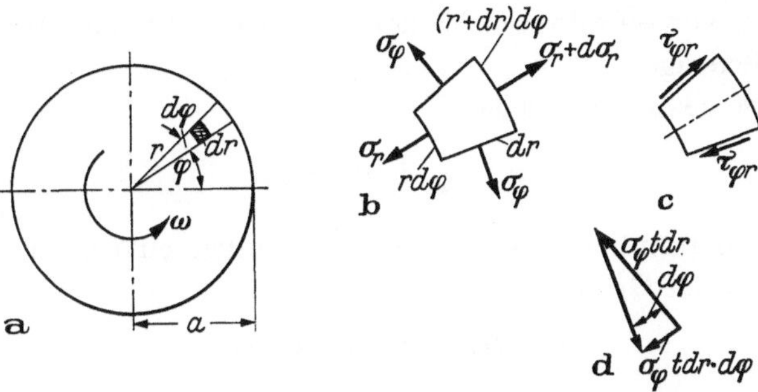

Abb. 263. Rotierende Scheibe, (a) Scheibe mit Koordinaten, (b), (c) Scheibenelement, (d) Krafteck.

die wir Ringspannungen nennen wollen. Wegen der Kreissymmetrie der Scheibe und ihrer Lasten hängen die Spannungen nicht von φ ab, und σ_φ hat daher auf beiden Seiten des Elements denselben Wert. Wegen der Symmetrie der Belastung ist jeder Durchmesser eine Symmetrieachse, und daraus folgt, daß auf den Seiten des Elements keine Schubspannungen $\tau_{r\varphi}$ oder $\tau_{\varphi r}$ wirken können. Wäre nämlich eine Schubspannung $\tau_{\varphi r}$ vorhanden (Abb. 263c), so müßte sie auf der einen Seite nach außen und auf der anderen nach innen gerichtet sein, und das würde der Symmetrie widersprechen.

Die an dem Scheibenelement angreifenden Kräfte müssen im Gleichgewicht sein. Unter allen Kraft- und Momentengleichungen, die wir für diese Kräfte aufstellen können, ist nur eine nicht trivial, die Bedingung für die radialen Kräfte. Wir wollen diese Kräfte der Reihe nach etwas genauer betrachten.

Wir beginnen mit dem Unterschied der auf die beiden gekrümmten Seiten wirkenden Kräfte:

$$t\cdot(r+dr)\,d\varphi\cdot(\sigma_r+d\sigma_r)-t\cdot r\,d\varphi\cdot\sigma_r=tr\,d\sigma_r\,d\varphi+t\,dr\,\sigma_r\,d\varphi+t\,dr\,d\sigma_r\,d\varphi\,.$$

Die beiden ersten Summanden auf der rechten Seite enthalten Produkte zweier Differentiale, während der dritte Summand drei solche Faktoren enthält. Wenn wir die Längenabmessungen des Elements immer kleiner werden und schließlich nach Null gehen lassen, wird der dritte Summand schneller als die anderen nach Null gehen und kann daher im Grenzfall ganz gestrichen werden. Dies ist ein Beispiel für eine ganz allgemeingültige Regel für das Aufstellen solcher Gleichungen: Man kann sofort alle Glieder abstoßen, die mehr Differentiale enthalten als die anderen (s. S. 62).

Die beiden Kräfte $t \cdot dr \cdot \sigma_\varphi$ bilden den kleinen Winkel $d\varphi$ miteinander und haben daher die zum Kreismittelpunkt hin gerichtete Resultierende $\sigma_\varphi t\, dr\, d\varphi$ (Abb. 262d). Da dieser Ausdruck zwei Differentiale enthält, ist er von derselben Größenordnung wie die schon als wesentlich erkannten Beiträge.

Die Masse des Elements ist

$$dm = \varrho \cdot t \cdot dr \cdot r\, d\varphi,$$

wenn ϱ die Massendichte ist. Die Last ist daher eine nach außen gerichtete Kraft der Größe

$$r\omega^2\, dm = \varrho t r^2 \omega^2\, dr\, d\varphi.$$

Wir können nun die Gleichgewichtsbedingung der radialen Kräfte schreiben:

$$t r\, d\sigma_r\, d\varphi + t\, dr\, \sigma_r\, d\varphi - \sigma_\varphi t\, dr\, d\varphi + \varrho t r^2 \omega^2\, dr\, d\varphi = 0.$$

Wir sehen, daß alle Glieder die Faktoren t und $d\varphi$ enthalten, die daher einfach gestrichen werden können. Außerdem dividieren wir durch $r\, dr$ und erhalten

$$\frac{d\sigma_r}{dr} + \frac{\sigma_r}{r} - \frac{\sigma_\varphi}{r} = -\varrho\omega^2 r. \tag{240}$$

Das ist eine Differentialgleichung erster Ordnung für die Spannungen. Da sie zwei Unbekannte enthält, müssen wir uns nach weiteren Gleichungen umsehen.

Das Hookesche Gesetz (26) gilt für ein kleines, rechtwinkliges Element einer Scheibe. Unser Scheibenelement ist von dieser Art. Daß zwei seiner Seiten krumm sind, braucht uns nicht zu stören, denn wenn wir $d\varphi$ nach Null gehen lassen, nähert sich das Element immer mehr einem wirklichen Rechteck. Wir können daher die Gln. (26) auf unseren Fall anwenden, wenn wir nur sinngemäß die Indizes x und y durch r und φ ersetzen:

$$E\varepsilon_r = \sigma_r - \nu\sigma_\varphi, \qquad E\varepsilon_\varphi = \sigma_\varphi - \nu\sigma_r. \tag{241}$$

Wenn man diese beiden Gleichungen nach den Spannungen auflöst, findet man

$$\sigma_r = \frac{E}{1-\nu^2}(\varepsilon_r + \nu\varepsilon_\varphi), \qquad \sigma_\varphi = \frac{E}{1-\nu^2}(\varepsilon_\varphi + \nu\varepsilon_r), \tag{242}$$

aber weder in der einen noch in der anderen Form scheinen die Gleichungen etwas zu nützen, da sie zwei neue Unbekannte, die Radialdehnung ε_r und die Ringdehnung ε_φ, in die Rechnung einführen. Damit ist die Zahl der Unbekannten um ebensoviel gestiegen wie die Zahl der Gleichungen.

Hier kommt uns eine dritte Gruppe von Aussagen zu Hilfe, die uns neben Gleichgewichtsbedingungen und dem Hookeschen Gesetz zur Verfügung steht. Wenn sich die Elemente verformen, müssen sich ihre Eckpunkte irgendwie verschieben. In unserem Falle kann es sich nur um eine radiale Verschiebung w handeln, die von φ unabhängig sein muß, aber sicherlich von r abhängt. Wir können nun durch geometrische Überlegungen die beiden Dehnungen durch diese Verschiebung w ausdrücken.

Wenn wir durch zwei Kreise mit den Radien r und $r+dr$ einen dünnen Ring aus der Scheibe herausschneiden, gilt für ihn dasselbe wie für den Ring vom Radius a auf S. 26: Er erfährt eine Dehnung

$$\varepsilon_\varphi = w/r. \tag{243a}$$

Da w von r abhängt, verschiebt sich das linke Ende eines Linienelements dr (s. Abb. 263b) um w, das rechte aber um $w+dw$, und das Element wird um dw länger. Seine Dehnung ist also

$$\varepsilon_r = dw/dr. \tag{243b}$$

Die Gln. (243) und andere ihrer Art, die aus der Geometrie der Verschiebungen, also einer Bewegung, abgeleitet sind, werden als *kinematische Beziehungen* bezeichnet. Zusammen mit den *Gleichgewichtsbedingungen* und dem *Elastizitätsgesetz* stellen sie das gesamte physikalische Rüstzeug dar, das uns in der Untersuchung elastischer Systeme zur Verfügung steht. Es sei dem Leser ans Herz gelegt, sich eines der vorangehenden Kapitel vorzunehmen und festzustellen, welche der dort benutzten Ausgangsgleichungen in die eine oder andere dieser drei Gruppen gehören.

Für unsere Scheibe haben wir nun alle Mittel erschöpft, die uns zur Aufstellung von Gleichungen zur Verfügung stehen, und wir sind auch wirklich ans Ziel gelangt: Wir haben fünf Gleichungen (240), (241), (243) für die fünf Unbekannten σ_r, σ_φ, ε_r, ε_φ, w. Unser nächster Schritt ist nun, dieses Gleichungssystem durch Elimination einiger der Unbekannten zu vereinfachen.

Wenn wir die Ausdrücke (243) für die Dehnungen in die Gln. (242) einführen, erhalten wir

$$\sigma_r = \frac{E}{1-\nu^2}\left(\frac{dw}{dr} + \nu\frac{w}{r}\right), \qquad \sigma_\varphi = \frac{E}{1-\nu^2}\left(\frac{w}{r} + \nu\frac{dw}{dr}\right), \tag{244}$$

und wenn wir nun diese Ausdrücke für die Spannungen in Gl. (240) einsetzen, erhalten wir eine Differentialgleichung zweiter Ordnung für die Verschiebung w:

$$\frac{d^2w}{dr^2} + \frac{1}{r}\frac{dw}{dr} - \frac{w}{r^2} = -\frac{\varrho(1-\nu^2)}{E}\,\omega^2 r. \tag{245}$$

Es ist nicht der Zweck dieses Buches, die systematische Auflösung von Differentialgleichungen zu lehren. Wir können aber leicht durch Einsetzen nachprüfen, daß der folgende Ausdruck mit beliebigen, aber konstanten Werten A und B die Gleichung erfüllt:

$$w = -\frac{\varrho(1-\nu^2)\,\omega^2}{8E}\left[r^3 + Ar + B\frac{1}{r}\right]. \tag{246}$$

Im allgemeinen interessiert man sich wenig für die Verschiebung w, um so mehr für die Spannungen. Man findet die zu der Lösung (246) gehörenden, indem man diese in die Gln. (244) einsetzt:

$$\begin{aligned}\sigma_r &= -\frac{1}{8}\varrho\omega^2\left[(3+\nu)r^2 + A(1+\nu) - B(1-\nu)\frac{1}{r^2}\right],\\ \sigma_\varphi &= -\frac{1}{8}\varrho\omega^2\left[(1+3\nu)r^2 + A(1+\nu) + B(1-\nu)\frac{1}{r^2}\right].\end{aligned} \tag{247a, b}$$

Da die Lösung (246) zwei willkürliche Konstante A und B enthält, ist sie die allgemeine Lösung der Differentialgleichung (245). Das heißt, daß sie sich auf alle Fälle anwenden läßt, die sich durch Festlegung besonderer Bedingungen am Scheibenrande ergeben.

Am einfachsten ist es, wenn die Scheibe vom Radius a ein konzentrisches Loch vom Radius b hat. Wir setzen voraus, daß zwar eine Welle durch dieses Loch gesteckt sein möge, daß sie aber keine Kräfte auf die Scheibe ausübt. Auch der Außenrand soll frei von äußerer Einwirkung sein. Dann ist an beiden Rändern die Radialspannung $\sigma_r = 0$, und wir können aus Gl. (247a) die folgenden zwei Gleichungen ablesen:

$$\text{für } r = b: \quad (3+\nu)b^2 + A(1+\nu) - B(1-\nu)\frac{1}{b^2} = 0,$$

$$\text{für } r = a: \quad (3+\nu)a^2 + A(1+\nu) - B(1-\nu)\frac{1}{a^2} = 0.$$

Sie können nach den Konstanten A und B aufgelöst werden:

$$A = -\frac{3+\nu}{1+\nu}(a^2+b^2), \qquad B = -\frac{3+\nu}{1-\nu}a^2b^2,$$

und wenn man das in (247) einsetzt, erhält man die Spannungen

$$\begin{aligned}\sigma_r &= \frac{\varrho\omega^2}{8}(3+\nu)\left[a^2+b^2-r^2-a^2b^2r^{-2}\right],\\ \sigma_\varphi &= \frac{\varrho\omega^2}{8}\left[(3+\nu)(a^2+b^2)-(1+3\nu)r^2+(3+\nu)a^2b^2r^{-2}\right].\end{aligned} \tag{248}$$

Die Radialspannung ist, wie es sein muß, auf beiden Scheibenrändern Null und hat im Inneren der Scheibe positive Werte. Die Ringspannung

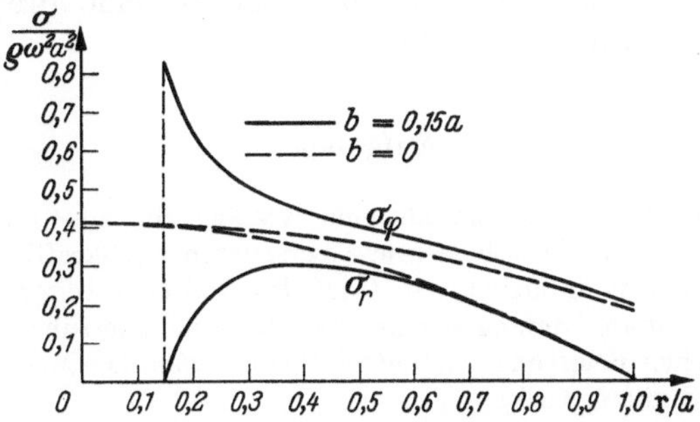

Abb. 264. Rotierende Scheibe: Verteilung der Spannungen in Scheiben mit und ohne Bohrung.

nimmt vom Außenrand zum Innenrand monoton zu und erreicht dort ihren Größtwert

$$\sigma_{\varphi\,\max} = \tfrac{1}{4}\varrho\omega^2\left[(3+\nu)a^2+(1-\nu)b^2\right]. \tag{249}$$

Diese Spannung ist für die Festigkeit der Scheibe maßgebend.

Wenn man den Grenzübergang $b \to 0$ macht, erhält man eine Scheibe ohne Loch. Die Gln. (248) vereinfachen sich dann zu den folgenden:

$$\begin{aligned}\sigma_r &= \tfrac{1}{8}\varrho\omega^2(3+\nu)(a^2-r^2),\\ \sigma_\varphi &= \tfrac{1}{8}\varrho\omega^2\left[(3+\nu)a^2-(1+3\nu)r^2\right].\end{aligned} \tag{250}$$

Wenn man nun $r = 0$ setzt, erhält man

$$\sigma_r = \sigma_\varphi = \tfrac{1}{8}\varrho\omega^2(3+\nu)a^2. \tag{251}$$

Man stößt auf ein überraschendes Ergebnis, wenn man die Größtspannungen σ_φ nach den Gln. (249) und (251) miteinander vergleicht. Für eine Scheibe mit einem kleinen Loch ist σ_φ etwa doppelt so groß wie für die Vollscheibe, und wenn man in (249) den Radius b nach Null gehen läßt, wird das Verhältnis genau gleich 2. Dem steht die andere Tatsache gegenüber, daß die radiale Spannung am Rande eines noch so kleinen Loches Null ist, während sie in der Vollscheibe mit σ_φ übereinstimmt. In Abb. 264 ist die Spannungsverteilung für Scheiben mit und ohne Loch aufgetragen. Wenn man den Grenzübergang $b \to 0$ in Gl. (248) ausführt, findet man, daß sich die in Abb. 264 voll ausgezogenen Kurven in die von der Ordinatenachse und den gestrichelten Kurven gebildeten Ecken einschmiegen. Für sehr kleine Werte b/a ist der Übergang von den Randwerten σ_φ nach (249) und $\sigma_r = 0$ zu den gestrichelten Kurven sehr schroff, und für solche Fälle sind unsere Formeln nicht verläßlich, da sie eine gleichförmige Verteilung der Spannungen über die Scheibendicke voraussetzen. Diese kann aber nicht erwartet werden, wenn der Lochdurchmesser von derselben Größenordnung ist wie die Dicke. Dann ist, zumindest in der Umgebung des Loches, eine dreidimensionale Formulierung der Aufgabe angebracht.

Aufgaben

76. Ein Dampfturbinenrad ist als eine Kreisscheibe konstanter Dicke ausgeführt. Neben der durch die Scheibenmasse erzeugten Fliehkraftbelastung, die im vorstehenden Abschnitt untersucht ist, trägt das Rad eine weitere Fliehkraftlast, die von der Masse der am Umfang angebrachten Schaufeln herrührt. Untersuche die zu dieser zusätzlichen Belastung gehörenden Spannungen. Die Masse der Schaufeln je Einheit des Radumfangs sei μ.

77. Untersuche die Spannungen in dem in der Abbildung dargestellten Rad, das aus einer Scheibe gleicher Dicke und einer Felge besteht. Die in der umlaufenden

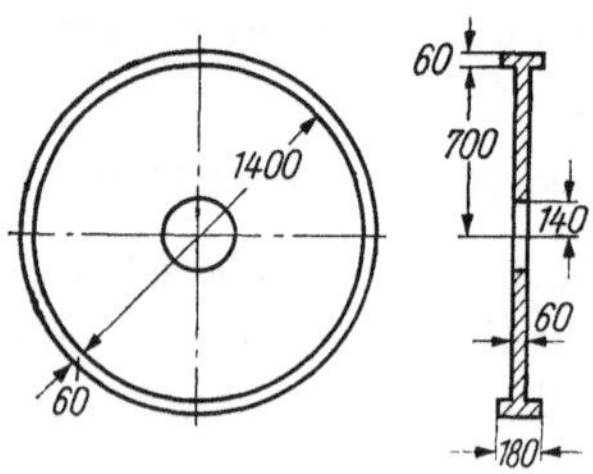

Abb. A 77.

Felge erzeugten Fliehkräfte werden teils durch Ringspannungen in der Felge aufgenommen, teils an die Scheibe abgegeben. Das Rad ist ein statisch unbestimmtes System; das Hauptsystem wird durch Trennung von Scheibe und Felge erhalten. Maße in mm, Werkstoff: Stahl, spezifisches Gewicht $\gamma = \varrho g = 7{,}85$ g/cm³, Winkelgeschwindigkeit: 2400 Umdrehungen je Minute.

Sachverzeichnis

721/58/66.